高职高专"十二五"规划教材
安全技术系列

化工安全技术

其乐木格　郝宏强　主编

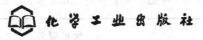

·北京·

内容简介

本书共分十一章,对化工企业从业人员必须掌握的相关安全技术、应急救援措施和职业预防的基础知识、基本理论和基本方法作了系统的介绍,内容包括:危险化学品生产企业安全管理法律法规常识、化工企业安全管理、危险化学品基础知识、防火防爆安全技术、电气安全技术、特种设备安全技术、化工检修安全技术、化工生产中典型化学反应的安全技术、化工操作单元的安全技术、危险化学品事故应急救援、职业危害及其预防等。为便于读者加深对理论内容的理解、掌握和应用,每章后都提供了思考与练习题,部分章节还选编了一些典型的事故案例及原因分析。

本书内容翔实、举例典型,可作为高职高专安全、化工及其相关专业的教材,也可作为化工企业从业人员的安全培训教材。

图书在版编目(CIP)数据

化工安全技术/其乐木格,郝宏强主编.—北京:化学工业出版社,2011.8(2022.2重印)
高职高专"十二五"规划教材.安全技术系列
ISBN 978-7-122-11395-5

Ⅰ.化…　Ⅱ.①其…②郝…　Ⅲ.化工安全-安全技术-高等职业教育-教材　Ⅳ.TQ086

中国版本图书馆 CIP 数据核字(2011)第 095418 号

责任编辑:张双进　　　　　　　　　文字编辑:李姿娇
责任校对:郑　捷　　　　　　　　　装帧设计:王晓宇

出版发行:化学工业出版社(北京市东城区青年湖南街 13 号　邮政编码 100011)
印　　装:北京七彩京通数码快印有限公司
787mm×1092mm　1/16　印张 18¾　字数 498 千字　2022 年 2 月北京第 1 版第 7 次印刷

购书咨询:010-64518888　　　　　　　　　售后服务:010-64518899
网　　址:http://www.cip.com.cn

凡购买本书,如有缺损质量问题,本社销售中心负责调换。

定　价:48.00 元　　　　　　　　　　　　　　　　　　　　　版权所有　违者必究

编写人员名单

主　　编　其乐木格　郝宏强
副 主 编　韩漠　贾跃琴
编写人员（按姓名汉语拼音顺序排列）
　　　　　　班文霞　高海英　韩岚　韩漠　郝宏强
　　　　　　胡长峰　贾跃琴　其乐木格　杨淑娟

前　言

化工生产工艺过程复杂，工艺条件要求严格，原料、中间产品及产品大多是易燃、易爆、有毒、腐蚀的危险化学品，这些特点决定了化工生产潜在诸多不安全因素，化学工业也因此成为安全生产工作的重点行业、热点领域。当前，随着我国化学工业的迅猛发展，危险化学品从业单位的经济成分多元化、从业人员的复杂化、生产工艺的多样化带来诸多新的安全问题，从业人员素质、安全环保基础设施、安全投入等因素直接影响化工安全生产。在实际生产中，违章操作、违章指挥引起的危险化学品事故时有发生，对人民的生命、财产造成巨大的损失，对生活环境造成了严重破坏。为避免或减少事故发生，降低事故损失，保证化工企业正常运行，要求化工企业从业人员在掌握各自专业知识与技能的基础上，熟悉化工生产过程涉及的危险化学品安全知识及相关电气安全技术、静电安全技术、防火防爆安全技术、事故应急处置等方面的知识，掌握预防事故的防范措施和事故应急处置方法，从而有效防范事故，发生事故时能及时、有效地处理和处置。正是基于这一思路，我们编写了《化工安全技术》这本书。

本书共分十一章，对化工企业从业人员必须掌握的相关安全技术、应急救援措施和职业预防的基础知识、基本理论和基本方法作了较系统的介绍，内容包括：危险化学品生产企业安全管理法律法规常识、化工企业安全管理、危险化学品基础知识、防火防爆安全技术、电气安全技术、特种设备安全技术、化工检修安全技术、化工生产中典型化学反应的安全技术、化工操作单元的安全技术、危险化学品事故应急救援、职业危害及其预防等。为便于读者加深对理论内容的理解、掌握和应用，本书在部分章节选编了一些典型的事故案例及原因分析，并在每章后提供了思考与练习题。

本书第一稿由具有化工企业安全管理和职业教育经验的其乐木格博士在多次对危险化学品生产经营单位主要负责人、安全管理人员以及从业人员进行培训的基础上编写而成，之后由呼和浩特职业学院生物化学工程学院韩漠教授以及杨淑娟、韩岚、胡长峰、班文霞、高海英等教师分别修改了第二、三、四、六、七章内容，整个书稿最后由河北化工医药职业技术学院郝宏强副教授精心修改完成。

本书在编写过程中得到了国家安全生产应急救援指挥中心李万春副主任、西藏安全生产监督管理局程云书副局长、内蒙古自治区鄂尔多斯市安全生产监督管理局薛继平副局长等有关领导的关心和支持，他们为本书在危险化学品法律法规、安全管理以及应急救援等方面内容的编写上提出了宝贵的意见和建议，编者在此深表谢意！

由于编写时间紧迫和编者水平所限，书中疏漏之处在所难免，敬请广大读者批评指正。

编者
2010 年 5 月

目　录

第一章　危险化学品生产企业安全管理法律法规常识 …… 1

第一节　危险化学品安全生产法律法规体系 …… 1
一、法律法规及技术标准基础知识 …… 1
二、法规效力 …… 2
三、我国危险化学品安全管理法律体系 …… 3

第二节　《中华人民共和国安全生产法》简介 …… 4
一、《安全生产法》的立法目的和意义 …… 4
二、《安全生产法》的主要内容 …… 5

第三节　《危险化学品安全管理条例》简介 …… 9
一、制定《危险化学品安全管理条例》的必要性 …… 9
二、《危险化学品安全管理条例》的主要内容 …… 10

第四节　危险化学品安全生产其他相关法律法规 …… 13
一、《中华人民共和国职业病防治法》简介 …… 13
二、《中华人民共和国消防法》简介 …… 14
三、《使用有毒物品作业场所劳动保护条例》简介 …… 15
四、《工伤保险条例》简介 …… 16

第五节　危险化学品安全生产相关规章制度 …… 16
一、《危险化学品生产企业安全生产许可证实施办法》简介 …… 16
二、危险化学品生产、储存建设项目安全审查制度 …… 20

思考与练习题 …… 22

第二章　化工企业安全管理 …… 23

第一节　化工生产与安全概述 …… 23
一、化工生产的特点 …… 23
二、安全在化工生产中的地位 …… 25
三、我国化工企业安全管理现状与对策 …… 26

第二节　安全生产管理基本概念 …… 28
一、安全与本质安全 …… 28
二、危险与危险源 …… 28
三、安全生产与安全生产管理 …… 29
四、安全生产方针 …… 29

第三节　安全生产管理的基本原理 …… 30
一、系统原理 …… 30
二、人本原理 …… 31
三、预防原理 …… 32
四、强制原理 …… 32

第四节　事故致因理论 …… 32
一、海因里希因果连锁论 …… 33
二、能量意外释放理论 …… 34
三、轨迹交叉理论 …… 34
四、管理失误论 …… 35

第五节　化工企业安全管理的基本内容 …… 36
一、安全生产管理的分类 …… 36
二、职业安全健康管理体系 …… 36
三、企业安全生产规章制度 …… 40

思考与练习题 …… 47

第三章　危险化学品基本知识 …… 49

第一节　危险化学品的特性 …… 49
一、危险化学品的定义 …… 49
二、危险化学品的分类原则 …… 49
三、爆炸品 …… 49
四、压缩气体和液化气体 …… 50
五、易燃液体 …… 51
六、易燃固体、自燃物品和遇湿易燃物品 …… 52
七、氧化剂和有机过氧化物 …… 52
八、有毒品 …… 53
九、放射性物品 …… 54
十、腐蚀品 …… 54

第二节　危险化学品标识 …… 54
一、危险化学品安全标志 …… 54
二、危险化学品的安全标签 …… 56
三、危险化学品安全技术说明书 …… 57

第三节　危险化学品运输安全 …………… 58
　　　一、危险化学品包装 ………………………… 58
　　　二、危险化学品运输的一般要求 …………… 60
　　　三、危险化学品运输的资质认定 …………… 60
　　　四、剧毒化学品的运输 ……………………… 61
　　第四节　危险化学品的储存安全 …………… 61
　　　一、危险化学品储存的审批制度 …………… 61
　　　二、储存危险化学品的安全要求 …………… 63
　　　三、危险化学品的储存方式 ………………… 63
　　　四、危险化学品的储存安排及储存限量 …… 64
　　　五、危险化学品的储存管理 ………………… 64
　　思考与练习题 …………………………………… 65

第四章　防火防爆安全技术 …………………………………………………………………… 66

　　第一节　燃烧 ………………………………… 66
　　　一、燃烧及燃烧条件 ………………………… 66
　　　二、燃烧的种类 ……………………………… 66
　　　三、燃烧的形式 ……………………………… 68
　　第二节　爆炸 ………………………………… 68
　　　一、爆炸的定义和特征 ……………………… 68
　　　二、爆炸的分类 ……………………………… 68
　　　三、爆炸极限 ………………………………… 70
　　第三节　火灾的形成及其事故特点 ………… 73
　　　一、火灾发生的原因 ………………………… 73
　　　二、火灾事故的发展过程 …………………… 75
　　　三、火灾事故的特点 ………………………… 76
　　第四节　防火安全技术 ……………………… 78
　　　一、控制点火源的措施 ……………………… 78
　　　二、控制可燃物的措施 ……………………… 80
　　　三、控制助燃物的措施 ……………………… 81
　　　四、阻止火势蔓延的措施 …………………… 82
　　　五、火灾扑救的措施 ………………………… 86
　　第五节　防爆安全技术 ……………………… 90
　　　一、工艺参数的安全控制 …………………… 90
　　　二、自动控制与安全保险装置 ……………… 93
　　　三、限制爆炸扩散的措施 …………………… 94
　　思考与练习题 …………………………………… 96

第五章　电气安全技术 …………………………………………………………………………… 97

　　第一节　电气安全基本知识 ………………… 97
　　　一、电的基本知识 …………………………… 97
　　　二、触电事故 ………………………………… 98
　　　三、电流对人体的作用 ……………………… 98
　　第二节　触电的防护措施 …………………… 100
　　　一、直接接触触电的防护 …………………… 100
　　　二、间接接触触电的防护 …………………… 102
　　第三节　电气防火防爆 ……………………… 105
　　　一、电气火灾、爆炸的原因 ………………… 105
　　　二、电气火灾的特点 ………………………… 106
　　　三、电气火灾的预防 ………………………… 106
　　　四、扑救电气火灾的基本方法 ……………… 110
　　第四节　防雷 ………………………………… 111
　　　一、典型事故案例 …………………………… 111
　　　二、雷电的分类及危害 ……………………… 111
　　　三、防雷装置 ………………………………… 112
　　　四、防雷等级的划分 ………………………… 113
　　　五、雷电的防护 ……………………………… 114
　　第五节　静电的危害及消除 ………………… 116
　　　一、静电的产生及其危害 …………………… 116
　　　二、静电的影响因素 ………………………… 117
　　　三、防止静电的措施 ………………………… 118
　　第六节　电磁辐射防护 ……………………… 120
　　　一、电磁辐射概述 …………………………… 120
　　　二、电磁辐射的防护 ………………………… 121
　　思考与练习题 …………………………………… 121

第六章　特种设备安全技术 ……………………………………………………………………… 123

　　第一节　特种设备的安全监察 ……………… 123
　　　一、概述 ……………………………………… 123
　　　二、特种设备的监督管理 …………………… 124
　　　三、特种设备使用单位的责任 ……………… 125
　　第二节　锅炉的安全技术 …………………… 127
　　　一、锅炉的基本构成、分类和安全
　　　　　附件 ……………………………………… 127
　　　二、锅炉的安全运行 ………………………… 130
　　　三、锅炉检验 ………………………………… 133
　　　四、锅炉事故的种类及原因 ………………… 134
　　　五、锅炉事故的预防 ………………………… 135
　　第三节　压力容器的安全技术 ……………… 136
　　　一、压力容器的基本结构 …………………… 136
　　　二、压力容器的分类 ………………………… 139
　　　三、压力容器的安全附件 …………………… 139
　　　四、压力容器的使用安全管理 ……………… 141
　　　五、压力容器的检验 ………………………… 143
　　第四节　气瓶的安全技术 …………………… 145

一、气瓶概述 ………………………… 145
　　二、气瓶的安全附件 …………………… 148
　　三、气瓶的充装 ………………………… 148
　　四、气瓶的检验 ………………………… 149
　　五、气瓶的使用管理 …………………… 150
　　六、气瓶事故及预防措施 ……………… 152
　第五节　压力管道的安全技术 …………… 154
　　一、压力管道概述 ……………………… 154
　　二、压力管道的防腐 …………………… 155
　　三、压力管道的检查与试验 …………… 155
　　四、化工管道工程的验收 ……………… 157
　　五、压力管道的安全使用管理 ………… 158
　第六节　起重机械的安全技术 …………… 159
　　一、起重机械的分类和工作级别 ……… 159
　　二、起重机械的安全装置 ……………… 160
　　三、起重搬运安全 ……………………… 160
　　四、起重机械的安全管理 ……………… 162
　思考与练习题 ……………………………… 164

第七章　化工检修安全技术 ……………… 165
　第一节　化工生产设备检修的分类与
　　　　　特点 …………………………… 165
　　一、化工生产设备检修的分类 ………… 165
　　二、化工生产设备检修的特点 ………… 165
　第二节　化工生产设备检修前的准备
　　　　　工作 …………………………… 165
　　一、制订安全检修方案 ………………… 165
　　二、进行安全教育 ……………………… 166
　　三、安全交接 …………………………… 166
　　四、落实安全措施 ……………………… 167
　第三节　化工检修中的安全技术 ………… 167
　　一、动火作业 …………………………… 167
　　二、动土作业 …………………………… 169
　　三、罐内作业 …………………………… 170
　　四、高处作业 …………………………… 171
　第四节　化工检修的验收 ………………… 172
　　一、清理现场 …………………………… 172
　　二、试车 ………………………………… 172
　　三、验收 ………………………………… 173
　思考与练习题 ……………………………… 173

第八章　化工生产中典型化学反应的安全技术 ……………… 175
　第一节　氧化反应 ………………………… 175
　　一、氧化反应概述 ……………………… 175
　　二、氧化反应过程的安全控制技术 …… 176
　　三、典型事故案例 ……………………… 177
　第二节　还原反应 ………………………… 178
　　一、还原反应及其作用 ………………… 178
　　二、典型还原反应及其安全控制技术 … 178
　　三、典型事故案例 ……………………… 179
　第三节　取代反应 ………………………… 179
　　一、硝化反应 …………………………… 180
　　二、氯化反应 …………………………… 182
　　三、磺化反应 …………………………… 183
　　四、烷基化反应 ………………………… 184
　第四节　裂解反应 ………………………… 184
　　一、热裂解反应 ………………………… 185
　　二、催化裂解反应 ……………………… 186
　　三、加氢裂化反应 ……………………… 186
　第五节　聚合反应 ………………………… 187
　　一、加聚反应 …………………………… 187
　　二、缩聚反应 …………………………… 188
　第六节　电解反应 ………………………… 189
　　一、电解反应及其应用 ………………… 189
　　二、食盐电解生产工艺 ………………… 189
　　三、食盐水解的危险性分析 …………… 189
　　四、食盐水解的安全技术要点 ………… 190
　　五、典型事故案例 ……………………… 190
　思考与练习题 ……………………………… 191

第九章　化工操作单元的安全技术 ……… 192
　第一节　加热 ……………………………… 192
　　一、直接火加热（烟道气加热） ……… 192
　　二、蒸汽（或热水）加热 ……………… 192
　　三、载体加热 …………………………… 192
　　四、电加热 ……………………………… 193
　　五、事故案例分析 ……………………… 193
　第二节　冷却、冷凝、冷冻 ……………… 194
　　一、冷却、冷凝 ………………………… 194
　　二、冷冻 ………………………………… 194
　　三、事故案例分析 ……………………… 195
　第三节　粉碎、筛分 ……………………… 195
　　一、粉碎 ………………………………… 195
　　二、筛分 ………………………………… 196
　　三、事故案例分析 ……………………… 196

第四节 混合、过滤 …… 197
  一、混合 …… 197
  二、过滤 …… 197
  三、事故案例分析 …… 197
第五节 物料输送 …… 198
  一、固体物料的输送 …… 198
  二、液体物料的输送 …… 199
  三、气体物料的输送 …… 200
  四、事故案例分析 …… 201
第六节 干燥、蒸发与蒸馏 …… 201
  一、干燥 …… 201
  二、蒸发 …… 202
  三、蒸馏 …… 203
  四、事故案例分析 …… 204
思考与练习题 …… 205

第十章 危险化学品事故应急救援 …… 206

第一节 危险源辨识 …… 206
  一、危险、有害因素的分类 …… 206
  二、危险和有害因素的辨识方法、主要内容及控制途径 …… 207
  三、危险化学品重大危险源 …… 210
第二节 危险化学品事故 …… 213
  一、危险化学品事故的类型 …… 213
  二、危险化学品事故的特点 …… 215
第三节 危险化学品事故的应急救援 …… 215
  一、我国危险化学品事故应急救援概况 …… 215
  二、危险化学品事故应急救援的指导思想与原则 …… 216
  三、危险化学品事故应急救援体系 …… 217
  四、危险化学品事故应急救援的基本任务 …… 217
  五、危险化学品事故应急救援程序 …… 218
  六、危险化学品事故应急管理 …… 218
第四节 危险化学品事故应急预案的编制 …… 220
  一、应急预案概述 …… 220
  二、危险化学品事故应急预案的编制 …… 221
  三、综合应急预案的主要内容 …… 223
  四、专项应急预案的主要内容 …… 225
  五、现场处置方案的主要内容 …… 226
第五节 典型危险化学品事故应急处置 …… 226
  一、火灾事故处置 …… 226
  二、爆炸事故处置 …… 229
  三、中毒和窒息事故处置 …… 229
  四、烧伤事故处置 …… 231
  五、泄漏事故处置 …… 232
思考与练习题 …… 233

第十一章 职业危害及其预防 …… 235

第一节 职业危害概述 …… 235
  一、职业危害的定义与分类 …… 235
  二、危险化学品的职业危害 …… 235
  三、职业病 …… 236
  四、控制职业病危害的相关法律、法规及标准 …… 237
第二节 工业毒物及其危害 …… 239
  一、工业毒物及其分类 …… 239
  二、工业毒物的毒性 …… 240
  三、工业毒物侵入人体的途径 …… 240
  四、工业毒物对人体的危害 …… 242
第三节 工业毒物的防治 …… 244
  一、防毒技术措施 …… 244
  二、通风 …… 244
  三、排出气体的净化 …… 245
  四、个体防护 …… 246
第四节 职业危害因素及其控制技术 …… 246
  一、噪声危害及其控制技术 …… 246
  二、电磁辐射及其防护 …… 248
  三、高温危害及其防护 …… 250
  四、低温危害及其防护 …… 251
  五、灼伤及其防治 …… 251
第五节 个体防护用品 …… 252
  一、个体防护用品及分类 …… 252
  二、个体防护用品的管理 …… 256
思考与练习题 …… 258

附录一 中华人民共和国安全生产法 …… 259

附录二 危险化学品安全管理条例 …… 267

附录三 危险化学品安全管理条例 …… 276

参考文献 …… 289

第一章 危险化学品生产企业安全管理法律法规常识

第一节 危险化学品安全生产法律法规体系

一、法律法规及技术标准基础知识

1. 法律

我国法律的制定权力机构是全国人大及其常委会。

我国法律由国家主席签署主席令予以公布。其中，主席令载明了法律的制定机关、通过日期和施行日期。在立法实践中，全国人大及其常委会通过法律的当天，国家主席即签署主席令予以公布。

在依法治国方略的指导下，我国加强了安全生产的立法工作。危险化学品安全生产有关的主要法律有《中华人民共和国劳动法》、《中华人民共和国安全生产法》、《中华人民共和国职业病防治法》、《中华人民共和国消防法》、《中华人民共和国道路交通安全法》、《中华人民共和国环境保护法》、《中华人民共和国突发事件应对法》等。

2. 法规

（1）行政法规

我国行政法规的制定权力机构是国务院。

行政法规由总理签署国务院令公布。其中，国务院令载明了行政法规的制定机关、通过日期、发布日期和施行日期。在以往实践中，国务院行政法规的公布大体有两种方式：一是由总理签署国务院令公布；二是由国务院批准、国务院有关部门发布。按《立法法》的规定，今后将不再保留第二种方式。

由国务院颁布的安全生产有关行政法规主要有《危险化学品安全管理条例》、《石油和天然气管道保护条例》、《使用有毒物品作业场所劳动保护条例》、《特种设备安全监察条例》、《安全生产许可证条例》等。

（2）地方性法规

包括省、自治区、直辖市的地方性法规和较大的市的地方性法规。地方性法规只限于本地区实施使用，如《北京市安全生产条例》。

① 省、自治区、直辖市人民代表大会及其常委会根据本行政区域的具体情况和实际需要，在不与宪法、法律、行政法规相抵触的前提下制定的规范性文件。

省、自治区、直辖市的地方性法规要报全国人大常委会和国务院备案。

② 较大的市的人民代表大会及其常委会根据本行政区域的具体情况和实际需要，在不与宪法、法律、行政法规和本省、自治区的地方性法规相抵触的前提下制定的规范性文件。

较大的市的地方性法规，要报省、自治区、直辖市人民代表大会常委会批准后施行，并由省、自治区、直辖市人民代表大会常委会报全国人大常委会和国务院备案。

3. 规章

(1) 规章的制定权力机构

① 国务院各部、各委员会、中国人民银行、审计署和具有行政管理职能的直属机构。

② 省、自治区、直辖市和较大的市的人民政府。

(2) 规章的分类

① 部门规章。部门规章是国务院各部、各委员会、中国人民银行、审计署和具有行政管理职能的直属机构根据法律和行政法规，在本部门权限内发布的规范性文件，由部门首长签署命令予以公布。部门规章不能与宪法、法律、行政法规相抵触。

② 地方政府规章。地方政府规章是省、自治区、直辖市和较大的市的人民政府根据法律、行政法规和本省、自治区、直辖市的地方性法规制定的规范性文件，由省长、自治区主席或者市长签署命令予以公布。

(3) 规章的公布方式

① 部门规章签署公布后，应及时在国务院公报或者部门公报和在全国范围内发行的报纸上刊登。

② 地方政府规章签署公布后，应及时在本级人民政府公报或者部门公报和在本行政区域范围内发行的报纸上刊登。

③ 国务院公报或者部门公报和地方人民政府公报上刊登的规章文本为标准文本。

(4) 举例

由国务院有关部门制定发布的危险化学品安全管理方面的规定主要有：

• 原国家经贸委令第 35 号《危险化学品登记注册管理办法》、原国家经贸委令第 36 号《危险化学品经营许可证管理办法》、原国家经贸委令第 37 号《危险化学品包装物、容器定点生产管理办法》；

• 国家安全生产监督管理总局的《危险化学品生产企业安全生产许可证实施办法》、《危险化学品建设项目安全许可实施办法》；

• 铁道部的《铁路危险货物运输管理规则》；

• 交通部的《道路危险货物运输管理规定》。

4. 技术标准

技术标准虽然处于法规体系的底层，但其调整的对象和规范的措施最具体。

标准是为了在一定的范围内获得最佳秩序，经协商一致制定并由公认机构批准，共同使用和重复使用的一种规范性文件。它以科学、技术和实践经验的综合成果为基础，经有关方面协商一致，由主管机关批准，以特定形式发布，作为共同遵守的准则和依据。

所谓安全标准是指为保护人体健康、生命和财产的安全而制定的标准，是强制性标准，即必须执行的标准。安全标准的制定和修订由国务院有关部门按照保障安全生产的要求，依法及时进行。由于安全标准具有的重要性，生产经营单位必须执行，这在安全生产法中以法律条文形式加以强制规范。《安全生产法》第十条规定：国务院有关部门应当按照保障安全生产的要求，依法及时制定有关的国家标准或者行业标准，并根据科技进步和经济发展适时修订。

我国危险化学品安全生产标准属于强制性标准，是安全生产法规的延伸与具体化，其体系由基础标准、管理标准、安全生产技术标准、其他综合类标准组成。危险化学品生产经营单位必须执行依法制定的保障安全生产的国家标准或者行业标准。

常用的危险化学品技术标准主要有《建筑设计防火规范》（GB 50016—2006）、《石油化工企业设计防火规范》（GB 50160—2008）、《常用危险化学品的分类及标志》（GB 13690—1992）、《常用危险化学品贮存通则》（GB 15603—1995）等。

二、法规效力

在我国，宪法具有最高的法律效力，一切法律、行政法规、地方性法规、自治条例和单行条例、规章都不得同宪法相抵触。

在宪法之下,各种法规在效力上是有层次之分的,上一层的法规高于下一层的法规。法规的层次划分如表1-1所示。

表1-1 法规的层次划分

层 次	法 规	层 次	法 规
第一层次	法律	第三层次	地方性法规
第二层次	行政法规	第四层次	规章

关于法规的效力,具体来说有以下几个方面:
① 法律的效力高于行政法规、地方性法规、规章;
② 行政法规的效力高于地方性法规、规章;
③ 地方性法规的效力高于本级和下级地方政府的规章;
④ 省、自治区人民政府制定的规章的效力高于本行政区域内的较大的市的人民政府制定的规章;
⑤ 自治条例和单行条例、经济特区法规依法和根据授权对法律、行政法规、地方性法规作变通规定的,在本自治地方和经济特区适用自治条例和单行条例、经济特区法规的规定;
⑥ 部门规章之间、部门规章与地方政府规章之间具有同等效力;
⑦ 地方性法规与部门规章之间无高低之分,但在一些必须由中央统一管理的事项方面,应以部门规章的规定为准。

三、我国危险化学品安全管理法律体系

安全生产法律法规是指调整在生产过程中产生的同劳动者或生产人员的安全与健康,以及生产资料和社会财富安全保障有关的各种社会关系的法律规范的总和。安全生产法律法规把国家保护劳动者的生命安全与健康,生产经营人员的生产利益与效益,以及保障社会资源和财产的需要、方针政策具体化、条文化。安全生产法律法规是国家法律体系中的重要组成部分,具有强制性。

通过不断完善安全生产法制体系,实现安全生产的法制化管理,是现代安全生产工作的重要特征。因此,安全生产工作的最基本任务之一是制定法律法规,建立制度以及执行法律法规和制度。通过制定法律法规,建立起一套完整的、符合我国国情的、具有普遍约束力的安全生产法律规范,做到企业的生产经营行为和过程有法可依,有章可循,而且违法必究,从而实现安全生产的法制化管理。

目前,我国在危险化学品生产企业安全管理法规方面,以《中华人民共和国安全生产法》为依据,以《危险化学品安全管理条例》为主线,以相关配套规章、规程、标准和地方性法规、规章等为辅助的危险化学品安全管理法规体系,已初步形成(如表1-2所示)。

表1-2 危险化学品生产企业安全管理法规体系

层别	主要法律法规、标准(举例)
安全生产基本法	安全生产法
安全生产专门法	职业病防治法、消防法
安全行政法规	危险化学品安全管理条例、使用有毒物品作业场所劳动保护条例、工伤保险条例
部门安全规章	危险化学品生产企业安全生产许可证实施办法、危险化学品建设项目安全许可实施办法
安全标准	建筑设计防火规范、常用危险化学品贮存通则、石油化工企业设计防火规范

第二节 《中华人民共和国安全生产法》简介

2002年6月29日江泽民主席签署了《中华人民共和国安全生产法》（以下简称《安全生产法》），该法自2002年11月1日起施行。这是一部综合性安全生产的大法。该法共7章97条。

一、《安全生产法》的立法目的和意义

1. 《安全生产法》的立法目的

《安全生产法》总则第一条开宗明义地表述了其立法宗旨是"为了加强安全生产监督管理，防止和减少生产安全事故，保障人民群众生命和财产安全，促进经济发展。"由此可见，《安全生产法》的立法目的有以下五个。

（1）加强安全生产监督管理

《安全生产法》明确了安全生产监督管理的工作格局是"政府统一领导、部门依法管理、企业全面负责、社会广泛参与"。

① 明确了国务院以及地方人民政府、政府各工作部门安全生产监督管理的职责和职能，具体体现在第一章"总则"第八、九、十、十一、十三、十四、十五条和第四章"安全生产的监督管理"以及其他相关条款之中。为有法可依、执法必严、违法必究提供了强有力的法律保障，为公开、公正执法提供了依据。

② 依法规范生产经营单位的安全生产工作。《安全生产法》对各生产经营单位生产经营所必须具备的安全生产条件、主要负责人的安全生产职责、特种作业人员的资质、安全投入、安全建设工程和安全设施、从业人员的人身保障等安全生产保障措施和安全生产违法行为应负的法律责任，作出了严格、明确的规定，明确了生产经营单位、企业负责人的权利、义务和责任。

③ 明确了工会、村民委员会、从业人员和新闻机构对安全生产工作的监督，协助政府和安全生产监管部门查处安全违法行为。《安全生产法》专门规定了工会、居民委员会、村民委员会和新闻媒体、从业人员对安全生产进行监督的权利、义务，从而把各级人民政府及其安全生产监管部门的监督范围扩大到全社会，延伸到城镇街道和农村，形成全社会广泛参与安全生产监督管理的工作格局。

④ 明确了为安全生产服务的有关中介机构，包括安全技术服务、科研、教育、文化、咨询、设计、评价、检测、检验等中介组织是安全生产监督管理的重要组成部分，对其职责、权利、义务和责任都作了一一界定。

（2）防止和减少生产安全事故

只有重视安全生产管理、强化安全生产监督、完善安全法制，伤亡事故才能得到有效控制；反之，事故反弹，伤亡增加。因此，健全社会主义法制，加强安全生产监督，能够有效防止和减少安全生产事故的发生。

（3）保障人民群众生命和财产安全

《安全生产法》的贯彻实施，有利于保障人民群众生命安全。重视和保护人的生命权，是制定《安全生产法》的根本出发点和落脚点。人既是各类生产经营活动的主体，又是安全生产事故的受害者或责任者。《安全生产法》贯彻了以人为本的原则，在赋予各种法律主体必要权利的同时设定其应尽的义务。这就要求各级政府特别是各类生产经营单位的领导人和负责人，必须以对人民群众高度负责的精神和强烈的责任感，重视人的价值，关注安全，关爱生命。

(4) 促进经济发展

安全与生产是一对双胞胎，既相互矛盾，又相互统一。没有生产，何谈安全；没有安全，生产何以为继。再者，就生产安全事故的定义而论，不仅人的生命和生产经营单位的财产损失是事故，而且明确了造成生产经营活动暂时或永久停止也是事故。从这个意义上讲，安全生产管理不仅要保障人民的生命财产安全，而且要把保障生产持续、稳定、健康、有序运行作为自身的根本任务和目的全面展开，从而促进经济发展。

(5) 制裁安全生产违法行为

《安全生产法》没有直接指出制裁安全生产违法行为是其立法的目的之一，但其他一些安全生产法规明确规定了制裁安全生产违法行为是立法的目的之一。从法律的功能上讲，公平和公正是法律制定的基本原则，要保障守法者的利益，就要打击违法，让违法成本大大高于守法成本，才能还守法者公平，让违法者得到教育。从《安全生产法》本身讲，第六章"法律责任"及其他相关条款都体现了对安全生产违法行为的制裁。所以，制裁安全生产违法行为理所当然是其立法的目的之一。

2.《安全生产法》的立法意义

《安全生产法》作为我国安全生产的综合性法律，具有丰富的法律内涵和规范作用。它的通过实施，对全面加强我国安全生产法制建设，激发全社会对公民生命权的珍视和保护，提高全民族的安全法律意识，规范生产经营单位的安全生产，强化安全生产监督管理，遏制重大、特大事故，促进经济发展和保持社会稳定都具有重大的现实意义，必将产生深远的历史影响。

二、《安全生产法》的主要内容

《安全生产法》共7章97条，其主要内容如下。

1. 总则

《安全生产法》的立法宗旨是"为了加强安全生产监督管理，防止和减少生产安全事故，保障人民群众生命和财产安全，促进经济发展"。

《安全生产法》的第二条规定了其调整范围："在中华人民共和国境内从事生产经营活动的单位的安全生产，适用本法；有关法律、行政法规对消防安全和道路交通安全、铁路交通安全、水上交通安全、民用航空安全另有规定的，适用其规定。"这就确定了《安全生产法》的安全生产基本法的地位，也说明了与其他相关法律、法规的关系。生产经营单位的含义，不仅包括国有企业、集体企业等企业类型，也包括个体工商户，这就体现了公平竞争的市场经济共同原则。

2. 生产经营单位的安全生产保障

《安全生产法》用了28个条款重点对生产经营单位的安全保障作出了基本规定。

(1) 安全生产条件

《安全生产法》第十六条和第十八条分别规定生产经营单位应当具备的安全生产条件及所必需的资金投入问题。

第十六条 生产经营单位应当具备本法和有关法律、行政法规和国家标准或者行业标准规定的安全生产条件；不具备安全生产条件的，不得从事生产经营活动。

第十八条 生产经营单位应当具备的安全生产条件所必需的资金投入，由生产经营单位的决策机构、主要负责人或者个人经营的投资人予以保证，并对由于安全生产所必要的资金投入不足导致的后果承担责任。

(2) 主要负责人的安全生产职责

《安全生产法》第十七条首次以法律形式确定了主要负责人的安全生产责任。

第十七条 生产经营单位的主要负责人对本单位安全生产工作负有下列职责：

① 建立、健全本单位安全生产责任制;
② 组织制定本单位安全生产规章制度和操作规程;
③ 保证本单位安全生产投入的有效实施;
④ 督促、检查本单位安全生产投入的有效实施;
⑤ 组织制定并实施本单位的生产安全事故应急救援预案;
⑥ 及时、如实报告生产安全事故。

(3) 安全生产管理机构及安全管理人员的设置要求

《安全生产法》第十九条对生产经营单位安全生产管理机构的设置和安全生产管理人员的配备原则作出了明确规定。

第十九条 矿山、建筑施工单位和危险物品的生产、经营、储存单位,应当设置安全生产管理机构或者配备专职安全生产管理人员。

前款规定以外的其他生产经营单位,从业人员超过三百人的,应当设置安全生产管理机构或者配备专职安全生产管理人员;从业人员在三百人以下的,应当配备专职或者兼职的安全生产管理人员,或者委托具有国家规定的相关专业技术资格的工程技术人员提供安全生产管理服务。

生产经营单位依照前款规定委托工程技术人员提供安全生产管理服务的,保证安全生产的责任仍由本单位负责。

(4) 安全生产教育培训

《安全生产法》第二十至二十三条针对生产经营单位的主要负责人、安全生产管理人员、特种作业人员及从业人员的安全教育培训作出了明确规定。

第二十条 生产经营单位的主要负责人和安全管理人员必须具备与本单位所从事的生产经营活动相应的安全生产知识和管理能力。

危险物品的生产、经营、储存单位以及矿山、建筑施工单位的主要负责人和安全生产管理人员,应当由有关主管部门对其安全生产知识和管理能力考核合格后方任职。考核不得收费。

第二十一条 生产经营单位应当对从业人员进行安全生产教育和培训,保证从业人员具备必要的安全生产知识,熟悉有关的安全生产规章制度和安全操作规程,掌握本岗位的安全操作规程,掌握本岗位的安全操作技能。未经安全生产教育和培训合格的从业人员,不得上岗作业。

第二十二条 生产经营单位采用新工艺、新技术、新材料或者使用新设备,必须了解、掌握其安全技术特性,采取有效的安全防护措施,并对从业人员进行专门的安全生产教育和培训。

第二十三条 生产经营单位的特种作业人员必须按照国家有关规定经专门的安全作业培训,取得特种作业操作资格证书,方可上岗作业。

特种作业人员的范围由国务院负责安全生产监督管理的部门会同国务院有关部门确定。

(5) 建设项目的"三同时"

《安全生产法》第二十四至二十七条分别规定了建设项目安全设施、安全评价的要求及建设项目安全设施的设计人、单位及施工的职责及其验收要求。

第二十四条 生产经营单位新建、改建、扩建工程项目的安全设施,必须与主体工程同时设计、同时施工、同时投入生产和使用。安全设施投资应当纳入建设项目概算。

第二十五条 矿山建设项目和用于生产、储存危险物品的建设项目,应当分别按照国家有关规定进行安全条件论证和安全评价。

第二十六条 建设项目安全设施的设计人、设计单位应当对安全设施设计负责。

矿山建设项目和用于生产、储存危险物品的建设项目的安全设施设计应当按国家有关规定报经有关部门审查，审查部门及其负责审查的人员对审查结果负责。

第二十七条 矿山建设项目和用于生产、储存危险物品的建设项目的施工单位必须按照批准的安全设施设计施工，并对安全设施的工程质量负责。

矿山建设项目和用于生产、储存危险物品的建设项目竣工投入生产或者使用前，必须依照有关法律、行政法规的规定对安全设施进行验收；验收合格后，方可投入生产和使用。验收部门及其验收人员对验收结果负责。

(6) 重大危险源的安全管理

《安全生产法》第三十三条规定生产经营单位对重大危险源应当登记建档，检测、监控、制定应急预案及采取安全措施、应急措施。

第三十三条 生产经营单位对重大危险源应当登记建档，进行定期检测、评估、监控，并制定应急预案，告知从业人员和相关人员在紧急情况下应当采取的应急措施。

生产经营单位应当按照国家有关规定将本单位重大危险源及有关安全措施、应急措施报有关地方人民政府负责安全生产监督管理的部门和有关部门备案。

3. 从业人员的权利和义务

(1) 从业人员的权利

《安全生产法》第四十五至四十八条明确了从业人员的 8 项权利是：

① 知情权，即有权了解其作业场所和工作岗位存在的危险因素、防范措施和事故应急措施；

② 建议权，即有权对本单位的安全生产工作提出建议；

③ 批评权和检举、控告权，即有权对本单位安全生产管理工作中存在的问题提出批评、检举、控告；

④ 拒绝权，即有权拒绝违章作业指挥和强令冒险作业；

⑤ 紧急避险权，即发现直接危及人身安全的紧急情况时，有权停止作业或者在采取可能的应急措施后撤离作业场所；

⑥ 依法向本单位提出要求赔偿的权利；

⑦ 获得符合国家标准或者行业标准劳动防护用品的权利；

⑧ 获得安全生产教育和培训的权利。

(2) 从业人员的义务

《安全生产法》第四十九、五十、五十一条明确指出了从业人员的义务。

① 自律遵规的义务。即从业人员在作业过程中，应当遵守本单位的安全生产规章制度和操作规程，服从管理，正确佩戴和使用劳动防护用品。

② 自觉学习安全生产知识的义务。要求掌握本职工作所需的安全生产知识，提高安全生产技能，增强事故预防和应急处理能力。

③ 危险报告义务。即发现事故隐患或者其他不安全因素时，应当立即向现场安全生产管理人员或者本单位负责人报告。

《安全生产法》特别强调工会依法组织职工参加本单位安全生产工作的民主管理和民主监督，维护职工在安全生产方面的合法权益，并在第五十二条中作了明确规定。

4. 安全生产的监督管理

《安全生产法》规定了政府及有关部门的安全生产监督管理职责，也明确了社会公众以及新闻机构的监督职能。

(1) 安全监管部门的职权

《安全生产法》第五十六条规定国家有关安全生产监管部门的安全监督检查人员具有以

下三项职权。

① 现场调查取证权。即安全生产监督检查人员可以进入生产经营单位进行现场调查，单位不得拒绝，有权向被检查单位调阅资料，向有关人员（负责人、管理人员、技术人员）了解情况。

② 现场处理权。即对安全生产违法作业当场纠正权；对现场检查出的隐患，责令限期改正、停产停业或停止使用的职权；责令紧急避险权和依法行政处罚权。

③ 查封、扣押行政强制措施权。其对象是安全设施、设备、器材、仪表等；依据是不符合国家或行业安全标准；条件是必须按程序办事、有足够证据、经部门负责人批准、通知被查单位负责人到场、登记记录等，并必须在 15 日内作出决定。

(2) 安全监管部门及监督检查人员的义务

《安全生产法》第五十五、五十八条明确的义务有：

① 审查、验收禁止收取费用；

② 禁止要求被审查、验收的单位购买指定产品；

③ 必须遵循忠于职守、坚持原则、秉公执法的执法原则；

④ 监督检查时须出示有效的监督执法证件；

⑤ 对检查单位的技术秘密、业务秘密尽到保密的义务。

(3) 监督方式

《安全生产法》第七条、第六十四条、第六十五条、第六十七条以法定的方式，明确规定了我国安全生产的四种监督方式。

① 工会民主监督。即工会有权对建设项目的安全设施与主体工程同时设计、同时施工、同时投入生产和使用的情况进行监督，提出意见。

② 公众举报监督。即任何单位或者个人对事故隐患或者安全生产违法行为，均有权向负有安全生产监督管理职责的部门报告或者举报。

③ 社区报告监督。即居民委员会、村民委员会发现其所在区域内的生产经营单位存在事故隐患或者安全生产违法行为时，有权向当地人民政府或者有关部门报告。

④ 社会舆论监督。即新闻、出版、广播、电影、电视等单位有对违反安全生产法律、法规的行为进行舆论监督的权利。

5. 事故应急救援和调查处理

《安全生产法》对生产安全事故应急救援体系和应急救援组织的建立、事故报告程序、事故抢救和事故调查处理作了相应规定。

(1) 应急救援体系

生产安全事故的应急救援体系是保证生产安全事故应急救援工作顺利实施的组织保障，主要包括应急救援组织、应急救援医疗抢救中心、应急救援队伍、应急救援信息系统和应急救援技术支撑系统。对于特大生产安全事故应急救援体系的建立，《安全生产法》第六十八条规定："县级以上各地人民政府应当组织有关部门制定本行政区域内特大生产安全事故应急救援预案，建立应急救援体系。"

(2) 应急救援组织

危险物品的生产、经营、储存单位以及矿山与建筑施工单位应当建立应急救援组织；生产经营规模较小，可以不建立应急救援组织的，应当指定兼职的应急救援人员。

危险物品的生产、经营、储存单位以及矿山、建筑施工单位应当配备必要的应急救援器材、设备，并进行经常性维护、保养，保证正常运转。

(3) 政府各部门的职责

《安全生产法》第七十二条规定了有关地方人民政府和负有安全生产监督管理职责的部

门负责人接到重大生产安全事故报告后,应当立即赶到事故现场,组织事故抢救。

(4) 生产经营单位的职责

《安全生产法》第七十条对生产经营单位发生事故时,报警、接警和应急救援的实施等作了相应的规定。

6. 法律责任

《安全生产法》对违反法律法规的行为作出了明确的处罚规定,对象包括政府、生产经营单位、从业人员和中介机构。

《安全生产法》第七十七至九十三、九十五条明确指出了38种违法行为。在指出违法行为的同时也明确了对相应违法行为的处罚方式:对政府监督管理人员有降级、撤职的行政处罚;对政府监督管理部门有责令改正、责令退还违法收取的费用的处罚;对中介机构有罚款、第三方损失连带赔偿、撤销机构资格的处罚;对生产经营单位有责令限期改正、停产停业整顿、经济罚款、责令停止建设、关闭企业、吊销其有关证照、连带赔偿等处罚;对生产经营单位负责人有行政处分、个人经济罚款、限期不得担任生产经营单位的主要负责人、降职、撤职、处15日以下拘留(第九十一条)等处罚;对从业人员有批评教育、依照有关规章制度给予处分的处罚。无论任何人,造成严重后果,构成犯罪的,依照刑法有关规定追究刑事责任。

第三节 《危险化学品安全管理条例》简介

1987年,国务院颁布实施《化学危险品安全管理条例》。后来,国务院对《化学危险品安全管理条例》进行了修订,并更名为《危险化学品安全管理条例》并于2002年1月26日重新发布(国务院令第344号),于2002年3月15日起施行。2011年2月16日国务院第144次常务会议修订通过了新的《危险化学品安全管理条例》,自2011年12月1日起施行。

一、制定《危险化学品安全管理条例》的必要性

1.《化学危险品安全管理条例》已不适应我国经济发展的要求

1987年2月17日国务院颁布的《化学危险品安全管理条例》(以下简称原《条例》),对危险化学品的安全生产、使用、流通发挥了很大作用,促进了我国化学工业的发展。随着化学工业的快速发展,我国参与国际经济循环的程度逐步扩大,化工生产、使用、流通中安全管理也出现了一些新情况,如经济成分多样化、劳动用工形式多样化、机构改革与调整更需要强化依法行政,原《条例》已不能适应我国化学工业发展的需要。所以,为加强对危险化学品的管理,与国际惯例接轨,有效预防和控制化学事故造成的危害,有必要根据新形势、新情况尽快修改原《条例》。

2. 危险化学品事故的频繁发生要求政府部门要从严管理

危险化学品具有易燃、易爆、有毒、腐蚀等特点,其安全管理涉及生产、使用、经营、运输、储存和销毁处置等各个环节,每个环节都可能发生危及人和环境的重大事故。一些典型的事故案例更说明安全管理存在失之于宽的问题。如2000年9月29日,陕西省丹凤县境内铁峪铺镇化庙村,一辆载有5.2t剧毒氰化钠溶液的卡车不慎翻入312国道丹凤县汉江支流铁峪铺河内,其中5.1t氰化钠溶液溢出,造成河中生物大面积中毒死亡。事故发生后,中央领导作了一系列重要批示。各部门成立现场指挥部,采取了一系列补救措施。这次事故造成了巨大的经济损失和社会影响,国家调动了大量人力、物力。2001年11月1日,河南省洛阳市洛河氰化钠翻车事故,造成11.7t氰化钠泄漏,流入洛河。对此,中央领导当即作出重要批示。大量事故的发生暴露了我国安全管理和法规存在的问题,必须加快进行修改和完善。

二、《危险化学品安全管理条例》的主要内容

此处所述的《危险化学品安全管理条例》（以下简称《条例》）的主要内容仍以2002年1月26日公布的中华人民共和国国务院令第344号为准，相关修订内容请参见中华人民共和国国务院令第591号。

1. 总则

(1) 目的

为了加强对危险化学品的安全管理，保障人民生命、财产安全，保护环境。

(2) 适用范围

在中华人民共和国境内生产、经营、储存、运输、使用危险化学品和处置废弃危险化学品，必须遵守本条例的规定。

(3) 危险化学品的种类

本条例所称危险化学品，包括爆炸品、压缩气体和液化气体、易燃液体、易燃固体、自燃物品和遇湿易燃物品、氧化剂和有机过氧化物、有毒品和腐蚀品。

2. 危险化学品安全监管的部门职责

(1) 安监部门的职责

① 危险化学品生产、储存企业的设立及其改造、扩建的审查；

② 危险化学品包装物、容器专业生产企业的审查和定点；

③ 危险化学品经营许可证的发放；

④ 国内危险化学品的登记；

⑤ 危险化学品事故应急救援的组织和协调。

(2) 公安部门负责危险化学品的公共安全管理部门的职责

① 发放剧毒化学品购买证和准购证；

② 审查核发剧毒化学品公路运输通行证，对危险化学品道路运输安全实施监督。

(3) 质检部门的职责

① 发放危险化学品及其包装、容器的生产许可证；

② 对危险化学品及其包装、容器的产品质量实施监督。

(4) 环保部门的职责

① 调查废弃危险化学品污染事故和生态破坏事件；

② 调查重大危险化学品污染事故和生态破坏事件；

③ 有毒化学品事故现场的应急监测和进口危险化学品的登记。

(5) 铁路部门的职责

危险化学品铁路运输和铁路运输单位及其运输工具的安全管理及监督检查。

(6) 民航部门的职责

危险化学品航空运输和民航运输单位及其运输工具的安全管理及监督检查。

(7) 交通部门的职责

① 危险化学品公路、水路运输单位及其运输工具的安全管理；

② 对危险化学品水路运输安全实施监督；

③ 对危险化学品公路、水路运输单位、驾驶人员、船员、装卸人员和押运人员的资质认定。

(8) 卫生部门的职责

危险化学品的毒性鉴定和危险化学品事故伤亡人员的医疗救护工作。

(9) 工商部门的职责

依照有关部门的批准、许可文件，核发危险化学品生产、经营、储存、运输单位营业执照，并监督管理危险化学品的市场经营活动。

（10）邮政部门的职责

对邮寄危险化学品的监督检查。

3. 危险化学品安全监管的基本制度

（1）企业设立和建设项目安全审查批准制度

《条例》第九条、第十一条规定，设立剧毒化学品生产、储存企业和其他危险化学品生产、储存企业及改建、扩建项目要经政府审查批准。获批准后方可到工商行政部门办理登记注册。

（2）包装物、容器专业生产企业定点审批制度

《条例》第二十一条规定，危险化学品的包装物、容器，必须由省、自治区、直辖市人民政府经贸管理（安全监管）部门审查合格的专业生产企业定点生产，并经国务院质检部门认可的专业检测、检验机构检测、检验合格，方可使用。

（3）危险化学品经营许可制度

《条例》第二十七条、第二十八条（企业具备的条件）、第二十九条（申请范围及提供的相关证明材料）规定，国家对危险化学品经营实行许可制度，未经许可，任何单位和个人都不得经营销售危险化学品。

（4）危险化学品生产企业安全生产许可制度

《条例》第七条、第八条（企业具备的条件）规定，危险化学品生产、储存实行审批制度，未经审批，任何单位和个人都不得生产、储存危险化学品。

（5）危险化学品登记制度

《条例》第四十七条规定，国家实行危险化学品登记制度，并为危险化学品安全管理、事故预防和应急救援提供技术、信息支持。

（6）危险化学品运输企业资质条件审查制度

《条例》第三十五条规定，国家对危险化学品运输实行资质认定制度，未经资质认定，不得运输危险化学品。

（7）剧毒化学品准购、准运制度

①《条例》第三十四条对购买剧毒化学品作出严格规定，实行剧毒化学品准购证制度；

②《条例》第三十九条规定对通过公路运输剧毒化学品的，企业要申办剧毒化学品公路通行证。

（8）运输从业人员持证上岗制度

《条例》第三十七条规定，危险化学品运输企业应当对其驾驶员、船员、装卸管理人员、押运员进行有关安全知识培训，并经所在地的地市级交通管理部门考核合格，取得上岗证，方可上岗作业。

（9）危险化学品从业人员培训考核制度

《条例》第四条第二款规定，危险化学品单位从事生产、经营、储存、运输、使用危险化学品或处置废弃危险化学品活动的人员，必须接受有关法律、法规、规章和安全知识、专业技术、职业卫生防护和应急救援知识的培训，并经考核合格，取得上岗证，方可上岗作业。

（10）危险化学品从业单位化学事故应急预案、在役装置安全评价报告和废弃处置方案制度

①《条例》第十七条、第二十五条、第五十条分别规定，危险化学品单位应当制定本单位事故应急救援预案，并申报设区的市级人民政府负责危险化学品安全监督管理部门备案。

② 安全评价报告应在所在地安全监管部门备案。

③ 对转产、停产、停业或解散单位的设备等，危险化学品从业单位要制定处置方案，并报安全生产监督管理部门、环保部门、公安部门等备案。

4. 法律责任

(1) 危险化学品的行政执法人员的法律责任

《条例》第五十五条规定，对生产、经营、储存、运输、使用危险化学品或处置废弃危险化学品依法实施监督管理的有关部门工作人员，有下列行为之一的，依法给予降级或撤职的行政处分；触犯刑律的，依照刑法关于受贿罪、滥用职权罪、玩忽职守罪或者其他罪的规定，依法追究刑事责任：

① 利用职务上的便利收受他人财物或者其他好处，对不符合本条例条件的涉及生产、经营、储存、运输、使用危险化学品和处置废弃危险化学品的事项予以批准或者许可的；

② 发现未依法取得批准或者许可的单位和个人擅自从事有关活动或者接到举报后不予取缔或不依法予以处理的；

③ 对已经依法取得批准或者许可的单位和个人不履行监督管理职责，发现其不再具备本条例规定的条件而不撤销原批准、许可或者发现违反本条例的行为不予查处的。

(2) 危险化学品从业单位有关人员的法律责任

① 在安全批准、许可等方面，《条例》第五十七条规定，有下列行为之一的，负责危险化学品安全监督管理部门依据各自的职权予以关闭或者责令停产停业整顿：

• 未经批准或者未经工商登记注册，擅自从事危险化学品生产、储存的；

• 未取得危险化学品生产许可证，擅自开工生产危险化学品的；

• 未经审查批准，危险化学品生产、储存企业擅自改建、扩建的；

• 未取得危险化学品经营许可证或者未经工商登记注册，擅自从事危险化学品经营的；

• 生产、经营、使用国家明令禁止的危险化学品，或者用剧毒化学品生产灭鼠药以及其他可能进入人民日常生活的化学产品和日用化学品的。

② 在危险化学品单位的作业场所方面，《条例》第五十八条规定，企业未按有关规定设置相应的安全设施、设备，有关部门责令立即或者限期改正，处2万元以上10万元以下的罚款；触犯刑律的，对负有责任的主管人员和其他直接责任人员依照刑法关于危险物品肇事罪、重大责任事故罪或者其他罪的规定，依法追究刑事责任。

③ 在危险化学品包装物、容器等方面，《条例》第五十九条规定，有下列行为之一的，负责危险化学品安全监督管理部门依据各自的职权责令立即或者限期改正，处2万元以上20万元以下的罚款；逾期未改正的，责令停产停业整顿；触犯刑律的，对负有责任的主管人员和其他直接责任人员依照刑法关于危险物品肇事罪、生产销售伪劣商品罪或者其他罪的规定，依法追究刑事责任：

• 未经定点，擅自生产危险化学品包装物、容器的；

• 运输危险化学品的船舶及其配载的容器未按照国家关于船舶检验的规范进行生产，并经检验合格的；

• 危险化学品包装的材质、型式、规格、方法和单件质量（重量）与所包装的危险化学品的性质和用途不相适应的；

• 对重复使用的危险化学品的包装物、容器在使用前，不进行检查的；

• 使用非定点企业生产的或者未检测、检验合格的包装物、容器包装、盛装、运输危险化学品的。

④ 在危险化学品安全技术说明书、安全标签方面，《条例》第六十条规定，有下列行为之一的，危险化学品安全监督管理有关部门责令立即或者限期改正，处1万元以上5万元以

下的罚款；逾期不改正的，责令停产停业整顿：
- 危险化学品生产企业未在危险化学品包装内附有与危险化学品完全一致的化学品安全技术说明书，或者未在包装（包括外包装件）上加贴、拴挂与包装内危险化学品完全一致的化学品安全标签的；
- 危险化学品生产企业发现危险化学品有新的危害特性的，不立即公告并及时修订其安全技术说明书和安全标签的；
- 危险化学品经营企业销售没有安全技术说明书和安全标签的危险化学品的。

⑤ 在危险化学品单位发生危险化学品事故方面，《条例》第六十九条规定，未按照有关规定立即组织救援，或者不立即向有关部门报告，造成严重后果的，对负有责任的主管人员和其他直接责任人员依照刑法关于国有公司、企业工作人员失职罪或者其他罪的规定，依法追究刑事责任。《条例》第七十条规定，危险化学品单位发生危险化学品事故造成人员伤亡、财产损失的，应当依法承担赔偿责任；拒不承担赔偿责任或者其负责人逃匿的，依法拍卖其财产，用于赔偿。

第四节 危险化学品安全生产其他相关法律法规

一、《中华人民共和国职业病防治法》简介

2001年10月27日，中华人民共和国第九届全国人民代表大会常务委员会第二十四次会议通过《中华人民共和国职业病防治法》，自2002年5月1日起施行。全法共7章79条。

职业病防治工作的基本方针是"预防为主，防治结合"；管理的原则实行"分类管理、综合治理"。职业病一旦发生，较难治愈，所以职业病防治工作应抓致病源头，采取前期预防。职业病管理需要政府监督管理部门、用人单位、劳动者和其他相关单位共同履行自己的法定义务，才能达到预防为主的效果。

本法对劳动过程中职业病的防治与管理、职业病的诊断与治疗及保障有以下规定。

① 对从事接触职业病危害的作业的劳动者，用人单位应当按照国务院卫生行政部门的规定组织上岗前、在岗期间和离岗时的职业健康检查，并将检查结果如实告知劳动者。职业健康检查费用由用人单位承担。

用人单位不得安排未经上岗前职业健康检查的劳动者从事接触职业病危害的作业；不得安排有职业禁忌的劳动者从事其所禁忌的作业；对在职业健康检查中发现有与所从事的职业相关的健康损害的劳动者，应当调离原工作岗位，并妥善安置；对未进行离岗前职业健康检查的劳动者不得解除或者终止与其订立的劳动合同。

职业健康检查应当由省级以上人民政府卫生行政部门批准的医疗卫生机构承担。

② 用人单位应当为劳动者建立职业健康监护档案，并按照规定的期限妥善保存。

职业健康监护档案应当包括劳动者的职业史、职业病危害接触史、职业健康检查结果和职业病诊疗等有关个人健康资料。

劳动者离开用人单位时，有权索取本人职业健康监护档案复印件，用人单位应当如实、无偿提供，并在所提供的复印件上签章。

③ 发生或者可能发生急性职业病危害事故时，用人单位应当立即采取应急救援和控制措施，并及时报告所在地卫生行政部门和有关部门。卫生行政部门接到报告后，应当及时会同有关部门组织调查处理；必要时，可以采取临时控制措施。

对遭受或者可能遭受急性职业病危害的劳动者，用人单位应当及时组织救治、进行健康检查和医学观察，所需费用由用人单位承担。

④ 用人单位不得安排未成年工从事接触职业病危害的作业；不得安排孕期、哺乳期的女职工从事对本人和胎儿、婴儿有危害的作业。

⑤ 劳动者享有下列职业卫生保护权利：

- 获得职业卫生教育、培训；
- 获得职业健康检查、职业病诊疗、康复等职业病防治服务；
- 了解工作场所产生或者可能产生的职业病危害因素、危害后果和应当采取的职业病防护措施；
- 要求用人单位提供符合防治职业病要求的职业病防护设施和个人使用的职业病防护用品，改善工作条件；
- 对违反职业病防治法律、法规以及危及生命健康的行为提出批评、检举和控告；
- 拒绝违章指挥和强令进行没有职业病防护措施的作业；
- 参与用人单位职业卫生工作的民主管理，对职业病防治工作提出意见和建议。

用人单位应当保障劳动者行使前款所列权利。因劳动者依法行使正当权利而降低其工资、福利等待遇或者解除、终止与其订立的劳动合同的，其行为无效。

⑥ 医疗卫生机构发现疑似职业病病人时，应当告知劳动者本人并及时通知用人单位。

用人单位应当及时安排对疑似职业病病人进行诊断；在疑似职业病病人诊断或者医学观察期间，不得解除或者终止与其订立的劳动合同。疑似职业病病人在诊断、医学观察期间的费用，由用人单位承担。

⑦ 职业病病人依法享受国家规定的职业病待遇。用人单位应当按照国家有关规定，安排职业病病人进行治疗、康复和定期检查。用人单位对不适宜继续从事原工作的职业病病人，应当调离原岗位，并妥善安置。用人单位对从事接触职业病危害的作业的劳动者，应当给予适当岗位津贴。

⑧ 职业病病人的诊疗、康复费用，伤残以及丧失劳动能力的职业病病人的社会保障，按照国家有关工伤社会保险的规定执行。

⑨ 劳动者被诊断患有职业病，但用人单位没有依法参加工伤社会保险的，其医疗和生活保障由最后的用人单位承担；最后的用人单位有证据证明该职业病是先前用人单位的职业病危害造成的，由先前的用人单位承担。

二、《中华人民共和国消防法》简介

1998年4月29日，第九届全国人民代表大会常务委员会第二次会议通过《中华人民共和国消防法》。该法共分6章54条，对火灾预防、消防组织、灭火救援、法律责任作了详细规定。

1. 火灾预防

（1）建设工程的消防设计、施工必须符合国家工程建设消防技术标准

建设工程的消防设计图纸及有关资料报送公安消防机构审核；建筑工程竣工时，必须经公安消防机构进行消防验收；未经验收或者验收不合格的，不得投入使用。

（2）机关、团体、企业、事业等单位应当履行下列消防安全职责

① 落实消防安全责任制，制定本单位的消防安全制度、消防安全操作规程，制定灭火和应急疏散预案；

② 按照国家标准、行业标准配置消防设施、器材，设置消防安全标志，并定期组织检验、维修，确保完好有效；

③ 对建筑消防设施每年至少进行一次全面检测，确保完好有效，检测记录应当完整准确，存档备查；

④ 保障疏散通道、安全出口、消防车通道畅通，保证防火防烟分区、防火间距符合消

防技术标准；

⑤ 组织防火检查，及时消除火灾隐患；

⑥ 组织进行有针对性的消防演练；

⑦ 履行法律、法规规定的其他消防安全职责。

单位的主要负责人是本单位的消防安全责任人。

(3) 对于消防安全重点单位除以上职责外，还应当履行下列消防安全职责

① 确定消防安全管理人，组织实施本单位的消防安全管理工作；

② 建立消防档案，确定消防安全重点部位，设置防火标志，实行严格管理；

③ 实行每日防火巡查，并建立巡查记录；

④ 对职工进行岗前消防安全培训，定期组织消防安全培训和消防演练。

2. 消防组织

下列单位应当建立单位专职消防队，承担本单位的火灾扑救工作：

① 大型核设施单位、大型发电厂、民用机场、主要港口；

② 生产、储存易燃易爆危险品的大型企业；

③ 储备可燃的重要物资的大型仓库、基地；

④ 第①项、第②项、第③项规定以外的火灾危险性较大、距离公安消防队较远的其他大型企业；

⑤ 距离公安消防队较远、被列为全国重点文物保护单位的古建筑群的管理单位。

三、《使用有毒物品作业场所劳动保护条例》简介

2002年4月30日，国务院第57次常务会议通过《使用有毒物品作业场所劳动保护条例》，并以国务院令第352号公布、施行。本条例共有8章71条，具体规定如下。

① 制定本条例的目的是为了保证作业场所安全使用有毒物品，预防、控制和消除职业中毒危害，保护劳动者的生命安全、身体健康及其相关权益。

② 用人单位应当对劳动者进行上岗前的职业卫生培训和在岗期间的定期职业卫生培训，普及有关职业卫生知识，督促劳动者遵守有关法律、法规和操作规程，指导劳动者正确使用职业中毒危害防护设备和个人使用的职业中毒危害防护用品。劳动者经培训考核合格，方可上岗作业。

③ 用人单位应当为从事使用有毒物品作业的劳动者提供符合国家职业卫生标准的防护用品，并确保劳动者正确使用。

④ 用人单位应当组织从事使用有毒物品作业的劳动者进行上岗前职业健康检查。用人单位不得安排未经上岗前职业健康检查的劳动者从事使用有毒物品的作业，不得安排有职业禁忌的劳动者从事其所禁忌的作业。

⑤ 用人单位应当对从事使用有毒物品作业的劳动者进行定期职业健康检查。用人单位发现有职业禁忌或者有与所从事职业相关的健康损害的劳动者，应当将其及时调离原工作岗位，并妥善安置。用人单位对需要复查和医学观察的劳动者，应当按照体检机构的要求安排其复查和医学观察。

⑥ 用人单位应当对从事使用有毒物品作业的劳动者进行离岗时的职业健康检查；对离岗时未进行职业健康检查的劳动者，不得解除或者终止与其订立的劳动合同。用人单位发生分立、合并、解散、破产等情形的，应当对从事使用有毒物品作业的劳动者进行健康检查，并按照国家有关规定妥善安置职业病病人。

⑦ 用人单位对受到或者可能受到急性职业中毒危害的劳动者，应当及时组织进行健康检查和医学观察。

⑧ 从事使用有毒物品作业的劳动者在存在威胁生命安全或者身体健康危险的情况下，

有权通知用人单位并从使用有毒物品造成的危险现场撤离。

⑨ 劳动者应当学习和掌握相关职业卫生知识，遵守有关劳动保护的法律、法规和操作规程，正确使用和维护职业中毒危害防护设施及其用品；发现职业中毒事故隐患时，应当及时报告。作业场所出现使用有毒物品产生的危害时，劳动者应当采取必要措施，按照规定正确使用防护设施，将危险加以消除或者减小到最低限度。

四、《工伤保险条例》简介

2003 年 4 月 16 日国务院第五次常务会议讨论通过《工伤保险条例》，并以国务院令第 375 号公布，自 2004 年 1 月 1 日起施行。本条例共 8 章 64 条，具体内容如下。

1. 制定本条例的目的

制定本条例是为了保障因工作遭受事故伤害或者患职业病的职工获得医疗救治和经济补偿，促进工伤预防和职业康复，分散用人单位的工伤风险。

2. 认定为工伤的情形

职工有下列情形之一的，应当认定为工伤：

① 在工作时间和工作场所内，因工作原因受到事故伤害的；

② 工作时间前后在工作场所内，从事与工作有关的预备性或者收尾性工作受到事故伤害的；

③ 在工作时间和工作场所内，因履行工作职责受到暴力等意外伤害的；

④ 患职业病的；

⑤ 因工外出期间，由于工作原因受到伤害或者发生事故下落不明的；

⑥ 在上下班途中，受到机动车事故伤害的；

⑦ 法律、行政法规规定应当认定为工伤的其他情形。

3. 视同工伤的情形

职工有下列情形之一的，视同工伤：

① 在工作时间和工作岗位，突发疾病死亡或者在 48 小时之内经抢救无效死亡的；

② 在抢险救灾等维护国家利益、公共利益活动中受到伤害的；

③ 职工原在军队服役，因战、因公负伤致残，已取得革命伤残军人证，到用人单位后旧伤复发的。

4. 治疗

职工因工作遭受事故伤害或者患职业病进行治疗，享受工伤医疗待遇。

第五节 危险化学品安全生产相关规章制度

一、《危险化学品生产企业安全生产许可证实施办法》简介

国家安全生产监督管理局（国家煤矿安全监察局）令第 10 号《危险化学品生产企业安全生产许可证实施办法》2004 年 4 月 19 日由国家安全生产监督管理局（国家煤矿安全监察局）局务会议审议通过，从 2004 年 5 月 17 日起施行。

1. 制定本办法的目的

为严格规范危险化学品生产企业安全生产条件，做好危险化学品生产企业安全生产许可证的颁发管理工作，根据《安全生产许可证条例》和有关法律、行政法规，制定本实施办法。

2. 危险化学品生产企业的界定

危险化学品生产企业是指依法设立且取得企业法人营业执照的从事危险化学品生产的企

业，包括最终产品或者中间产品列入《危险化学品名录》的危险化学品的生产企业。

3. 取得安全生产许可证的条件

(1) 危险化学品生产企业应当建立、健全以下规章制度：

① 应当建立、健全主要负责人、分管负责人、安全生产管理人员、职能部门、岗位安全生产责任制；

② 应当制定从业人员的安全教育、培训、劳动防护用品（具）、保健品，安全设施、设备，作业场所防火、防毒、防爆和职业卫生，安全检查、隐患整改、事故调查处理、安全生产奖惩等规章制度；

③ 应根据危险化学品的生产工艺、技术、设备特点和原材料、辅助材料、产品的危险性编制岗位操作安全规程（安全操作法）和符合有关标准规定的作业安全规程。

(2) 危险化学品生产企业的安全投入应当符合安全生产要求。

(3) 危险化学品生产企业应当设置安全生产管理机构，配备专职安全生产管理人员。

(4) 危险化学品生产企业主要负责人、安全生产管理人员的安全生产知识和管理能力应当经考核合格。

(5) 特种作业人员应当经有关业务主管部门考核合格，取得特种作业操作资格证书。

(6) 危险化学品生产企业从业人员应当按照国家有关规定，经安全教育和培训并考核合格。

(7) 危险化学品生产企业依法参加工伤保险，为从业人员缴纳保险费。

(8) 危险化学品生产企业的厂房、作业场所和安全设施、设备、工艺应当符合下列要求：

① 国家和省、自治区、直辖市的规划和布局。

② 在设区的市规划的专门用于危险化学品生产、储存的区域内。

③ 危险化学品的生产装置和储存危险化学品数量构成重大危险源的储存设施，与下列场所、区域的距离必须符合有关法律、法规、规章和标准的规定。

- 居民区、商业中心、公园等人口密集区域；
- 学校、医院、影剧院、体育场（馆）等公共设施；
- 供水水源、水厂及水源保护区；
- 车站、码头（按照国家规定，经批准专门从事危险化学品装卸作业的除外）、机场以及公路、铁路、水路交通干线、地铁风亭及出入口；
- 基本农田保护区、畜牧区、渔业水域和种子、种畜、水产苗种生产基地；
- 河流、湖泊、风景名胜区和自然保护区；
- 军事禁区、军事管理区；
- 法律、行政法规规定予以保护的其他区域。

(9) 危险化学品生产企业有相应的职业危害防护设施，并为从业人员配备劳动防护用品。

(10) 危险化学品生产企业依法进行安全评价。

(11) 危险化学品生产企业应当按照国家有关标准，辨识、确定本企业的重大危险源。对已确定的重大危险源，应当有检测、评估和监控措施，定期检测、检查，并建立重大危险源检测、检查档案。

(12) 危险化学品生产企业对其可能发生的生产安全事故，应当采取下列措施：

① 编制危险化学品事故和其他生产安全事故应急救援预案；

② 有应急救援组织或者应急救援人员；

③ 应有专职消防队或义务消防队；

④ 配备必要的应急救援器材、设备。
4. 危险化学品生产企业安全生产许可证的申请和颁发
(1) 申请
① 中央管理的危险化学品生产企业（集团公司、总公司、上市公司）申请领取安全生产许可证，向国务院安全生产监督管理部门提出申请。
② 中央管理的危险化学品生产企业（集团公司、总公司、上市公司）所属分公司、子公司以及分公司、子公司下属的生产单位和中央管理的危险化学品生产企业以外的其他危险化学品生产企业申请领取安全生产许可证，向所在地省级安全生产许可证管理机关提出申请。
(2) 提交文件和资料
危险化学品生产企业申请领取安全生产许可证，应当提交下列文件、资料：
① 安全生产许可证申请书（一式三份）；
② 各种安全生产责任制文件（复制件）；
③ 安全生产管理规章制度和操作规程清单；
④ 设置安全生产管理机构和配备专职安全生产管理人员的文件（复制件）；
⑤ 主要负责人、安全生产管理人员、特种作业人员考核合格的证明材料；
⑥ 为从业人员缴纳工伤保险费的有关证明材料；
⑦ 具备资质的中介机构出具的安全评价报告；
⑧ 危险化学品事故应急救援预案；
⑨ 工商营业执照副本或者工商核准通知（复制件）。
(3) 受理
安全生产许可证颁发管理机关对申请人提交的申请书及文件、资料，应当按照下列规定分别处理：
① 申请事项不属于本机关职权范围的，应当即时出具不予受理的书面凭证，并告知申请人向相应的安全生产许可证颁发管理机关申请；
② 申请材料存在可以当场更正的错误的，应当允许或者要求申请人当场更正，并即时出具受理的书面凭证；
③ 申请材料不齐全或者不符合要求的，应当当场或者在5个工作日内书面一次告知申请人需要补正的全部内容，逾期不告之的，自收到申请材料之日起即为受理；
④ 申请材料齐全、符合要求或者按照要求全部补正的，自收到申请材料或者全部补正材料之日起为受理。
(4) 颁发
① 经审查符合本实施办法规定的，安全生产许可证颁发管理机关应当分别向危险化学品生产企业及其分公司、子公司以及分公司、子公司下属的生产单位颁发安全生产许可证。
② 安全生产许可证有效期为3年。安全生产许可证有效期满后继续生产危险化学品的，应当于安全生产许可证有效期满前3个月，按照本实施办法第十七条的规定向原安全生产许可证颁发管理机关提出延期申请，并提交本实施办法第十八条规定的文件、资料和安全生产许可证副本。
③ 危险化学品生产企业在安全生产许可证有效期内符合下列条件的，安全生产许可证有效期届满时，经原安全生产许可证颁发管理机关同意，不再审查，直接办理延期手续：
- 严格遵守有关安全生产的法律法规和本实施办法；
- 取得安全生产许可证后，加强日常安全生产管理，未降低安全生产条件；
- 接受安全生产许可证颁发管理机关及所在地人民政府安全生产监督管理部门的监督

检查;
- 未发生死亡事故。

④ 危险化学品生产企业在安全生产许可证有效期内有下列情形之一的,应当向原安全生产许可证颁发管理机关申请变更安全生产许可证：
- 变更主要负责人的；
- 变更隶属关系的；
- 变更企业名称的；
- 新建、改建、扩建项目经验收合格的。

⑤ 对决定批准延期、变更安全生产许可证的,安全生产许可证颁发管理机关应当收回原安全生产许可证,换发新的安全生产许可证。

5. 危险化学品生产企业安全生产许可证的监督管理

(1) 企业管理

① 已经建成投产的危险化学品生产企业在申请安全生产许可证期间,应当依法进行生产,确保安全；不具备安全生产条件的,应当进行整改并制定安全保障措施；经整改仍不具备安全生产条件的,不得进行生产。

② 危险化学品生产企业不得转让、冒用、买卖、出租、出借或使用伪造的安全生产许可证。

③ 危险化学品生产企业隐瞒有关情况或者提供虚假材料申请安全生产许可证的,安全生产许可证颁发管理机关不予受理,该企业在一年内不得再次申请安全生产许可证。

(2) 颁发管理机关的管理

① 安全生产许可证颁发管理机关应当坚持公开、公平、公正的原则,严格依照《危险化学品生产企业安全生产许可证实施办法》的规定审查、颁发安全生产许可证。

② 安全生产许可证颁发管理机关工作人员在安全生产许可证颁发、管理和监督检查工作中,不得索取或者接受危险化学品生产企业的财物,不得谋取其他利益。

③ 安全生产许可证颁发管理机关发现有以下情形之一的,应当撤销已经颁发的安全生产许可证：
- 超越职权颁发安全生产许可证的；
- 违反《危险化学品生产企业安全生产许可证实施办法》规定的程序颁发安全生产许可证的；
- 不具备《危险化学品生产企业安全生产许可证实施办法》规定的安全生产条件颁发安全生产许可证的；
- 以欺骗、贿赂等不正当手段取得安全生产许可证的。

④ 取得安全生产许可证的危险化学品生产企业有下列情形之一的,安全生产许可证颁发管理机关应当注销其安全生产许可证：
- 终止危险化学品生产活动的；
- 安全生产许可证被依法撤销的；
- 安全生产许可证被依法吊销的。

⑤ 设区的市、县级人民政府安全生产监督管理部门负责本行政区域内取得安全生产许可证的危险化学品生产企业的日常监督检查,并将监督检查中发现的问题及时报告安全生产许可证颁发管理机关。

⑥ 安全生产许可证颁发管理机关应当加强对危险化学品生产企业安全生产许可证的监督管理,建立、健全危险化学品生产企业安全生产许可证档案管理制度。

⑦ 安全生产许可证颁发管理机关应当将危险化学品生产企业安全生产许可证颁发管

理情况通报危险化学品生产企业所在地县级以上地方人民政府及其安全生产监督管理部门。

安全生产许可证颁发管理机关每6个月向社会公布一次取得安全生产许可证的危险化学品生产企业情况。

⑧ 省、自治区、直辖市人民政府安全生产监督管理部门应当于每年1月15日前，将本行政区域内上年度危险化学品生产企业安全生产许可证的颁发和管理情况报国务院安全生产监督管理部门。

二、危险化学品生产、储存建设项目安全审查制度

国家安全生产监督管理总局令第8号《危险化学品建设项目安全许可实施办法》于2006年8月10日由国家安全生产监督管理总局局长办公会议审议通过，从2006年10月1日起施行。

1. 安全审查的目的

① 为贯彻落实我国安全生产工作"安全第一、预防为主"的方针，保证危险化学品生产、储存建设项目的设计，符合安全生产条件。

② 进一步严格规范危险化学品生产、储存建设项目的安全生产监督管理，保证安全投入能够满足需要。

③ 防止和减少生产安全事故，保证人民生命、财产安全，保护环境。

2. 建设项目设立安全审查

① 建设项目选址时，建设单位应当对建设项目设立的下列安全条件进行论证：

• 建设项目内在的危险、有害因素对建设项目周边单位生产、经营活动或者居民生活的影响；

• 建设项目周边单位生产、经营活动或者居民生活对建设项目的影响；

• 当地自然条件对建设项目的影响。

② 申请建设项目设立安全审查前，建设单位应当选择有资质的安全评价机构对建设项目设立进行安全评价。

③ 申请建设项目设立安全审查。建设项目设立前，建设单位应当向建设项目安全许可实施部门申请建设项目设立安全审查，并提交下列文件、资料：

• 建设项目设立安全审查申请书；

• 建设（规划）主管部门颁发的建设项目规划许可文件（复印件）；

• 建设项目安全条件论证报告；

• 建设项目设立安全评价报告；

• 工商行政管理部门颁发的企业法人营业执照或者企业名称预先核准通知书（复印件）。

④ 受理建设项目设立安全审查。

• 对已经受理的建设项目设立安全审查申请，建设项目安全许可实施部门应当指派有关人员或者组织专家，对建设项目设立安全审查申请文件、资料进行审查；必要时，应当对建设项目进行实地核查。

• 负责审查的人员应当依据有关安全生产法律、法规、规章和标准，对建设项目安全可靠性和建设项目设立安全评价报告提出审查意见。

• 建设项目安全许可实施部门应当对负责审查的人员提出的审查意见进行审议，作出同意或者不同意建设项目设立的安全审查决定，并在受理申请之日起20日内向建设单位出具建设项目设立安全审查意见书。

3. 建设项目安全设施设计审查

（1）申请建设项目安全设施设计的审查

建设单位应当在建设项目安全设施设计全部完成后,向相应的建设项目安全许可实施部门申请建设项目安全设施设计的审查,并提交下列文件、资料:
① 建设项目安全设施设计的审查申请书;
② 建设项目设立安全审查意见书(复印件);
③ 设计单位的设计资质证明文件(复印件);
④ 建设项目安全设施设计专篇;
⑤ 审查时要求提供的其他材料。
(2) 受理的建设项目安全设施设计的审查
对已经受理的建设项目安全设施设计的审查申请,建设项目安全许可实施部门应当指派有关人员或者组织专家,对申请文件、资料进行审查,作出同意或者不同意建设项目安全设施设计专篇的决定,并出具建设项目安全设施设计的审查意见书。

4. 建设项目安全设施的竣工验收
(1) 建设项目安全设施的施工要求
① 建设项目安全设施的施工应当由取得相应工程施工资质的施工单位进行。
② 施工单位应当严格依照建设项目安全设施设计文件和施工技术标准、规范施工,并对建设项目安全设施的工程质量负责。
③ 施工单位应当编制建设项目安全设施施工情况报告。
(2) 建设项目安全设施竣工后,建设单位应保证正常使用
① 建设项目安全设施竣工后,建设单位应当按照有关安全生产的法律、法规、规章和标准的规定,对建设项目安全设施进行安全检验、检测,保证建设项目安全设施满足危险化学品生产、储存的要求,并处于正常适用状态。
② 建设单位制订试生产方案。
(3) 建设项目安全设施竣工验收前的安全评价
建设项目安全设施竣工验收前,建设单位应当按照规定选择有相应资质的安全评价机构对建设项目及其安全设施试生产(使用)情况进行安全评价。安全评价机构应当依据有关安全生产的法律、法规、规章及标准、规范进行评价,并对建设项目竣工验收安全评价报告的真实性负责。
(4) 申请建设项目安全设施竣工验收
建设项目投入生产(使用)前,建设单位应当向相应的建设项目安全许可实施部门申请建设项目安全设施竣工验收,并提交下列文件、资料:
① 建设项目安全设施竣工的验收申请书;
② 建设项目安全设施设计的审查意见书(复印件);
③ 施工单位的施工资质证明文件(复印件);
④ 建设项目安全设施施工情况报告;
⑤ 安全生产投入资金情况报告;
⑥ 建设项目竣工验收安全评价报告。
(5) 受理的建设项目安全设施竣工的验收申请
① 已经受理的建设项目安全设施竣工的验收申请,建设项目安全许可实施部门应当指派有关人员或者组织专家,对申请文件、资料进行审查,作出同意或者不同意建设项目安全设施投入生产(使用)的决定,并出具建设项目安全设施竣工验收意见书。
② 建设项目安全设施竣工验收意见书的有效期自建设项目安全许可实施部门决定之日起,至建设项目投入生产(使用)后取得有关危险化学品的其他安全生产许可证之日止。

思考与练习题

一、填空题

1. 《中华人民共和国安全生产法》自_____起施行；_____于 2002 年 1 月 26 日由中华人民共和国国务院令第 344 号公布，2011 年 1 月 26 日国务院第 144 次常务会议修订通过。

2. 中央管理的危险化学品生产企业（集团公司、总公司、上市公司）申请领取安全生产许可证，向_____部门提出申请；中央管理的危险化学品生产企业（集团公司、总公司、上市公司）所属分公司申请领取安全生产许可证，向_____管理机关提出申请。

3. 安全生产许可证有效期为_____年。安全生产许可证有效期满后继续生产危险化学品的，应当在安全生产许可证有效期满前_____月，按照《危险化学品生产企业安全生产许可证实施办法》第十七条的规定向原安全生产许可证颁发管理机关提出延期申请，并提交该实施办法第十八条规定的文件、资料和安全生产许可证副本。

4. 受理的建设项目安全设施设计的审查申请，建设项目安全许可实施部门应当指派有关人员或者组织专家，对申请文件、资料进行审查，作出_____建设项目安全设施设计专篇的决定，并出具建设项目安全设施设计的_____意见书。

二、判断题

1. 国家对危险化学品的生产和使用实行统一规划、合理布局和严格控制的政策。（ ）
2. 未取得危险化学品运输企业资质，擅自从事危险化学品公路、水路运输的企业，由交通部门依据职责对其进行处罚。（ ）
3. 建设项目设立未经安全审查批准，擅自从事危险化学品生产、储存的，依照《危险化学品安全管理条例》第五十七条的规定处罚。（ ）
4. 《安全生产许可证条例》施行前已经进行生产的危险化学品生产企业，不办理安全生产许可证可以继续进行生产。（ ）

三、简答题

1. 《安全生产法》中生产经营单位主要负责人的安全生产的职责是什么？
2. 《安全生产法》规定生产经营单位的从业人员有哪些权利和义务？
3. 在《危险化学品安全管理条例》中，危险化学品生产、储存企业必须具备哪些条件？
4. 危险化学品安全监督的基本制度有哪些？
5. 危险化学品生产企业取得安全生产许可证的安全条件是什么？
6. 建设项目安全设施竣工验收的主要内容是什么？

第二章　化工企业安全管理

第一节　化工生产与安全概述

随着社会经济的快速发展，化工产品在各个领域内得到广泛的应用，化工产品的需求量逐年递增，目前已知的化学品已达 1000 余万种，日常使用的 700 余万种，年产量已超过 4 亿吨，每年还有 1000 余种化学品问世。

我国是化学品生产大国，现在国内的一些主要化工产品产量已位于世界前列，如化肥、染料产量位居世界第一，农药、纯碱产量居世界第二，硫酸、烧碱居世界第三，合成橡胶、乙烯产量居世界第四，原油加工能力居世界第四等。化学工业已经成为国内工业的支柱产业之一。

化学工业是基础工业，既以其技术和产品服务于其他工业，也制约着其他工业的发展。化工企业的安全生产是国民经济健康持续发展的最基本保障条件之一。但是，由于不少化学品因其固有的易燃、易爆、有毒等危险特性，化学品泄漏、火灾、爆炸等事故的发生次数和频率也在不断增长，化学品造成的环境污染和对人民群众的生命安全、财产安全造成的威胁越来越严重。如何有效预防和控制化工生产企业事故，是当前我国化学工业健康快速发展迫切需要解决的问题。

一、化工生产的特点

随着化学工业的迅速发展，安全生产问题愈来愈突出。化工生产从安全的角度分析，不同于冶金、机械制造、基本建设、纺织和交通运输等部门，有其突出的特点。具体表现为以下几个方面。

1. 化工产品和生产方法的多样化

化工生产所用的原料、半成品、成品种类繁多，绝大部分是易燃、易爆、有毒、有腐蚀性的危险化学品。而化工生产中一种主要产品可以联产或副产几种其他产品，同时，又需要多种原料和中间体来配套。同一种产品往往可以使用不同的原料和采用不同的方法制得，如苯的主要来源有四个：炼油副产品、石脑油铂重整、裂解制乙烯时的副产品以及甲苯经脱烷基制取苯。而用同一种原料采用不同的生产方法，可得到不同的产品，如从化工基本原料乙烯开始，可以生产出多种化工产品。

2. 生产规模的大型化

近 20 年来，国际上化工生产采用大型生产装置是一个明显趋势。世界各国出现了以炼石脑油和天然气凝析液为原料，采用烃类裂解技术制造乙烯的大型石化工厂，生产乙烯的装置也由 20 世纪 50 年代的 10 千吨级跃升为 100~300 千吨级。我国已建成了许多年产 30 万吨以上的合成氨的大型化肥装置，目前新建的乙烯装置和合成氨装置大都稳定在 30 万~45 万吨/年的规模。

从安全角度考虑，大型化会带来重大的潜在危险性。

(1) 能量大增加了能量外泄的危险性

生产过程温度越高，设备内外压力差越大，对设备强度要求就越高，也就越难以保证。

原材料、半成品甚至产品在加工过程中外泄的可能性就会增大。一旦大量外泄，就会在很大范围燃烧、爆炸或产生易爆的蒸气云团或毒气云，给人民财产带来巨大的灾难。1984年印度博帕尔发生的异氰酸甲酯泄漏所造成的中毒事故，就是震惊世界的化学灾害事故。

（2）生产相互依赖、相互制约性大增

为了提高经济效益，把各种生产有机地联合起来，一个厂的产品就是另外一个厂的原料，输入输出只是在管道中进行，多数装置直接接合，形成直线连接，不仅规模变大而且更为复杂，装置间的相互作用强了，独立运转成为不可能。直线连接又容易形成许多薄弱环节，使系统变得非常脆弱。

（3）生产弹性减弱

放弃了中间储存设备，使弹性生产能力日益减弱。过去化工生产往往在工序或车间之间设置一定的储存能力，以调节生产的平衡，大型化必然带来连续化和自动控制操作，不可能也不必要再设置中间储存能力，但也因此导致生产弹性的减弱。

（4）控制集中化和自动化，使系统复杂化

没有控制的集中化和自动化也谈不上大型化。但控制设备和计算机也有一定的故障率，如果是开环控制，人是子系统的一员，人的低可靠性增大了发生事故的可能。

（5）设备要求日益严格

工厂规模大型化以后，对工艺设备的处理能力、材质和工艺参数要求更高。如轻油裂解、蒸汽稀释裂解的裂解管壁温要求都在900℃以上；合成氨、甲醇、尿素的合成压力要求都在10MPa以上；高压聚乙烯压缩机出口压力为350MPa；高速水泵转速达2500r/min；天然气深冷分离在−120～−130℃的条件下进行。这些严酷的生产条件，给设备制造带来极大的难度，同时也增加了潜在危险性的严重程度。

（6）大型化给社会带来威胁

工厂大型化基本上是在原有厂区上逐渐扩建的，大量职工的生活需求又使厂区与居民区越来越近，一旦发生事故，便会对社会造成巨大影响。

3. 工艺过程的连续化和自动控制

化工生产有间歇操作和连续操作之分。间歇操作的特点是各个操作过程都在一组或一个设备内进行，反应状态随时间而变化，原料的投入和产出都在同一地点，危险性原料和产品都在岗位附近。因此，很难达到稳定生产，操作人员的注意力十分集中，劳动强度也很大，这就容易发生事故。间歇生产方式不可能大型化，连续化和自动控制是大型化的必然结果。

连续操作的特点是各个操作程序都在同一时间内进行，所处理的原料在工艺过程中的任何一点或设备的任何断面上，其物理量或参数（如温度、压力，以及浓度、比热容、速率等）在过程的全部时间内，都要按规定要求保持稳定。这样便形成了一个从原料输入、物理或化学处理到形成产品的连续过程，原料不断输入，产品不断输出，使大型化成为可能。

连续大型化的生产很难想象能用人工控制。20世纪50年代在某些化工生产中使用负反馈的定值控制方式，使工艺过程比较平稳，后来随着工艺技术的发展，逐步进入了集中控制、自动控制和计算机控制，实现了工艺过程控制的自动化，保证了运转条件和产品质量的稳定，同时也提高了生产的安全性。

连续化生产的操作比间歇操作要简单，特别是各种物理量参数在正常运转的全部时间内是不变的；不像间歇操作不稳定，随时间变化经常出现波动。但连续化生产中，外部或内部产生的干扰非常容易侵入系统，影响各种参数发生偏离；由于各子系统的输入输出是连续的，上游的偏离量很容易传递到下游，进而影响系统的稳定。连续化生产装置和设备之间的相互作用非常紧密，输入输出问题也比间歇操作复杂，所以必须实现自动控制，才能保持稳定生产。自动控制虽然能增加运转的可靠性，提高产品质量和安全性，但也不是万无一失的。美国石油保险协会曾调查过炼油厂火灾爆炸事故原因,其中因控制系统发生故障而造成的事故即达6.1%,所以,即使采用自动控制手段,也应加强管理,搞好维护,不可掉以轻心。

4. 间歇操作仍是众多化工企业生产的主要方式

间歇操作的特点是所有操作阶段都在同一设备或地点进行。原料和催化剂、助剂等加入反应器内,进行加热、冷却、搅拌等操作,使之发生化学反应。经一段时间反应完成后,产品从反应器内全部或部分卸出,然后再加入新原料周而复始地进行新一轮的操作。

间歇操作适于生产批量较少而品种较多的化工产品,如染料、医药、精细化工产品等,这种生产方式仍是化工生产的重要方式之一。有些集中控制或半自动控制的化工装置也还残留着间歇操作的部分特性。

进行间歇操作时,由于人机接合面过于接近,发生事故很难躲避,岗位环境不良,劳动强度也大。因此,在中小型工厂中,如何改善间歇操作的安全环境和劳动条件,仍是当今化工安全的主攻方向。

5. 生产工艺条件苛刻

采用高温、高压、深冷、真空等工艺,可以提高单机效率和产品收率,缩短产品生产周期,使化工生产获得更大的经济效益。然而,与此同时,也对工艺操作提出更为苛刻的要求。首先,对设备的本质安全可靠性提出了更高的要求,否则,就极易因设备质量问题引发设备安全事故。其次,要求操作人员必须具备较为全面的操作知识、良好的技术素质和高度的责任心。最后,苛刻的工艺条件要求必须具备良好的安全防护设施,以防工艺波动、误操作等导致的事故,而对这些苛刻条件下的生产进行防护,无论从软件,还是到硬件都不是一件很容易的事情。而一旦不能做好,就会发生不可估量的事故。

基于上述特点,加之安全工作的疏忽常会发生事故,而且有些事故的后果还相当严重,其严重性可通过以下案例反映。

【案例2-1】某厂气体分馏装置在正常生产过程中,突然因管线断裂,大量丙烷气体泄出,并迅速扩散到邻近装置加热炉,遇明火而发生严重爆炸着火事故,不但使本装置造成摧毁性的破坏,而且使邻近的装置乃至居民区也遭到不同程度的损失,事故中造成85人伤亡。

【案例2-2】某市煤气公司液化石油气储罐站,因一个球罐破裂跑气发生爆炸着火,又发生连锁反应,导致整个储罐区共12个储罐全部被摧毁,死伤86人。

【案例2-3】1984年11月19日5时40分,墨西哥的首都近郊,国家石油公司所属的一个液化气供应中心站,发生瓦斯爆炸着火,使54个储罐及设施全部被摧毁,死亡490人,四千多人受伤,九百多人失踪,经济损失巨大。

【案例2-4】1994年11月2日,埃及艾斯龙特市石油基地储油罐区遭雷击起火,死亡500人。该油罐区储石油15000t,距居民区200m,但储罐区地势较高,火灾后,燃烧着的石油顺水流下而燃成火海。

【案例2-5】1998年10月18日,尼日利亚发生严重的输油管道泄漏火灾,造成700人丧生,原因是数百名村民争抢流淌出来的石油,此时,摩托车驶过,引起火灾。

二、安全在化工生产中的地位

1. 安全生产是化工生产的前提条件

化工生产具有易燃、易爆、易中毒,高温、高压、有腐蚀的特点,与其他行业相比,其危险性更大。操作失误、设备故障、仪表失灵、物料异常等,均会造成重大安全事故。无数的事故事实表明,没有一个安全的生产基础,现代化工就不可能健康正常地发展。

2. 安全生产是化工生产的保障

只有实现安全生产,才能充分发挥现代化工生产的优势,确保装置长期、连续、安全地运行。发生事故，必然使装置不能正常运行，造成经济损失，生产装置规模越大，停产1天的损失也越大，如年产30万吨的合成氨装置停产一天，就少生产合成氨1000t。开停车越频繁，经济损失越大，还丧失了大型化装置的优越性，同时也会造成装置本身的损坏，发生事故的可能性就越大。

3. 安全生产是化工生产的关键

化工新产品的开发、新产品的试生产必须解决安全生产问题，否则就不能形成实际生产过程。

总之，化工安全生产关系到国家的财产安全、人民的生活利益，以及职工的安康，是化工企业最根本的效益所在。安全生产关系到化工企业的经济效益和社会效益，是化工企业生存和发展的基石。在我国经济社会正处于高速发展的大好时期，化工生产安全管理尤其重要。

三、我国化工企业安全管理现状与对策

1. 化工企业安全管理的现状

改革开放以来，我国化学工业获得了飞速发展，它一方面拉动了国民经济的持续快速增长，另一方面，国民经济的快速发展又为化学工业提供了更大的市场空间，对化学工业提出了更高、更多的要求。要保证化学工业持续健康地快速发展，没有安全生产的保证是无法实现的。

按照生产力发展水平，我国的化工企业大致可分为三类。第一类为大公司、大集团，以及跨国公司以独资或合资形式新建的大型化工企业，有1000多家，这类企业设备设施、工艺技术、管理理念和管理方式都比较先进，事故较少发生。第二类为原化工部的县以上国有企业，有6000多家，这些企业的安全管理虽然有一定的基础，但多数先天不足，历史包袱沉重，显示困难多，安全隐患普遍存在，事故时有发生。第三类是乡镇和私营个体企业，约1.8万家，这些企业大多安全投入严重不足，从业人员素质低，安全生产隐患严重，事故多发。2003年，全国发生的危险化学品事故中约70%都发生在此类企业。总体而言，化工企业安全形势严峻，安全生产管理中存在以下问题。

(1) 领导者对安全生产工作重视不够

许多企业领导者片面追求生产进度，严重轻视安全工作，将"安全第一"仅仅停留在口头上，而在政策上、措施上和制度上搞的都是生产第一。特别是乡镇和私营个体企业的部分领导者为了当前的经济利益，对事故隐患视而不见，充耳不闻，更不愿进行长远的安全规划和必要的安全投入。不少事故看起来是发生在职工身上，但根子还是因企业领导者对安全工作重视不够，认识不足，存在麻痹思想和侥幸心理，致使安全生产管理工作处于一种松懈的状态。当然，不少企业领导者也抓了安全工作，但因认识不到位且缺乏必要的安全生产管理知识，安全工作常常抓不到点子上，使得安全生产管理工作始终不能上档次、上水平。

(2) 安全生产责任制落实不到位

相当多的企业虽然制定出了一系列安全生产的制度，也明确了安全生产职责，但仍然有对安全生产责任落实不到位的现象，只停留在开会讲话，只作一般性、原则性的动员和要求水平上。分管生产的领导忙于事务性工作，没有深入地开展调查研究，很少分析本单位安全生产工作存在的主要问题，或没有制定相应的整改措施。

(3) 安全教育培训工作力度不够

企业安全教育培训工作说起来都知道重要，但实际工作与要求差距甚远。安全培训工作许多企业也都搞了，钱也花了，但大多流于形式。原因主要是危险化学品安全生产培训教材和其他专业的教材一样，普遍存在的共性问题是教材内容陈旧，不能及时反映新理论、新技术、新工艺、新装备、新材料，而且安全生产方面理论知识内容较多，应用知识有些内容与

企业急需的安全生产技术不相适应。特别是实践教学方面，培训教材严重缺乏有关内容，严重影响化工企业安全生产培训的教学质量，会影响安全生产培训实际效果。

2. 加强企业安全生产管理的对策

针对化工企业安全生产管理中存在的种种问题，应采取如下措施来加强安全文化建设，切实提高企业安全管理水平。

(1) 努力提高企业主要领导者的安全意识

作为企业领导者，要站在深入贯彻落实科学发展观、构建和谐社会的高度，站在以人为本、确保人民生命财产安全的高度，站在确保企业又好又快发展的高度，充分认识安全生产的极端重要性。一要牢固树立安全发展的理念。明确安全发展就是要零事故发展。通过编制安全发展规划、制定配套和保障措施，确保"零"理念坚决落到实处。二要牢固树立安全第一的理念。在全体员工中牢固确立不安全不生产的思想，领导干部坚持靠前指挥，坚持现场管理，把安全生产抓细、抓实、抓好。三要牢固树立预防为主、综合治理的理念。把治理隐患、防范事故作为中心任务，标本兼治、重在治本，着力解决好影响制约化工企业安全生产的深层次问题，把握安全生产的主动权。四要牢固树立求实创新的理念。企业各二级单位都要立足找问题、查弱项，深入分析，扎实改进，深化安全管理规律的研究，实施安全管理创新，探索安全长效机制，创建本质安全型企业。

(2) 严格落实各级安全生产责任制

首先建立健全干部《安全管理行为规范》。要明确各级干部的安全职责，制定各级干部的安全工作标准，明确各级干部怎样抓安全，怎样抓好安全，使各级干部在安排工作、部署任务、检查落实时，按照自己的安全职责和行为规范约束自身的管理行为。同时认真组织学习，贯彻执行，严格考核。二是规范从业人员安全操作行为，建立健全每个员工的《岗位操作标准和行为规范》。让企业员工从上下班、班前会和施工、操作等方面养成良好的行为和操作习惯，使员工明确哪些是应该做的，哪些是不应该做的，增强员工的自主保安意识和操作技能，使工作现场的每道工序、每个环节都处于管理的可控状态，并形成规范的激励和惩处机制。三是严格落实安全责任追究制度，明确各级行政正职是本单位安全生产的第一责任人，其他各分管副职对职责范围内的安全工作负责。凡发生安全责任事故的，要严格按照事故管理制度进行责任追究，绝不姑息。同时对安全事故责任追究规定进一步细化责任、分解和落实，做到每起事故都能找到与事故责任相对应的责任人。

(3) 建设突出实用性强的安全生产培训教材体系

安全生产培训部门应按照党中央、国务院的要求，不断贴近化工企业安全生产发展实际、贴近基层、贴近化工企业从业人员，切实实现安全生产培训工作中心下移，从事故频发的根本原因出发，本着以人为本、安全第一的原则，深入分析化工企业从业人员安全生产素质的现状，组织编写实用性和科学性较强的危险化学品生产经营单位从业人员培训教材。

(4) 进行强制性全员安全教育培训

为提高化工企业从业人员的安全意识、安全操作技能和事故应急处置能力，逐步改善化工企业从业人员专业素质偏低的状况，必须通过强制性安全培训和教育来解决。因此，首先，各安全生产监督管理部门牵头组织所在行政区域内危险化学品企业，积极与安全生产培训机构协调，聘请具有丰富化工安全生产实践经验或从事化工职业技术教育的教师到化工企业集中地区，进行具有针对性强、实际应用比较广的安全生产技术及事故应急救援相关知识的培训，并且培训内容与危险化学品主要负责人、安全管理从业人员及其他从业人员安全生产资格考试有机结合，经考试合格者，可获得危险化学品主要负责人、安全生产管理人员及其他从业人员安全生产资格证书。其次，培训机构要对参加培训的化工企业从业人员进行严格考核，对考核合格的，发给资格证书；未经培训或培训考核不合格的，不得上岗作业。三是化工生产经营单位要建立经本企业、培训机构和从业人员签名的培训档案,真实记录培训、考核等情况。四是各级安全监管部门要将危险化学品从业人员安全培训纳入日常监察的重要内容,经常性地开展执法检查。要严把从业人员上岗准入关,安全生产执法人员发现企业未按要求对从业人员特别是危险工序作业人员进行安全培训的,将按照有关安全生产法律、法规和规章制度,严格惩处。

综上所述,坚持"安全第一、预防为主、综合治理",是确保化工安全生产的总则。目前,随着化工技术的进步与发展,在大量新设备、新技术应用于实际生产的同时,对化工安全生产管理也提出了更高的要求,因此化工安全管理工作必须要有新思路、新举措,并及时贯彻执行于实际工作中,从而提高安全生产管理整体水平,促进生产安全、员工安全、企业稳定、社会和谐。

第二节 安全生产管理基本概念

一、安全与本质安全

1. 安全

安全是指生产系统中人员免遭不可承受危险的伤害。在生产过程中,不发生人员伤亡、职业病或设备、设施损害或环境危害的条件,是指安全条件。不因人、机、环境的相互作用而导致系统失效、人员伤害或其他损失,是指安全状况。

2. 本质安全

本质安全是指设备、设施或技术工艺含有内在的能够从根本上防止发生事故的功能。具体内容包括以下两方面。

(1) 失误

指操作者即使操作失误,也不会发生事故或伤害,或者说设备、设施和技术工艺本身具有自动防止人的不安全行为的功能。

(2) 故障

指设备、设施或技术工艺发生故障或损害时,还能暂时维持正常工作或自动转变为安全状态。

本质安全是安全生产管理预防为主的根本体现,也是安全生产管理的最高境界。实际上,由于技术、资金和人们对事故的认识等原因,目前还很难做到本质安全,只能作为人们的奋斗目标。

二、危险与危险源

1. 危险

根据系统安全工程的观点,危险是指系统中存在导致发生不期望后果的可能性超过了人们的承受程度。从危险的概念可以看出,危险是人们对事物的具体认识,必须指明具体对象,如危险环境、危险条件、危险状态、危险物质、危险场所、危险人员、危险因素等。

一般用危险度来表示危险的程度。在安全生产管理中,危险度用生产系统中事故发生的可能性与严重性给出,即

$$R=f(F,C)$$

式中 R——危险度;
    F——发生事故的可能性;
    C——发生事故的严重性。

2. 危险源

从安全生产角度，危险源是指可能造成人员伤害、疾病、财产损失、作业环境破坏或其他损失的根源或状态。

三、安全生产与安全生产管理

1. 安全生产

《辞海》中将安全生产解释为：安全生产是指为预防生产过程中发生人身、设备事故，形成良好劳动环境和工作秩序而采取的一系列措施和活动。《中国大百科全书》中将安全生产解释为：安全生产指保护劳动者在生产过程中安全的一项方针，也是企业管理必须遵循的一项原则，要求最大限度地减少劳动者的工伤和职业病，保障劳动者在生产过程中的生命安全和身体健康。前者将安全生产解释为企业生产的一系列措施和活动；后者将安全生产解释为企业生产的一项方针、原则或要求。根据现代系统安全工程的观点，上述解释都代表了一个方面，但都不够全面。概括地说，安全生产是为了使生产过程在符合物质条件和工作秩序下进行，防止发生人身伤亡和财产损失等生产事故，消除或控制危险、有害因素，保障人身安全与健康、设备和设施免受损坏、环境免遭破坏的总称。

2. 安全生产管理

所谓安全生产管理，就是针对人们生产过程中的安全问题，运用有效的资源，发挥人们的智慧，通过人们的努力，进行有关决策、计划、组织和控制等活动，实现生产过程中人与机器设备、物料、环境的和谐，达到安全生产的目标。

安全生产管理的目标是减少和控制危害，减少和控制事故，尽量避免生产过程中由于事故所造成的人身伤害、财产损失、环境污染以及其他损失。安全生产管理包括安全生产法制管理、行政管理、监督检查、工艺技术管理、设备设施管理、作业环境和条件管理等。

安全生产管理的基本对象是企业的员工，涉及企业中的所有人员、设备设施、物料、环境、财务、信息等各个方面。安全生产管理的内容包括：安全生产管理机构和安全生产管理人员、安全生产责任制、安全生产管理规章制度、安全生产策划、安全培训教育、安全生产档案等。

四、安全生产方针

"安全第一、预防为主、综合治理"是我国的安全生产方针。安全生产方针为我国安全生产确定了总原则。

所谓"安全第一"就是在生产劳动过程中，把劳动安全卫生工作，特别是劳动者的生命安全与健康放在首位，作为生产劳动顺利进行的前提和保证。对于各级领导者和管理者来说，在处理保证安全与生产经营活动的关系上，要始终把安全放在首要位置，优先考虑从业人员和其他人员的人身安全，实行"安全优先"的原则，在确保安全的前提下，努力实现生产的其他目标。对于劳动者来说，则要珍惜自己和他人的生命与健康，在进行每项工作时，都要首先考虑在工作中可能存在哪些危险因素或事故隐患，应该采取哪些措施来防止事故的发生；同时要严格遵守、执行安全操作规程，杜绝违章操作，以避免伤害自己和他人。

所谓"预防为主"就是按照系统化、科学化的管理思想，按照事故发生的规律和特点，千方百计预防事故的发生，做到防患于未然，将事故消灭在萌芽状态。"预防"是实现安全生产、劳动保护的基础。它要求用人单位在整个生产劳动过程中提供符合劳动安全卫生规程和标准的劳动工具及劳动条件和环境，确保"物"处于安全状态；同时通过经常性的宣传、教育、培训，提高所有成员（包括各级领导、管理者和劳动者）的安全素质，尽可能减少人的不安全行为和管理缺陷。

所谓"综合治理"是指适应我国安全生产形势的要求，自觉遵守安全生产规律，正视安全生产工作的长期性、艰巨性和复杂性，抓住安全生产工作中的主要矛盾和关键环节，综合运用经济、法律、行政等手段，人管、法治、技防多管齐下，并充分发挥社会、职工、舆论的监督作用，有效解决安全生产领域的问题。

目前我国的安全生产既存在历史积淀的沉重包袱，又面临经济结构调整、增长方式转变带来的挑战，要从根本上解决安全生产问题，就必须实施综合治理。

"安全第一、预防为主、综合治理"的安全生产方针是一个有机统一的整体。"安全第一"是"预防为主"、"综合治理"的统帅和灵魂，没有"安全第一"的思想，"预防为主"就失去了思想支撑，"综合治理"就失去了整治依据。"预防为主"是实现"安全第一"的根本途径。只有把安全生产的重点放在建立事故隐患预防体系上，超前防范，才能有效减少事故损失，实现安全第一。"综合治理"是落实"安全第一"、"预防为主"的手段和方法。只有不断健全和完善综合治理工作机制，才能有效贯彻安全生产方针，真正把"安全第一、预防为主"落到实处，不断开创安全生产工作的新局面。

第三节 安全生产管理的基本原理

安全生产管理的原理是指从生产管理的共性出发，对生产管理中安全工作的实质内容进行科学分析、综合、抽象与概括所得出的安全生产管理规律。

安全生产原则是指在生产管理原理的基础上，指导安全生产活动的通用规则。

一、系统原理

1. 系统原理的含义

系统原理是现代管理科学中的一个最基本的原理。它是指人们在从事管理工作时，运用系统的观点、理论和方法对管理活动进行充分的系统分析，以达到管理的优化目标，即从系统论的角度来认识和处理企业管理中出现的问题。

一个基本的化工生产系统，其生产要素是生产者、生产工具和生产材料。生产者在一定的生产、环境条件下，利用生产工具将生产材料加工成人们所需要的化工产品。因此化工生产安全必定与生产者的行为、物的状态和环境的状态有关。安全生产管理的系统原理要求用系统论的观点、理论和方法来认识和分析、处理化工生产企业安全管理中出现的问题。

对化工生产企业安全管理来说，需要系统安全分析以下内容：

① 确定所分析的系统，即从安全角度把整个企业作为一个系统，对其进行充分的研究，确定各部门、各环节的安全问题。

② 分清安全管理的层次结构，明确从公司（工厂）、车间到班组的各级安全管理的职责和权利。

③ 对企业安全隐患进行定性、定量的评价，包括对曾经发生过的事故进行统计、分析，以便确定安全工作的管理重点，制定管理的总目标和各部门的局部目标。

④ 落实各级安全管理的职能和任务，选择最优的工作方案，以保证安全管理目标的实现。

2. 运用系统原理的原则

主要有动态相关性原则、整分合原则、反馈原则和封闭原则。

（1）动态相关性原则

动态相关性原则告诉人们，构成管理系统的各要素是运动和发展的，它们相互联系又相互制约。显然，如果管理系统的各要素都处于静止状态，就不会发生事故。

搞好安全生产，必须掌握与安全有关的所有对象要素之间的动态相关特性，充分利用相关因素的作用。如掌握人与人之间、人与设备之间、人与环境之间等的动态相关性是实现有效安全管理的前提。

(2) 整分合原则

高效的现代安全生产管理必须在整体规划下明确分工，在分工基础上进行有效的综合，这就是整分合原则。

整，就是企业管理者在制定整体目标和进行宏观决策时，必须将安全生产纳入其中，在考虑资金、人员和体系时，都必须将安全生产作为一项重要内容考虑。

分，就是安全管理必须做到明确分工，层层落实，建立健全安全生产组织体系和安全生产责任制，使每个部门、每个人员都有明确的目标和责任。

合，就是要强化安全管理部门的职能，树立其权威，以保证强有力的协调控制，实现有效综合。

(3) 反馈原则

反馈原则指的是成功的高效的管理，离不开灵敏、准确、迅速的反馈。有效的安全管理，应该及时收集、分析、处理、决策、反馈各种安全信息，及时采取行动，消除或控制不安全因素，使系统保持安全状态，达到安全生产的目标。

(4) 封闭原则

在任何一个管理系统内部，管理手段、管理过程等必须构成一个连续封闭的回路，才能形成有效的管理活动，这就是封闭原则。封闭原则告诉人们，在企业安全生产中，各管理机构之间、各种管理制度和方法之间，必须具有紧密的联系，形成相互制约的回路，才能确保安全生产管理有效。

二、人本原理

1. 人本原理的含义

在管理中必须把人的因素放在首位，体现以人为本的指导思想，这就是人本原理。以人为本有两层含义：一是一切管理活动都是以人为本展开的，人既是管理的主体，又是管理的客体，每个人都处在一定的管理层面上，离开人就无所谓管理；二是管理活动中，作为管理对象的要素和管理系统各环节，都需要由人来掌管、运作、推动和实施。

实施人本原理的措施如下：

① 企业要重视思想政治教育工作，加强企业安全文化的建设，营造人人重视安全、关注生命的良好氛围。

② 强化民主管理。通过民主管理手段使企业全体人员参与安全管理，最终实现自我管理和团队管理。

③ 激励职工行为。通过精神手段和物质手段激励职工的能动性，从而提高职工的工作效率。

2. 运用人本原理的原则

(1) 动力原则

推动管理活动的基本力量是人，管理必须有能够激发人的工作能力的动力，这就是动力原则。对于管理系统，有物质动力、精神动力和信息动力。

(2) 能级原则

现代管理认为，单位和个人都具有一定的能量，并且可以按照能量的大小顺序排列，形成管理的能级，就像原子中电子的能级一样。在管理系统中，建立一套合理能级，根据单位和个人能量的大小安排其工作，发挥不同能级的能量，保证结构的稳定性和管理的有效性，这就是能级原则。

(3) 激励原则

管理中的激励就是利用某种外部诱因的刺激，调动人的积极性和创造性。以科学的手段，激发人的内在潜力，使其充分发挥积极性、主动性和创造性，这就是激励原则。人的工作动力来源于内在动力、外部压力和工作吸引力。

三、预防原理

1. 预防原理的含义

安全生产管理工作应该做到预防为主,通过有效的管理和技术手段,减少和防止人的不安全行为和物的不安全状态,这就是预防原理。在可能发生人身伤害、设备或设施损坏和环境破坏的场合,事先采取措施,防止事故发生。

2. 运用预防原理的原则

(1) 偶然损失原则

事故后果以及后果的严重程度,都是随机的、难以预测的。反复发生的同类事故,并不一定产生完全相同的后果,这就是事故损失的偶然性。偶然损失原则告诉人们,无论事故损失大小,都必须做好预防工作。

(2) 因果关系原则

事故的发生是许多因素互为因果连续发生的最终结果,只要诱发事故的因素存在,发生事故是必然的,只是时间或迟或早而已,这就是因果关系原则。

(3) 3E 原则

造成人的不安全行为和物的不安全状态的原因可归结为技术原因、教育原因、身体和态度原因以及管理原因。针对以上四个方面的原因,可以采取三种防止对策,即工程技术(Engineering)对策、教育(Education)对策和法制(Enforcement)对策,即所谓 3E 原则。

(4) 本质安全化原则

本质安全化原则是指从一开始和从本质上实现安全化,从根本上消除事故发生的可能性,从而达到预防事故发生的目的。本质安全化原则不仅可以应用于设备、设施,还可以应用于建设项目。

四、强制原理

1. 强制原理的含义

采取强制管理的手段控制人的意愿和行为,使个人的活动、行为等受到安全生产管理要求的约束,从而实现有效的安全生产管理,这就是强制原理。所谓强制就是绝对服从,不必经被管理者同意便可采取控制行动。

2. 运用强制原理的原则

(1) 安全第一原则

安全第一就是要求在进行生产和其他工作时把安全工作放在一切工作的首要位置。当生产和其他工作与安全发生矛盾时,要以安全为主,生产和其他工作要服从于安全,这就是安全第一原则。

(2) 监督原则

监督原则是指在安全工作中,为了使安全生产法律法规得到落实,必须设立安全生产监督管理部门,对企业生产中的守法和执法情况进行监督。

第四节 事故致因理论

事故发生有其自身的发展规律和特点,了解事故的发生、发展和形成过程对于辨识、评价和控制危险具有重要意义。

事故致因理论着重解释事故发生的原因、原因之间的关系以及针对事故致因因素如何采取措施防止事故,是指导预防和控制事故工作的基本理论。

一、海因里希因果连锁论

该理论认为,伤亡事故的发生不是一个孤立的事件,尽管伤害可能在某瞬间发生,却是一系列具有一定因果关系的事件相继发生的结果。

1. 伤害事故连锁构成

海因里希把工业伤害事故的发生发展过程描述为具有一定因果关系的事件的连锁,即
① 人员伤亡的发生是事故的结果;
② 事故的发生原因是人的不安全行为或物的不安全状态;
③ 人的不安全行为或物的不安全状态是由于人的缺点造成的;
④ 人的缺点是由于不良环境诱发或者是由先天的遗传因素造成的。

2. 事故连锁过程影响因素

海因里希将事故因果连锁过程概括为以下五个因素。

(1) 遗传及社会环境

遗传因素及社会环境是造成人性格上的缺点的原因。遗传因素可能造成鲁莽、固执等不良性格;社会环境可能妨碍教育,助长性格的缺点发展。

(2) 人的缺点

人的缺点是使人产生不安全行为或造成机械、物质不安全状态的原因,它包括鲁莽、固执、过激、神经质、轻率等性格上的先天缺点,以及缺乏安全生产知识和技术等后天缺点。

(3) 人的不安全行为或物的不安全状态

所谓人的不安全行为或物的不安全状态是指那些曾经引起过事故,可能再次引起事故的人的行为或机械、物质的状态,它们是造成事故的直接原因。

(4) 事故

事故是由于物体、物质、人或放射线的作用或反作用,使人员受到伤害或可能受到伤害的、出乎意料之外的、失去控制的事件。

(5) 伤害

伤害是由于事故直接产生的人身伤害。

海因里希用多米诺骨牌来形象地描述这种事故因果连锁关系,如图 2-1 所示。

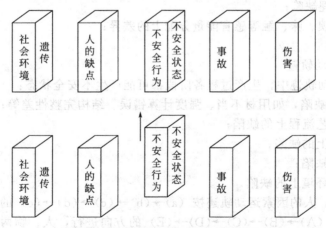

图 2-1 海因里希事故因果连锁模型

在多米诺骨牌系列中,一颗骨牌被碰倒了,则将发生连锁反应,其余的几颗骨牌相继被碰倒。如果移去连锁中的一颗骨牌,则连锁被破坏,事故过程被中止。海因里希认为,企业安全工作的中心就是防止人的不安全行为,消除机械或物质的不安全状态,中断事故连锁的

进程而避免事故的发生。

二、能量意外释放理论

1961年，吉布森提出了事故是一种不正常的或不希望的能量释放，各种形式的能量是构成伤害的直接原因。因此，应该通过控制能量或控制作为能量达及人体媒介的能量载体来预防伤害事故。

1966年，在吉布森的研究基础上，哈登完善了能量意外释放理论，提出"人受伤害的原因只能是某种能量的转移"，并提出了能量逆流于人体造成伤害的分类方法，将伤害分为两类：第一类伤害是由于施加了局部或全身性损伤阈值的能量引起的；第二类伤害是由影响了局部或全身性能量交换引起的，主要指中毒窒息和冻伤。哈登认为，在一定条件下，某种形式的能量能否产生造成人员伤亡事故的伤害取决于能量大小、接触能量时间长短和频率以及力的集中程度。根据能量意外释放理论，可以利用各种屏蔽来防止意外的能量转移，从而防止事故的发生。

三、轨迹交叉理论

该理论的主要观点是，在事故发展进程中，人的因素运动轨迹与物的因素运动轨迹的交点就是事故发生的时间和空间，即人的不安全行为和物的不安全状态发生于同一时间、同一空间，或者说人的不安全行为与物的不安全状态相通，则将在此时间、空间发生事故。

轨迹交叉理论作为一种事故致因理论，强调人的因素和物的因素在事故致因中占有同样重要的地位。按照该理论，可以通过避免人与物两种因素运动轨迹交叉，即避免人的不安全行为和物的不安全状态同时、同地出现，来预防事故的发生。

轨迹交叉理论将事故的发生发展过程描述为：基本原因→间接原因→直接原因→事故→伤害。上述过程被形容为事故致因因素导致事故的运动轨迹，具体包括人的因素运动轨迹和物的因素运动轨迹。

1. 人的因素运动轨迹

人的不安全行为基于生理、心理、环境、行为几个方面而产生：
(a) 生理、先天身心缺陷；
(b) 社会环境、企业管理上的缺陷；
(c) 后天的心理缺陷；
(d) 视、听、嗅、味、触等感官能量分配上的差异；
(e) 行为失误。

2. 物的因素运动轨迹

在物的因素运动轨迹中，生产过程各阶段都可能产生不安全状态：
(A) 设计上的缺陷，如用材不当、强度计算错误、结构完整性差等；
(B) 制造、工艺流程上的缺陷；
(C) 维修保养上的缺陷；
(D) 使用上的缺陷；
(E) 作业场所环境上的缺陷。

在生产过程中，人的因素运动轨迹按 (a)→(b)→(c)→(d)→(e) 的方向顺序进行，物的因素运动轨迹按 (A)→(B)→(C)→(D)→(E) 的方向进行，人、物两轨迹相交的时间与地点，就是发生伤亡事故的"时空"，也就导致了事故的发生。

值得注意的是，许多情况下人与物又互为因果。例如有时物的不安全状态诱发了人的不安全行为，而人的不安全行为又促进了物的不安全状态的发展，或导致新的不安全状态出现。因此，实际的事故并非简单地按照上述的人、物两条轨迹进行，而是呈现非常复杂的因果关系。

若设法排除机械设备或处理危险物质过程中的隐患,或者消除人为失误和不安全行为,使两事件链连锁中断,则两系列运动轨迹不能相交,危险就不会出现,就可避免事故发生。

对人的因素而言,强调工种考核,加强安全教育和技术培训,进行科学的安全管理,从生理、心理和操作管理上控制人的不安全行为的产生,就等于砍断了事故产生的人的因素运动轨迹。但是,对自由度很大,且身心、性格、气质差异较大的人是难以控制的,偶然失误很难避免。

在多数情况下,由于企业管理不善,使工人缺乏教育和训练或者机械设备缺乏维护、检修以及安全装置不完备,导致了人的不安全行为或物的不安全状态。

轨迹交叉理论突出强调的是砍断物的事件链,提倡采用可靠性高、结构完整性强的系统和设备,大力推广保险系统、防护系统、信号系统及高度自动化和遥控装置。这样,即使人为失误,构成(a)~(e)系列,也会因安全闭锁等可靠性高的安全系统的作用,控制住(A)~(E)系列的发展,可完全避免伤亡事故的发生。

因此,管理的重点应放在控制物的不安全状态上,即消除"起因物",当然就不会出现"施害物",砍断物的因素运动轨迹,使人与物的运动轨迹不相交叉,事故即可避免。这可通过图2-2加以说明。

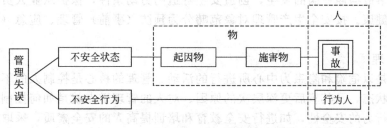

图 2-2 人与物两系列形成事故的系统

实践证明,消除生产作业中物的不安全状态,可以大幅度地减少伤亡事故的发生。例如,美国铁路列车安装自动连接器之前,每年都有数百名铁路工人死于车辆连接作业事故中,铁路部门的负责人把事故的责任归咎于工人的错误或不注意。后来,根据政府法令的要求,把所有铁路车辆都装上了自动连接器,结果,车辆连接作业中的死亡事故大大地减少了。

四、管理失误论

管理失误论事故致因模型,侧重研究管理上的责任,强调管理失误是构成事故的主要原因。

事故之所以发生,是因为客观上存在着生产过程中的不安全因素。此外还有众多的社会因素和环境条件,这一点在我国乡镇矿山更为突出。

事故的直接原因是人的不安全行为和物的不安全状态。但是,造成"人失误"和"物故障"的这一直接原因的原因却常常是管理上的缺陷。后者虽是间接原因,但它既是背景因素,又常是发生事故的本质原因。

人的不安全行为可以促成物的不安全状态;而物的不安全状态又会在客观上造成人所以有不安全行为的环境条件(如图2-3所示虚线)。

"隐患"来自物的不安全状态即危险源,而且和管理上的缺陷或管理人失误共同偶合才能形成。如果管理得当,及时控制,变不安全状态为安全状态,则不会形成隐患。客观上一旦出现隐患,主观上又有不安全行为,就会立即显现为伤亡事故。

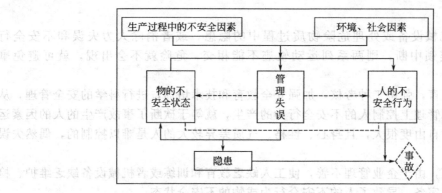

图 2-3 管理失误论事故致因模型

第五节 化工企业安全管理的基本内容

一、安全生产管理的分类

化工企业安全生产管理的基本任务是消除和控制生产经营系统中的各种危险与有害因素，预防伤亡事故与职业病的发生，创造安全舒适的劳动条件，保护从业人员在生产经营过程中的安全与健康。按安全生产管理对象范畴分为预防（事前）管理、应急（事中）管理和事后管理。

1. 预防管理

预防管理是以危险和隐患为中心所进行的活动，管理的核心是控制人的不安全行为和消除物的不安全状态，及其背后更深层次的原因。对人的管理重点就是如何控制人的不安全行为，提高人的行为的安全性，如进行安全教育和培训提高人的安全素质，采取激励手段使人自觉遵守安全规范等。对设备和环境的管理重点是消除和控制各种危险与有害因素。从管理角度，安全管理要计划、组织、实施各种安全技术，消除和控制生产经营系统中的各种危险与有害因素。如建设工程安全设施"三同时"，设备选购、安装、调试过程的安全监督、管理与把关，设备安全防护装置配备情况的检查，设备运行过程中安全状态的检查、检测，设备运行安全操作规程的制定，设备检修过程中的安全管理等。作业环境管理包括作业环境布置、有害物质散发情况、采光情况、安全标志等的检查改善，作业环境的设备、设施运行状况的检查等。

2. 应急管理

应急管理是以事故发生过程中的应对措施为中心所进行的活动，目的是通过组织应急救援措施和技术措施使事故发生过程中不造成严重后果或使后果尽可能小。具体包括建立应急管理体系，特别是制定实用性和操作性强的应急救援预案。事故发生时能及时启动应急管理体系，实施应急救援行动。

3. 事后管理

事后管理就是事故发生以后的管理，包括事故管理和工伤保险的管理。事故管理主要包括事故报告，事故的调查、分析、处理，事故的统计分析与报表等。工伤保险的管理主要是参加工伤社会保险的职工出现工伤后办理工伤理赔过程的管理工作，包括工伤的认定、劳动能力的鉴定、评残、补偿金的理赔办理等。

二、职业安全健康管理体系

职业安全健康管理体系是20世纪80年代后期国际上兴起的现代安全管理模式。它是一套系统化、程序化和具有高度自我约束、自我完善的科学管理体系。其核心是要求企业采用现代化的管理模式，使包括安全生产管理在内的所有生产经营活动科学、规范和有效，建立安全健康风险，从而预防事故发生和控制职业危害。这与我国"安全第一，预防为主"的基本工作方针相一致，目前大型企业，尤其是大的跨国公司一致采用的安全生产管理体系，具有很高的科学性、安全性和实效性。

1. 建立与实施职业安全健康管理体系的作用

① 有助于生产经营单位建立科学的管理机制，采用合理的职业安全健康管理原则与方法，持续改进职业安全健康绩效。

② 有助于生产经营单位积极主动地贯彻执行相关职业安全健康法律法规，并满足其要求。

③ 有助于大型生产经营单位（如跨国公司）的职业安全健康管理功能一体化。

④ 有助于生产经营单位对企业的生产过程、运行过程进行系统分析，对潜在事故或紧急情况作出响应。

2. 职业安全健康方针

生产经营单位在征询员工及其代表意见的基础上，制定出书面的职业安全健康方针政策，以规定其体系运行中职业安全健康工作的方向和原则，确定职业健康责任及绩效总目标，表明实现有效安全健康管理的正式承诺，并为下一步体系目标的策划提供指导性框架。

生产经营单位在制定、实施与评审职业安全健康方针时应充分考虑以下因素：

① 生产经营单位适用的职业安全健康法律、法规及其他要求；

② 生产经营单位的职业安全健康风险、活动性质及规模；

③ 生产经营单位过去和现在的职业安全健康绩效；

④ 持续改进的可能性和必要性；

⑤ 所需要的资源，包括人力、物力、财力、技术等；

⑥ 员工及其代表、承包方和其他外来人员的意见和建议；

⑦ 其他相关方的需求。

以确保方针政策实施与实现的可能性和必要性，确保职业安全健康管理体系与企业的其他管理体系协调一致。

3. 组织

组织的目的是要求生产经营单位为职业安全健康管理体系其他要素正确、有效地实施与运行而确立的组织保障。

（1）机构与职责

生产经营单位的最高管理者应对保护企业员工的安全与健康负全面责任，并应在企业内设立各级职业安全健康管理的领导岗位，针对那些对其活动、设施（设备）和管理过程的职业安全健康风险有一定影响的从事管理、执行和监督的各级人员，规定其作用、职责和权限，以确保职业安全健康管理体系的有效建立、实施与运行，并实现职业安全健康目标。

（2）培训、意识与能力

生产经营单位应建立并保持培训的程序，以便规范、持续地开展培训工作，确保员工具备必需的职业安全健康意识与能力。生产经营单位对培训计划的实施情况进行定期评审，评审时应有职业安全健康委员会的参与，如可行，应对培训方案进行修改，以保证它的针对性与有效性。

（3）协商与交流

生产经营单位应建立并保持程序，并作出文件化的安排，促进其有关职业安全健康信息与员工职业安全健康信息进行协商和交流。生产经营单位应在企业内建立有效的协商机制与协商计划,确保能有效地接收到所有员工的信息。

(4) 文件化

生产经营单位应保持最新与充分的并适合于企业实际特点的职业安全健康管理体系文件,以确保建立的职业安全健康体系在任何情况下均能得到充分理解和有效运行。

(5) 文件与资料控制

生产经营单位应制定书面程序,以便对职业安全健康文件的识别、批准、发布和撤销,以及对职业安全健康有关资料进行控制,确保其满足下列要求。

① 明确体系运行中哪些是重要岗位以及这些岗位所需的文件,确保这些岗位得到现行有效版本的文件。

② 无论在正常或者异常情况下,文件和资料都应便于使用和获取。

③ 转达到企业内所有相关人员或受其影响的人员。

④ 建立现行有效并需控制的文件与资料发放清单,并采取有效措施及时将失效文件和资料从所有发放和使用场所撤回,以防止误用。

⑤ 根据法律、法规的要求和保存知识的目的,对留存的档案性文件和资料应予以适当标识。

4. 计划与实施

计划与实施的目的是要求生产经营单位依据自身的危害与风险情况,针对职业安全健康方针的要求作出明确具体的规划,并建立和保持必要的程序或计划,以持续、有效地实施与运行职业安全健康管理规划。包括初始评审、目标、管理方案、运行控制、应急预案与响应。

(1) 初始评审

初始评审是指对生产经营单位现有职业安全健康管理体系及其相关管理方案进行评价,目的是依据职业安全健康方针总体目标和承诺的要求,为建立和完善职业安全健康管理体系中的各项决策(重点是目标和管理方案)提供依据,并为持续改进企业的职业安全健康管理体系提供一个能够测量的基准。

初始评审过程主要包括危害辨识、风险评价和风险控制的策划,法律、法规及其他要求两项工作。生产经营单位的初始评审工作应组织相关专业人员来完成,以确保初始评审的工作质量。

(2) 目标

职业安全健康目标是职业安全健康方针的具体化和阶段性体现,因此,生产经营单位在制定目标时,应以方针要求为框架,并应充分考虑下列因素以确保目标合理可行。

① 以危害辨识和风险评价的结果为基础,确保其对实现职业安全健康方针要求的针对性和持续渐进性。

② 以获取的适用法律、法规及上级主管机构和其他有关要求为基础,确保方针中守法承诺的实现。

③ 考虑自身技术与财务能力以及整体经营上有关职业安全健康的要求,确保目标的可行性与实用性。

④ 考虑以往职业安全健康目标、管理方案的实施与实现情况,以及以往事故、事件、不符合的发生情况,确保目标符合持续改进的要求。

(3) 管理方案

目的是制订和实施职业安全健康计划,确保职业安全健康目标的实现。生产经营单位的职业安全健康管理方案应简明,明确做什么事、谁来做、什么时间做,并定期对职业安全健康管理方案进行评审,以便于在管理方案实施与运行期间企业的生产活动或其内外部运行条件发生变化时，能够对管理方案进行修订，以确保管理方案的实施，实现职业安全健康目标。

(4) 运行控制

生产经营单位应对与所识别的风险有关并需采取控制措施的运行与活动建立和保持计划安排，在所有作业场所实施必要且有效的控制和防范措施，以确保制定的职业安全健康管理方案得以有效、持续地落实，从而实现职业安全健康方针、目标和遵守法律、法规的要求。

生产经营单位应对于材料与设备的采购和租赁活动建立并保持管理程序，以确保此项活动符合企业在租赁说明书中提出的职业安全健康方面的要求和相关法律、法规等的要求，并在材料设备使用之前能够做出安排，使其使用符合企业的各项职业安全健康要求。

生产经营单位应对于劳务或工程等的分包商或临时工的使用活动建立并保持管理程序，以确保企业的各项安全健康规定与要求适用于分包商及他们的员工。

生产经营单位应对于作业场所、工艺过程、装置、机械、运行程序和工作组织的设计活动包括它们对人的能力的适应，建立并保持管理程序，以便于从根本上消除或降低职业安全健康风险。

(5) 应急预案与响应

目的是确保生产经营单位主动评价其潜在事故与紧急情况发生的可能性及其应急响应的需求，制订相应的应急计划、应急自理的程序和方式，检验预期的响应效果，并改善其响应的有效性。

生产经营单位应依据危害辨识、风险评价和风险控制的结果，法律、法规等的要求，以往事故、事件和紧急状况的经历以及应急响应演练及改进措施效果的评审结果，针对其潜在事故、事件或紧急情况从预案与响应的角度建立并保持应急计划。

生产经营单位应就针对潜在事故与紧急情况的应急响应，确定应急设备的需要并予以充分的提供，并定期对应急设备进行检查与测试，确保其处于完好和有效状态。

生产经营单位应按预定的计划，尽可能采取符合实际情况的应急演练方式来检验应急计划的响应能力，特别是重点检验应急计划的完整性和应急计划中关键部分的有效性。

5. 检查与评价

检查与评价的目的是要求生产经营单位定期或及时发现体系运行过程或体系自身所存在的问题，并确定问题产生的根源或需要持续改进的地方。体系的检查与评价主要包括绩效测量与监测，事故、事件与不符合的调查，审核，管理评审。

(1) 绩效测量与监测

生产经营单位应建立绩效测量与监测程序，以确保监测职业安全健康目标的实现情况，能够支持企业的评审活动，并将绩效测量与监测的结果予以记录。

(2) 事故、事件、不符合及其对职业安全健康绩效影响的调查

目的是建立有效的程序，对生产经营单位的事故、事件、不符合进行调查、分析和报告，识别和消除此类情况发生的根本原因，防止其再次发生，并通过程序的实施，发现、分析和消除不符合的潜在原因。生产经营单位应保存对事故、事件、不符合的调查、分析和报告的记录，按法律法规的要求，保存一份所有事故的登记簿，并登记可能有重大职业安全健康后果的事件。

(3) 审核

目的是建立并保持定期开展职业安全健康管理体系审核的方案和程序，评价生产经营单位职业安全健康管理体系及其要素的实施能否恰当、充分、有效地保护员工的安全与健康，预防各类事故的发生。

生产经营单位职业安全健康管理体系审核应主要考虑自身的职业安全健康方针、程序及

作业场所的条件和作业规程，以及适用的职业安全健康法律、法规及其他要求。所制订的审核方案和程序应明确审核人员的能力要求、审核范围、审核频次、审核方法和报告方式。

(4) 管理评审

目的是要求生产经营单位的最高管理者依据自己预定的时间间隔对职业安全健康管理体系进行评审，以确保体系的持续适宜性、充分性和有效性。

生产经营单位的最高管理者在实施管理评审时应主要考虑绩效测量与监测的结果，审核活动的结果，事故、事件、不符合的调查结果和可能影响企业职业安全健康管理体系的内、外部因素及各种变化，包括企业自身变化的信息。

6. 改进措施

目的是要求生产经营单位针对组织职业安全健康管理体系绩效测量与监测，事故、事件调查，审核和管理评审活动所提出的纠正与预防措施的要求，制订具体的实施方案并予以保持，确保体系的自我完善功能，并不断寻求方法持续改进生产经营单位自身职业安全健康管理体系及其职业安全健康绩效，从而不断消除、降低或控制各类职业安全健康危害和风险。改进措施主要包括纠正与预防措施和持续改进两个方面。

(1) 纠正与预防措施

生产经营单位针对职业安全健康管理体系绩效测量与监测，事故、事件调查，审核和管理评审活动所提出的纠正与预防措施的要求，应制订具体的实施方案并得以保持，确保体系的自我完善功能。

(2) 持续改进

生产经营单位应不断寻求方法持续改进自身职业安全健康管理体系及其职业安全健康绩效，从而不断消除、降低或控制各类职业安全健康危害和风险。

三、企业安全生产规章制度

企业安全生产规章制度是生产经营单位根据其自身的生产经营范围、作业危险程度、工作性质及其具体工作内容的不同依据国家的有关法律、法规、规章、标准，有针对性地规定的、具有可操作性的、保障安全生产的工作运行制度，是企业安全生产的管理标准。

1. 企业安全生产规章制度的作用

(1) 明确安全生产职责

企业的安全生产规章制度明确了本单位各岗位从业人员的安全生产职责，使全体从业人员都知道"谁应干什么"或"什么事应由谁干"，避免为实现安全生产应干的事没有人干，有利于避免互相推卸责任，有利于各在其位、各司其职、各尽其责。

(2) 规范安全生产行为

企业的安全生产规章制度和安全操作规程，明确了全体从业人员在履行安全生产管理职责或生产操作时应"怎样干"，有利于规范管理人员的管理行为，提高管理的质量；有利于规范生产操作人员的操作行为，避免因不安全行为而导致发生事故。

(3) 建立和维护安全生产秩序

企业的安全生产规章制度明确规定了贯彻执行国家安全生产法律法规的具体办法、生产的工艺规程和安全操作规程等安全生产规章制度，使企业能建立起安全生产的秩序。

企业的安全生产规章制度建立了安全生产的制约机制、激励机制，能有效地制止违章和违纪行为，激励每个劳动者自觉严格地遵守国家安全生产的法律法规和本单位的安全生产规章制度，有利于企业完善安全生产条件，维护安全生产秩序。

2. 企业安全生产规章制度的分类

企业的安全生产规章制度可概括划分为安全生产管理制度和安全操作规程两大类。前者是各种安全生产管理制度、管理规程、管理标准的总称；后者是各种安全操作规程、操作标准的总称。

(1) 安全生产管理制度

企业的安全生产管理制度可按安全管理所面向的对象分为综合安全生产管理制度、安全技术管理制度和职业健康管理制度。

综合安全生产管理制度主要包括安全生产管理总则、安全生产责任制、安全生产教育制度、安全生产检查制度、安全生产奖惩制度、安全技术措施管理制度、安全生产设施管理制度、危险作业安全管理制度、危险点安全管理制度、劳动防护用品发放管理制度、事故隐患管理制度、事故管理制度、"三同时"管理制度、发包（承包）安全生产管理制度、出租（承租）安全生产管理制度、防火安全管理制度、安全生产会议制度、安全生产值班制度、特种作业人员安全管理制度和厂内道路交通安全管理制度等。

安全技术管理制度主要包括生产工艺规程（安全技术规程）、各种生产设备（设施）的安全技术标准、特种设备安全管理制度、易燃易爆有毒有害物品安全生产管理制度。

职业健康管理制度主要包括女工保护制度、未成年工保护制度、控制加班加点管理制度、防暑降温管理制度、防寒保暖管理制度、有毒有害作业场所环境监测制度、从事有毒有害作业人员体检制度、保健食品发放管理制度、防止职业中毒管理制度和职业病管理制度等。

(2) 安全操作规程

安全操作规程包括两大类。

① 各种生产设备的安全操作规程。这类制度主要包括生产设备的安全操作规程，规定了正确操作设备的程序、方法。只要按规程规定操作，就可以防止操作中发生因操作不当而导致的设备损坏事故和伤亡事故。

② 各岗位的安全操作规程。这些规程明确了各岗位生产工作全过程各工序的正确的安全操作方法。只要按规程规定操作，就可以防止操作中因不安全行为导致的伤亡事故。

这两类安全操作规程的根本内容是一样的，只是侧重点不同。设备安全操作规程注重生产设备的操作，也即"物的安全"；而岗位安全操作规程则是侧重于人的行为，也即"人的安全"。

3. 安全生产责任制

《安全生产法》明确规定生产经营单位必须建立、健全安全生产责任制。安全生产责任制是生产经营单位各项安全生产规章制度的核心，是生产经营单位行政岗位责任制和经济责任制度的重要组成部分，也是最基本的职业安全健康管理制度。

安全生产责任制是根据"谁主管谁负责"、"管生产必须管安全"的原则，对生产经营单位各级领导、各职能部门及其工作人员和各岗位生产从业人员所规定的在他们各自职责范围内安全生产应负责任的制度。

安全生产责任制分各级各类人员安全生产责任制及各职能部门安全生产责任制。各级各类人员包括企业主要负责人、主管安全生产副厂级及其他副厂级负责人、工程师、车间主任、班组长及职工；各职能部门包括生产管理部门、办公室（含劳动、教育等综合部门）、安全（消防）部门、机修部门、财务部门、技术部门、工会等。

企业各级各类人员的安全职责如下所述。

(1) 企业主要负责人的安全职责

企业主要负责人是指对生产经营活动具有指挥权、决策权的人，是本单位安全生产的第一责任人。企业主要负责人要依法履行安全生产职责。其主要职责如下。

① 建立、健全本单位的安全生产责任制。

② 组织制定并督促落实安全生产规章制度和操作规程。

③ 保证安全生产投入的有效实施。
④ 督促检查安全生产工作,及时消除生产安全事故隐患。
⑤ 组织制定并实施生产安全事故应急救援预案。
⑥ 及时、如实报告生产安全事故。

(2) 主管安全生产副厂长(副经理)的安全职责
① 协助企业主要负责人抓好全面安全生产工作,对本企业安全生产负具体领导责任。
② 组织、领导安全生产检查,落实整改措施,及时解决生产中不安全的问题。
③ 负责安排编制安全生产劳动保护措施计划并组织实施。
④ 组织安全教育培训,有计划地对各类人员进行安全技术培训、考核工作。
⑤ 组织安全生产检查,落实整改措施及经费的使用。
⑥ 组织落实事故隐患的整改工作,确保安全生产。

(3) 其他副厂长(副经理)的安全职责
① 根据本单位职责分工对主管范围内的安全生产工作人员负具体领导责任。
② 做好分管部门的安全教育工作。
③ 负责督促检查分管部门岗位责任制的落实和事故隐患的排查与消除。
④ 负责落实安全技术部门的安全技术措施。
⑤ 负责检查分管部门的设备、设施的维修工作,严格控制危险部位动火操作,组织完成分管部门安全生产计划的落实。

(4) 工程师的安全职责
① 认真贯彻落实安全技术标准和要求,对本单位的安全生产和技术管理方面负主要责任。
② 负责本单位特种设备的安全技术管理,防止因设备缺陷而发生生产安全事故。
③ 负责本单位新设备、新工艺、新产品、新配方、新材料的安全生产交底、指导工作。
④ 负责组织查清生产安全事故的技术原因,做好防止重复发生同类事故的技术措施。

(5) 安全管理人员的安全职责
① 安全管理人员必须认真贯彻执行国家的安全生产方针、政策和安全生产法规。
② 加强员工安全教育,严格执行安全规章制度和操作规程,组织安全大检查,发现不安全的因素及时提出整改,发生事故做到"四不放过"的原则。
③ 落实安全技术措施,监督检查执行情况。
④ 深入安全管理现场,协助解决问题,提出合理化工作建议和改进措施。
⑤ 参加企业伤亡事故的调查处理,负责对伤亡事故的统计、分析和报告,协助有关方面制定防范措施,并督促按期落实。
⑥ 建立安全活动档案,记录台账。

(6) 车间主任(分公司经理)的安全职责
① 认真贯彻落实安全生产法律法规及本单位的规章制度,对本车间的职工在生产、经营过程中的安全负全面责任。
② 定期研究分析本车间的安全生产情况,制定事故隐患排查、解决办法。
③ 组织并参加本部门的安全检查,及时消除事故隐患。
④ 定期对职工进行安全教育,对新入厂职工、转岗职工进行上岗前的安全教育及"三级教育"中的车间教育内容。
⑤ 及时发现、纠正、处理违章操作行为。
⑥ 负责本车间生产流程的安全生产工作,落实安全整改措施,监督班组长岗位责任制的落实。

⑦ 发生工伤事故，立即组织抢救，保护现场，及时上报安全主管部门，采取措施，防止事故进一步蔓延。

⑧ 负责监督检查职工劳动保护用品的使用情况。

(7) 班组长的安全职责

① 负责领导本班组职工严格执行本单位的规章制度和操作规程，保证本班组职工的生产安全。

② 负责落实本班组职工"三级教育"中的班组教育内容，对新上岗的职工要做好安全技术交底，严格岗位责任制的落实。

③ 对违反操作规程的职工有权制止，对查出的事故隐患要立即采取措施。

④ 负责本班组设备、设施的安全巡视工作，发现问题及时上报。

⑤ 发现工伤事故应立即上报，并立即采取措施保护现场。

(8) 职工的安全职责

① 认真学习并严格遵守各项规章制度，不违章作业，严格遵守安全操作规程，对本岗位的安全生产负直接责任。

② 正确操作，精心维护和使用设备。

③ 及时、正确判断和处理各种事故苗头，采取有效措施，消除隐患。

④ 正确使用各种防护用品和灭火器材。

⑤ 积极参加各种安全活动、岗位练兵和事故预案演练。

⑥ 有权拒绝违章作业指挥，有权向上级报告违章作业行为，有权向监督管理部门报告本单位的重大事故隐患和生产安全事故。

⑦ 特种作业人员必须持有特种作业证件上岗，无证人员不准进行操作。

4. 安全生产教育培训制度

安全生产教育培训制度是安全生产的先导性工作。为使安全生产顺利进行，企业必须完善安全教育培训机制，提前开展多种形式的安全生产教育培训工作，使从业人员具备相应的安全意识、安全知识与技能，否则，"人的不安全行为"就随时可能出现，事故也随时有可能发生。

安全生产教育亦称安全教育，是企业为提高职工安全技术水平和防范事故能力而进行的教育培训工作。安全教育是企业安全管理的重要内容，与消除事故隐患、创造良好劳动条件相辅相成，二者缺一不可。安全教育是贯彻经营单位方针、目标，实现安全生产和文明生产、提高员工安全意识和安全素质、防止产生不安全行为、减少人为失误的重要途径。

安全生产教育培训制度作为加强安全生产管理，进行事故预防的重要而且有效的手段，其重要性首先在于提高经营单位管理者及员工做好安全生产管理的责任感和自觉性，帮助其正确认识和学习职业安全健康法律法规、基本知识；其次是能够普及和提高员工的安全技术知识，增强安全操作技能，从而保护自己和他人的安全与健康。

(1) 有关开展安全教育的规定

《安全生产法》第二十条规定：生产经营单位的负责人和安全生产管理人员必须具备与本单位所从事的生产经营活动相应的安全生产知识和管理能力。危险物品的生产、经营、储存单位以及矿山、建筑施工单位的主要负责人和安全生产管理人员，应当由有关主管部门对其安全生产知识和管理能力考核合格后方可任职。考核不得收费。第二十一条规定：生产经营单位应当对从业人员进行安全生产教育和培训，保证从业人员具备必要的安全生产知识，熟悉有关安全生产规章制度和安全操作规程，掌握本岗位的安全操作技能。未经安全生产教育和培训合格的从业人员，不得上岗作业。第二十二条规定：生产经营单位采用新工艺、新技术、新材料或者使用新设备，必须了解、掌握其安全技术特性，采取有效的安全防护措施,并对从业人员进行专门的安全教育和培训。第二十三条规定:生产经营单位的特种作业人员必须按照国家有关规定经专门的安全作业培训,取得特种作业操作资格证书,方可上岗作业。特种作业人员的范围由国务院负责安全生产监督管理的部门会同国务院有关部门确定。第三十六条规定:生产经营单位应当教育和督促从业人员严格执行本单位的安全生产规章制度和安全操作规程;并向从业人员如实告知作业场所和工作岗位存在的危险因素、防范措施以及事故应急措施。第五十条规定:从业人员应当接受安全生产教育和培训,掌握本职工作所需的安全生产知识,提高安全生产技能,增强事故预防和应急处理能力。

(2) 安全生产教育培训的方法和形式

安全教育的方法和一般教学的方法一样,具体的方法如下。

① 讲授法。这是教学常用的方法,具有科学性、思想性、严密的计划性、系统性和逻辑性。

② 谈话法。是通过对话的方式传授知识的方法,一般分为启发式谈话和问答式谈话。

③ 读书指导法。是通过指定教科书或阅读资料的学习来获取知识的方法。这是一种自学方式,需要学习者具有一定的自学能力。

④ 访问法。是对当事人的访问,现身说法,获得知识和见闻。

⑤ 练习与复习法。涉及操作技能方面的知识往往需要通过练习来加以掌握。复习是防止遗忘的主要手段。

⑥ 研讨法。通过研讨的方式,相互启发、取长补短,达到深入消化、理解和增长新知识的目的。

⑦ 宣传娱乐法。通过宣传媒体,寓教于乐,使安全的知识和信息通过潜移默化的方式深入职工之中。

安全教育的形式有:每天的班前班后会上说明安全注意事项;安全活动日;安全生产会议;各类安全生产业务培训班;事故现场会;张贴安全生产招贴画、宣传标语、标志;安全文化知识竞赛等。

5. 安全生产检查制度

(1) 安全检查的含义及法律规定

安全检查是根据企业的生产特点,对生产过程中的安全进行经常性的、突击性的或者专业性的检查。

企业在生产过程中,必然会产生机械设备的消耗、磨损、腐蚀和性能改变。生产环境也会随着生产过程的进行而发生改变,如尘、毒、噪声的产生、逸散、滴漏。随着生产的延续,职工的疲劳强度加大,安全意识有所减弱,从而产生不安全行为。上述因素都是生产过程中的事故隐患。随着生产的发展,现代化进程的加快,新技术、新工艺、新设备不断涌现,从而产生新的不可预知的安全问题。上述问题如果不及时发现,将会对安全生产产生威胁。为此,开展经常性的、突击性的、专业性的安全检查,不断地、及时地发现生产中的不安全因素,并及时予以消除,才能预防事故和职业病的发生,做到"安全第一、预防为主"。实践证明,安全检查是企业安全生产的重要措施,是安全管理的重要内容。

《安全生产法》规定:"生产经营单位的安全管理人员应当根据本单位的生产经营特点,对安全状况进行经常性检查;对检查中发现的安全问题,应当立即处理;不能处理的,应当及时报告本单位的有关负责人。检查及处理情况应当记录在案。"

(2) 安全检查的内容

安全检查的内容根据不同企业、不同检查目的、不同时期各有侧重,概括起来可以分为以下几个方面。

① 查思想认识。检查企业领导在思想上是否真正重视安全工作,对安全工作的认识是

否正确,行动上是否真正关心职工的安全和健康;对国家和上级机关发布的方针、政策、法规是否认真贯彻并执行;是否向职工宣传党和国家劳动安全卫生的方针、政策。

② 查现场、查隐患。深入生产现场,检查劳动条件、操作情况、生产设备以及相应的安全设施是否符合安全要求和劳动安全卫生的相关标准;检查生产装置和生产工艺是否存在事故隐患;检查企业安全生产各级组织对安全工作是否有正确认识,是否真正关心职工的安全、健康,是否认真贯彻执行安全方针以及各项劳动保护政策法令;检查职工"安全第一"的思想是否建立。

③ 查管理、查制度。检查企业的安全工作在计划、组织、控制、制度等方面是否按国家法律、法规、标准及上级要求认真执行,是否完成各项要求。

④ 查安全生产教育。检查对企业领导的安全法规教育和安全生产管理的资格教育(持证)是否达到要求;检查职工的安全生产思想教育、安全生产知识教育,以及特殊作业的安全技术知识教育是否达标。

⑤ 查安全生产技术措施。检查各项安全生产技术措施(改善劳动条件、防止伤亡事故、预防职业病和职业中毒等)是否落实;安全生产技术措施所需的设备、材料是否已列入物资、技术供应计划中,对于每项措施是否都确定了其实现的期限和其负责人以及企业领导人对安全技术措施计划的编制和贯彻执行负责的情况。

⑥ 查纪律。查生产领导、技术人员、企业职工是否违反了安全生产纪律;企业单位各生产小组是否设有不脱产的安全员,督促工人遵守安全操作规程和各种安全制度,教育工人正确使用个人防护用品以及及时报告生产中的不安全情况;企业单位的职工是否自觉遵守安全生产规章制度,不进行违章作业且能随时制止他人违章作业。

⑦ 查整改。对被检查单位上一次查出的问题,按当时登记的项目、整改措施和期限进行复查,检查是否进行了整改及整改的效果。如果没有整改或整改不力的,要重新提出要求,限期整改。对隐瞒事故隐患的,应根据不同情况进行查封或拆除。整改工作要采取定整改项目、定完成时间、定整改负责人的"三定"做法,确保彻底解决问题。

安全检查的频次因实施检查的主体不同而有所差别。一般来说,班组级的安全检查是日常性的,每天都要进行安全巡查;车间(项目、部门)的检查是每周进行一次;厂、矿、公司级的安全检查一般每月要组织一次。此外,不同的行业还会在不同的季节、重大的节日前、汛前等,实施一些有针对性的专项检查。

(3) 安全检查的类型

安全生产检查的类型有定期安全检查、经常性安全检查、季节性安全检查及专业性安全检查等。

① 定期安全检查。定期安全检查一般是通过有计划、有组织、有目的的形式来实现的。

② 经常性安全检查。经常性安全检查是企业内部进行的自我安全检查,包括:企业安全管理人员进行的日常检查,生产领导人员进行的巡视检查,操作人员对本岗位设备、设施和工具的检查。这一检查方式由于检查人员为本企业管理人员或生产操作工人,对过程情况熟悉,且日常与生产设备紧密接触,了解情况全面、深入细致,能及时发现问题、解决问题。经常性安全检查,企业每年进行2~4次,车间、科室每月进行一次,班组每周进行一次,每班次每日均应进行。专职安全技术人员要进行有计划、有针对性的经常性安全检查。

③ 专业性安全检查。专业性安全检查是针对特种作业、特种设备、特殊作业场所开展的安全检查,调查了解某个专业性安全问题的技术状况,如电气、焊接、压力容器、运输等安全技术状况。

④ 季节性安全检查。季节性安全检查是针对气候特点(冬季、暑季、雨季、风季等)可能给安全施工(生产)带来危害而组织的安全检查。

(4) 安全检查的方法

① 常规检查。常规检查是常见的一种检查方法，通常是由安全管理人员作为检查工作的主体，到作业场所的现场，通过感官或辅助一定的简单工具、仪表等，对作业人员的行为、作业场所的环境条件、生产设备设施等进行的定性检查。安全检查人员通过这一手段，及时发现现场存在的安全隐患并采取措施予以消除，纠正施工人员的不安全行为。

这种方法完全依靠安全检查人员的经验和能力，检查的结果直接受安全检查人员个人素质的影响。因此，对安全检查人员要求较高，一般应具备下列条件：

- 具备一定的专业知识和学历水平；
- 从事相关生产工作若干年以上，具有一定的实践经验，熟悉现场生产系统、工艺过程、机具设备情况、劳动组织、作业方式和方法等；
- 较熟练地掌握安全法律、法规、技术规程和标准的规定；
- 有一定的灾害防治技能，遇事能拿出解决问题的办法和措施。

② 安全检查表。在常规检查中，由于安全检查人员个体间能力的差异，对同一检查对象的检查深度、广度可能差别很大，检查的随意性也很大。为使检查工作更加规范，使个人的行为对检查结果的影响减少到最小，常采用安全检查表法。目前，安全检查表已经成为各国安全生产管理及安全评价的一个常用工具。

③ 仪器检查。常规检查法和安全检查表法虽然是常用的检查方法，有很好的效果，但它们也有明显的不足。由于人眼和其他感觉器官无法得到机器、设备内部的缺陷及作业环境条件的真实信息或定量数据，这时只能通过仪器检查法来进行定量化的检验与测量，才能发现安全隐患，从而为后续整改提供信息。

6. 安全生产奖惩制度

安全生产奖惩制度是调动人的积极性的制度，这个制度对于充分发挥劳动者在安全生产方面的主观能动性有积极意义，同时对违章行为也有警告和阻止的作用。主要包括奖励制度和惩罚制度。这些制度的制定主要根据国家颁布的法律法规以及管理制度，同时结合本单位的安全生产责任制，最终的目的是将安全生产责任制贯彻落实到每个岗位。

制定安全生产奖惩制度要遵循下列原则。

(1) 追究不履行或不严格履行安全生产职责者责任的原则

安全生产责任制是安全生产的基本制度，没有安全生产责任制就没有其他的安全生产制度。安全生产奖惩制度就是通过奖励先进、惩罚落后的方法来落实安全生产责任制。

(2) 尽管违章操作尚未发生事故，没有造成损失，但也要追究违章者责任的原则

安全生产奖惩制度是严谨的制度，其出发点在于是否违章操作，而不在于最终的结果是否造成了伤亡事故，这里要避免人为因素对违章事件的处理，所以，严肃、公正地追究违章责任人的责任是奖惩制度的重要原则。

(3) 全面追究事故所有责任人的原则

任何安全生产事故都是很多因素共同作用的结果，其中事故责任人以及安全生产主要责任人都有责任，不能偏袒任何一方，特别是不能遗漏主要负责人的责任追究。

(4) 安全生产奖惩制度坚持教育与惩罚相结合，以教育为主、惩罚为辅的原则

事故一旦发生，其后果就已经显现了，简单的惩罚并不能从根本上改变人的不安全行为，只有重视事故案例的教育，让每个劳动者从原理上了解事故的原因，才能真正防止事故的再次发生。

(5) 安全生产奖惩制度要做到奖励与惩罚相结合，以奖励为主、惩罚为辅的原则

惩罚事故责任人固然是需要的，但对于遵守安全生产规则，认真履行安全生产责任的人要给予适当的奖励，这样的激励机制对于强化人们的安全意识有积极的意义。目前，企业的

各种惩罚措施应该说是比较完善的,但是安全生产的奖励制度却比较滞后,这是一个需要改进的地方。

(6) 安全生产奖惩制度应该是精神激励与物质奖励相结合,以精神激励为主、物质奖励为辅的原则

安全生产工作中人的积极性的提升不仅需要物质奖励,更需要精神的激励。通过精神的激励和物质的奖励,每个劳动者才会在思想上建立起安全光荣的观念,这是建立一种良好文化氛围的重要手段。

(7) 安全生产奖惩制度要坚持惩罚适度的原则,即过错严重的重罚、过错较轻的轻罚、处罚与过错相称

根据不同的情节来处理事故责任人是事故处理的基本原则,也是维护公平、公正原则的基本要求。

(8) 安全生产奖惩制度要遵守"可得之奖,可避之罚"的原则

在奖惩制度设立的过程中要充分考虑到单位的实际情况,不能脱离现实的安全生产状况。这个原则要达到的目标就是所有劳动者只要通过自身的努力就可以获得安全生产的奖励,另外,只要通过认真细致的工作就可以避免事故的发生,从而避免受到处罚,把安全生产工作推向更高的层次。

思考与练习题

一、填空题

1. _____是指生产系统中人员免遭不可承受的伤害;_____是指设备、设施或技术工艺含有内在的能够从根本上防止发生事故的功能。
2. _____是为了使生产过程在符合物质条件和工作秩序下进行,防止发生人身伤亡和财产损失等生产事故,消除或控制危险、有害因素,保障人身安全与健康、设备和设施免受损坏、环境免遭破坏的总称。
3. _____就是针对人们生产过程的安全问题,运用有效的资源,发挥人们的智慧,通过人们的努力,进行有关决策、计划、组织和控制等活动,实现生产过程中人与机器设备、物料、环境的和谐,达到安全生产的目标。
4. "安全第一、预防为主、综合治理"是我国的_____方针。
5. 按安全生产管理对象范畴分为预防(事前)管理、_____和事后管理。
6. 企业的安全生产规章制度可概括划分为安全生产管理制度和_____两大类。
7. 系统原理是现代管理科学中的一个最基本的原理。它是指人们在从事管理工作时,运用系统的观点、理论和方法对管理活动进行充分的_____,以达到管理的优化目标。
8. 安全生产管理工作应该做到预防为主,通过有效的管理和技术手段,减少和防止人的不安全行为和物的不安全状态,这就是_____。

二、判断题

1. 从安全生产角度,危险源是指可能造成人员伤害、疾病、财产损失、作业环境破坏或其他损失的根源或状态。( )
2. 搞好安全生产,必须掌握与安全有关的所有对象要素之间的动态相关特性,充分利用相关因素的作用。如掌握人与人之间、人与设备之间、人与环境之间等的动态相关性是实现有效安全管理的前提。( )
3. 安全第一就是要求在进行生产和其他工作时把安全工作放在一切工作的首要位置。当生产和其他工作与安全发生矛盾时,要以生产为主,安全工作要服从于生产。( )
4. 海因里希认为,企业安全工作的中心就是防止人的不安全行为,消除机械或物质的不安全状态,中断事故连锁的进程而避免事故的发生。( )
5. 职业安全健康管理体系的核心是要求企业采用现代化的管理模式,使包括安全生产管理在内的所有生产经营活动科学、规范和有效,建立安全健康风险,从而预防事故发生和控制职业危害。( )
6. 使用常规检查法和安全检查表法进行安全检查很方便,不需要仪器检查。( )

三、简答题
1. 简述化工企业安全生产的重要性。
2. 简述建立与实施职业安全健康管理体系的作用。
3. 企业主要负责人和安全管理人员的安全职责是什么？
4. 安全检查的内容有哪些？
5. 制定安全生产奖惩制度要遵循哪些原则？

第三章 危险化学品基本知识

第一节 危险化学品的特性

一、危险化学品的定义

化学品中具有易燃、易爆、毒害、腐蚀、放射性等危险特性，在生产、储存、运输、使用和废弃物处置等过程中容易造成人身伤亡、财产毁损、环境污染的均属于危险化学品。

二、危险化学品的分类原则

危险化学品目前常见并用途较广的有数千种，其性质各不相同，每种危险化学品往往具有多种危险性，但是在多种危险性中，必有一种主要的即对人类危害最大的危险性。因此在对危险化学品分类时，掌握"择重归类"的原则，即根据该化学品的主要危险特性来进行分类。

根据国家标准《常用危险化学品的分类及标志》（GB 13690—1992）❶，按其危险特性把危险化学品分为八类：第一类为爆炸品；第二类为压缩气体和液化气体；第三类为易燃液体；第四类为易燃固体、自燃物品和遇湿易燃物品；第五类为氧化剂和有机过氧化物；第六类为有毒品；第七类为放射性物品；第八类为腐蚀品。

三、爆炸品

1. 爆炸品的定义

本类化学物质指在外界作用下（如受热、受压、撞击等），能发生剧烈的化学反应，瞬时产生大量的气体和热量，使周围压力急剧上升，发生爆炸，对周围环境造成破坏的物质，也包括无整体爆炸危险，但具有燃烧、抛射及较小爆炸危险的物质。

2. 爆炸品的分项

（1）按运输危险性分类

根据《危险货物品名表》（GB 12268—1990）❷，按运输危险性把爆炸品分为五项。

① 整体爆炸物品：具有整体爆炸危险的物质和物品。
② 抛射爆炸物品：具有抛射危险，但无整体爆炸危险的物质和物品。
③ 燃烧爆炸物品：具有燃烧危险和较小爆炸或较小抛射危险，或两者兼有，但无整体爆炸危险的物质和物品。
④ 一般爆炸物品：无重大危险的爆炸物质和物品，万一被点燃或者引爆，其危险作用大部分限在包装件内部，而对包装件外部无重大危险。
⑤ 不敏感爆炸物品：非常不敏感的爆炸物质，比较稳定，在着火试验中不会爆炸。

（2）按爆炸品的性质和用途分类

① 点火器材：用来引爆雷管、黑火药，如导火索、火绳等。
② 起爆器材：用来引爆炸药，如导爆索、雷管等。

---

❶ 已由《化学品分类和危险性公示通则》（GB 13690—2009）替代。
❷ 已修订为 GB 12268—2005。

③ 炸药和爆炸性药品：起爆药，如雷汞；爆破药，如硝酸炸药；火药，如硝化纤维炸药。

④ 其他爆炸物品：指含有黑火药的制品，如爆竹、烟花、礼花弹等。

3. 爆炸品的特性

(1) 爆炸性强

爆炸品都具有化学不稳定性，在一定外因的作用下，能以极快的速率发生猛烈的化学反应，产生的大量气体和热量在短时间内无法逸散开去，致使周围的温度迅速升高并产生巨大的压力而引起爆炸。例如黑火药的爆炸反应，瞬间进行完毕，产生大量气体（280L/kg），放出大量的热（3015kJ/kg），火焰温度高达2100℃。

(2) 敏感度高

爆炸品的敏感度主要分热感度、机械感度、静电感度、起爆感度等。决定爆炸品敏感度的内在因素是它的化学组成和结构，影响敏感度的外来因素还有温度、杂质、结晶、密度等。

四、压缩气体和液化气体

1. 压缩气体和液化气体的定义

这类化学品系指在温度低于50℃时，其蒸气压力大于300kPa或在标准大气压101.3kPa，温度为20℃时在包装容器内完全处于气态的物质。压缩气体是经过加压或降低温度，使气体分子间的距离大大缩小而被压入钢瓶中并始终保持为气体状态的气体。而液化气体则是对压缩气体继续加压、降温，使之转化成液态。

2. 压缩气体和液化气体的分项

压缩气体和液化气体按其危险性分为易燃气体、不燃气体和有毒气体3项。

(1) 易燃气体

易燃气体是指气体温度在20℃，标准大气压为101.30kPa时，爆炸下限小于或等于13%（按体积比），或燃烧范围大于或等于12%（爆炸浓度极限的上下限之差）的气体。如氢、甲烷、乙炔等。

(2) 不燃气体

不燃气体对人具有窒息性，性质稳定，不燃烧，如氮气、二氧化碳和氩气。

(3) 有毒气体

此类气体吸入后能引起人畜中毒，甚至死亡，有些还能燃烧。常见的有氯气、氨气、氰化氢等。

3. 压缩气体和液化气体的特性

(1) 易燃易爆性

在列入《危险货物品名表》（GB 12268—1990）的压缩气体和液化气体当中，约有54.1%是可燃气体，有61%的气体具有火灾危险。可燃气体的主要危险性是易燃易爆性，所有处于燃烧浓度范围之内的可燃气体，遇火源都可能发生着火或爆炸，有的可燃气体遇到极微小能量着火源的作用即可引爆。

(2) 扩散性

处于气体状态的任何物质都没有固定的形状和体积，且能自发地充满任何容器。由于气体的分子间距大，相互作用力小，所以非常容易扩散。

(3) 可缩性和膨胀性

任何物体都有热胀冷缩的性质，气体也不例外，其体积也会因温度的升降而胀缩，且胀缩的幅度比液体要大得多。其特点如下：

① 当压力不变时，气体的温度与体积成正比，即温度越高，体积越大；

② 当温度不变时，气体的体积与压力成反比，即压力越大，体积越小；

③ 当体积不变时，气体的温度与压力成正比，即温度越高，压力越大。

(4) 带电性

气体中含有的固体颗粒或液化杂质在压力下高速喷出时产生静电；压力容器内的压缩气体和液化气体，在容器、管道破损时或放空速度过快时，都易产生静电。

(5) 腐蚀性、毒害性和窒息性

① 腐蚀性。主要是一些含氢、硫等元素的气体具有腐蚀性。如硫化氢、氨等，都能腐蚀设备，削弱设备的耐压强度，严重时可导致设备系统裂隙、漏气，引起火灾事故。

② 毒害性。通过吸入途径侵入人体，与人体组织发生化学或物理化学作用，从而造成对人体器官的损害，并破坏人体的正常生理机能，引起功能或器质性病变，导致暂时性或持久性病理损害，甚至危及生命。压缩气体和液化气体中有一部分属于有毒气体。有毒气体的毒性影响，与有毒气体的本身性质、侵入人体的途径及侵入数量、暴露接触时间长短、作业人员防护设施用品及身体素质等各种因素有关。

③ 窒息性。除氧气和压缩空气外的压缩气体和液化气体，都具有窒息性。在工业气体生产、储存、使用过程中，因不燃气体存在，缺氧而造成窒息危害的现象经常出现。由于大多数不燃气体无色无味，难于发觉，且化学性质稳定不易分解，窒息危害性很大。低温容器局部保温失效，大量低温液体汽化升压自动泄放或低温液化气体外泄等诸种情况，均会发生窒息危害。

五、易燃液体

1. 易燃液体的定义

本类化学品系指易燃的液体、液体混合物或含有固体物质的液体，但不包括由于其危险性已列入其他类别的液体。其闭口杯闪点等于或低于61℃。

2. 易燃液体的分项

按闪点，易燃液体可分为3项。

(1) 低闪点液体

即闪点低于-18℃的液体（闪点＜-18℃），如乙醛、丙酮等。

(2) 中闪点液体

即闪点在-18～23℃的液体（-18℃＜闪点＜23℃），如苯、甲醇等。

(3) 高闪点液体

即闪点在23～61℃的液体（23℃＜闪点＜61℃），如环辛烷、氯苯、苯甲醚等。

3. 易燃液体的特性

(1) 高度易燃性

易燃液体的主要特性是具有高度易燃性，遇火、受热以及和氧化剂接触时都有发生燃烧的危险，其危险性的大小与液体的闪点、自燃点有关。闪点和自燃点越低，发生着火燃烧的危险越大。

(2) 易爆性

由于易燃液体的沸点低，挥发出来的蒸气与空气混合后，浓度易达到爆炸极限，遇火源往往发生爆炸。

(3) 高度流动扩散性

易燃液体的黏度一般都很小，不仅本身极易流动，还因渗透、浸润及毛细现象等作用，即使容器只有极细微裂纹，易燃液体也会渗出容器壁外。泄漏后很容易蒸发，形成的易燃蒸气比空气重，能在坑洼地带积聚，从而增加了燃烧、爆炸的危险性。

(4) 易积聚电荷性

部分易燃液体，如苯、甲苯、汽油等，电阻率都很大，很容易积聚静电而产生静电火花，造成火灾事故。

（5）受热膨胀性

易燃液体的膨胀系数比较大，受热后体积容易膨胀，同时其蒸气压亦随之升高，从而使密封容器中内部压力增大，造成"鼓桶"，甚至爆裂，在容器爆裂时会产生火花而引起燃烧、爆炸。因此，易燃液体应避热存放；灌装时，容器内应留有5%以上的空隙。

（6）毒性

大多数易燃液体及其蒸气均有不同程度的毒性。如甲醇、苯、二硫化碳等不但吸入其蒸气会中毒，有的经皮肤吸收也会造成中毒。

六、易燃固体、自燃物品和遇湿易燃物品

1. 易燃固体

（1）易燃固体的定义

易燃固体是指燃点低，对热、撞击、摩擦敏感，易被外部火源点燃，燃烧迅速，并可能散发出有毒烟雾或有毒气体的固体。

（2）易燃固体的特性

① 易燃性。易燃固体燃点较低，在遇火、受热、撞击、摩擦或者与酸类和氧化剂物品接触后，常常会引起剧烈连续的燃烧。

② 爆炸性。易燃固体中硝基化合物等物品遇明火或受撞击、摩擦就会有爆炸的危险。飞散到空中的各种粉末状的易燃固体，遇明火也会发生粉尘爆炸。

③ 毒害性。许多易燃固体燃烧的同时会产生大量的有毒气体，其毒害性较大。

2. 自燃物品

（1）自燃物品的定义

自燃物品是指自燃点低，在空气中易发生剧烈化学反应，放出大量热而自行燃烧的物品。

（2）自燃物品的特性

自燃物品的特性是容易氧化、分解，并且燃点较低。在未点燃前，经过缓慢的氧化过程，同时产生一定热量，当产生的热量越来越多，积热使温度达到该物质的自燃点时，便会自发地着火燃烧。

3. 遇湿易燃物品

（1）遇湿易燃物品的定义

遇湿易燃物品是指遇水或受潮时，发生剧烈的化学反应，放出大量的气体和热量的物品。

（2）遇湿易燃物品的特性

① 遇水（湿）易燃易爆性。遇湿易燃物品与水或潮湿空气中的水分能发生剧烈的化学反应，产生易燃气体和热量。当易燃气体在空气中达到燃烧范围时，或接触明火，或反应放出的热量达到引燃温度时，就会发生着火或爆炸。

② 遇水（湿）有毒害和腐蚀性。许多遇湿易燃物品具有毒性及腐蚀性，如硼氢类的毒性比氰化氢和光气的毒性还大；磷化物与水作用放出的磷化氢气体也有毒；碱金属及其氢化物、碳化物等与水作用生成的强碱具有腐蚀性。

七、氧化剂和有机过氧化物

1. 氧化剂

（1）氧化剂的定义

氧化剂指处于高氧化态，具有强氧化性，易于分解并放出氧气和热量的物质。它具有强

氧化性、受热或撞击易分解、与酸强烈反应、与水作用分解等危险性。

(2) 氧化剂的特性

① 很强的氧化性。氧化剂中的无机过氧化物均含有过氧基，很不稳定，易分解放出原子氧；其余的氧化剂则分别含有高价态的氯、溴、氮、硫、锰、铬等元素，这些高价态的元素都有较强的获得电子的能力。氧化剂最突出的性质是遇易燃物品、可燃物品、有机物、还原剂等会发生剧烈的化学反应引起燃烧、爆炸。

② 遇热分解性。氧化剂遇高温易分解出氧气和热量，极易引起燃烧、爆炸。特别是有机过氧化物分子组成中的过氧基很不稳定，易分解放出原子氧，而且有机过氧化物本身就是可燃物，易着火燃烧，受热分解的生成物又均为气体，更易引起爆炸。

③ 撞击、摩擦敏感性。许多氧化剂如氯酸盐类、硝酸盐类、有机过氧化物等对摩擦、撞击、振动极为敏感，甚易爆炸。

④ 与酸作用分解。大多数氧化剂，特别是碱性氧化剂，遇酸反应强烈，甚至发生爆炸。例如，过氧化钠（钾）、氯酸钾、高锰酸钾、过氧化二苯甲酰等，遇硫酸立即发生爆炸。这些氧化剂不得与酸类接触，也不可用酸碱灭火剂灭火。

⑤ 与水作用分解。有些氧化剂，特别是活泼金属的过氧化物，如过氧化钠（钾）等，遇水分解出氧气和热量，有助燃作用，使可燃物燃烧，甚至爆炸。这些氧化剂应防止受潮，灭火时严禁用水、酸、碱、泡沫、二氧化碳灭火扑救。

⑥ 毒性和腐蚀性。有些氧化剂具有不同程度的毒性和腐蚀性。例如，铬酸酐、重铬酸盐等既有毒性，又会烧伤皮肤；活性金属的过氧化物有较强的腐蚀性。操作时应做好个人防护。

⑦ 强氧化剂与弱氧化剂之间的反应。有些氧化剂与其他氧化剂接触后能发生复分解反应，放出大量热而引起燃烧、爆炸。如亚硝酸盐、次亚氯酸盐等，遇到比它强的氧化剂时显示还原性，发生剧烈反应而导致危险。因此，氧化剂也不能混储、混运。

2. 有机过氧化物

(1) 有机过氧化物的定义

有机过氧化物是指分子组成中含有过氧基的有机物。它具有分解爆炸性、易燃性和伤害性等危险性。

(2) 有机过氧化物的特性

① 强氧化性。具有强烈的氧化性，遇酸、碱或还原剂可发生剧烈的氧化还原反应。

② 易分解。当遇光、受热、摩擦、震动、撞击、遇酸碱等外界条件作用时，极易分解放出氧气，大量的氧可助燃，致使一些易燃品引起燃爆。

八、有毒品

1. 有毒品的定义

有毒品是指进入人体后累积达到一定的量，能与体液组织发生生物化学作用或生物物理学变化，扰乱或破坏机体的正常生理功能，引起暂时性或持久性的病理状态，甚至危及生命安全的物品。

2. 有毒品的分类

根据有毒品的化学性质，可分为无机毒害品、有机毒害品两大类。有机毒害品又可分为卤代烃类毒害品，醇、酚、醚类毒害品，酯类毒害品，含氮化合物毒害品和有机农药毒害品。

3. 有毒品的特性

有毒品的主要特性是有毒性。它能引起人体及其他动物中毒的主要途径是呼吸道、消化道和皮肤三个方面。影响毒害性的因素有溶解性（有毒品在水中溶解度越大，毒性越大）、挥发性（挥发性越强，越易引起蒸气的吸入中毒）、颗粒细度（固体毒物的颗粒越细，越易使人或动物中毒。特别是细小粉末随空气的流动而扩散，易被人吸入）和气温（气温越高则挥发性毒物蒸发越快，可使空气中的浓度增大）。

九、放射性物品

1. 放射性物品的定义

本类化学品系指放射性比活度大于 $7.4 \times 10^4 \, \text{Bq/kg}$ 的物品。

2. 放射性物品的特性

① 具有放射性，能自发、不断地放出人们感觉器官不能觉察到的射线。放射性物质放出的射线可分为四种：α射线，也叫甲种射线；β射线，也叫乙种射线；γ射线，也叫丙种射线；还有中子流。但是各种放射性物品放出的射线种类和强度不尽一致。

如果上述射线从人体外部照射时，β射线、γ射线和中子流对人的危害很大，达到一定剂量时易使人患放射病，甚至死亡。如果放射性物质进入体内，则α射线的危害最大，其他射线的危害较大，所以要严防放射性物品进入体内。

② 许多放射性物品毒性很大。如钋210、镭226、镭228、钍230等都是剧毒的放射性物品；钠22、钴60、锶90、碘131、铅210等为高毒的放射性物品，均应注意。

③ 不能用化学方法中和或者其他方法使放射性物品不放出射线，而只能设法把放射性物质清除或者用适当的材料予以吸收屏蔽。

十、腐蚀品

1. 腐蚀品的定义

腐蚀品是指能灼伤人体组织，并对金属等物品造成损坏的固体或液体。

2. 腐蚀品的分项

腐蚀品按其酸碱性分为3项。

（1）酸性腐蚀品

按其化学性质还可分为无机酸性腐蚀品、有机酸性腐蚀品和遇水反应产生腐蚀性气体的腐蚀品。

（2）碱性腐蚀品

按其化学性质还可以分为无机碱性腐蚀品和有机碱性腐蚀品。

（3）其他腐蚀品

3. 腐蚀品的特性

腐蚀品的特点是有强烈的腐蚀性，能灼伤人体组织，并对动物、植物体、纤维制品、金属等有腐蚀作用。腐蚀作用可分为化学腐蚀和电化学腐蚀两大类。单纯由化学作用引起的腐蚀称为化学腐蚀；当金属与电解质溶液接触时，由于电化学作用而引起的腐蚀称为电化学腐蚀。

第二节 危险化学品标识

一、危险化学品安全标志

危险化学品安全标志是通过图案、文字说明、颜色等信息，鲜明、简洁地表征危险化学品的危险特性和类别，向作业人员传递安全信息的警示性资料。

依据《常用危险化学品的分类及标志》（GB 13690—1992），我国将危险化学品按照其危险性划分为8类21项，危险化学品标志用于危险化学品的包装标识。

1. 标志的种类

危险化学品的安全标志设有主标志和副标志。根据常用危险化学品的危险特性和类别，它们的标志设主标志16种和副标志11种，见图3-1。

标志1 爆炸品标志
底色：橙红色
图形：正在爆炸的炸弹(黑色)
文字：黑色

标志2 易燃气体标志
底色：正红色
图形：火焰(黑色或白色)
文字：黑色或白色

标志3 不燃气体标志
底色：绿色
图形：气瓶(黑色或白色)
文字：黑色或白色

标志4 有毒气体标志
底色：白色
图形：骷髅头和交叉骨形(黑色)
文字：黑色

标志5 易燃液体标志
底色：红色
图形：火焰(黑色或白色)
文字：黑色或白色

标志6 易燃固体标志
底色：红白相间的垂直宽条(红7、白6)
图形：火焰(黑色)
文字：黑色

标志7 自燃物品标志
底色：上半部白色，下半部红色
图形：火焰(黑色或白色)
文字：黑色或白色

标志8 遇湿易燃物品标志
底色：蓝色
图形：火焰(黑色)
文字：黑色

标志9 氧化剂标志
底色：柠檬黄色
图形：从圆圈中冒出的火焰(黑色)
文字：黑色

标志10 有机过氧化物标志
底色：柠檬黄色
图形：从圆圈中冒出的火焰(黑色)
文字：黑色

标志11 有毒品标志
底色：白色
图形：骷髅头和交叉骨形(黑色)
文字：黑色

标志12 剧毒品标志
底色：白色
图形：骷髅头和交叉骨形(黑色)
文字：黑色

标志13 一级放射性物品标志
底色：上半部黄色，下半部白色
图形：上半部三叶形(黑色)，下半部一条垂直的红色宽条
文字：黑色

标志14 二级放射性物品标志
底色：上半部黄色，下半部白色
图形：上半部三叶形(黑色)，下半部两条垂直的红色宽条
文字：黑色

标志15 三级放射性物品标志
底色：上半部黄色，下半部白色
图形：上半部三叶形(黑色)，下半部三条垂直的红色宽条
文字：黑色

标志16 腐蚀品标志
底色：上半部白色，下半部黑色
图形：上半部两个试管中液体分别向金属板和手上滴落(黑色)
文字：(下半部)白色

图3-1 我国危险化学品的主安全标志

2. 标志的图形

主标志是由表示危险特性的图案、文字说明、底色和危险品类别号 4 个部分组成的菱形标志。副标志图形中没有危险品类别号。

3. 标志的使用原则

当一种危险化学品具有一种以上的危险性时，应用主标志表示主要危险性类别，并用副标志来表示重要的其他危险性类别。

二、危险化学品的安全标签

根据《危险化学品安全管理条例》规定危险化学品的生产单位应附有与危险化学品完全一致的化学品安全技术说明书，并在包装（包括外包装件）上加贴或者拴挂与包装内危险化学品完全一致的化学品安全标签。

1. 危险化学品安全标签的定义

危险化学品安全标签是用文字、图形符号和编码的组合形式表示危险化学品所具有的危险性和安全注意事项。图 3-2 是危险化学品安全标签样例。

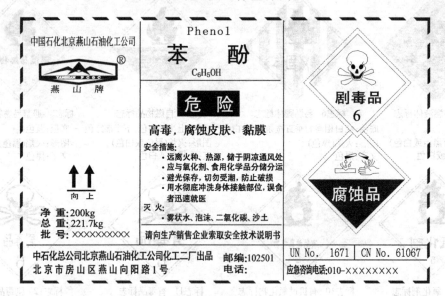

图 3-2　危险化学品安全标签样例

2. 危险化学品安全标签的内容

（1）化学品及其主要有害组分标识

① 名称。用中文和英文分别标明化学品的通用名称。名称要求醒目清晰，位于标签的正上方。

② 化学式。用元素符号和数字表示分子中各原子数，居名称的下方。

③ 化学成分及组成。标出化学品的主要成分和含有的有害组分含量或浓度。

④ 编号。标明联合国危险货物编号和中国危险货物编号，分别以 UN No 和 CN No 表示。

⑤ 标志。标志采用联合国《关于危险货物运输的建议书》和 GB 13690—1992 规定的符号。每种化学品最多可选用两个标志，标志符号居标签右边。

（2）警示词

根据化学品的危险程度和类别，用"危险"、"警告"、"注意"三个词分别进行危险程度的警示，具体规定见表 3-1 所示。当某种化学品具有两种及两种以上的危险性时，用危险性最大的警示词。警示词位于化学品名称的下方，要求醒目、清晰。

表 3-1 警示词与化学品危险性类别的对应关系

警示词	化学品危险性类别
危险	爆炸品、易燃气体、有毒气体、遇湿易燃物品、剧毒品
警告	不燃气体、中闪点液体、一级易燃固体、有毒品、一级酸性腐蚀品
注意	高闪点液体、二级易燃固体、二级碱性腐蚀品、其他腐蚀品

(3) 危险性概述

概述化学品燃烧爆炸危险性、健康危害和环境危害，居警示词下方。

(4) 安全措施

表示化学品在处置、搬运、储存和使用作业中所必须注意的事项和发生意外时简单有效的救护措施。

(5) 灭火

化学品为易燃或助燃物质，应提示有效的灭火剂和禁用的灭火剂以及灭火注意事项。

(6) 批号

注明生产日期及生产班次。

(7) 提示向生产销售企业索取安全技术说明书

(8) 生产企业名称、地址、邮编、电话

(9) 应急咨询电话

三、危险化学品安全技术说明书

1. 危险化学品安全技术说明书的定义

危险化学品安全技术说明书是一份关于危险化学品燃爆、毒性和环境危害以及安全使用、泄漏应急处理、主要理化参数、法律法规等方面信息的综合性文件。

化学品安全技术说明书国际上称作化学品安全信息卡，简称 MSDS 或 CSDS。

2. 危险化学品安全技术说明书的主要作用

① 是化学品安全生产、安全流通、安全使用的指导性文件；
② 是应急作业人员进行应急作业时的技术指南；
③ 为制定危险化学品安全操作规程提供技术信息；
④ 是企业进行安全教育的重要内容。

3. 危险化学品安全技术说明书的主要内容

危险化学品安全技术说明书包括以下 16 个部分的内容。

(1) 化学品及企业标识

主要标明该化学品名称，生产企业名称、地址、邮编、电话、应急电话、传真等信息。

(2) 成分/组成信息

标明该化学品是纯化学品还是混合物，如果其中含有有害性组分，则应给出化学文献索引登记号（CAS 号）。

(3) 危险性概述

简述本化学品最重要的危害和效应，主要包括危险类别、侵入途径、健康危害、环境危害、燃爆危险等信息。

(4) 急救措施

主要是指作业人员受到意外伤害时，所需采取的现场自救或互救的简要的处理方法，包括眼睛接触、皮肤接触、吸入、食入的急救措施。

(5) 消防措施

主要表示化学品的物理和化学特殊危险性、适合的灭火介质、不适合的灭火介质以及消防人员个体防护等信息。

(6) 泄漏应急处理

指化学品泄漏后现场可采取的简单有效的应急措施和消除方法、注意事项。

(7) 操作处理与存储

主要是指化学品操作处理和安全储存方面的信息资料，包括操作处置作业中的安全注意事项、安全储存条件和注意事项。

(8) 接触控制/个体防护

主要指为保护作业人员免受化学品危害而采用的防护方法和手段。

(9) 理化特性

主要描述化学品的外观及主要理化性质。

(10) 稳定性和反应性

主要叙述化学品的稳定性和反应性方面的信息。

(11) 生态学资料

主要叙述化学品的环境生态效应、行为和转归。

(12) 毒理学资料

主要指化学品的毒性、刺激性、致癌性等。

(13) 废弃处理

包括危险化学品的安全处理方法和注意事项。

(14) 运输信息

主要指国内、国际化学品包装与运输的要求及规定的分类和编号。

(15) 法规信息

主要指化学品管理方面的法律条款和标准。

(16) 其他信息

主要提供其他对安全有重要意义的信息，如填表时间、数据审核单位等。

第三节　危险化学品运输安全

一、危险化学品包装

工业产品的包装是现代工业中不可缺少的组成部分。一种产品从生产到使用者手中，一般经过多次装卸、储存、运输的过程。在这个过程中，产品将不可避免地受到碰撞、跌落、冲击和振动。一个好的包装，将会很好地保护产品，减少运输过程中的破损，使产品安全地到达用户手中。这一点对于危险化学品显得尤为重要。包装方法得当，就会降低储存、运输中的事故发生率，否则，就有可能导致重大事故。因此，危险化学品包装是危险化学品储运安全的基础，为此，各部门、各企业对危险化学品的包装越来越重视，不断开发出新型包装材料，使危险化学品的包装质量不断提高。国家也不断加强包装方面的监管力度，制定了一系列相关标准，使危险化学品的包装更加规范。

1. 包装分类与包装性能试验

按包装结构、强度、防护性能及内装物的危险程度，将包装分成以下三类。

① Ⅰ类包装：货物具有较大危险性，包装强度要求高。

② Ⅱ类包装：货物具有中等危险性，包装强度要求较高。

③ Ⅲ类包装：货物具有的危险性小，包装强度要求一般。

《危险货物运输包装通用技术条件》(GB 12463—1990)[1] 规定了危险品包装的四种试验方法，即堆码试验、跌落试验、气密试验和液压试验。

堆码试验是指将坚硬载荷平板置于试验包装件的顶面，在平板上放置重物，一定堆码高度（陆运 3m、海运 8m）和一定时间下（一般 24h），观察堆码是否稳定、包装是否变形和破损。

跌落试验是指按不同跌落方向及高度跌落包装，观察包装是否破损和撒漏。如钢桶的跌落方向为：第一次，以桶的凸边呈斜角线撞击在地面上，如无凸边，则以桶身与桶底接缝处撞击；第二次，第一次没有试验到的最薄弱的地方，如纵向焊缝、封闭口等。

气密试验是指将包装浸入水中，对包装充气加压，观察有无气泡产生，或在桶接缝处或其他易渗漏处涂上皂液或其他合适的液体后向包装内充气加压，观察有无气泡产生。

液压试验是将测试容器上安装指标压力表，拧紧桶盖，接通液压泵，向容器内注水加压，当压力表指针达到所需压力时，塑料容器和内容器为塑料材质的复合包装，应经受 30min 的压力实验，其他材质的容器和复合包装应经受 5min 压力实验。实验压力应均匀连续地施加，并保持稳定。试样如用支撑，不得影响其实验的效果。试验压力：温度采用 50℃时，以蒸发压力的 1.75 倍减去 100kPa，但是最小实验压力不得低于 100kPa。容器不渗漏，视为合格。

2. 包装的基本要求

① 危险货物运输包装应结构合理，具有一定强度，防护性能好。包装的材质、型式、规格、方法和单件质量（重量），应与所装危险货物的性质和用途相适应，并便于装卸、运输和储存。

② 包装应质量良好，其构造和封闭形式应能承受正常运输条件下的各种作业风险，不应因温度、湿度或压力的变化而发生任何渗（撒）漏，包装表面应清洁，不允许黏附有害的危险物质。

③ 包装与内装物直接接触部分，必要时应有内涂层或进行防护处理，包装材质不得与内装物发生化学反应而形成危险产物或导致削弱包装强度。

④ 内容器应予固定。如属易碎性的，应使用与内装物性质相适应的衬垫材料或吸附材料衬垫妥实。

⑤ 盛装液体的容器，应能经受在正常运输条件下产生的内部压力。灌装时必须留有足够的膨胀余量（预留容积），除另有规定外，并应保证在温度为 55℃时，内装液体不致完全充满容器。

⑥ 包装封口应根据内装物性质采用严密封口、液密封口或气密封口。

⑦ 盛装需浸湿或加有稳定剂的物质时，其容器封闭形式应能有效地保证内装液体（水、溶剂和稳定剂）的百分比，在储运期间保持在规定的范围以内。

⑧ 有降压装置的包装，其排气孔设计和安装应能防止内装物泄漏和外界杂质进入，排出的气体量不得造成危险和污染环境。

⑨ 复合包装的内容器和外包装应紧密贴合，外包装不得有擦伤内容器的凸出物。

⑩ 无论是新型包装、重复使用的包装，还是修理过的包装，均应符合危险货物运输包装性能试验的要求。

⑪ 盛装爆炸品包装的附加要求

• 盛装液体爆炸品容器的封闭形式，应具有防止渗漏的双重保护。

• 除内包装能充分防止爆炸品与金属物接触外，铁钉和其他没有防护涂料的金属部件不

---

[1] 已修订为 GB 12463—2009。

得穿透外包装。

· 双重卷边接合的钢桶、金属桶或以金属作衬里的包装箱，应能防止爆炸物进入隙缝。钢桶或铝桶的封闭装置必须有合适的垫圈。

· 包装内的爆炸物质和物品，包括内容器，必须衬垫妥实，在运输中不得发生危险性移动。

· 盛装有对外部电磁辐射敏感的电引发装置的爆炸物品，包装应具备防止所装物品受外部电磁辐射源影响的功能。

二、危险化学品运输的一般要求

危险化学品的运输要按照《道路危险货物运输管理规定》（交公路发〔2004〕368号）、《铁路危险货物运输管理规则》（铁运〔2006〕79号）等有关法规和标准。承运单位要有相关资质，驾驶员、押运员也必须有相关资质。

① 托运危险物品时必须出示有关证明，向指定的铁路、交通、航运等部门办理手续。托运物品必须与托运单上所列的品名相符，托运未列入国家品名表内的危险物品，应附交上级主管部门审查同意的技术鉴定书。

② 危险物品的装卸运输人员，应按装运危险物品的性质，佩戴相应的防护用品，装卸时必须轻装轻卸，严禁摔拖、重压和摩擦，不得损毁包装容器，并注意标志，堆放稳妥。

③ 危险物品装卸前，应对车（船）搬运工具进行必要的通风和清扫，不得留有残渣，对装有剧毒物品的车（船），卸车后必须洗刷干净。

④ 装运爆炸品、剧毒品、放射性物品、易燃液体、可燃气体等，必须使用符合安全要求的运输工具。

· 禁止用电瓶车、翻斗车、铲车、自行车等运输爆炸物品。运输强氧化剂、爆炸品及用铁桶包装的一级易燃液体时，没有采取可靠的安全措施，不得用铁底板车及汽车挂车。

· 禁止用叉车、铲车、翻斗车搬运易燃、易爆液化气体等危险物品。

· 温度较高地区装运液化气体和易燃液体等危险物品，要有防晒设施。

· 放射性物品应用专用运输搬运车和抬架搬运，装卸机械应按规定负荷降低25%。

· 遇水燃烧物品及有毒物品，禁止用小型机帆船、小木船和水泥船承运。

⑤ 运输爆炸品、剧毒品和放射性物品，应指派专人押运，押运人员不得少于2人。

⑥ 运输危险物品的车辆，必须保持安全车速，保持车距，严禁超车、超速和强行会车。运输危险物品的行车路线，必须事先经当地公安交通部门批准，按指定的路线和时间运输，不可在繁华街道行驶和停留。

⑦ 运输易燃、易爆物品的机动车，其排气管应装阻火器，并悬挂"危险品"标志。

⑧ 蒸汽机车在调车作业中，对装载易燃、易爆物品的车辆，必须挂不少于2节的隔离车，并严禁溜放。

⑨ 运输散装固体危险物品，应根据性质，采取防火、防爆、防水、防粉尘飞扬和遮阳等措施。

⑩ 运输危险化学品的道路运输车辆（含罐车）要按照《道路运输危险货物车辆标志》（GB 13392—2005）的要求，加挂"道路危险货物车辆标志"。危险化学品道路运输车辆按有关规定安装GPS系统。

三、危险化学品运输的资质认定

《危险化学品安全管理条例》第三十五条规定，国家对危险化学品运输实行资质认定制度；未经资质认定，不得运输危险化学品。

危险化学品运输企业必须具备的条件由国务院交通部门规定。

《危险化学品安全管理条例》第三十七条规定，危险化学品运输企业，应当对其驾驶员、船员、装卸管理人员、押运员进行有关安全知识的培训；驾驶员、船员、装卸管理人员、押运员必须掌握危险化学品运输的安全知识，并经所在地设区的市级人民政府交通部门考核合格（船员经海事管理机构考核合格），取得上岗资格证，方可上岗作业。危险化学品的装卸作业必须在装卸管理人员的现场指挥下进行。

运输危险化学品的驾驶员、船员、装卸人员和押运员必须了解所运载的危险化学品的性质、危害特性、包装容器的使用特性和发生意外时的应急措施。运输危险化学品，必须配备必要的应急处理器材和防护用品。

四、剧毒化学品的运输

1. 对剧毒化学品运输的专项规定

《危险化学品安全管理条例》对剧毒化学品的运输进行了以下专项规定：

① 通过公路运输剧毒化学品的，托运人应当向目的地的县级人民政府公安部门申请办理剧毒化学品公路运输通行证。

办理剧毒化学品公路运输通行证，托运人应当向公安部门提交有关危险化学品的品名、数量、运输始发地和目的地、运输路线、运输单位、驾驶人员、押运人员、经营单位和购买单位资质情况的材料。

剧毒化学品公路运输通行证的式样和具体申领办法由国务院公安部门制定。

② 剧毒化学品在公路运输途中发生被盗、丢失、流散、泄漏等情况时，承运人及押运人必须立即向当地公安部门报告，并采取一切可能的警示措施。公安部门接到报告后，应当立即向其他有关部门通报情况，有关部门应当采取必要的安全措施。

③ 禁止利用内河以及其他封闭水域等航运渠道运输剧毒化学品以及国务院交通部门规定禁止运输的其他危险化学品。

2. 对铁路运输剧毒化学品的规定

通过铁路运输剧毒化学品时，必须按照铁道部铁运〔2002〕21号《铁路剧毒品运输跟踪管理暂行规定》执行。

① 必须在铁道部批准的剧毒品办理站或专用线、专用铁路办理。
② 剧毒化学品仅限采用毒品专用车、企业自备车和企业自备集装箱运输。
③ 必须配备2名以上押运人员。
④ 填写运单一律使用黄色纸张印刷，并在纸张上印有骷髅图案。
⑤ 铁道部运输局负责全路剧毒品运输跟踪管理工作。
⑥ 铁路不办理剧毒品的零担发送业务。

第四节　危险化学品的储存安全

安全储存是危险化学品流通过程中非常重要的一个环节，储存不当，就会造成重大事故。为了加强对危险化学品储存的管理，国家不断加强储存监管力度，并制定了有关危险化学品储存标准，对规范危险化学品的储存起了重要作用。

一、危险化学品储存的审批制度

1. 危险化学品储存的规划

(1)《危险化学品安全管理条例》第七条规定

国家对危险化学品的生产和储存实行统一规划、合理布局和严格控制，并对危险化学品生产、储存实行审批制度；未经审批，任何单位和个人都不得生产、储存危险化学品。

设区的市级人民政府根据当地经济发展的实际需要，在编制总体规划时，应当按照确保安全的原则规划适当区域专门用于危险化学品的生产、储存。

（2）《危险化学品安全管理条例》第十条规定

除运输工具加油站、加气站外，危险化学品的生产装置和储存数量构成重大危险源的储存设备，与下列场所、区域的距离必须符合国家标准或者国家有关规定：

① 居民区、商业中心、公园等人口密集区域；

② 学校、医院、影剧院、体育场（馆）等公共设施；

③ 供水水源、水厂及水源保护区；

④ 车站、码头（按照国家规定，经批准，专门从事危险化学品装卸作业的除外）、机场以及公路、铁路、水路交通干线，地铁风亭及出入口；

⑤ 基本农田保护区、畜牧区、渔业水域和种子、种畜、水产苗种生产基地；

⑥ 河流、湖泊、风景名胜区和自然保护区；

⑦ 军事禁区、军事管理区；

⑧ 法律、行政法规规定予以保护的其他区域。

已建危险化学品的生产装置和储存数量构成重大危险源的储存设施不符合前款规定的，由所在地设区的市级人民政府负责危险化学品安全监督管理综合工作的部门监督其在规定期限内进行整顿；需要转产、停产、搬迁、关闭的，报本级人民政府批准后实施。

2. 危险化学品储存的审批条件

《危险化学品安全管理条例》第八条规定：危险化学品储存企业必须具备下列条件：

① 有符合国家标准的生产工艺、设备或者储存方式、设施；

② 工厂、仓库的周边防护距离符合国家标准或者国家有关规定；

③ 有符合生产或者储存需要的管理人员和技术人员；

④ 有健全的安全管理制度；

⑤ 符合法律、法规规定和国家标准要求的其他条件。

3. 申请和审批程序

（1）申请

《危险化学品安全管理条例》第九条、第十一条规定，设立剧毒化学品储存企业和其他危险化学品储存企业，以及危险化学品生产、储存企业改建、扩建的，应当分别向省、自治区、直辖市人民政府经济贸易管理部门和设区的市级人民政府负责危险化学品监督管理综合工作的部门提出申请，并提交下列文件：

① 可行性研究报告；

② 原料、中间产品、最终产品或者储存的危险化学品的燃点、自燃点、闪点、爆炸极限、毒性等理化性能指标；

③ 包装、储存、运输的技术要求；

④ 安全评价报告；

⑤ 事故应急救援措施；

⑥ 符合《危险化学品安全管理条例》第八条规定条件（储存危险化学品企业必须具备的条件）的证明文件。

（2）审批程序

省、自治区、直辖市人民政府经济贸易管理部门或者设区的市级人民政府负责危险化学品安全监督管理综合工作的部门收到申请和提交的文件后，首先组织有关专家进行审查，提出审查意见。第二是将有关专家审查结果报本级人民政府作出批准或者不予批准的决定。第三是依据本级政府的决定，予以批准的，由省、自治区、直辖市人民政府的安全生产监督管理部门颁发批准书；不予批准的，书面通知申请人。第四是申请人凭批准书向工商行政管理部门办理登记注册手续。
二、储存危险化学品的安全要求
1. 储存危险化学品的基本要求
① 储存危险化学品的场所必须符合国家法律、法规和其他有关规定。
② 必须储存在经公安部门批准设置的专门的危险化学品仓库中，经销部门自管仓库储存危险化学品的数量必须经公安部门批准。
③ 危险化学品的露天堆放必须符合防火防爆要求。
④ 爆炸物品、一级易燃物品、遇湿燃烧物品、剧毒物品不得露天堆放。
⑤ 储存危险化学品的仓库必须配备有专业知识的技术人员，其仓库及场所应设专人管理，管理人员必须配备可靠的个人防护用品。
⑥ 储存的危险化学品应有明显的标志，标志应符合《危险货物包装标志》（GB 190—1990）的规定。同一区域储存两种或两种以上不同级别的危险品时，应按最高等级危险物品的性能标志。
⑦ 根据危险物品的危险性分区、分类、分库储存。
⑧ 储存危险化学品的建筑物、区域内严禁吸烟和使用明火。
2. 储存场所的要求
① 储存危险化学品的建筑不得有地下室或其他地下建筑，其耐火等级、层数、占地面积、安全疏散和防火间距应符合国家的有关规定。
② 储存地点及建筑结构的设置，除了应符合国家的有关规定外，还应考虑对周围环境和居民的影响。
3. 储存场所的电气安装要求
① 危险化学品储存建筑物、场所的消防用电设备应能充分满足消防用电的需要。
② 危险化学品储存区域或建筑物内输配电线路、灯具、火灾事故照明和疏散指示标志，都应符合安全要求。
③ 储存易燃、易爆危险化学品的建筑，必须安装避雷设备。
4. 储存场所的通风或温度要求
① 储存危险化学品的建筑必须安装通风设备，并注意设备的防护措施。
② 储存危险化学品的建筑通排风系统应设有导除静电的接地装置。
③ 通风管道应采用非燃烧材料制作。
④ 通风管道不宜穿过防火墙等防火分隔物，如必须穿过时应用非燃烧材料分隔。
⑤ 储存危险化学品建筑采暖的热媒温度不应过高，热水采暖不应超过80℃，不得使用蒸汽采暖和机械采暖。
⑥ 采暖管道和设备的保温材料，必须采用非燃烧材料。

三、危险化学品的储存方式
危险化学品的储存方式共分为三种：隔离储存、隔开储存和分离储存。
1. 隔离储存
隔离储存是指在同一个房间或同一个区域内，不同的物料之间分开一定的距离，非禁忌物料间用通道保持空间的储存方式。
2. 隔开储存
隔开储存是指在同一个建筑物或同一个区域内，用隔板或墙将禁忌物料分离开的储存方式。
3. 分离储存
分离储存是指在不同的建筑物或远离所有建筑的外部区域内的储存方式。

四、危险化学品的储存安排及储存限量

危险化学品储存安排取决于危险化学品的性质、储存容器类型、储存方式和消防的要求。

① 遇火、热、潮湿引起燃烧、爆炸或发生化学反应、产生有毒气体的危险化学品不得在露天或潮湿积水的建筑物中储存。

② 受日光照射能发生化学反应引起燃烧、爆炸、分解、化合或能产生有毒气体的危险化学品应储存在一级建筑物中,其包装应采取避光措施。

③ 爆炸类物品不准和其他类物品同储,必须单独隔离限量储存,仓库不准建在城镇,还应与周围建筑、交通干道、输电线路保持一定的安全距离。

④ 压缩气体和液化气体必须与爆炸性物品、氧化剂、易燃物品、自燃物品、腐蚀性物品等隔离储存。易燃气体不得与助燃气体、剧毒气体同储;氧气不得与油脂混合储存;盛装液化气体的压力容器,必须安装压力表、安全阀、紧急切断装置,并定期检查,不得超装。

⑤ 易燃液体、遇湿易燃物品、易燃固体不得与氧化剂混合储存,具有还原性的氧化剂应单独存放。

⑥ 有毒物品应储存在阴凉、通风、干燥的场所,不得露天存放和接近酸类物质。

⑦ 腐蚀性物品包装必须严密,不允许泄漏,严禁与液化气体和其他物品共存。

危险化学品的储存限量和储存安排见表 3-2。

表 3-2　危险化学品的储存限量和储存安排

储存要求	露天储存	隔离储存	隔开储存	分离储存
平均单位面积储存量/(t/m²)	1.0~1.5	0.5	0.7	0.7
单一储存区最大储存量/t	2000~2400	200~300	200~300	400~600
垛距限制/m	2	0.3~0.5	0.3~0.5	0.3~0.5
通道宽度/m	4~6	1~2	1~2	5
墙距宽度/m	2	0.3~0.5	0.3~0.5	0.3~0.5
与禁忌品距离/m	10	不得同库储存	不得同库储存	7~10

五、危险化学品的储存管理

① 危险化学品入库要检验,储存期间应定期养护,并要控制储存场所的温度与湿度。

② 危险化学品出入库前,均应按合同检查、验收、登记后方可入库。装卸、搬运危险化学品时,应轻装轻卸,操作人员也应注意防护。

③ 储存危险化学品必须配置相应的消防设施并配备经过培训的兼职和专职消防人员,有条件的还应安装自动监测系统、火灾报警系统和灭火喷淋系统。

④ 仓库工作人员应进行培训,经考核合格后持证上岗;装卸人员也必须进行必要的教育;消防人员除了应具有一般消防知识外,还应进行专门的专业知识培训,使其熟悉各区域储存的危险化学品的种类、特性、储存地点、事故处理程序及方法。

⑤ 危险品库工作人员接收危险化学品时,应按操作程序工作,以消除储存中的事故隐患。

⑥ 接收危险化学品时,应清楚品名、编号、分子式、物理化学性质。

⑦ 进行入库验收时,检查其包装有无水湿、雨淋或沾染其他物品,封口是否严密,有无破损漏撒;检查危险化学品本身品质有无改变,必要时,应抽样检查,并做好记录。

⑧ 入库验收合格后方可入库,根据危险化学品的危险特性、包装方式选择适当的码垛方式。

⑨ 危险品库保管员除执行班前班后和风、雨、雪、前、中、后的安全检查外,还必须

每 3 个月对库存危险品检查一次。

⑩ 保管员必须每日检查并记录仓库温湿度，如达不到要求，采取通风或降潮措施。

⑪ 在危险品库工作，必须轻拿、轻放，防止摩擦、震动；验收、质量检查、开封包装必须在远离库房的安全地点进行，操作现场必须有专人指导，并采取相应的消防措施。

⑫ 危险品库工作人员必须熟悉各种危险品中毒的急救方法和消防灭火措施。

思考与练习题

一、填空题

1. 危险化学品按其危险特性分为_____类。
2. 危险化学品_____是由表示危险特性的图案、文字说明、底色和危险品类别组成的菱形标志。
3. 根据《危险化学品安全管理条例》规定危险化学品的生产单位应附有与危险化学品完全一致的_____，并在包装（包括外包装件）上加贴或者拴挂与包装内危险化学品完全一致的化学品安全标签。
4. 《危险化学品安全管理条例》规定，国家对危险化学品运输实行_____认定制度。
5. 通过公路运输剧毒化学品的，托运人应当向目的地的县级人民政府公安部门申请办理剧毒化学品_____。
6. 危险化学品的储存方式有_____、_____和分离储存。

二、判断题

1. 当一种危险化学品具有一种以上的危险性时，应用主标志表示主要危险性类别，并用副标志来表示重要的其他的危险性类别。（   ）
2. 运输剧毒化学品，指派一个押运员就行。（   ）
3. 储存易燃、易爆危险化学品的建筑，必须安装避雷设备。（   ）
4. 剧毒化学品在公路运输途中发生被盗、丢失、流散、泄漏等情况时，承运人向 110 报警就完成任务了。（   ）
5. 盛装有对外部电磁辐射敏感的电引发装置的爆炸物品，包装应具备防止所装物品受外部电磁辐射源影响的功能。（   ）
6. 遇水燃烧物品及有毒物品，禁止用小型机帆船、小木船和水泥船承运。（   ）

三、简答题

1. 危险化学品包括哪些类？
2. 对危险化学品的包装有哪些要求？
3. 通过公路运输剧毒化学品的，托运人需办理哪些手续？
4. 储存危险化学品的安全要求是什么？

第四章　防火防爆安全技术

第一节　燃　烧

一、燃烧及燃烧条件

1. 燃烧的含义

燃烧是可燃物与助燃物（氧气或氧化剂）发生的一种发光发热的化学反应，是在单位时间内产生的热量大于消耗的热量的反应。燃烧具有两个特征：一是有新的物质产生，即燃烧是化学反应；二是燃烧过程中伴随有发光发热现象。

2. 燃烧的条件

燃烧是有条件的，它必须在可燃物质、助燃物质和点火源这三个基本条件同时具备时才能发生。

（1）可燃物质

通常把所有物质分为可燃物质、难燃物质和不可燃物质三类。可燃物质是指在火源作用下能被点燃，并且当点火源移去后能继续燃烧直至燃尽的物质。凡能与空气、氧气或其他氧化剂发生剧烈氧化反应的物质，都可称之为可燃物质。难燃物质是指在火源作用下能被点燃并阴燃，当火源移走后不能继续燃烧的物质。不可燃物质是指在正常情况下不能被点燃的物质。

可燃物质种类繁多，按物理状态可分为气态、液态和固态三类。化工生产中使用的原料、生产中的中间体和产品很多都是可燃物质。气态可燃物质如氢气、一氧化碳、液化石油气等；液态可燃物质如汽油、甲醇、酒精等；固态可燃物质如煤、木炭等。

（2）助燃物质

凡是具有较强的氧化能力，能与可燃物质发生化学反应并引起燃烧的物质均称为助燃物质，如空气、氧气、氯气、氟和溴等。

（3）点火源

凡能引起可燃物质燃烧的能源均可称之为点火源。化工企业中常见的点火源有明火、化学反应热、化工原料的分解自燃、热辐射、高温表面、摩擦与撞击、绝热压缩、电气设备及线路的过热和火花、静电放电、雷击和日光照射等。

可燃物、助燃物和点火源是导致燃烧的三要素，缺一不可，是必要条件。燃烧能否实现，还要看是否满足了数值上的要求。例如，氢气在空气中的含量小于4%时就不能被点燃。点火源如果不具备一定的温度和足够的热量，燃烧也不会发生。例如，飞溅的火星可以点燃油棉丝或刨花，但火星如果溅落在大块的木柴上，它会很快熄灭，不能引起木柴的燃烧。

因此，对于已经进行着的燃烧，若消除"三要素"中的任一个条件，或使其数量有足够的减少，燃烧便会终止，这就是灭火的基本原理。

二、燃烧的种类

燃烧按其要素构成的条件和瞬间发生的特点，分为着火、自燃、闪燃、爆炸四种类型。

研究并掌握这些燃烧类型的特性,对于评定燃烧爆炸性物质的火灾危险程度,以及采取相应的防火防爆技术,具有重要的意义。首先介绍一下着火、自燃、闪燃,爆炸将在本章第二节中进行详细介绍。

1. 着火

可燃物质在与空气共存的条件下,遇到比其自燃温度高的点火源便开始燃烧,并在点火源移开后仍能继续燃烧,这种持续燃烧的现象叫着火。这是日常生产、生活中常见的燃烧现象,如用火柴点煤气,就会着火。

可燃物质开始着火所需要的最低温度,叫做燃点,又称着火点或火焰点。对于可燃性液体,燃点则是指液体表面上的蒸气与空气的混合物接触点火源后出现有焰燃烧不少于 5s 的温度。一切可燃性液体的燃点都高于闪点。

2. 自燃

可燃物在没有外部火花、火焰等点火源的作用下,因受热或自身发热并蓄热而发生的自然燃烧现象,叫做自燃。自燃又分为自热燃烧和受热自燃两种情况。自热燃烧是指可燃物在无外部热源影响下,其内部发生物理、化学或生化过程而产生热量,并经长时间积累达到该物质自燃点而自行燃烧的现象;受热自燃是指可燃物质在外部热源作用下温度升高,达到自燃点而自行燃烧的现象。

使可燃物发生自燃的最低温度,叫做自燃点。可燃物的自燃点越低,火灾危险性越大。

影响自燃的因素主要有温度、发热量、水分、表面积、催化物质、导热率、空气的流通速率等。一般情况下,温度升高,有利于物质自燃;发热量大的物质可能积累的热量也大,越易自燃;水分的存在,对少数反应起催化剂作用,使反应速率加快,从而易达到自燃点,但多数情况下影响不显著;粉末状、纤维状可燃物表面积大,其内含有大量空气,易自燃;催化物质的存在会加速发热反应,易发生自燃;导热率越小,热量越易积累,越易发生自燃;空气流通有利于散热,因此通风的场所很少发生自燃。

3. 闪燃

易燃、可燃液体(包括具有升华性的可燃固体)表面挥发的蒸气与空气形成的混合气体,当火源接近时会产生瞬间燃烧,这种现象称为闪燃。引起闪燃的最低温度称为闪点。闪燃现象的产生,是因为可燃性液体在闪燃温度下,蒸发速度不快,蒸发出来的气体仅能维持一刹那间的燃烧,而来不及补充新的蒸气以维持稳定的燃烧,故燃一下就灭,出现闪燃的现象。

闪点是指可燃性液体产生闪燃现象的最低温度,即在规定的试验条件下,可燃性液体表面上的蒸气与空气的混合物接触火源时,初次发生闪光的温度。闪点可以用标准仪器测得,标准仪器有开杯式和闭杯式两种,前者用于测定高闪点(80℃以上)的液体,后者用于测定低闪点(80℃以下)的液体。

可燃性液体受热温度低于闪点时,即使有火焰、火星,也不会发生火灾危险。但当可燃性液体被加热到闪点及闪点以上时,一经火焰或火星的作用就不可避免地引起蒸气着火。

闪点是表示可燃性液体性质的指标之一,也是评定液体火灾危险性的主要依据。根据闪点,可以确定液体的火灾危险性大小。闪点越低的液体,其火灾危险性就越大。例如,苯的闪点为－14℃,乙醇的闪点为 11℃,因此,苯的火灾危险性比乙醇大。

另外,可以根据闪点划分液体的火灾危险性类别。如《建筑设计防火规范》(GB 50016—2006)按闪点的不同,将可燃性液体划分为如下三类。

① 甲类火灾危险性液体:指闪点＜28℃的液体。
② 乙类火灾危险性液体:指 28℃≤闪点＜60℃的液体。
③ 丙类火灾危险性液体:指闪点≥60℃的液体。

三、燃烧的形式

不同形式的燃烧,其形成条件和危害程度是不同的。

1. 固体燃烧

熔点低的固体物质燃烧时,受热后先熔化,再蒸发产生蒸气并分解、氧化而燃烧,如沥青、石蜡、松香、硫、磷等;复杂的固体物质燃烧时,为受热时直接分解析出气态产物,再氧化燃烧,如木材、煤、纸张、棉花、塑料等;焦炭和金属等燃烧时呈炽热状态,无火焰产生,属于无焰燃烧。

2. 气体燃烧

气体的燃烧有扩散燃烧和动力燃烧两种形式,它们的形成条件和危害程度是不同的,尤其要注意气体的扩散燃烧向动力燃烧的转化,液体燃烧的沸溢与喷溅。

(1) 扩散燃烧

如果可燃气体与空气的混合是在燃烧过程中进行的,则发生稳定式的燃烧,称为扩散燃烧。如火炬燃烧,火焰的明亮层是扩散区,可燃气体和氧是分别从火焰中心和空气扩散区进行混合的,这种火焰的燃烧速率很低,一般小于 0.5m/s。由于可燃气体与空气是逐渐燃烧消耗掉的,因而形成稳定的燃烧,只要控制好,就不会造成火灾。

(2) 动力燃烧

如果可燃气体与空气是在燃烧之前按一定比例均匀混合的,形成混合气,遇火源则发生爆炸式燃烧,称为动力燃烧。

(3) 喷流式燃烧

如果可燃气体处于压力下而受冲击、摩擦或其他着火源作用,则发生喷流式燃烧,如高压气体从燃气系统喷射出来的燃烧。

3. 液体燃烧

大部分液体的燃烧是由于受热汽化形成蒸气,按气体的燃烧方式进行。所以可燃液体的燃烧不是液体本身在燃烧,而是它的蒸气在燃烧。

液面上的蒸气点燃后则产生火焰并出现热量的扩散,火焰向液面的传热主要靠辐射,而火焰向液体里层的传热方式主要是热传导和对流。

第二节 爆 炸

一、爆炸的定义和特征

1. 爆炸的定义

爆炸是指一种发生极为迅速的物理或化学能量释放过程,并发出或大或小声响的现象。在此过程中,系统的内在势能迅速转化为机械能、光能和热能。

2. 爆炸的特征

① 爆炸过程进行得很快。
② 爆炸点附近压力急剧升高,这是爆炸最主要的特征。
③ 瞬间完成能量的释放,并往往以冲击波形式对周围介质造成破坏。
④ 发出或大或小的声音。

二、爆炸的分类

1. 按爆炸的性质分类

(1) 物理爆炸

物理爆炸是指由物质状态发生突变等引起的爆炸。多数是由于系统内物质温度急剧升高、体积急剧膨胀、压力急剧增加等超过系统容器耐压引起的。如蒸汽锅炉爆炸，容器内液体过热汽化引起的爆炸，轮胎爆炸，压缩气体、液化气体超压引起的爆炸等。爆炸时没有燃烧，爆炸前后物质的化学性质和化学成分均不变，是一种纯物理过程，但有可能引发火灾。

【案例4-1】2005年12月29日，杭州某印染有限公司员工在对热电车间锅炉房余热水箱进行检修时，现场作业人员在对1号炉余热水箱水表检修过程中，因操作失误，误将出水阀关闭，造成设计为常压的余热利用水箱承压爆炸，爆炸使水箱与炉体连接的法兰拉脱，导热油放油管断裂，大量高温导热油外喷，遇炉膛外溢火焰后，引发大火，导致重大爆炸火灾事故，造成3人当场死亡、1人重伤，直接经济损失220余万元。

(2) 化学爆炸

化学爆炸是指在极短的时间内，由于物质发生剧烈化学反应而引发的瞬间燃烧，同时生成大量热，并以很大压力向四周迅速扩散的现象。化学爆炸常以冲击波形式对周围介质造成连锁破坏。化学爆炸前后物质的性质和成分均发生了根本的变化。

化学爆炸按爆炸时所发生的化学变化，可分为以下三类。

① 简单分解爆炸。引起简单分解爆炸的爆炸物在爆炸时并不一定发生燃烧反应，爆炸所需的热量是由于爆炸物质本身分解时产生的。属于这一类的有叠氮铅、乙炔银、乙炔铜、碘化氮、氯化氮等。这类物质是非常危险的，受轻微震动即引起爆炸。

② 复杂分解爆炸。这类物质爆炸时伴有燃烧现象，燃烧所需的氧由本身分解时供给。各种氮及氯的氧化物、苦味酸等都属于这一类。这类爆炸性物质的危险性较简单分解爆炸物低，所有炸药的爆炸均属这一类。

③ 爆炸性混合物爆炸。所有可燃气体、可燃蒸气及可燃粉尘与空气（或氧气）混合所形成的混合物的爆炸均属于此类。这类物质爆炸需要一定条件，如爆炸性物质的含量、氧气含量及点火能源等。因此其危险性虽较前两类低，但极普遍，造成的危害性也较大，石油化工企业中发生的爆炸多属此类。

(3) 核爆炸

核爆炸是指由原子核分裂或热核的反应引起的在几微秒的瞬间释放出大量能量的爆炸。爆炸时周围较大范围内都将产生大量的X射线、中子、α粒子等高能粒子，它们不仅具有摧毁四周一切建筑、杀死大范围内一切有生命的物体的本领，更直接的作用是极迅速地加热周围空气，同时发出很强的光和热辐射。因此核爆炸比化学爆炸更具破坏力，如原子弹、氢弹爆炸。

核爆炸是通过冲击波、光辐射、早期核辐射、核电磁脉冲和放射性沾染等效应对人体和物体起杀伤和破坏作用的。

核爆炸的各种杀伤和破坏因素都是可以防护的，只要采取有效措施就能减轻或避免伤害。构筑工事就是比较有效的防护措施，尤其是地下工事，如坑道和民防工事等，防护效果都较好。只要工事不遭破坏，里面的人员就是安全的，即使是简易野战工事，如堑壕、单人掩体等也有一定的防护效果。在简易工事内的人比在同距离处开阔地面上人的伤情，一般约低两个等级。暴露在开阔地面上的人如能利用沟渠、土丘、弹坑等地形地物迅速卧倒，并尽可能将身体暴露部位遮蔽起来也可以减轻伤害。对放射性污染的防护是一个比较复杂的问题，应查明污染情况，撤出污染区并消除污染，以减轻伤害。

【案例4-2】1961年10月30日，苏联进行了人类历史上最大当量的核试验，一架图-95在新地岛实验场上空15000m投掷了当量为5800万吨TNT的氢弹，冲击波环绕地球3圈，美国和许多国家的地震台都监测到了震动。这颗氢弹不仅毁灭了爆炸中心附近的一切建筑物，还严重影响了数千公里范围内的电子通信系统。苏军设在北极地区的防空雷达被烧坏，无法探测空中目标。各级指挥所的无线电通讯中断，在一个多小时内无法与部队进行联络。爆炸发生时，轰炸机与舰艇、地面的无线电联系全部中断，1h后才恢复，电磁扰动三次传遍全球，通红的蘑菇云高达70km！美军设在阿拉斯加州的预警雷达和4000km范围内的高频通信也全部失灵，时间长达20h。在爆炸地点厚3m、直径为15～20km的冰块被融化，参加实验的人躲在200km远的地下室里，就这样他们也感觉好像被颠了起来，他们听到了一声威力强大的闷响，令人心惊胆战，以为世界末日来了。放在爆炸地进行试验的工事消失得无影无踪，坦克炮塔被毁，带着弯曲或拆毁的壳体横七竖八地躺在地上，爆炸地也放置了做试验用的动物，但负责试验的人都不忍心谈起它们的情景。

2. 按爆炸速度分类

（1）爆燃

以亚音速传播的爆炸称为爆燃。这种爆炸的传播速度在每秒数十米级至声速之间变化，压力不激增，无多大声响，破坏力较小。像无烟火药在空气中的快速燃烧，可燃性气体、蒸气与空气混合物在接近爆炸上限或爆炸下限的爆炸都属于此种。

（2）爆轰

以强冲击波为特征，以超音速传播的爆炸称为爆轰，亦称作爆震。这种爆炸的传播速度可达每秒数千米，压力激增，能引起"殉爆"，具有很大的破坏力。像各种处于部分或全部封闭状态下的炸药的爆炸，以及气体爆炸性混合物处于特定浓度或处于高压下的爆炸均属于这种爆炸。

3. 按反应相分类

（1）气相爆炸

① 可燃气体混合物爆炸。可燃性气体或可燃液体的蒸气同助燃性气体按一定比例混合，在着火源作用下引起的爆炸称为爆炸性混合气体爆炸。

② 气体热分解爆炸。单一气体由于分解反应产生大量的反应热而引起的爆炸。如乙炔、乙烯、氯乙烯、环氧乙烷、丙二烯分解时引起的爆炸。

③ 可燃粉尘爆炸。可燃性固体的微细粉尘，在一定浓度、呈悬浮状态分散在空气等助燃气体中时，由着火源作用而引起的爆炸称为可燃粉尘爆炸。如分散在空气中的镁、铝、钛以及硫黄、小麦等粉尘引起的爆炸。

④ 可燃液体雾滴爆炸。空气中易燃液体被喷成雾状物剧烈燃烧时引起的爆炸。如油压机喷出的油雾引起的爆炸。

⑤ 可燃蒸气云爆炸。可燃蒸气云产生于泄漏、喷出后所形成的滞留状态。比空气轻的气体浮于上方，重的则沉浮于地面，滞留于低洼、阴井之中，可随风飘移形成连续气流同空气混合达到爆炸极限，在火源存在下即引起爆炸。可燃蒸气云的危险程度取决于可燃蒸气云的密度、气云片的大小、泄漏速度、气云与空气混合浓度、飘移面积与方向以及风力扩散速度。

（2）液相爆炸

液相爆炸包括聚合爆炸、蒸气爆炸和不同液体混合引起的爆炸。如液化气体钢瓶、储罐破裂引起的蒸气爆炸，锅炉的爆炸等。

（3）固相爆炸

固相爆炸包括爆炸性物质的爆炸，固态物质混合、混熔引起的爆炸，电流过流引起的电爆炸等。

三、爆炸极限

1. 爆炸极限的定义

可燃物质与空气（氧气或氧化剂）均匀混合形成爆炸性混合物，并不是在任何浓度下，遇到火源都能爆炸，而必须是在一定的浓度范围内遇火源才能发生爆炸。这个遇火源能发生爆炸的可燃物浓度范围，称为可燃物的爆炸浓度极限，简称爆炸极限（包括爆炸下限和爆炸上限。可能发生爆炸的最低浓度称为爆炸下限；可能发生爆炸的最高浓度称为爆炸上限）。

爆炸极限一般用可燃物在空气中的体积分数（%）表示，也可以用可燃物的质量分数（g/m^3 或 mg/L）表示。如一氧化碳与空气的混合物的爆炸极限为 12.5%～80%；木粉的爆炸下限为 $40g/m^3$，煤粉的爆炸下限为 $35g/m^3$，可燃粉尘的爆炸上限，因为浓度太高，大多数场合都难以达到，一般很少涉及。

不同可燃物的爆炸极限是不同的。如甲烷的爆炸极限是 5.0%～15%；氢气的爆炸极限是 4.0%～75.6%，当氢气在空气中的体积浓度在 4.0%～75.6%之间时，遇火源就会爆炸，而当氢气浓度小于 4.0%或大于 75.6%时，即使遇到火源，也不会爆炸。可燃性混合物处于爆炸下限和爆炸上限时，爆炸所产生的压力不大，温度不高，爆炸威力也小。

可燃性混合物的爆炸极限范围越宽，其爆炸危险性越大，这是因为爆炸极限越宽则出现爆炸条件的机会越多。爆炸下限越低，少量可燃物（如可燃气体稍有泄漏）就会形成爆炸条件；爆炸上限越高，则有少量空气渗入容器，就能与容器内的可燃物混合形成爆炸条件。

生产过程中，应根据各可燃物具有不同爆炸极限的特点，采取严防"跑、冒、滴、漏"和严格限制外部空气渗入容器与管道内等安全措施。如可燃性混合物的浓度高于爆炸上限时，虽然不会着火和爆炸，但当它从容器里或管道里逸出，重新接触空气时却能燃烧，因此，仍有发生着火的危险。

2. 爆炸极限的意义

爆炸极限是一个很重要的概念，在防火防爆工作中有很大的实际意义。

① 它可以用来评定可燃气体（蒸气、粉尘）燃爆危险性的大小，作为可燃气体分级和确定其火灾危险性类别的依据。《建筑设计防火规范》（GB 50016—2006）把爆炸下限小于 10%的可燃气体划为一级可燃气体，其火灾危险性列为甲类。

② 它可以作为设计的依据，例如确定建筑物的耐火等级，设计厂房通风系统等，都需要知道该场所存在的可燃气体（蒸气、粉尘）的爆炸极限数值。

③ 它可以作为制定安全生产操作规程的依据。在生产、使用和储存可燃气体（蒸气、粉尘）的场所，为避免发生火灾和爆炸事故，应严格将可燃气体（蒸气、粉尘）的浓度控制在爆炸下限以下。为保证这一点，在制定安全生产操作规程时，应根据可燃气（蒸气、粉尘）的燃爆危险性和其他理化性质，采取相应的防范措施，如通风、置换、惰性气体稀释、检测报警等。

3. 爆炸极限的影响因素

爆炸极限通常是在常温常压等标准条件下测定出来的数据，它不是固定的物理常数。同一种可燃物质的爆炸极限也不是固定不变的，而是受诸多因素的影响，如可燃气体的爆炸极限受温度、压力、氧含量、惰性气体含量、火源强度、光源、容器的直径等影响，可燃粉尘的爆炸极限受分散度、湿度、温度和惰性粉尘等影响。

(1) 初始温度

爆炸性气体混合物的初始温度越高，爆炸极限范围越大，即爆炸下限降低，上限增高。因为系统温度升高，其分子内能增加，使更多的气体分子处于激发态，原来不燃的混合气体成为可燃、可爆系统，所以温度升高使爆炸危险性增大。

(2) 初始压力和临界压力

一般来说，增加混合气体的初始压力，通常会使爆炸上限显著提高，爆炸下限的变化不明显，而且不规则，爆炸范围扩大（在已知的气体中，只有 CO 的爆炸范围是随压力增加而变窄的）。同时，增加压力还能降低混合气的自燃点，使得混合气在较低的着火温度下能够发生燃烧。这是因为，处在高压下的气体分子比较密集，浓度较大，这样分子间传热和发生化学反应比较容易，反应速率加快，而散热损失却显著减少。反之，混合气在减压的情况下，爆炸范围会随之减小。但当压力降到某一数值，上限与下限重合，此时的最低压力称为爆炸的临界压力。低于临界压力，混合气或系统无燃烧爆炸的危险。

在一些化工生产中，对爆炸危险性大的物料的生产、储运往往采用在密闭容器内进行减压（负压）操作，目的就是确保在临界压力以下的条件进行，如环氧乙烷的生产和储运。

(3) 氧含量

混合气中增加氧含量，一般情况下对爆炸下限影响不大，因为可燃气在下限浓度时氧是过量的，在上限浓度时含氧量不足，所以增加氧含量使上限显著增高，爆炸范围扩大，增加了发生火灾爆炸的危险性。若减少氧含量，则会起到相反的效果。例如甲烷在空气中的爆炸范围为 5.3%～14%，而在纯氧中的爆炸范围则放大到 5.0%～61%。甲烷的爆炸极限氧含量为 12%，若低于极限氧含量，可燃气就不能燃烧爆炸了。

(4) 惰性气体及杂质含量

混合气体中增加惰性气体含量（如氮、水蒸气、二氧化碳、氩等），会使爆炸上限显著降低，爆炸范围缩小。惰性气体增加到一定浓度时，可使爆炸范围为零，混合物不再燃烧。惰性气体含量对上限的影响较之对下限的影响更为显著，是因为在爆炸上限时，混合气中缺氧使可燃气不能完全燃烧，若增加惰性气体含量，会使氧量更加不足，燃烧更不完全，由此导致爆炸上限急剧下降。因此在爆炸性混合气体中加入惰性气体保护和稀释，抑制了燃烧进行，起到防火和灭火的作用。

(5) 能源与最小点火能量

点火源的能量、热表面的面积、火源与混合气体的接触时间等，对爆炸极限均有影响。一般来说，能量强度越高，加热面积越大，作用时间越长，点火的位置越靠近混合气体中心，则爆炸极限范围越大。不同点火源具有不同的点火温度和点火能量。如明火能量比一般火花能量大，所对应的爆炸极限范围就大；而电火花虽然高，如果不是连续的，点火能量就小，所对应的爆炸极限范围也小。

如甲烷在电压 100V、电流强度 1A 的电火花作用下，无论浓度如何都不会引起爆炸。但当电流强度增加至 2A 时，其爆炸极限为 5.9%～13.6%；3A 时为 5.85%～14.8%。对于一定浓度的爆炸性混合物，都有一个引起该混合物爆炸的最低能量。浓度不同，引爆的最低能量也不同。对于给定的爆炸性物质，各种浓度下引爆的最低能量中的最小值，称为最小引爆能量，或最小引燃能量。

所以最小点火能量也是一个衡量可燃气、蒸气、粉尘燃烧爆炸危险性的重要参数。对于释放能量很小的撞击摩擦火花、静电火花，其能量是否大于最小点火能量，是判定其能否作为火源引发火灾爆炸事故的重要条件。

(6) 充装容器的尺寸、材质

实验证明，容器直径越小，爆炸极限范围越小。这是因为随着管径的减小，因壁面的冷却效应而产生的热损失就逐步加大，参与燃烧的活化分子就少，导致燃烧温度与火焰传播速度就相应降低，当管径（或火焰通道）小到一定程度时，火焰即不能通过。这一间距称为最大灭火间距，亦称为临界直径，小于临界直径时就无爆炸危险。例如，甲烷的临界直径为 0.4～0.5mm。

容器材料也有很大的影响，例如氢和氟在玻璃器皿中混合，甚至放在液态空气温度下于黑暗中也会发生爆炸，而在银制器皿中，在一般温度下才能发生反应。

(7) 可燃气体的结构及化学性质

可燃气体的分子结构及其反应能力，影响其爆炸极限。

对于碳氢化合物而言，以 C—C 单键相连的碳氢化合物，由于碳键牢固，分子不易受到破坏，其反应能力就较差，因而爆炸极限范围小；而对于以 C≡C 三键相连的碳氢化合物，由于其碳键脆弱，分子很容易被破坏，化学反应能力较强，因而爆炸极限范围较大；对于以 C=C 双键相连的碳氢化合物，其爆炸极限范围位于单键与三键之间。

对于同一烃类化合物，随着碳原子个数的增加，爆炸极限的范围变小。

(8) 可燃气的湿度

当可燃气体中有水存在时，可燃气的爆炸能力降低，爆炸强度减弱，爆炸极限范围减小。在一定的气体浓度下，随着含水量的上升，爆炸下限浓度略有上升，而爆炸上限浓度显著下降。当含水量达到一定值时，上限浓度与下限浓度曲线汇于一点，当气体混合物中含水量超过该值时，无论可燃气浓度如何也不会发生爆炸。因为混合气中含水量增大，水分子（或水滴）浓度升高，与自由基或自由原子发生碰撞的概率也就增大，使其失去反应活性，导致爆炸反应能力下降，甚至完全失去反应能力。

(9) 可燃气与空气混合的均匀程度

在可燃气与空气充分混合均匀的条件下，若某一点的可燃气浓度达到爆炸极限时，整个混合空间的可燃气浓度都达到爆炸极限，燃烧或爆炸反应在整个混合气体空间同时进行，其反应不会中断，因此爆炸极限范围大。但当混合不均匀时，就会产生在混合气体内某些点的可燃气浓度达到或超过爆炸极限，而另外一些点的可燃气浓度达不到爆炸极限，燃烧或爆炸反应就会中断，因此，爆炸极限范围就变小。

(10) 光与表面活性物质

在黑暗中氢与氯的反应十分缓慢，但在强光照射下则发生连锁反应导致爆炸。又如甲烷与氯的混合气体，在黑暗中长时间内不发生反应，但在日光照射下，便会引起激烈的反应，如果两种气体的比例适当则会发生爆炸。

另外，表面活性物质对某些介质也有影响，如在球形器皿内于 530℃ 时，氢与氧完全不反应，但是向器皿中插入石英、玻璃、铜或铁棒时，则发生爆炸。

【案例 4-3】 2002 年 11 月 4 日，某石化公司合成橡胶厂聚丙烯车间，负责人对罐内可燃气体采样分析含量达 1.33%，大大超出 0.2% 的指标；在丙烯和氧含量均不合格的情况下，违章安排 4 名民工清理高压丙烯回收罐和原料罐内的聚丙烯粉料，作业过程中民工用铁锹与罐壁摩擦产生火花，引起闪爆，2 名民工死亡，1 名重伤，1 名民工和 1 名监护人轻伤。

第三节 火灾的形成及其事故特点

一、火灾发生的原因

1. 火与火灾

人类对火进行利用和控制，是文明进步的重要标志之一。但是，失去控制的火，就会给人类造成灾难。所以说人类使用火的历史与同火灾作斗争的历史是相伴相生的。对于火灾，在我国古代，人们就总结出"防为上，救次之，戒为下"的经验。

火灾，是指在时间或空间上失去控制的燃烧所造成的灾害。

在各种灾害中，火灾是最经常、最普遍地威胁公众安全和社会发展的主要灾害之一。

2. 火灾发生的原因

化工生产比其他工业具有更特殊的潜在危险性，因为生产中可燃物料用量多、储量大；工艺条件苛刻，状态危险；工艺过程复杂，控制难度大；生产过程中着火源多；加之对其认识不足，在企业管理上还存在漏洞等，便极易发生火灾爆炸事故。因此，认真研究化工火灾发生的原因，对有效防止和扑救化工火灾，有着十分重要的意义。

美国保险协会（AIA）对化学工业的 317 起火灾、爆炸事故进行调查，分析了主要和次要原因，把化学工业危险因素归纳为九个类型。瑞士再保险公司统计了化学工业和石油工业的 102 起事故案例，也分析了同样九类危险因素所起的作用，得到表 4-1 的统计结果。

表 4-1 化学工业和石油工业的危险因素

类别	危险因素	危险因素的比例/%	
		化学工业	石油工业
1	工厂选址问题	3.5	7.0
2	工厂布局问题	2.0	12.0
3	结构问题	3.0	14.0
4	对加工物质的危险性认识不足	20.2	2.0
5	化工工艺问题	10.6	3.0
6	物料输送问题	4.4	4.0
7	误操作问题	17.2	10.0
8	设备缺陷问题	31.1	46.0
9	防灾计划不充分	8.0	2.0

由表 4-1 可以看出，在化学工业中，设备缺陷问题是最主要的危险因素，此外，对加工物质的危险性认识不足、误操作问题和化学工艺问题三类危险因素也占较大比例。

(1) 设备缺陷问题

导致设备缺陷的原因有多种。如因选材不当而引起装置腐蚀损坏；设备不完善，如缺少可靠的控制仪表；对运转中存在的问题或不完善的防灾措施没有及时改进等。1991 年庆阳化工厂二分厂硝化特大爆炸事故就是一起典型的设备缺陷事故。该厂的 TNT 生产线是当时国内唯一尚存的卧式生产线，设备老化，工艺落后，存在搅拌不均匀、反应不充分、易产生局部高温过热等诸多问题。在发生异常情况时，没及时控制和处理，从而引起特大爆炸事故。导致 17 人死亡，13 人重伤，直接经济损失 2266.6 万元。

(2) 对加工物质的危险性认识不足

大量新的易燃、易爆、有毒、有害、有腐蚀性危险化学品不断问世。许多危害随着生产工艺技术的不断提高不断显现出来，作为工业生产的原料或产品又存在于生产、加工处理、储存、运输、经营各个过程中。如 1998 年陕西兴华集团硝铵装置发生了一起特大爆炸事故，事故原因是生产指挥人员对氯离子在硝铵生产中的危险性认识不足。由于硝铵生产过程中影响安全的因素很多，尤其对于硝铵溶液受有机物、氯离子污染的严重危害程度，国际国内从理论上都没有一个确切的结论，认识仍存在一定的局限性。

(3) 误操作常常是事故的重要原因

误操作有时是"习惯性"操作。如忽略关于运转和维修的操作教育；没有充分发挥管理人员的监督作用；开车或停车计划不适当，没有建立操作人员和安全人员之间的协作体制，都是导致误操作的重要原因。

(4) 化学工艺问题

随着科学的发展、技术的进步和大中型成套设备的引进，化学工业的生产规模大型化、产品多样化、生产过程连续化、操作控制自动化，以及逐渐引入高温、高压、深冷等极限条件的突破都取得了很大成功。然而，生产工艺的发展必须要有与之相适应的安全技术对策才能保证安全生产。如淄博东风化工厂硝酸异辛酯中试爆炸事故的主要原因是对硝酸异辛酯生产过程中的化学不稳定性缺乏全面的了解。该产品的开发是以引进某厂提供的配方和工艺为条件,而东风化工厂误认为原方案是安全的,不了解硝酸异辛酯在混酸存在条件下,超过30℃即有爆炸的危险,并且间歇釜生产是不可行的。所以技术不成熟是事故的根本原因。

化学工业中的火灾爆炸,形式多种多样,但究其各种危险因素有其共同的特点。首先人的行为起着重要作用。实际上,装置的结构与性能、操作条件以及有关的人员是一个统一体,对装置没有进行正确的安全评价和综合的安全管理是事故发生的重要原因。其次是在硬件方面,根据各种危险物质的理化性质不同,要求提高设备的可靠性。最后是在软件方面,要加强现代化的安全管理。实践证明,只有通过有效的管理才能对危险性进行有效的控制,即人、物和管理的有机结合。

二、火灾事故的发展过程

1. 火灾的发展过程

一般火灾的发展过程可分为四个阶段:初起阶段、发展阶段、猛烈阶段、熄灭阶段。

(1) 初起阶段

可燃物在热的作用下蒸发放出气体、冒烟和阴燃,在刚起火后的最初十几秒或几分钟内,燃烧面积都不大,烟气流动速度较缓慢,火焰辐射出的能量还不多,但也能使周围物品开始受热,温度逐渐上升。如果在这个阶段能及时发现,并正确扑救,就能用较少的人力和简单的灭火器材将火控制住或扑灭。

(2) 发展阶段(也称为自由燃烧阶段)

在这个阶段,火苗蹿起,燃烧强度增大,开始分解出大量可燃气体,气体对流逐渐加强,燃烧面积扩大,燃烧速度加快,需要投入较强的力量和使用较多的灭火器材才能将火扑灭。

(3) 猛烈阶段

在这个阶段,由于燃烧面积扩大,大量的热释放出来,空气温度急剧上升,发生轰燃,使周围的可燃物、建筑结构几乎全面卷入燃烧。此时,燃烧强度最大,热辐射最强,温度和烟气对流达到最大限度,可燃材料将被烧尽,不燃材料和结构的机械强度也受到破坏,以致发生变形或倒塌,火突破建筑物再向外围扩大蔓延。这是火势的猛烈阶段。在这个阶段,扑救最为困难。

(4) 熄灭阶段

在这个阶段,火势被控制以后,由于可燃材料已被烧尽,加上灭火剂的作用,火势逐渐减弱直至熄灭。

由上述过程分析可知,初起阶段易于控制和消灭,所以要千方百计抓住这个有利时机,把火灾扑灭在初起阶段,否则需要付出很大的代价,并造成严重的损失和危害。

2. 火灾发展过程的几种现象

(1) 火旋风

火在蔓延过程中出现的旋转火焰叫火旋风。多见于森林火灾中,是一种像龙卷风一样的强对流火灾现象。与风向、地理形态、建筑物的影响有关。火旋风有垂直火旋风、水平火旋风,它们都会促进火势蔓延速度加快和强度加大。火旋风很难控制和扑灭。

(2) 轰燃(或爆燃,见上节)

轰燃指室内火灾发展过程中,燃烧面积迅速扩大,热释放率迅速增加的一种火灾状态。

轰燃发生后,着火区域的热辐射反馈能引起有限空间内可燃物的表面在瞬间全部卷入猛烈燃烧状态。

通常情况下,轰燃是气体爆炸的一种,是以亚音速传播的爆炸,是气体充满局部空间时瞬间发生的爆炸,能引起火灾并迅速进入猛烈燃烧阶段,有时也不引起火灾。室内火灾情况下，爆燃通常都是因液化石油气、煤气和天然气泄漏后遇引火源而造成的。现象都是在空间较小和较为封闭的室内建筑火灾中出现。

爆燃或轰燃现象的发生是造成消防人员伤亡的重要的客观因素。

【案例 4-4】2007 年 2 月 28 日下午 14 时 30 分，合肥市某小区一居民楼一层发生火灾，就在救火展开后不久，发生了爆燃，产生的冲击波将进入室内灭火的 1 名指挥员、2 名水枪手震昏倒地，同时，站在塑钢推拉门窗后侧的 2 名士兵也因炸碎的玻璃刺入面部受伤。

(3) 回燃

死灰复燃的现象叫做回燃。

回燃的原因是室内火势熄灭后，由于温度仍很高，可燃物热分解析出可燃气体，逐渐积累，一旦通风条件改善，这些混合气体会被灰烬点燃。不仅会在室内形成强大快速的火焰传播，而且会在通风口外形成巨大的火球（轰燃）。

回燃的特点是具有隐蔽性和突发性，对生命财产具有较大的危害。

三、火灾事故的特点

1. 火灾的分类

(1) 按照物质燃烧特性分类

根据可燃物的类型和燃烧特性，《火灾分类》（GB/T 4968—2008）新规定将火灾定义为六个不同的类别。

A 类火灾：固体物质火灾。这种物质通常具有有机物性质，一般在燃烧时能产生灼热的余烬。如木材、煤、棉、毛、麻、纸张等火灾。

B 类火灾：液体或可熔化的固体物质火灾。如汽油、煤油、柴油、原油、甲醇、乙醇、沥青、石蜡等火灾。

C 类火灾：气体火灾。如煤气、天然气、甲烷、乙烷、丙烷、氢气等火灾。

D 类火灾：金属火灾。如钾、钠、镁、铝镁合金等火灾。

E 类火灾：带电火灾，物体带电燃烧的火灾。

F 类火灾：烹饪器具内的烹饪物（如动植物油脂）火灾。

(2) 按照一次火灾事故损失划分火灾等级

① 特别重大火灾。特别重大火灾是指造成 30 人以上死亡，或者 100 人以上重伤，或者 1 亿元以上直接财产损失的火灾。

② 重大火灾。重大火灾是指造成 10 人以上 30 人以下死亡，或者 50 人以上 100 人以下重伤，或者 5000 万元以上 1 亿元以下直接财产损失的火灾。

③ 较大火灾。较大火灾是指造成 3 人以上 10 人以下死亡，或者 10 人以上 50 人以下重伤，或者 1000 万元以上 5000 万元以下直接财产损失的火灾。

④ 一般火灾。一般火灾是指造成 3 人以下死亡，或者 10 人以下重伤，或者 1000 万元以下直接财产损失的火灾。

2. 化工火灾的特点

化工火灾同自然灾害（水灾、地震灾害、气象灾害等）和其他工业事故灾害一样，具有发生的突发性或随机性、后果的严重性和复杂性、影响的持久性和社会性，给人类造成巨大的影响和损失等特点。

化工火灾又是各类火灾事故中危险最大的，因其经营产品的特殊性和化学产品的日新月异，更具其独特性。

(1) 爆炸危险性大和火情复杂

爆炸是化工火灾的一个显著特点。首先是化工生产储存场所的设备、管道存有大量可燃性原料或产品，发生泄漏易发生化学爆炸或受热后膨胀易形成物理性爆炸；其次是生产装置高度的连续性,易形成连续爆炸;最后是在火灾扑救程序不对的情况下,可能造成多次爆炸。

无论哪种爆炸,都可能使建筑结构倒塌,人员伤亡,管线设备移位破裂,燃料喷洒流淌,使火场情况更为复杂,给扑救火灾带来很大的困难。

(2) 燃烧面积大,易形成立体火灾

由于生产装置内存有易流淌扩散的易燃易爆介质,且生产设备高大密集呈立体布置,框架结构孔洞较多。当其从设备内泄漏时,便会在高压下四处流淌扩散,遇火源形成大面积燃烧,火灾中设备或容器的爆炸飞火、装置的倒塌等也易造成大面积火灾。所以,一旦初起火灾控制不利,就会使火势上下左右迅速扩展而形成立体火灾。

(3) 燃烧速度快,蔓延迅速

根据火场扑救实践计算,发生石油化工火灾时,其喷出的火焰直线蔓延速度可达到 $2\sim 3m/s$。与此同时,其燃烧速度也很快,例如汽油火灾时,其燃烧速度可达 $80.9kg/(m^2 \cdot h)$,苯可达 $165.4kg/(m^2 \cdot h)$。燃烧和爆炸速度之快,防不胜防。化工装置发生火灾的主要原因如下。

① 装置发生爆炸,在可能的范围内形成高温燃烧区,火势迅速向各个方向蔓延波及,甚至再次引起爆炸,进一步形成更大面积的燃烧。

② 石化物料热值大,燃烧后产生的热辐射迅速加热周围毗连的容器设备,致使相邻容器管道内的物料迅速增压、挥发或分解,为火势扩大创造了条件。

③ 物料的流淌扩散性,特别是可燃气体的扩散,增加了火势瞬间扩大的危险性。

④ 立体火灾的形式。

所以,化工火灾在很短的时间内能波及相当大的燃烧范围,发热量大,燃烧速度快。

(4) 火灾扑救难度大,易出现复燃爆燃,参战力量多

化工火灾的爆炸力特点决定了其火灾扑救的难度。火灾现场泄漏的毒性物质的扩散和腐蚀性物质的喷溅流淌,严重影响着灭火战斗行动,给火灾扑救带来很大的困难。燃烧物质的性质不同,需选用不同的灭火剂;装置设备和着火部位不同,要采取不同的灭火技术和战术方法;化工生产工艺过程复杂,灭火需要采取工艺控制措施,需要专业技术人员的配合,故进一步增加了火灾扑救的难度。火灾发生后,如果在初期得不到控制,则多以大火场的形式出现。因此,只有调集较多的灭火力量,才有可能控制发展迅猛的火势。

同时,气体或油类火扑灭后,若未及时进行适当的处置,残余的仍会再次复燃或爆炸,这一点也增加了扑救的难度。

【案例 4-5】2003 年 8 月 26 日,浙江某胶乳化工厂合成橡胶厂发生火灾,消防队员在救援过程中,误将关闭状态的卸料阀门打开,造成物料泄漏,遇明火突然引发爆炸,7 名消防官兵受伤,增大了火势和损失,并污染了环境。

(5) 火灾损失大、后果影响大

化工装置火灾造成的直接经济损失和停工及恢复生产的间接经济损失,一般高于其他类型的火灾。化工企业火灾爆炸事故有的造成一套装置破坏,有的造成全厂生产装置破坏,因单台设备损坏或关键设备损坏而造成停产损失的更多。重特大火灾还会造成持久的社会影响。事故发生后,不仅厂里恢复生产需要加倍紧张工作,而且给社会增加了不安定因素。同时,火灾爆炸事故的恶性后果,使化工企业的安全状况始终处于被动状态,也更易诱发其他的事故。

① 火灾会造成惨重的直接财产损失。

【案例 4-6】1993 年 8 月 5 日,深圳市某危险品储运公司清水河仓库,因化学危险物品混存而发生反应,引起特大火灾爆炸事故,大火燃烧了 16h,有 15 人死亡,8 人失踪,873

人受伤，在抢险中仅公安干警就有100多人身负重伤，2名公安局副局长和1名派出所所长殉职，烧毁建筑面积3.9万平方米，火灾直接财产损失超过2.5亿元。还污染了水、青菜、水果，周围地区农作物一年多无法生长。

② 火灾造成的间接财产损失更为严重和复杂。现代社会各行各业密切联系，牵一发而动全身。一旦发生重特大火灾，造成的间接财产损失之大，往往是直接财产损失的数十倍。

【案例4-7】1990年7月3日，四川省梨子园铁路隧道因油罐车外溢的油气遇到电火花导致爆炸起火。参加灭火抢险战斗的有解放军第13集团军、二炮集团、成都军区、达县军分区预备师以及武警达县支队、四支队、四川省消防总队。这起火灾直接财产损失仅500万元，但致使铁路运输中断23天，造成成千上万旅客滞留和许多单位停工待料，间接财产损失难以估算。

③ 这些严重后果中还包括生命代价和生态代价。

【案例4-8】1976年7月，意大利塞维索一家化工厂爆炸，剧毒化学品二噁英扩散，使许多人中毒，附近居民被迫迁走，半径1.5km范围内植物被铲除深埋，数公顷的土地均被铲掉几厘米厚的表土层。由于二噁英具有致畸和致癌作用，事隔多年后，当地居民的畸形儿出生率大为增加。

1984年11月，墨西哥城郊石油公司液化气站54座气储罐几乎全部爆炸起火，对周围环境造成严重危害，死亡上千人，50万居民逃难。

1986年11月1日，瑞士巴塞尔某化学品仓库起火，约30t农药和其他化工原料随大量灭火用水流进莱茵河，使靠近事故地段河流生物绝迹，成为死河。100英里处鳗鱼和大多数鱼类死亡，300英里处的井水不能饮用，流经的法国、德国和荷兰等5个国家的居民被迫定量供水，使德国为治理莱茵河几十年投资的210亿美元付诸东流。

2005年11月13日，某石化公司双苯厂特大火灾事故中，6人死亡，损失7000多万元，引起松花江水域严重污染。

(6) 火灾发生的范围普遍、多发、重复

石化火灾爆炸事故不仅全国各地都有发生，而且一个工厂各个车间都有可能发生，每年都有发生。据有关资料介绍，在各类工业爆炸事故中，化工爆炸占32.4%，所占比例最大；事故造成的损失也以化学工业为最，约为其他工业部门的五倍。尤其是一些重点要害岗位和主要设备的重复事故相当多，如锅炉缺水爆炸事故、煤气发生炉夹套和汽包憋压爆炸事故、变换饱和热水塔爆炸事故、合成塔内件破坏及氨水槽爆炸事故等。

第四节 防火安全技术

防火技术措施是根据物质燃烧原理及火灾事故发展的特点，消除或抑制燃烧条件的形成，从根本上减小或消除发生火灾事故的危险性。

本节将重点介绍化工生产过程中的防火安全技术措施，如控制点火源、可燃物、助燃物的措施，以及阻止火势蔓延和火灾的扑救措施。

一、控制点火源的措施

在多数场合，可燃物和助燃物的存在是不可避免的，因此，消除和控制点火源就成为防火防爆的关键。但是，在生产加工过程中，点火源常常是一种必要的热能源，故必须科学地对待点火源，既要保证安全地利用有益于生产的点火源，又要设法消除能够引起火灾爆炸的点火源。

在化工企业中能够引起火灾爆炸事故的点火源主要有明火、摩擦与撞击、高温物体、电气火花、光线照射、化学反应热等。

1. 消除和控制明火源

明火源是指敞开的火焰、火花、火星等，如吸烟用火、加热用火、检修用火、高架火炬及烟囱、机械排放火星等。这些明火是引起火灾爆炸事故的常见原因，必须严加防范。

① 在有火灾爆炸危险的场所，应有醒目的"禁止烟火"标志，严禁动火吸烟。吸烟应到专设的吸烟室，不准乱扔烟头和火柴余烬。进入危险区的蒸汽机车，应停止抽风、关闭灰箱，其烟囱上应装设火星熄灭器；驶入的汽车、摩托车等机动车辆，其废气排气管应戴防火帽。

② 生产用明火、加热炉宜集中布置在厂区的边缘，且应位于有易燃物料的设备全年最小频率风向的下风侧，并与露天布置的液化烃设备和甲类生产厂房保持不小于15m的防火间距。加热炉的钢支架应覆盖耐火极限不小于1.5h时的耐火层。燃烧料气的加热炉应设长明灯和火焰检测器。

③ 使用气焊、电焊、喷灯进行安装和维修时，必须按危险等级办理动火批准手续，领取动火证，并消除物体和环境的危险状态，备好灭火器材，在采取防护措施、确保安全无误后，方可动火作业。焊割工具必须完好；操作人员必须有合格证，作业时必须遵守安全技术规程。

④ 全厂性的高架火炬应布置在生产区全年最小频率风向的下风侧。可能携带可燃性液体的高架火炬与相邻居住区、工厂应保持不小于120m的防火间距，与厂区内装置、储罐、设施保持不小于90m的防火间距。装置内的火炬，其高度应使火焰的辐射热不致影响人身和设备的安全，顶部应有可靠的点火设施和防止下"火雨"的措施；严禁排入火炬的可燃气体携带可燃液体；距火炬筒30m范围内，禁止可燃气体放空。

2. 防止撞击火星和控制摩擦

当两个表面粗糙的坚硬物体相互猛烈撞击或剧烈摩擦时，有时会产生火花，这种火花可认为是撞击或摩擦下来的高温固体微粒。据测试，若火星的微粒是0.1mm和1mm的直径，则它们所带的热能分别为1.76mJ和176mJ，超过大多数物质的最小点火能，足以点燃可燃的气体、蒸气和粉尘，故应严加防范。

① 机械轴承缺油、润滑不均等，会摩擦生热，具有引起附着可燃物着火的危险。要求对机械轴承等转动部位及时加油，保持良好润滑，并经常注意清扫附着的可燃污垢。

② 物料中的金属杂质以及金属零件、铁钉等落入反应器、粉碎机、提升机等设备内，由于铁器与机件的碰击，能产生火花而招致易燃物料着火或爆炸。要求在有关机器设备上装设磁力离析器，以捕捉和剔除金属硬质物；对研磨、粉碎特别危险物料的机器设备，宜采用惰性气体保护。

③ 金属机件摩擦碰撞、钢铁工具相互撞击或混凝土地面撞击，均能产生火花，引起火灾爆炸事故。所以对摩擦或撞击能产生火花的两部分，应采用不同的金属制造，如搅拌机和通风机的轴瓦或机翼采用有色金属制作；扳手等钢铁工具改成铍青铜或防爆合金材料制作等。在有爆炸危险的甲、乙类生产厂房内，禁止穿带钉子的鞋，地面应用摩碰撞击不产生火花的材料铺筑。

④ 在倾倒或抽取可燃液体时，由于铁制容器或工具与铁盖（口）相碰能迸发火星引起可燃蒸气燃爆。为防止此类事故的发生，应用铜锡合金或铝皮等不易发火的材料将容易摩碰的部位覆盖起来。搬运盛装易燃易爆化学物品的金属容器时，严禁抛掷、拖拉、摔滚，有的可加防护橡胶套垫。

⑤ 金属导管或容器突然开裂时，内部可燃的气体或溶液高速喷出，其中夹带的铁锈粒

子与管（器）壁冲击摩擦变为高温粒子，也能引起火灾爆炸事故。因此，对有可燃物料的金属设备系统内壁表面应作防锈处理，定期进行耐压试验，经常检查其完好状况，发现缺陷，及时处置。

3. **防止和控制高温物体作用**

高温物体，一般是指在一定环境中能够向可燃物传递热量并能导致可燃物质着火的具有较高温度的物体。在石油化工生产中常见的高温物体有加热装置（加热炉、裂解炉、蒸馏塔、干燥器等）、蒸气管道、高温反应器、输送高温物料的管线和机泵，以及电气设备和采暖设备等，这些高温物体温度高、体积大、散发热量多，能引起与其接触的可燃物着火。预防措施如下。

① 禁止可燃物料与高温设备、管道表面接触。在高温设备、管道上不准搭晒可燃衣物。可燃物料的排放口应远离高温物体表面。沉落在高温物体表面上的可燃粉尘、纤维要及时清除。

② 工艺装置中的高温设备和管道要有隔热保护层。隔热材料应为不燃材料，并应定期检查其完好状况，发现隔热材料被泄漏介质浸蚀破损，应及时更换。

③ 在散发可燃粉尘、纤维的厂房内，集中采暖的热媒温度不应过高。一般要求热水采暖不应超过 100℃，水蒸气采暖不应超过 110℃。采暖设备表面应光滑不沾灰尘。在有二硫化碳等低温自燃物的厂（库）房内，采暖的热媒温度不应超过 90℃。

④ 加热温度超过物料自燃点的工艺过程，要严防物料外泄或空气侵入设备系统。如需排送高温可燃物料，不得用压缩空气，应当用氮气压送。

4. **防止电气火花**

电气火花是一种电能转变成热能的常见点火源。电气火花大体上有：电气线路和电气设备在开关断开、接触不良、短路、漏电时产生的火花，静电放电火花，雷电放电火花等。电气火花引起火灾爆炸事故的原因及其防范措施见第五章的有关内容。

5. **防止日光照射和聚光作用**

直射的日光通过凸透镜、圆烧瓶或含有气泡的玻璃时，会被聚集的光束形成高温而引起可燃物着火。某些化学物质，如氯与氢、氯与乙烯或乙炔混合在光线照射下能爆炸。乙醚在阳光下长期存放，能生成有爆炸危险的过氧化物。硝化棉及其制品在日光下暴晒，自燃点降低，会自行着火。在烈日下储存低沸点易燃液体的铁桶，能爆裂起火。压缩和液化气体的储罐和钢瓶在烈日照射下，会使内部压力激增而引起爆炸及次生火灾。因此，应采取如下措施，加以防范，保证安全。

① 不准用椭圆形玻璃瓶盛装易燃液体，用玻璃瓶储存时，不准露天放置。

② 乙醚必须存放在金属桶内或暗色的玻璃瓶中，并在每年 4～9 月限以冷藏运输。

③ 受热易蒸发分解气体的易燃易爆物质不得露天存放，应存放在有遮挡阳光的专门库房内。

④ 储存液化气体和低沸点易燃液体的固定储罐表面，无绝热措施时应涂以银灰色，并设冷却喷淋设备，以便夏季防暑降温。

⑤ 易燃易爆化学物品仓库的门窗外部应设置遮阳板，其窗户玻璃宜采用毛玻璃或涂刷白漆。

二、控制可燃物的措施

控制可燃物，就是使可燃物达不到燃烧所需要的数量、浓度，或者使可燃物难燃化或用不燃材料取而代之，从而消除发生燃烧的物质基础。这主要通过下面所列举的措施来实现。

1. **利用爆炸极限、相对密度等特性控制气态可燃物**

① 当容器或设备中装有可燃气体或蒸气时，根据生产工艺要求，可增加可燃气体浓度或用可燃气体置换容器或设备中的原有空气，使其中的可燃气体浓度高于爆炸上限。

② 散发可燃气体或蒸气的车间或厂房，应加强通风换气，防止形成爆炸性气体混合物。其通风排气口应根据气体的相对密度设在房间的上部或下部。

③ 对有泄漏可燃气体或蒸气危险的场所，应在泄漏点周围设立禁火警戒区，同时用机械排风或喷雾水枪驱散可燃气体或蒸气。若撤销禁火警戒区，则必须用可燃气体测爆仪检测该场所可燃气体浓度是否处于爆炸浓度极限之外。

④ 盛装可燃液体的容器需要焊接动火检修时，一般需排空液体、清洗容器，并用可燃气体测爆仪检测容器中可燃蒸气浓度是否达到爆炸下限，在确认无爆炸危险时才能动火进行检修。

2. 利用闪点、自燃点等特性控制液态可燃物

① 根据需要和可能，用不燃液体和闪点较高的液体代替闪点较低的液体。例如三氯乙烯、四氯化碳等不燃液体代替酒精、汽油等易燃液体作溶剂；用不燃化学混合剂代替汽油、煤油作金属零部件的脱脂剂等。

② 利用不燃液体稀释可燃液体，会使混合液体的闪点、自燃点提高，从而减小火灾危险性。如用水稀释酒精，便会起到这一作用。

③ 对于在正常条件下有聚合放热自燃危险的液体（如异戊二烯、苯乙烯、氯乙烯等），在储存过程中应加入阻聚剂（如对苯二酚、苯醌等），以防止该物质暴聚而导致火灾爆炸事故。

3. 利用燃点、自燃点等数据控制一般的固态可燃物

① 选用砖石等不燃材料代替木材等可燃材料作为建筑材料，可以提高建筑物的耐火极限。

② 选用燃点或自燃点较高的可燃材料或难燃材料代替易燃材料或可燃材料。例如，用醋酸纤维素代替硝酸纤维素制造胶片，燃点则由 180℃ 提高到 475℃，可以避免硝酸纤维胶片在长期储存或使用过程中的自燃危险。

③ 用防火涂料或阻燃剂浸涂木材、纸张、织物、塑料、纤维板、金属构件等可燃材料或不燃材料，可以提高这些材料的耐燃性和耐火极限。

4. 利用负压操作对易燃物料进行安全干燥、蒸馏、过滤或输送

因为负压操作能够降低液体物料的沸点和烘干温度，缩小可燃物料的爆炸极限，所以通常应用于下列场合。

① 真空干燥和蒸馏在高温下易分解、聚合、结晶的硝基化合物、苯乙烯等物料，可减少火灾危险性。

② 减压蒸馏原油，分离汽油、煤油、柴油等，可防止高温引起油料自燃。

③ 真空过滤有爆炸危险的物料，可免除爆炸危险。

④ 负压输送干燥、松散、流动性能好的粉状可燃物料，有利于安全生产。

三、控制助燃物的措施

控制助燃物，就是使可燃性气体、液体、固体、粉体物料不与空气、氧气或其他氧化剂接触，或者将它们隔离开来，即使有点火源，也因为没有助燃物掺混而不致发生燃烧、爆炸。通常通过下面途径达到这一目的。

1. 密闭设备系统

把可燃性气体、液体或粉体物料放在密闭设备或容器中储存或操作，可以避免它们与外界空气接触而形成燃爆体系。为了保证设备系统的密闭性，要求做到下列各点。

① 对有燃爆危险物料的设备和管道，尽量采用焊接，减少法兰连接。如必须采用法兰

连接，应根据操作压力大小，分别采用平面、凹凸面等不同形状的法兰，同时衬垫要严实，螺丝要拧紧。

② 所采用的密封垫圈，必须符合工艺温度、压力和介质的要求，一般工艺可用石棉橡胶垫圈；有高温、高压或强腐蚀性介质的工艺，宜采用聚四氟乙烯塑料垫圈。所以近几年来，有些机泵改成端面机械密封，防腐蚀密封效果较好。如果采用填料密封达不到要求，有的可加水封和阀门，可将物料从顶部抽吸排出。

③ 输送燃爆危险性大的气体、液体管道，最好用无缝钢管。盛装腐蚀性物料的容器尽可能不设开关和阀门，可将物料从顶部抽吸排出。

④ 接触高锰酸钾、氯酸钾、硝酸钾、漂白粉等粉状氧化剂的生产传动装置，要严加密封，经常清洗，定期更换润滑油，以防止粉尘漏进变速箱中与润滑油混合接触而引起火灾。

⑤ 对加压和减压设备，在投入生产前和定期检修时，应做气密性检验和耐压强度试验。在设备运行中，可用皂液、pH试纸或其他专门方法检验气密状况。

2. 惰性气体保护

惰性气体是指那些化学活泼性差、没有燃爆危险的气体，如氮气、二氧化碳、水蒸气、烟道气等，其中使用最多的是氮气。它们的作用是隔绝空气，冲淡氧含量，缩小以至消除可燃物与助燃物形成的燃爆浓度。

惰性气体保护，主要应用于以下几个方面：

① 覆盖保护易燃固体的粉碎、研磨、筛分和混合及粉状物料的输送；
② 压送易燃液体和高温物料；
③ 充装保护有爆炸危险的设备和储罐；
④ 保护可燃气体混合物的处理过程；
⑤ 封锁可燃气体发生器的料口及废气排放系统的尾部；
⑥ 吹扫置换设备系统内的易燃物料或空气；
⑦ 充氮保护非防爆型电器和仪表；
⑧ 稀释泄漏的易燃物料，扑救火灾。

3. 隔绝空气储存

遇到空气或受潮、受热极易自燃的物品，可以隔绝空气进行安全储存。例如，金属钠储存于煤油中，黄磷存于水中等。

四、阻止火势蔓延的措施

阻止火势蔓延，就是阻止火焰或火星窜入有火灾爆炸危险的设备、管道或空间，或者阻止火焰在设备和管道中扩展，或者把燃烧限制在一定范围内不致向外传播。其目的在于减少火灾危害，把火灾损失降到最低程度。这主要通过设置阻火装置和建造阻火设施来达到。

1. 阻火装置

阻火装置，通常是指防止火焰或火星作为火源窜入有火灾爆炸危险的设备或空间，或者阻止火焰在设备和管道之间扩展的安全器械或安全设备。常用的阻火装置主要有以下几种。

（1）阻火器

阻火器是利用管子直径或流通孔隙减小到某一程度，火焰就不能蔓延的原理制成的。阻火器常用在容易引起火灾爆炸的高热设备和输送可燃、易燃液体、蒸气的管线之间，以及可燃气体、易燃液体的容器及管道、设备的排气管上。

阻火器有金属网阻火器、波纹金属片阻火器、砾石阻火器等多种形式。其构造见图4-1～图4-3。

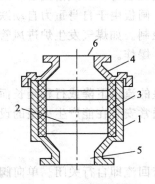 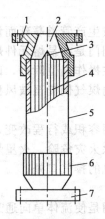 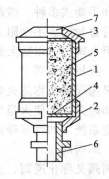

图 4-1 金属网阻火器　　　　图 4-2 波纹金属片阻火器　　　图 4-3 砾石阻火器
1—壳体；2—金属网；3—垫圈；　　1—上盖；2—出口；3—轴芯；4—波纹　　1—壳体；2—下盖；3—上盖；4—网格；
4—上盖；5—进口；6—出口　　　金属片；5—外壳；6—下盖；7—进口　　5—砂粒；6—进口；7—出口

（2）安全液封

安全液封是一种湿式阻火装置，其原理是使具有一定高度、由不燃液体组成的液柱稳定存在于进出口之间。在液封两侧的任一侧着火，火焰将在液封处熄灭，从而阻止了火势蔓延。安全液封有开敞式和封闭式两种（见图 4-4 和图 4-5）。

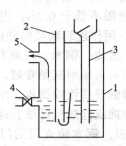 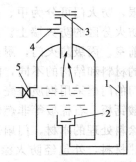

图 4-4 开敞式安全液封　　　　　　　图 4-5 封闭式安全液封
1—外壳；2—进气管；3—安全管；　　　1—进气管；2—单向阀；3—爆破片；
4—验水栓；5—气体出口　　　　　　　4—气体出口；5—验水栓

（3）水封井

其阻火原理与安全液封相似，是安全液封的一种。水封井通常设在有可燃气体、易燃液体蒸气或油污的污水管网上，用以防止燃烧或爆炸沿污水管网蔓延扩展，其结构见图 4-6。水封井的水位高度不宜小于 250mm。

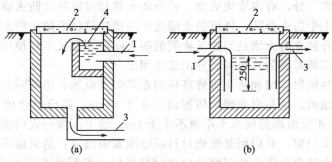

图 4-6 水封井（单位：mm）
1—污水进口；2—井盖；3—污水出口；4—溢水槽

(4) 阻火闸门

阻火闸门是为防止火焰沿通风管道或生产管道蔓延而设置的阻火装置。有跌落式自动阻火阀门和手动式多种。跌落式自动阻火闸门是在易熔元件熔断后，闸板由于自身重力自动跌落而将管道封闭。手动阻火闸门多安装在操作岗位附近，以便于控制。如煤气发生炉进风管道上装阻火阀门，以防突然停风时，炉内煤气倒流至鼓风机室发生爆炸。

(5) 火星熄灭器

火星熄灭器又称防火帽，其原理是因容积或行程改变，使火星的流速下降或行程延长而自行冷却熄灭，至使火星颗粒沉降而消除火灾危险。火星熄灭器通常安装在能产生火星的设备的排空系统，如汽车等机动车辆发动机的排气口处。

(6) 单向阀

单向阀又称止逆阀、止回阀，其作用是使流体单向通过，遇有回流即自行关闭。单向阀常用于防止高压物料冲入低压系统，如液化石油气瓶上的调压阀就是单向阀的一种。

2. 阻火设施

阻火设施是指把燃烧限定在一定范围内，阻止或隔断火势蔓延的安全构件或构筑物。常用的阻火设施有下面几种。

(1) 防火门

防火门是在一定时间内，连同框架能满足耐火稳定性、完整性和隔热性要求的一种防火分隔物。

按耐火极限，防火门可分为甲、乙、丙三级。甲级防火门，耐火极限不低于 1.2h，用于建筑物划分防火分区的防火墙上。乙级防火门，耐火极限不低于 0.9h，用于安全疏散的封闭楼梯间的前室。丙级防火门，耐火极限不低于 0.6h，用作建筑物竖向井道的检查门。

按所采用的材料和结构的不同，防火门可分为金属、木质、钢木、玻璃和其他结构等 5 种。金属防火门的门框采用钢质外壳，内浇灌混凝土，门扇采用型钢做骨架，内填岩棉或硅酸铝纤维、硅酸钙板、石棉板等非燃烧隔热材料，外包薄钢板或镀锌铁皮。木质防火门的门框采用经防火涂料处理的木材，门扇采用木骨架，内填岩棉或硅酸铝纤维、硅酸钙板、石棉板等非燃烧隔热材料，外包经防火涂料处理的木质胶合板。钢木防火门的门框采用金属材料，门扇采用木质材料或双层木板，或中间夹石棉板，外包钢板或镀锌板。玻璃防火门，是在金属、木质、钢木防火门的门扇上镶嵌铅丝防火玻璃或透明复合防火玻璃。要求各种防火门必须能够关闭紧密，不能窜入烟火。

(2) 防火墙

防火墙是指专门为减少或避免建筑物、结构、设备遭受热辐射危害和防止火势蔓延，设置在户外的竖向分隔体或直接设置在建筑物基础上或钢筋混凝土框架上的非燃烧体墙，其耐火极限不低于 4h。从建筑平面上分，有与屋脊方向垂直的横向防火墙和与屋脊方向一致的纵向防火墙。从位置上分，有内墙防火墙、外墙防火墙和室外独立防火墙。内墙防火墙可以把建筑物划分成若干个防火分区。外墙防火墙是在两幢建筑物因防火间距不足而设置的无门窗孔洞的外墙。室外独立防火墙是当建筑物间的防火间距不足又不便使用外墙防火墙时而设置的，用以挡住并切断对面的热辐射和冲击波作用。

防火墙是减轻热辐射作用和防止火势蔓延的重要阻火设施，砌筑时必须能够截断燃烧体或难燃烧体的屋顶结构，使高出非燃烧体屋面不小于 40cm，高出燃烧体和难燃烧体屋面不小于 50cm；墙中心距天窗端面的水平距离不小于 4m；墙上不应开设门窗孔洞，如必须开设时，应采用甲级防火门窗，并应用非燃烧材料将缝隙紧密填塞；防火墙不应设在建筑物的转角处，如设置，则内转角两侧上的门窗洞口之间最近的水平距离不应小于 4m，紧靠防火墙两侧的门窗洞口之间最近的水平距离不应小于 2m。如装有耐火极限不小于 0.9h 的非燃烧体固定门扇时（包括转角墙上的窗洞），可不受此限。

(3) 防火带

防火带是一种由非燃烧材料筑成的带状防火分隔物。通常由于生产工艺连续性的要求等原因，无法设防火墙时，可改设防火带。具体做法是：在有可燃构件的建筑物中间划出一段区域，将这个区域内的建筑构件全部改用非燃烧材料，并采取措施阻挡防火带一侧的烟火窜到另一侧，从而起到防火分隔的作用。防火带中的屋顶结构应用非燃烧材料制成，其宽度不应小于 4m，并高出相邻屋脊 0.7m。防火带最好设置在厂房、仓库的通道部位，以利于火灾时的安全疏散和扑救工作。

(4) 防火卷帘

防火卷帘是指在一定时间内，连同框架能满足耐火稳定性和耐火完整性要求的防火阻隔物。通常设在因使用或工艺要求而不便设置其他防火分隔物的处所，如在设有上、下层相通的走廊、自动扶梯、传送带、跨层窗等开口部位，用以封闭或代替防火墙作为防火分区的分隔设施。

防火卷帘一般由帘板、卷筒、导轨、传动装置、控制装置、护罩等部分组成。帘板通常用钢板重叠组合结构，刚性强，密封性好，体积小，不占使用面积，通过手动或电动使卷帘启闭与火灾自动报警系统联动。以防火卷帘代替防火墙时，必须有水幕保护。防火卷帘可安装外墙门洞上，也可安装在内墙门洞上。要求安装牢固，启闭灵活；应设置限位开关，卷帘运行至上下限时，能自动停止；还应有延时装置，以保证人员通过。

(5) 水封井

水封井是一种湿式阻火设施，设置在含有可燃性液体的污水工业下水道中间，用以防止火焰、爆炸波的蔓延扩展。当两个水封井之间的管线长度超过 300m 时，此段管线上应增设一个水封井。水封井内的水封高度不得小于 250mm。

(6) 防火堤

防火堤又称防油堤，是为容纳泄漏或溢出流体的防护设施，设置在可燃性液体的地上、半地上储罐或储罐组的四周。

防火堤应用非燃烧材料建造，能够承受液体满堤时的静压力，高度为 1～1.6m。堤内侧基角线至立式储罐外壁的距离不应小于储罐高的一半，至卧式储罐的水平距离不应小于 3m。两防火堤外侧基角线的距离不应小于 10m。堤上应在不同方向设置两个以上的安全出入台阶或坡道。管线穿越防火堤处，应用非燃烧材料封闭。堤内储罐的布置不宜超过两行，但单罐容量不超过 1000m³，且闪点超过 120℃ 的液体储罐不超过 4 行。堤内的有效容量不应小于最大罐的容量，但浮顶油罐可小于最大储罐容量的一半。防火堤分隔范围内，宜设置同类火灾危险性的储罐。沸溢性油品罐应每个罐设一个防火堤或防火分隔堤。平时应注意维护保养防火堤，以保持防火堤的完整有效性。

(7) 防火分隔堤

防火分隔堤是分隔泄漏或溢出不同性质的液体的防护设施，它设置在可燃性液体储罐之间，水溶性和非水溶性的可燃液体储罐之间，相互接触能引起化学反应的可燃液体储罐之间，具有腐蚀性的液体储罐与其他可燃液体储罐之间等。

防火分隔堤应用非燃烧材料建造，能够承受液体满堤时的静压力。堤内有效容积应为该隔堤内最大储罐的容积。平时要注意维修保养，以保持分隔堤的完好有效性。

(8) 事故存油罐（槽）

事故存油罐简称事故罐（槽），是为发生事故时或开罐检修时能容纳泄漏或排放可燃性液体或油品的备用容器。它一般设置在含有液态可燃物料的反应器（锅）群及石油产品和液化石油气储罐区内。其有效容积应为器群中最大反应器或罐区内最大储罐的容量，并应安装快速转换的导液管。

(9) 防火集流坑

防火集流坑是容纳某种设备泄漏或溢出可燃性液体（油品）的防护设施。它通常设置在地面下，并用碎石填塞。如设在较大容量的油浸式电力变压器下面的防火集流坑，在发生火灾时，可将容器内的油放入坑中，既能防止油火蔓延，又便于扑救，缩小火灾范围。

五、火灾扑救的措施

1. 灭火方法

采取措施破坏燃烧的三个基础条件中的任何一个，燃烧就不能继续，这是防火也是灭火技术的基本原理。据此，常用的灭火方法有隔离法、冷却法、窒息法和化学抑制法等。

(1) 隔离法

隔离法是将燃烧物与附近有可能被引燃的可燃物分隔开一定距离，燃烧就会因缺少可燃物补充而熄灭。这也是一种常用的灭火及阻止火势蔓延的方法。灭火时可迅速将着火部位周围的可燃物移到安全地方或将着火物移到没有可燃物质的地方。

(2) 冷却法

由于可燃物质出现燃烧必须具备一定的温度和足够的热量，燃烧过程中产生的大量热量也为火势蔓延扩大提供能量条件。灭火时，将具有冷却降温和吸热作用的灭火剂直接喷射到燃烧物体上，可降低燃烧物质的温度。当其温度降到燃点以下时，火就熄灭了。也可将有吸热冷却作用的灭火剂喷洒在火源附近的可燃物质上，使其温度降低，阻止火势蔓延。冷却灭火方法是灭火的常用方法。

(3) 窒息法

窒息法是阻止助燃气体进入燃烧区，让燃烧物与助燃气体相隔绝使火熄灭的方法。例如：向燃烧区充入大量的氮气、二氧化碳等不助燃的惰性气体，减少空气量；封堵建筑物的门窗，减少空气进入，使燃烧区的氧气被耗尽；用石棉毯、湿棉被、砂土、泡沫等不燃烧或难燃烧的物品覆盖在燃烧物体上，隔绝空气使火熄灭。

(4) 化学抑制法

化学抑制法是将化学灭火药剂喷射到燃烧区，使之通过化学干扰抑制火焰，中断燃烧的连锁反应。但灭火后要采取降温措施，防止发生复燃。

以上四种灭火方法，在具体灭火过程中，既可单独采用，也可综合使用。

2. 灭火剂的选用

灭火剂是能够有效地破坏燃烧条件，终止燃烧的物质。选择灭火剂的基本要求是灭火效率高、使用方便、资源丰富、成本低廉、对人和环境无害。常用的灭火剂有以下几种。

(1) 水和水蒸气

水是最常用的灭火剂，主要作用是冷却降温，也有隔离窒息作用。它可以单独用于灭火，也可以与其他不同的化学添加剂组成混合使用。一般火灾都可以用水和水蒸气进行灭火。但下列物质和设备的火灾不能用水扑灭。

① 密度小于水和不溶于水的易燃液体。如汽油、煤油、柴油等油品。

② 遇水燃烧物质不能用水或含水的泡沫液灭火，而应用沙土灭火。

③ 盐酸和硝酸不能用强大的水流冲击。因为强大的水流能使酸飞溅，流出后遇可燃物质，有引起爆炸的危险。酸溅在人身上，能烧伤人。

④ 电气火灾未切断电源前不能用水扑救。因为水是良导体，容易造成触电。

⑤ 高温状态下的化工设备不能用水扑救，因为这会使金属的机械强度受到影响。

⑥ 精密仪器设备、贵重文物档案、图书着火，不宜用水扑救。

(2) 泡沫灭火剂

凡能与水相溶，并通过化学反应或机械方法产生灭火泡沫的灭火药剂称为泡沫灭火剂。
① 分类。根据泡沫生成机理，泡沫灭火剂可以分为化学泡沫灭火剂和空气泡沫灭火剂。
② 灭火原理。泡沫可漂浮于液体的表面或附着于一般可燃固体表面，形成一个泡沫覆盖层，起到隔离和窒息作用；同时泡沫析出的水和其他液体有冷却作用；另外，泡沫受热蒸发产生的水蒸气可降低燃烧物周围氧的浓度。
③ 适用范围。泡沫灭火剂主要用于扑救不溶于水的可燃、易燃液体，如石油产品等的火灾；也可用于扑救木材、纤维、橡胶等固体的火灾；高倍数泡沫可用于特殊场所，如消除放射性污染等。由于泡沫灭火剂中含有一定量的水，所以不能用来扑救带电设备及忌水性物质引起的火灾。

(3) 二氧化碳及惰性气体灭火剂
① 灭火原理。二氧化碳以液态形式从灭火器中喷出时，由于突然减压，一部分二氧化碳绝热膨胀、汽化，吸收大量的热量。另一部分二氧化碳迅速冷却成雪花状固体（即"干冰"），当它喷向着火处时，立即汽化，既稀释了氧的浓度，又起到冷却作用。而且大量二氧化碳气笼罩在燃烧区域周围，还能起到隔离燃烧物与空气的作用。
② 二氧化碳灭火剂的优点及适用范围。不导电、不含水，可用于扑救电气设备和部分忌水性物质的火灾；灭火后不留痕迹，可用于扑救精密仪器、机械设备、图书、档案等的火灾；价格低廉。

除二氧化碳外，其他惰性气体如氮气、水蒸气，也可用作灭火剂。

(4) 干粉灭火剂
① 灭火原理。主要包括化学抑制作用、隔离作用、冷却与窒息作用。化学抑制作用是干粉中的基料与燃烧反应中的自由基结合生成较为稳定的化合物，从而使燃烧反应因缺少自由基而终止。
② 分类。干粉灭火剂主要分为普通和多用两大类。普通干粉灭火剂主要适用于扑救可燃液体、可燃气体及带电设备的火灾。目前，它的品种最多，生产、使用量最大。多用类型的干粉灭火剂不仅适用于扑救可燃液体、可燃气体及带电设备的火灾，还适用于扑救一般固体火灾。
③ 适用范围。适用于扑救易燃液体、忌水性物质及油类、油漆、电气设备的火灾。

(5) 卤代烷灭火剂
① 灭火原理。主要包括化学抑制作用和冷却作用。
② 卤代烷灭火剂的优点及适用范围。
• 主要用来扑救各种易燃液体火灾。
• 因其绝缘性能好，也可用来扑救带电电气设备火灾。
• 因其灭火后全部汽化而不留痕迹，也可用来扑救档案文件、图片资料、珍贵物品等的火灾。
• 由于卤代烷灭火剂的较高毒性及会破坏遮挡阳光中有害紫外线的臭氧层，因此应严格控制使用。

(6) 其他灭火剂
用砂、土等作为覆盖物也可进行灭火，它们覆盖在燃烧物上，主要起到与空气隔离的作用，其次砂、土等也可从燃烧物吸收热量，起到一定的冷却作用。

3. 各种灭火剂适用火灾的范围
① 扑救 A 类火灾（即固体燃烧的火灾）应选用水型、泡沫、磷酸铵盐干粉等灭火剂。
② 扑救 B 类火灾（即液体火灾和可熔化的固体物质火灾）应选用干粉、泡沫、二氧化碳灭火剂（这里值得注意的是，化学泡沫灭火剂不能灭 B 类极性溶剂火灾）。

③ 扑救 C 类火灾（即气体燃烧的火灾）应选用干粉、二氧化碳灭火剂。

④ 扑救 D 类火灾（即金属燃烧的火灾），金属火灾专用干粉或磷酸铵干粉灭火剂，可采用干砂或铸铁末灭火。

⑤ 扑救 E 类火灾（即带电火灾）应选用二氧化碳、干粉（喷雾）灭火剂。

4. 化工生产中常见火灾的扑救措施

(1) 生产装置初起火灾的扑救

当生产装置发生火灾爆炸事故时，在场人员应迅速采取如下措施。

① 迅速查清着火部位、着火物质的来源，及时准确地关闭阀门，切断物料来源及各种加热源；开启冷却水、消防蒸汽等，进行有效冷却或有效隔离；关闭通风装置，防止风助火势或沿通风管道蔓延。从而有效地控制火势以利于灭火。

② 带有压力的设备物料泄漏引起着火时，应切断进料并及时开启泄压阀门，进行紧急放空，同时将物料排入火炬系统或其他安全部位，以利于灭火。

③ 现场当班人员应迅速果断地做出是否停车的决定，并及时向厂调度室报告情况和向消防部门报警。

④ 装置发生火灾后，当班的班长应对装置采取准确的工艺措施，并充分利用现有的消防设施及灭火器材进行灭火。若火势一时难以扑灭，则要采取防止火势蔓延的措施，保护要害部位，转移危险物质。

⑤ 在专业消防人员到达火场时，生产装置的负责人应主动向消防指挥人员介绍情况，说明着火部位、物质情况、设备及工艺状况，以及已采取的措施等。

(2) 易燃、可燃液体储罐初起火灾的扑救

① 易燃、可燃液体储罐发生着火、爆炸，特别是罐区某一储罐发生着火、爆炸是非常危险的。一旦发现火情，应迅速向消防部门报警，并向厂调度室报告。报警和报告中需说明罐区的位置、着火罐的位号及储存物料的情况，以便消防部门迅速赶赴火场进行扑救。

② 若着火罐尚在进料，必须采取措施迅速切断进料。如无法关闭进料阀，可在消防水枪的掩护下进行抢关，或通知送料单位停止送料。

③ 若着火罐区有固定泡沫发生站，则应立即启动该装置。开通着火罐的泡沫阀门，利用泡沫灭火。

④ 若着火罐为压力装置，应迅速打开水喷淋设施，对着火罐和邻近储罐进行冷却保护，以防止升温、升压引起爆炸，打开紧急放空阀门进行安全泄压。

⑤ 火场指挥员应根据具体情况，组织人员采取有效措施防止物料流散，避免火势扩大，并注意对邻近储罐的保护以及减少人员伤亡和火势的扩大。

(3) 电气火灾的扑救

① 扑救电气火灾时，应首先切断电源。切断电源时应严格按照规程要求操作。

• 火灾发生后，电气设备绝缘已经受损，应用绝缘良好的工具操作。

• 选好电源切断点。切断电源地点要选择适当。夜间切断要考虑临时照明问题。

• 若需剪断电线时，应注意非同相电线应在不同部位剪断，以免造成短路。剪断电线部位应有支撑物支撑电线的地方，避免电线落地造成短路或触电事故。

• 切断电源时如需电力等部门配合，应迅速联系电力部门，报告情况，提出断电要求。

② 带电扑救时的特殊安全措施。为了争取灭火时间，来不及切断电源或因生产需要不允许断电时，要注意以下几点。

• 带电体与人体保持必要的安全距离。一般室内应大于 4m，室外不应小于 8m。

• 选用不导电灭火剂对电气设备灭火。机体喷嘴与带电体的最小距离：10kV 及以下，大于 0.4m；35kV 及以下，大于 0.6m。

用水枪喷射灭火时，水枪喷嘴处应有接地措施。灭火人员应使用绝缘护具，如绝缘手套、绝缘靴等，并采用均压措施。其喷嘴与带电体的最小距离：110kV 及以下大于 3m，220kV 及以下大于 5m。

• 对架空线路及空中设备灭火时，人体位置与带电体之间的仰角不超过 45°，以防电线断落伤人。如遇带电导体断落地面时要划清警戒区，防止跨步电压伤人。

(4) 充油设备火灾的扑救

① 充油设备中，油的闪点多在 130～140℃ 之间，一旦着火，危险性较大。如果在设备外部着火，可用二氧化碳、1211、干粉等灭火器带电灭火。如油箱破坏，出现喷油燃烧，且火势很大时，除切断电源外，有事故油坑的，应设法将油导入油坑。油坑中及地面上的油火，可用泡沫灭火。要防止油火进入电缆沟。如油火顺沟蔓延，这时电缆沟内的火，只能用泡沫扑灭。

② 充油设备灭火时，应先喷射边缘，后喷射中心，以免油火蔓延扩大。

(5) 易燃固体火灾的扑救

易燃固体发生火灾时，一般都能用水、砂土、石棉毯、泡沫、二氧化碳、干粉等灭火器材扑救。但粉状固体如铝粉、镁粉、闪光粉等，不能直接用水、二氧化碳扑救，以避免粉尘被冲散在空气中形成爆炸性混合物而可能发生爆炸，如要用水扑救，则必须先用砂土、石棉毯覆盖后才能进行。磷的化合物、硝基化合物和硫黄等易燃固体着火，燃烧时产生有毒和刺激性气体，扑救时人要站在上风向，以防中毒。

(6) 遇水燃烧物品和自燃物品火灾的扑救

遇水燃烧物品如金属钠等的共同特点是遇水后能发生剧烈的化学反应，放出可燃性气体而引起燃烧或爆炸。这种场所消防器材的种类和灭火方法由设计部门和当地公安消防监督部门协商解决。其他人员在扑救该类物品的火灾时应注意遇水燃烧物品火灾应用砂土、干粉等扑救，灭火时严禁用水、酸、碱灭火器和泡沫灭火器扑救。遇水燃烧物品，如锂、钠、钾、铷、铯、锶、钠汞齐等，由于化学性质十分活泼，能夺取二氧化碳中的氧而发生化学反应，使燃烧更猛烈，所以也不能用二氧化碳扑救。在扑救磷化物、保险粉等燃烧时能放出大量有毒气体的物品时，人应站在上风向。自燃物品起火时，除三乙基铝和铝铁溶剂不能用水扑救外，一般可用大量的水进行灭火，也可用砂土、二氧化碳和干粉灭火器灭火。由于三乙基铝遇水产生乙烷，铝铁溶剂燃烧时温度极高，能使水分解产生氢气。所以，不能用水灭火。

(7) 氧化剂火灾的扑救

大部分氧化剂火灾都能用水扑救，但对过氧化物和不溶于水的液体有机氧化剂，应用干砂土或二氧化碳、干粉灭火器扑救，不能用水和泡沫扑救。这是因为过氧化物遇水反应能放出氧，加速燃烧，不溶于水的液体有机氧化剂的相对密度一般都小于 1，如用水扑救时，会浮在水上面流淌而扩大火灾。粉状氧化剂火灾应用雾状水扑救。

(8) 毒害物品和腐蚀性物品火灾的扑救

一般毒害物品着火时，可用水及其他灭火器灭火，但毒害物品中氰化物、硒化物、磷化物着火时，如遇酸能产生剧毒或易燃气体。如氰化氢、磷化氢、硒化氢等着火，只能用雾状水或二氧化碳等灭火。腐蚀性物品着火时，可用雾状水、干砂土、泡沫、干粉等扑救。硫酸、硝酸等酸类腐蚀品不能用加压密集水流扑救，因为密集水流使酸液发热甚至沸腾，四处飞溅而伤害扑救人员。当用水扑救化学危险物品，特别是扑救毒害物品和腐蚀性物品火灾时，还应注意节约和大量水的流向，同时注意尽可能使灭火后的污水流入污水管道。因为有毒或有腐蚀性的灭火污水四处溢流会污染环境，甚至污染水源。同时，减少水量还可起到减少物品的水渍损失。扑灭化学危险物品火灾应注意正确选用灭火剂。

第五节 防爆安全技术

一、工艺参数的安全控制

化工工艺参数主要是指温度，压力，投料速度、配比、顺序及原材料的纯度和副反应等。工艺参数失控，不但破坏了平稳的生产过程，而且易导致火灾爆炸事故，因此把工艺参数严格控制在安全限度以内，是实现安全生产的基本保证。

1. 温度控制

温度是化工生产的主要控制参数之一。各种化学反应都有其最适宜的温度范围，正确控制反应温度不但可以保证产品的质量，降低能耗，而且也是防火防爆所必需的。

温度控制不当可能带来以下危害。如果超温，反应物有可能分解，造成压力升高，甚至导致爆炸；或因温度过高而产生副反应，生成危险的副产物或过反应物。升温过快、过高或冷却设施发生故障，可能会引起剧烈反应，乃至冲料或爆炸。温度过低会造成反应速率减慢或停滞，温度一旦恢复正常，往往会因为未反应物料过多而使反应加剧，有可能引起爆炸；温度过低还会使某些物料冻结，造成管道堵塞或破裂，致使易燃物料泄漏引发火灾或爆炸。

严格控制温度，一般从三个方面采取措施。

（1）有效除去反应热

化学反应一般都伴随着热效应，放出或吸收一定热量。例如基本有机合成中的各种氧化反应、氯化反应、水合和聚合反应等均是放热反应，而各种裂解反应、脱氢反应，脱水反应等则是吸热反应。为使反应在一定温度下进行，必须在反应系统中加入或移去一定的热量，以防因过热而发生危险。具体方法如下。

① 夹套冷却、内蛇管冷却，或两者兼用。

② 稀释剂回流冷却。

③ 惰性气体循环冷却。

④ 采用一些特殊结构的反应器或在工艺上采取一些措施。如合成甲醇是强放热反应，在反应器内装配热交换器，混合合成气分两路，其中一路控制流量以控制反应温度。

⑤ 加入其他介质，如通入水蒸气带走部分反应热。如乙醇氧化制取乙醛就是采用乙醇蒸气、空气和水蒸气的混合气体，将其送入氧化炉，在催化剂作用下生成乙醛。利用水蒸气的吸热作用将多余的反应热带走。还要随时解决传热面结垢、结焦问题。

（2）防止搅拌中断

搅拌可以加速热量的传递。有的生产过程如果搅拌中断，可能会造成散热不良或局部反应过于剧烈而发生危险。例如，苯与浓硫酸进行磺化反应时，物料加入后由于迟开搅拌，造成物料分层。搅拌开动后，反应剧烈，冷却系统不能及时地将大量的反应热移去，导致热量积累，温度升高，未反应完的苯很快受热汽化，造成设备、管线超压爆裂。所以，加料前必须开动搅拌，防止物料积存。生产过程中，若由于停电、搅拌机械发生故障等造成搅拌中断时，加料应立即停止，并且应当采取有效的降温措施。对因搅拌中断可能引起事故的反应装置，应当采取防止搅拌中断的措施，如采用双路供电。

（3）正确选择传热介质

传热介质，即热载体，常用的有水、水蒸气、碳氢化合物、熔盐、汞和熔融金属、烟道气等。

① 避免使用性质与反应物料相抵触的介质。应尽量避免使用性质与反应物料相抵触的物质作冷却介质。例如环氧乙烷很容易与水剧烈反应，甚至极微量的水分渗入液态环氧乙烷

中，也会引发自聚放热产生爆炸。又如，金属钠遇水剧烈反应而爆炸。所以在加工过程中，这些物料的冷却介质不得用水，一般采用液体石蜡。

② 防止传热面结垢。在化学工业中，设备传热面结垢是普遍现象。传热面结垢不仅会影响传热效率，更危险的是在结垢处易形成局部过热点，造成物料分解而引发爆炸。结垢的原因有：由于水质不好而结成水垢；物料黏结在传热面上；特别是因物料聚合、缩合、凝聚、炭化而引起结垢，极具危险性。换热器内传热流体宜采用较高流速，这样既可以提高传热效率，又可以减少污垢在传热表面的沉积。

③ 传热介质使用安全。传热介质在使用过程中处于高温状态，安全问题十分重要。高温传热介质，如联苯混合物（73.5%联苯醚和26.5%联苯）在使用过程中要防止低沸点液体（如水或其他液体）进入，低沸点液体进入高温系统，会立即汽化超压而引起爆炸。传热介质运行系统不得有死角，以免容器试压时积存水或其他低沸点液体。传热介质运行系统在水压试验后，一定要有可靠的脱水措施，在运行前应进行干燥吹扫处理。

2. 压力控制

和温度一样，许多化工生产需要在一定压力下才能进行，压力直接影响沸腾、化学反应、蒸馏、挤压成型、真空及空气流动等物理和化学过程。

加压操作在化工生产中普遍使用，如塔、釜、器、罐等大部分都是压力容器。压力控制不好就可能引起生产安全、产品质量和产量等一系列问题。密封容器的压力过高就会引起爆炸。因此，将压力控制在安全范围内就显得极其重要。

3. 投料控制

(1) 投料速度控制

对于放热反应，投料速度不能超过设备的传热能力，否则，物料温度将会急剧升高，引起物料的分解、突沸、造成事故。加料时如果温度过低，往往造成物料的积累、过量，温度一旦适宜反应加剧，加之热量不能及时导出，温度和压力都会超过正常指标，导致事故。如某农药厂"保棉丰"反应釜，按工艺要求，在不低于75℃的温度下，4h内加完100kg双氧水。但由于投料温度为70℃，开始反应速率慢，加之投入冷的双氧水使温度降至52℃，因此将投料速度加快，在反应1h 20min时投入双氧水80kg，造成双氧水与原油剧烈反应，反应热来不及导出而温度骤升，仅在6s内温度就升至200℃以上，使釜内物料汽化引起爆炸。投料速度太快，除影响反应速率外，还可能造成尾气吸收不完全，引起毒性或可燃性气体外逸。如某农药厂乐果生产硫化岗位，由于投料速度太快，硫化氢尾气来不及吸收而外逸，引起中毒事故。当反应温度不正常时，首先要判明原因，不能随意采用补加反应物的办法提高反应温度，更不能采用先增加投料量而后补热的办法。

(2) 投料配比控制

反应物料的配比要严格控制，影响配比的因素都要准确的分析和计量。例如，反应物料的浓度、含量、流量、质量等。对连续化程度较高，危险性较大的生产，在刚开车、停车时要特别注意投料的配比。例如，在环氧乙烷生产中，乙烯和氧混合进行反应，其配比临近爆炸极限，为保证安全，应经常分析气体含量，严格控制配比，并尽量减少开停车次数。

催化剂对化学反应的速率影响很大，如果配料失误，多加催化剂，就可能发生危险。

(3) 投料顺序控制

在涉及危险品的生产中，必须按照一定的顺序进行投料。例如，氯化氢的合成，应先向合成塔通入氢气，然后通入氯气；生产三氯化磷，应先投磷，后投氯，否则可能发生爆炸。又如，用2,4-二氯酚和对硝基氯苯加碱生产除草醚，3种原料必须同时加入反应罐，在190℃下进行缩合反应。若忘加对硝基氯苯，只加2,4-二氯酚和碱，结果生成二氯酚钠盐，在240℃下能分解爆炸。如果只加对硝基氯苯与碱反应，则能生成对硝基氯酚钠盐，在

200℃下也会分解爆炸。为了防止误操作，造成颠倒程序投料，可将进料阀门进行联锁动作。

（4）投料量控制

化工反应设备或储罐都有一定的安全容积，带有搅拌器的反应设备要考虑搅拌开动时的液面升高；储罐、气瓶要考虑温度升高后液面或压力的升高。若投料过多，超过安全容积系数，往往会引起溢料或超压。投料过少，也可能发生事故。投料量过少，可能使温度计接触不到液面，导致温度出现假象，由于判断错误而发生事故；投料量过少，也可能使加热设备的加热面与物料的气相接触，使易于分解的物料分解，从而引起爆炸。

（5）副反应的控制

许多副反应的生成物是不稳定的，容易造成事故，所以在反应过程中要防止副反应的发生。如三氯化磷的合成是把氯气通入黄磷中，产物三氯化磷沸点为75℃，很容易从反应釜中移出。但如果反应过头，则生成固体五氯化磷，100℃时才升华。五氯化磷比三氯化磷的反应活性高得多，由于黄磷的过氧化而发生爆炸的事故时有发生。对于这一类反应，往往保留一部分未反应物，使副反应不至于发生。

在某些化工过程中，要防止物料与空气中的氧反应生成不稳定的过氧化物。有些物料，如乙醚、异丙醚、四氢呋喃等，如果在蒸馏时有过氧化物存在，极易发生爆炸。

4. 原料纯度控制

反应物料中危险杂质的增加可能会导致副反应或过反应，引发燃烧或爆炸事故。对于化工原料和产品，纯度和成分是质量要求的重要指标，对生产和管理安全也有着重要影响。例如，乙炔和氯化氢合成氯乙烯，氯化氢中游离氯不允许超过0.005%，因为过量的游离氯与乙炔反应生成四氯乙烷会立即起火爆炸。又如在乙炔生产中，电石中含磷量不得超过0.08%。因为磷在电石中主要是以磷化钙的形式存在，磷化钙遇水生成磷化氢，遇空气燃烧，导致乙炔和空气混合物的爆炸。

反应原料气中，如果其中含有的有害气体不清除干净，在物料循环过程中会不断积累，最终会导致燃烧或爆炸等事故的发生。清除有害气体，可以采用吸收的方法，也可以在工艺上采取措施，使之无法积累。例如，高压法合成甲醇，在甲醇分离器之后的气体管道上设置放空管，通过控制放空量以保证系统中有用气体的比例。有时有害杂质来自未清除干净的设备。例如，在六六六生产中，合成塔可能留有少量的水，通氯后水与氯反应生成次氯酸，次氯酸受光照射产生氧气，与苯混合发生爆炸。所以这类设备一定要清理干净，符合要求后才能投料。

反应原料中的少量有害成分，在生产的初始阶段可能无明显影响，但在物料循环使用过程中，有害成分越积越多，以致影响生产正常进行，造成严重问题。所以在生产过程中，需定期排放有害成分。

有时在物料的储存和处理中加入一定量的稳定剂，以防止某些杂质引起事故。如氰化氢在常温下呈液态，储存时水分含量必须低于1%，置于低温密闭容器中。如果有水存在，可生成氨，作为催化剂引起聚合反应，聚合热使蒸气压力上升，导致爆炸事故的发生。为了提高氰化氢的稳定性，常加入浓度为0.001%～0.5%的硫酸、磷酸或甲酸等酸性物质作为稳定剂或吸附在活性炭上加以保存。

5. 溢料和泄漏的控制

溢料主要是指化学反应过程中由于加料、加热速度较快产生液沫引起的物料溢出，以及在配料等操作过程中，由于泡沫夹带而引起的可燃物料溢出，容易发生事故。在连续封闭的生产过程中，溢流又容易引起冲浆、液泛等操作事故。

为了减少泡沫，防止出现溢料现象，首先应该稳定加料量，平稳操作；第二，在工艺上可采取真空消泡的措施，通过调节合理的真空度差来消除泡沫，如在橡胶生产的脱除挥发物的操作中可通过调节脱挥塔塔顶与塔釜的真空度差来减少脱气过程的泡沫,以防止冲浆;第三是在工艺允许的情况下加入消泡剂消减泡沫;第四是在配料操作中可通过调节配料温度和配料槽的搅拌强度,减少泡沫和溢料。

化工生产中还存在着物料的跑、冒、滴、漏现象,容易引起火灾爆炸事故。造成跑、冒、滴、漏一般有以下3种情况:

① 操作不精心或误操作,例如,投料过程中的槽满跑料,分离器液面控制不稳,开错排污阀等;

② 设备管线和机泵的结合面不严密;

③ 设备管线被腐蚀,未及时检修更换。

为了确保安全生产,杜绝跑、冒、滴、漏,必须加强操作人员和维修人员的责任心和技术培训,稳定工艺操作,提高检修质量,保证设备完好率,降低泄漏率。

为了防止误操作,对比较重要的各种管线应涂以不同颜色以示区别,对重要的阀门要采取挂牌、加锁等措施。不同管道上的阀门应相隔一定的间距,以免启闭错误。

二、自动控制与安全保险装置

1. 自动控制

(1) 自动控制系统按其功能划分

① 自动检测系统。对机械、设备或过程进行自动连续检测,把检测对象的参数如温度、压力、流量、液位、物料成分等信号,由自动装置转换为数字,并显示或记录出来的系统。

② 自动调节系统。通过自动装置的作用,使工艺参数保持在设定值的系统。

③ 自动操纵系统。对机械、设备或过程的启动、停止及交换、接通等,由自动装置进行操纵的系统。

④ 自动信号、联锁和保护系统。机械、设备或过程出现不正常情况时,会发出警报并自动采取措施的系统。

对于自动检测系统和自动操纵系统,主要是使用仪表和操纵机构,调节则需要人工判断操作,通常称为"仪表控制"。对于自动调节系统,则不仅包括判断和操作,而且还包括通过参数与给定值的比较和运算而发出的自动调节作用,称为"自动控制"。

(2) 程序控制

程序控制就是采用自动化工具,按工艺要求,以一定的时间间隔对执行机构作周期性自动切换的控制系统。它主要由程序控制器,按一定时间间隔发出信号,使执行机构操作。

2. 安全保险装置

(1) 信号报警装置

在化学工业生产中,配置信号报警装置,在情况失常时发出警告,以便及时采取措施消除隐患。报警装置与测量仪表连接,用声、光或颜色示警。例如在硝化反应中,硝化器的冷却水为负压,为了防止器壁泄漏造成事故,在冷却水排出口装有带铃的导电性测量仪,若冷却水中混有酸,导电率提高,则会响铃报警。

随着化学工业的发展,警报信号系统的自动化程度不断提高。例如反应塔温度上升的自动报警系统可分为两级:急剧升温检测系统,以及与进出口流量相对应的温差检测系统。

信号报警装置只能提醒操作者注意已发生的不正常情况或故障,但不能自动排除故障。

(2) 保险装置

保险装置则在危险状态下能自动排除故障,消除危险或不正常状态。例如,带压设备上安装安全阀、防爆膜等装置。

(3) 安全联锁装置

联锁就是利用机械或电气控制依次接通各个仪器和设备,使之彼此发生联系,达到安全运行的目的。

安全联锁装置是对操作顺序有特定安全要求、防止误操作的一种安全装置，有机械联锁和电气联锁。例如硫酸与水的混合操作，必须先把水加入设备，再注入硫酸，否则将会发生喷溅和灼伤事故。把注水阀门和注酸阀门依次联锁起来，就可以达到此目的。某些需要经常打开孔盖的带压反应容器，在开盖之前必须泄压。频繁的操作容易疏忽出现差错，如果把泄掉罐内压力和打开孔盖联锁起来，就可以安全无误。

常见的安全联锁装置有以下几种情况：

① 同时或依次放两种液体或气体时；
② 在反应终止需要惰性气体保护时；
③ 打开设备前预先解除压力或需要降温时；
④ 打开两个或多个部件、设备、机器，由于操作错误容易引起事故时；
⑤ 当工艺控制参数达到某极限值，开启处理装置时；
⑥ 某危险区域或部位禁止人员入内时。

三、限制爆炸扩散的措施

限制爆炸扩散的措施，就是采取泄压隔爆措施防止爆炸冲击波对设备或建（构）筑物的破坏和对人员的伤害。这主要是通过在工艺设备上设置防爆泄压装置和在建（构）筑物上设置泄压隔爆结构或设施来达到。

1. 防爆泄压装置

防爆泄压装置，是指设置在工艺设备上或受压容器上，能够防止压力突然升高或爆炸冲击波对设备、容器的破坏的安全防护装置。

（1）安全阀

安全阀是防止受压设备和机械内压力超限爆炸的泄压装置。它由阀体、阀芯、加压载荷（环状的重块、重锤、弹簧等）部件组成，有杠杆式、重锤式、弹簧式多种。

安全阀通常安装在不正常条件下可能超压甚至破裂的设备或机械上，如操作压力大于0.07MPa的锅炉、钢瓶等压力容器，顶部操作压力大于0.03MPa的蒸馏塔、蒸发塔和汽提塔，往复式压缩机的各段出口和电动往复泵、齿轮泵、螺杆泵的出口，可燃气体或可燃液体受膨胀时可能超过设计压力的设备等。

安全阀一般有两个功能：一是排放泄压，当受压容器内部压力超过正常时，安全阀自动开启，把内部介质释放一部分出去，降低系统压力，防止设备爆炸；当压力降至正常值时安全阀又自动关闭；二是报警，当设备超压时，安全阀开启向外排放介质，产生气动声响，发出警报。安全阀应每年至少校验一次，以保持灵敏可靠。

（2）防爆片

防爆片又称防爆膜、防爆板、自裂盘，是在压力突然升高时能自动破裂泄压的安全装置。它安装在含有可燃气体、蒸气或粉尘等物料的密闭容器或管道上，当设备或管道内物料突然升压或瞬间反应超过设计压力时能够自动爆破泄压。其特点是放出物料多、泄压快、构造简单，适用于物料黏度高和腐蚀性强的设备系统以及物料易于结晶或聚合可能堵塞安全阀和不允许流体有任何泄漏的场合。

工业上使用的防爆片类型很多，构造各异。根据破裂特性，爆破片可分为断裂型、碎裂型、剪切型、逆动型多种。

（3）呼吸阀

呼吸阀是安装在轻质油品储罐上的一种安全附件，有液压式和机械式两种。液压式呼吸阀是由槽式阀体和带有内隔壁的阀罩构成，在阀体和阀罩内隔壁的内外环空间注入沸点高、蒸发慢、凝点低的油品，作为隔绝大气与罐内油气的液封。机械式呼吸阀是一个铸铁或铝铸成的盒子，盒子内有真空阀和压力阀、吸气口和呼气口。

呼吸阀的作用是保持密闭容器内外压力经常处于动态平衡。当储罐输入油品或气温上升时，罐内气体受液体压缩或升温膨胀而从呼吸阀排出，此时呼吸阀处于呼气状态，可以防止储罐憋压或形成负压而抽瘪。

在气温较低地区宜同时设置液压式和机械式呼吸阀，而液封油的凝固点应低于当地最低气温，以使油罐可靠的呼吸，保证安全运行。呼吸阀下端应安装防止回火的阻火器，并处于避雷设施保护范围内。

（4）止回阀

止回阀又称上逆阀、单向阀，是用于防止管路中流体倒流的安全装置，有升降式、旋启式等多种。

止回阀通常设置在与可燃气体、可燃液体管道及设备相连的辅助管线上，压缩机与油泵的出口管线上，高压与低压相连接的低压系统上。其作用是仅允许流体向一个方向流动，遇有回流时即自动关闭通路，借以防止高压窜入低压引起管道设备的爆裂。在可燃气体、可燃液体管线上，止回阀也可以起到防止回火的作用。

2. 建筑防爆泄压结构或设施

建筑防爆泄压结构或设施，是指在有爆炸危险的厂房所采取的阻爆、隔爆措施，如耐爆框架结构、泄压轻质屋盖、泄压轻质外墙、防爆门窗、防爆墙等。这些泄压构件是人为设置的薄弱环节，当发生爆炸时，它们最先遭到破坏或开启向外释放大量的气体和热量，使室内爆炸产生的压力迅速下降，从而达到主要承重结构不破坏，整座厂房不倒塌的目的。对泄压构件和泄压面积及其设置的要求如下。

① 泄压轻质屋盖。根据需要可分别由石棉水泥波形瓦和加气混凝土等材料制成，并有保温层或防水层、无保温层或无防水层之分。

② 泄压轻质外墙分为保温层和无保温层两种形式。常常采用石棉水泥瓦作为无保温层的泄压轻质外墙，而有保温层的轻质外墙则是石棉水泥瓦外墙的内壁加装难燃木丝板作保温层，用于要求采暖保温或隔热降温的防爆厂房。

③ 泄压窗可有多种形式。如轴心偏上中悬泄压窗，抛物线塑料板泄压窗、弹簧轧头外开泄压窗等。窗户上通常安装厚度不超过 3mm 的普通玻璃。要求泄压窗能在爆炸力递增稍大于室外风向时，自动向外开启泄压。

④ 泄压设施的泄压面积与厂房体积的比值（m^2/m^3）宜采用 0.05～0.22。爆炸介质威力较强或爆炸压力上升速度较快的厂房，应尽量加大比值。体积超过 1000m^3 的建筑，如采用上述比值有困难时，可适当降低，但不宜小于 0.03。

⑤ 作为泄压面积的轻质屋盖和轻质墙体质量每平方米不宜超过 120kg。

⑥ 散发较空气轻的可燃气体、可燃蒸气的甲类厂房宜采用全部或局部轻质屋盖作为泄压设施。

⑦ 泄压面积的设置应避开人员集中的场所和主要交通道路，并宜靠近容易发生爆炸的部位。

⑧ 当采用活动板、窗户、门或其他铰链装置作为泄压设施时，必须注意防止打开的泄压孔由于在爆炸正压冲击波之后出现负压而关闭。

⑨ 爆炸泄压孔不能受到其他物体的阻碍，也不允许冰、雪妨碍泄压孔和泄压窗的开启，需要经常检查和维护。

⑩ 当起爆点能确定时，泄压孔应设在距起爆点尽可能近的地方。当采用管道把爆炸产物引导到安全地点时，管道必须尽可能短而直，且应朝向陈放物最少的方向设置，任何管道泄压的有效性都随着管道长度的增加而按比例减小。

思考与练习题

一、填空题

1. _____ 是可燃物与助燃物（氧气或氧化剂）发生的一种发光发热的化学反应，是在单位时间内产生的热量大于消耗热量的反应。
2. 燃烧的三要素为可燃物质、助燃物质和_____。
3. 可燃物质在与空气共存的条件下，遇到比其自燃温度高的点火源便开始燃烧，并在点火源移开后仍能继续燃烧，这种持续燃烧的现象叫_____。
4. _____ 是指一种发生极为迅速的物理或化学能量释放过程，并发出或大或小声响的现象。
5. 可燃物质与空气（氧气或氧化剂）均匀混合形成爆炸性混合物，并不是在任何浓度下，遇到火源都能爆炸，而必须是在一定的浓度范围内遇火源才能发生爆炸。这个遇火源能发生爆炸的可燃物浓度范围，称为_____。
6. _____，是指在时间或空间上失去控制的燃烧所造成的灾害。

二、判断题

1. 一般火灾的发展过程可分为初起阶段、发展阶段、猛烈阶段、熄灭阶段。（   ）
2. 当容器或设备中装有可燃气体或蒸气时，根据生产工艺要求，可增加可燃气体浓度或用可燃气体置换容器或设备中的原有空气，使其中的可燃气体浓度高于爆炸上限。（   ）
3. 对有燃爆危险物料的设备和管道，尽量采用焊接，减少法兰连接。如必须采用法兰连接，应根据操作压力大小，分别采用平面、凹凸面等不同形状的法兰，同时衬垫要严实，螺丝要拧紧。（   ）
4. 升温过快、过高或冷却设施发生故障，可能会引起剧烈反应，但没有危险。（   ）
5. 对于放热反应，投料速度不能超过设备的传热能力，否则，物料温度将会急剧升高，引起物料的分解、突沸，造成事故。（   ）
6. 溢料主要是指化学反应过程中由于加料、加热速度较快产生液沫引起的物料溢出，以及在配料等操作过程中，由于泡沫夹带而引起的可燃物料溢出，容易发生事故。（   ）

三、简答题

1. 简述化工生产过程中防火安全技术措施。
2. 简述化工生产中常见火灾的扑救措施。
3. 简述限制爆炸扩散的主要措施。
4. 自动控制系统按其功能分为哪几类？

第五章 电气安全技术

第一节 电气安全基本知识

一、电的基本知识

1. 电流

自然界存在两种不同性质的电荷，一种叫正电荷，另一种叫负电荷。电荷有规则的定向运动，就形成了电流。电流的大小称为电流强度（简称电流，用符号 I 表示），是指单位时间内通过导线某一截面的电荷量，每秒通过 1C（库仑）的电量称为 1A（安培）。安培是国际单位制中所有电性的基本单位。除了 A，常用的单位有 mA（毫安）、μA（微安）。

人们习惯规定正电荷运动的方向为电流方向。电流，其单位为 A（安培），1A=1000mA。

电流分直流和交流两种，电流的大小和方向不随时间变化的叫做直流；电流的大小和方向随时间变化的叫交流。

2. 电压

电压是指电路中两点 A、B 之间的电位差（简称为电压），其大小等于单位正电荷因受电场力作用从 A 点移动到 B 点所做的功。电压的方向规定为从高电位指向低电位的方向。电压的国际单位制为 V（伏特），常用的单位还有 mV（毫伏）、μV（微伏）、kV（千伏）等。如果电压的大小及方向都不随时间变化，则称之为稳恒电压或恒定电压，简称为直流电压，用大写字母 U 表示。如果电压的大小及方向随时间变化，则称为变动电压。对电路分析来说，一种最为重要的变动电压是正弦交流电压（简称交流电压），其大小及方向均随时间按正弦规律作周期性变化。交流电压的瞬时值要用小写字母 u 或 $u(t)$ 表示。

3. 电阻

在物理学中，用电阻来表示导体对电流阻碍作用的大小，用符号 R 表示。导体的电阻越大，表示导体对电流的阻碍作用越大。不同的导体，电阻一般不同。

电阻的国际单位制为 Ω（欧姆），常用的单位还有 kΩ（千欧）、MΩ（兆欧），它们之间的换算关系为：

$$1k\Omega = 1000\Omega \quad 1M\Omega = 1000k\Omega$$

电阻率是用来表示各种物质电阻特性的物理量。某种材料制成的长 1m、横截面积是 $1m^2$ 的导线在常温下（20℃时）的电阻，叫做这种材料的电阻率。电阻率的计算公式为：

$$\rho = \frac{RS}{L}$$

式中　ρ——电阻率，$\Omega \cdot m$；
　　　S——横截面积，m^2；
　　　R——电阻值，Ω；
　　　L——导线的长度，m。

4. 欧姆定律

在电路中，电流的大小与电路两端电压的高低成正比，而与电阻的大小成反比。以公式表示如下：

$$I = \frac{U}{R}$$

式中　U——电压，V；
　　　R——电阻，Ω；
　　　I——电流，A。

二、触电事故

触电事故是电流的能量直接或间接作用于人体造成的伤害，可分为电击和电伤。

1. 电击

电击是指电流通过人体内部，使肌肉痉挛收缩而造成伤害，破坏人的心脏、肺部和神经系统甚至危及生命。

按接触方式可分为直接接触电击和间接接触电击。直接接触电击是触及正常状态下带电的带电体；间接接触电击是触及正常状态下不带电、而在故障下意外带电的带电体。

按其形成的方式分为单线电击、双线电击和跨步电压电击。单线电击是人体站立地面，手部或其他部位触及带电导体造成的电击；双线电击是人体不同部位同时触及对地电压不同的两相带电导体造成的电击；跨步电压电击是人的双脚处在对地电压不同的两点造成的电击。

2. 电伤

电伤是指电流的热效应、化学效应或机械效应对人体造成的伤害。电伤可伤及人体内部，但多见于人体表面，且常会在人体上留下伤痕。电伤可以分为以下几种情况。

（1）电弧烧伤

电弧烧伤又称电灼伤，人体与带电体直接接触，电流通过人体时产生热效应，造成皮肤灼伤。

（2）电烙印

电烙印是指电流通过人体后，在接触部位留下的斑痕。斑痕处皮肤变硬，失去原有的弹性和色泽，表面坏死，失去知觉。

（3）皮肤金属化

皮肤金属化是指由于电流或电弧作用产生的金属微粒渗入了人体皮肤造成的，受伤部位变得粗糙坚硬并呈特殊颜色。

（4）电光眼

电光眼表现为角膜炎或结膜炎。在弧光放电时，紫外线、可见光、红外线均可能损伤眼睛。

3. 触电事故产生的原因

触电事故产生的原因主要是缺乏电器安全意识和知识，违反操作规程，维护不良，电气设备存在安全隐患等。

4. 触电救护

触电事故发生后，触电者脱离电源应立即在现场抢救，措施要适当。当触电者伤害较轻，未失去知觉，仅在触电时一度昏迷过，则应使其就地安静休息1~2h，但需要观察。当触电者伤害较重，有心脏跳动而无呼吸则应立即做人工呼吸；有呼吸而无心脏跳动则应采取人工体外心脏挤压术救治。当触电者伤害很重，呼吸、心脏跳动均已停止，瞳孔放大，此时必须同时采取口对口人工呼吸和胸外心脏挤压术，进行人工复苏术抢救。

三、电流对人体的作用

电流对人体的作用指的是电流通过人体内部对于人体的有害作用，如电流通过人体时会引起针刺感、压迫感、打击感、痉挛、疼痛乃至血压升高、昏迷、心律不齐、心室颤动等症状。电流通过人体内部，对人体伤害的严重程度与通过人体电流的大小、持续时间、途径、种类及人体的状况等多种因素有关，特别是和电流大小与通电时间有着十分密切的关系。

1. 电流大小

通过人体的电流大小不同，引起人体的生理反应也不同。对于工频电流，按照通过人体的电流大小和人体呈现的不同反应，可将电流划分为感知电流、摆脱电流和致命电流。

（1）感知电流

感知电流就是引起人的感觉的最小电流。人对电流最初的感觉是轻微麻抖和轻微刺痛。经验表明，一般成年男性为1.1mA，成年女性约为0.7mA。

（2）摆脱电流

摆脱电流是指人体触电以后能够自己摆脱的最大电流。成年男性的平均摆脱电流为16mA，成年女性约为10.5mA，儿童的摆脱电流比成年人要小。应当指出，摆脱电流的能力是随着触电时间的延长而减弱的。这就是说，一旦触电后不能摆脱电源时，后果将是比较严重的。

（3）致命电流

致命电流是指在较短的时间内危及人的生命的最小电流。电击致死是电流引起的心室颤动造成的，故引起心室颤动的电流就是致命电流。100mA为致命电流。

2. 电流持续时间

电流通过人体的持续时间愈长，造成电击伤害的危险程度就愈大。人的心脏每收缩扩张一次约有0.1s的间隙，这0.1s的间隙期对电流特别敏感，通电时间长，则必然与心脏最敏感的间隙重合而引起电击；通电时间长，人体电阻因紧张出汗等因素而降低电阻，导致通过人体的电流进一步增加，可引起电击。

3. 电流通过人体的途径

电流通过心脏会引起心室颤动或使心脏停止跳动，造成血液循环中断，导致死亡。电流通过中枢神经或有关部位均可导致死亡。电流通过脊髓，会使人截瘫。一般从手到脚的途径最危险，其次是从手到手，从脚到脚的途径虽然伤害程度较轻，但在摔倒后，能够造成电流通过全身的严重情况。

4. 电流种类

直流电、高频电流对人体都有伤害作用，但其伤害程度一般较25～300Hz的交流电轻。直流电的最小感知电流，对于男性约为5.2mA，女性约为3.5mA；平均摆脱电流，对于男性约为76mA，女性约为51mA。高频电流的电流频率不同，对人体的伤害程度也不同。通常采用的工频电流，对于设计电气设备比较经济合理，但从安全角度看，这种电流对人体最为危险。随着频率偏离这个范围，电流对人体的伤害作用减小，如频率在1000Hz以上，伤害程度明显减轻。但应指出，高压高频电流的危险性还是大的，如6～10kV、500kHz的强力设备也有电击致死的危险。

5. 电压

在人体电阻一定时，作用于人体的电压愈高，则通过人体的电流就愈大，电击的危险性就增加。人触及不会引起生命危险的电压称为安全电压。我国规定安全电压一般为36V，在潮湿及罐塔设备容器内行灯安全电压为12V。

6. 人体状况

人体的健康状况和精神状态是否正常，对于触电伤害的程度是不同的。患有心脏病、结核病、精神病、内分泌器官疾病及酒醉的人，触电引起的伤害程度更加严重。

在带电体电压一定的情况下，触电时人体电阻愈大，通过人体的电流就愈小，危险程度也愈小；反之，危险程度增加。在正常情况下，人体的电阻为 10~100kΩ，人体的电阻不是一个固定值。如皮肤角质有损伤，皮肤处于潮湿或带有导电性粉尘时，人的电阻就会下降到 1kΩ 以下（人体体内电阻约为 500Ω），人体触及带电体的面积愈大，接触愈紧密，则电阻愈小，危险程度也增加。

第二节 触电的防护措施

触电事故的发生是由直接接触触电和间接接触触电两种原因造成的。这两种事故是在电路或电气设备不同状态下发生的，因此，其防护的措施也不同。

一、直接接触触电的防护

直接接触触电的防护措施主要有采用安全电压、绝缘、屏护、电气安全距离、隔离变压器和自动断电保护等。

1. 安全电压

安全电压又称安全特低电压，指保持独立回路的，其带电导体之间或带电导体与接地体之间不超过某一安全限值的电压。具有安全电压的设备称为Ⅲ类设备。

我国标准规定工频电压有效值的限值为 50V，直流电压的限值为 120V。我国标准还推荐：当接触面积大于 $1cm^2$、接触时间超过 1s 时，干燥环境中工频电压有效值的限值为 33V，直流电压限值为 70V；潮湿环境中工频电压有效值的限值为 16V，直流电压限值为 35V。限值是在任何运行情况下，任何两导体间可能出现的最高电压值。

我国规定安全电压额定值的等级为 42V、36V、24V、12V 和 6V。特别危险环境中使用的手持电动工具应采用 42V 安全电压；在有电击危险环境中使用的手持照明灯和局部照明灯应采用 36V 或 24V 安全电压；金属容器内、隧道内、水井内以及周围有大面积接地导体等工作地点狭窄、行动不便的环境或特别潮湿的环境应采用 12V 安全电压；水下作业等场所应采用 6V 安全电压。当电气设备采用 24V 以上安全电压时，必须采取直接接触电击的防护措施。

2. 绝缘

所谓绝缘，是指用绝缘材料把带电体封闭起来，借以隔离带电体或不同电位的导体，使电流能按一定的通路流通。良好的绝缘是保证设备和线路正常运行的必要条件，也是防止触电事故的重要措施。绝缘材料往往还起着其他保护作用如散热冷却、机械支撑和固定、储能、灭弧、防潮、防霉以及保护导体等。

（1）绝缘材料的分类

绝缘材料包括气体绝缘材料、液体绝缘材料和固体绝缘材料。涉及电工、石化、轻工、建材、纺织等诸多行业领域，主要类别如下。

① 气体绝缘材料：SF_6。

② 液体绝缘材料：变压器油、开关油、电缆油、电力电容器浸渍油、硅油及有机合成脂类。

③ 固体绝缘材料：塑料（热固性/热塑性）、层压制品（板、管、棒）、云母制品（纸、板、带）、薄膜（包括柔软复合材料、黏带）、纸制品（纤维素纸、合成纤维纸及无机纸和纸板）、玻纤制品（带、挤拉型材、增强塑料）、预浸料及浸渍织物（带、管）、陶瓷/玻璃、热收缩材料等十大类产品。

（2）绝缘的破坏

① 击穿。绝缘物在强电场等因素作用下，完全失去绝缘性能的现象称为绝缘的击穿。

击穿分为气体电介质击穿、液体电介质击穿和固体电介质击穿 3 种。

② 绝缘老化。电气设备的绝缘材料在运行过程中，由于各种因素的长期作用，会发生一系列的化学物理变化，从而导致其电气性能和机械性能的逐渐劣化，这一现象称为绝缘老化。

一般在低压电气设备中，绝缘老化主要是热老化。每种绝缘材料都有一个极限的耐热温度，当设备运行超过这一极限温度时，绝缘材料老化就会加剧，电气设备使用寿命就会缩短。在高压电器设备中，绝缘老化主要是电老化。

(3) 绝缘的性能指标

① 绝缘电阻。绝缘材料的绝缘电阻，是加于绝缘的直流电压与流经绝缘的电流之比。绝缘电阻通常用兆欧表测定。

② 吸收比。吸收比是从开始测量起第 60s 的绝缘电阻与第 15s 的绝缘电阻的比值，也用兆欧表测定。吸收比是为了判断绝缘的受潮情况。受潮以后绝缘电阻降低，测量得到的绝缘电阻上升变快，吸收接近 1。一般没有受潮的绝缘，吸收比应大于 1.3。

3. 屏护

屏护是指采用遮栏、护罩、护盖、箱匣等设备，把带电体同外界隔绝开来，防止人体触及或接近带电体，以避免触电或电弧伤人等事故的发生。屏护装置根据其使用时间分为两种：一种是永久性屏护装置，如配电装置的遮栏、母线的护网等；另一种是临时性屏护装置，通常指在检修工作中使用的临时遮栏等。屏护装置主要用在防护式开关电器的可动部分和高压设备上。

由于屏护装置不直接与带电体接触，因此对制作屏护装置所用材料的导电性能没有严格的规定。但是，各种屏护装置都必须有足够的机械强度和良好的耐火性能。此外，还应满足以下要求。

① 凡用金属材料制成的屏护装置，为了防止其意外带电，必须接地或接零。

② 屏护装置本身应有足够的尺寸，其与带电体之间应保持必要的距离。

③ 被屏护的带电部分应有明显的标志，使用通用的符号或涂上规定的具有代表意义的专门颜色。

④ 在遮栏、栅栏等屏护装置上，应根据被屏护对象挂上"止步，高压危险"或"当心有电"等警告牌。

⑤ 采用信号装置和联锁装置，即用光电指示"此处有电"，或当人越过屏护装置时，被屏护的带电体自动断电。

4. 电气安全距离

为了防止人体触及或过分接近带电体，或防止车辆和其他物体碰撞带电体，以及避免发生各种短路、火灾和爆炸事故，在人体与带电体之间、带电体与地面之间、带电体与带电体之间、带电体与其他物体和设施之间，都必须保持一定的距离，这种距离称为电气安全距离。电气安全距离的大小，应符合有关电气安全规程的规定。

根据各种电气设备（设施）的性能、结构和工作的需要，安全间距大致可分为各种线路的安全间距、变配电设备的安全间距、各种用电设备的安全间距和检修维修时的安全间距。

5. 隔离变压器

隔离变压器是用以对两个或多个有耦合关系的电路进行电隔离的变压器。其变比为 1。在电力系统中，为了防止架空输电线路上的雷电波进入室内，需经过隔离变压器联络。即使架空线路电压与室内电路电压相等，例如发电厂对附近地区的供电电压与厂用电电压就可能相等，此时也需用隔离变压器联络而不直接连接。隔离变压器除变比为 1 外，与普通变压器无其他区别。利用隔离变压器的漏电感和端子的对地放电间隙及对地电容，就可以使雷电波，特别是其高频部分，导入大地而不进入变压器，从而使室内电路免受雷电的损害。隔离变压器在电子电路以及精密测量技术中有着更广的应用。

6. 自动断电保护

自动断电保护是利用自动断电保护器解决在线路上无工作负载时，线路上带电压的问题。现有的家用漏电保护器当所保护的电器不工作时，相线上仍存在电压，对人身构成潜在的威胁。漏电保护器的保护过程是：触电或漏电发生后，再进行保护。这种断电保护器可以做到：负载不工作，线路上无电压；负载只要工作，马上恢复正常供电。因为此时线路上没有电，当然所谓的触电或漏电现象就不会出现，就从根本上达到了保护人身、设备安全的目的。自动断电保护的应用领域有家庭、工厂等用电的电器及设备。

二、间接接触触电的防护

间接接触触电是指正常情况下电气设备不带电的外露金属部分，如金属外壳、金属护罩和金属构架等，在发生漏电、碰壳等金属性短路故障时就会出现危险电压，此时人体触及这些外露的金属部分所造成的触电称为间接接触触电。

间接接触触电的防护措施主要有保护接地、保护接零、加强绝缘、电气隔离、不导电环境、等电位连接、特低电压和漏电保护器等。

1. 保护接地和保护接零

保护接地是最古老的电气安全措施，也是防止间接接触电击的基本安全技术措施。根据国际电工委员会（IEC）规定的各种保护方式、术语概念，低压配电系统按接地方式的不同分为三类，即 IT 系统、TT 系统和 TN 系统，分述如下。

（1）TT 系统

① TT 方式是指将电气设备的金属外壳直接接地的保护系统，称为保护接地系统，也称 TT 系统。

② TT 系统的特点。当电气设备的金属外壳带电（相线碰壳或设备绝缘损坏而漏电）时，由于有接地保护，可以大大减少触电的危险性。但是，低压断路器（自动开关）不一定能跳闸，造成漏电设备的外壳对地电压高于安全电压，属于危险电压。

当漏电电流比较小时，即使有熔断器也不一定能熔断，所以还需要漏电保护器作保护。

（2）IT 系统

① IT 方式是电力系统的带电部分与大地之间无直接联系，使电气设备外露可导电部分通过保护线接至接地极。

② IT 系统的特点。发生第一次接地故障时，接地故障电流仅为非故障相对地的电容电流，其值很小，外露导电部分对地电压不超过 50V，不需要立即切断故障回路，保证供电的连续性。当发生接地故障时，对地电压升高 1.73 倍。

③ IT 系统的保护作用原理。当受电设备的绝缘损坏而使其金属外壳带电时，其等值电路图如图 5-1 所示。

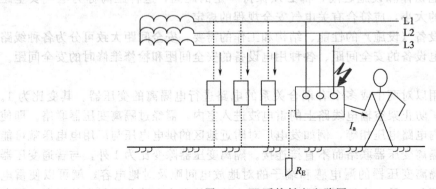

图 5-1　IT 系统触电电路图

在 IT 系统中,由于电源侧中性点不直接接地,所以 R_E 是一个很大的电阻值,故障电流(I_d)数值很小,当人体触及受电设备的金属外壳时,由于人体与负载侧接地电阻相并联,即 R_E 与 R_P(人体电阻)呈并联关系,且 $R_E // R_P \approx R_E$,而且 $R_E \ll |Z|$,所以流过人体的电流(I_a)数值很小,从而减小了人身触电事故的发生。

(3) TN 系统

① TN 方式是将电气设备的金属外壳与工作零线相接的保护系统,称作接零保护系统,用 TN 表示。

② TN 系统的特点。一旦设备出现外壳带电,接零保护系统能将漏电电流上升为短路电流,这个电流很大,是 TT 系统的 5.3 倍,实际上就是单相对地短路故障,熔断器的熔丝会熔断,低压断路器的脱扣器会立即动作而跳闸,使故障设备断电,比较安全。

③ TN 系统的保护作用原理。本系统中性线和保护线合用一根导线即 PEN 线,且受电设备外壳直接接到 PEN 线上。当受电设备由于绝缘损坏而发生碰壳故障时,故障电流经设备外壳和 PEN 线形成闭合回路,其故障电流(I_d)很大,由于很大的故障电流通过保护设备使保护装置快速切断故障,使故障设备脱离电源。其触电电路图如图 5-2 所示。

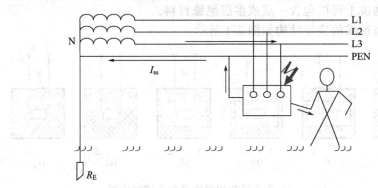

图 5-2 TN 系统触电保护原理图

④ TN 系统的种类。根据中性导体和保护导体的组合情况,TN 系统有以下三种形式。

TN-C 方式供电系统:它是用工作零线兼作接零保护线,可以称作保护中性线,可用 NPE 表示。

TN-S 方式供电系统:它是把工作零线(N)和专用保护线(PE)严格分开的供电系统,称作 TN-S 供电系统。

TN-C-S 系统:整个系统的中性线有一部分是保护线合并在一起的,而在有特殊要求的地方则又分开。

2. 等电位连接

等电位连接的目的是构成等电位空间,可分为主等电位连接和辅助等电位连接。

主等电位连接是在建筑物的进线处将 PE 干线、设备 PE 干线、进水管、总煤气管、采暖和空调竖管、建筑物金属构件和其他金属管道、装置外露可导电部分等相连接。

辅助等电位连接是在某一局部将上述管道构件相连接。(作为补充,进一步提高安全水平)总建筑物内总等电位连接图如图 5-3 所示。

3. 双重绝缘和加强绝缘

工作绝缘又称基本绝缘或功能绝缘,是保证电气设备正常工作和防止触电的基本绝缘,位于带电体与不可触及金属件之间。

保护绝缘又称附加绝缘,是在工作绝缘因机械破损或击穿等而失效的情况下,可防止触电的独立绝缘,位于不可触及金属件与可触及金属件之间。

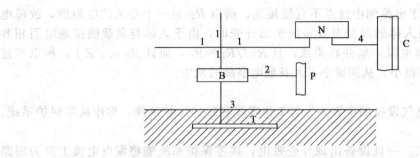

图 5-3　总建筑物内总等电位连接图
1—保护线；2—总等电位连接线；3—接地线；4—辅助等电位连接线；
B—总等电位连接（接地）端子板；N—外露导电部分；
C—装置外导电部分；P—金属水管干线；T—接地极

双重绝缘是兼有工作绝缘和附加绝缘的绝缘。

加强绝缘是基本绝缘经改进，在绝缘强度和机械性能上具备了与双重绝缘同等防触电能力的单一绝缘，在构成上可以包含一层或多层绝缘材料。

双重绝缘和加强绝缘的典型结构如图 5-4 所示。

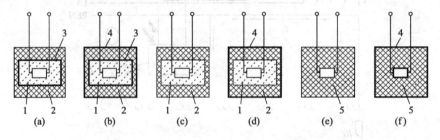

图 5-4　双重绝缘和加强绝缘的典型结构图
1—工作绝缘；2—保护绝缘；3—不可触及的金属；4—可触及的金属；5—加强绝缘

具有双重绝缘和加强绝缘的设备属于Ⅱ类设备。Ⅱ类设备无须再采取接地、接零等安全措施。标志："回"——作为Ⅱ类设备技术信息的一部分。手持电动工具应优先选用Ⅱ类设备。

4. 特低电压

特低电压又称安全特低电压，是属于兼有直接接触电击和间接接触电击防护的安全措施。

特低电压的保护原理是通过对系统中可能会作用于人体的电压进行限制，从而使触电时流过人体的电流受到抑制，将触电危险性控制在没有危险的范围内。

特低电压额定值（工频有效值）的等级为 42V、36V、24V、12V 和 6V。选用时根据使用环境、人员和使用方式等因素确定。

安全特低电压必须由安全电源供电。可以作为安全电源的主要有安全隔离变压器、蓄电池及独立供电的柴油发电机、即使在故障时仍能够确保输出端子上的电压不超过特低电压值的电子装置电源等。

5. 漏电保护

漏电保护是利用漏电保护装置来防止电气事故的一种安全技术措施。漏电保护装置，又称剩余电流保护装置，简称 RCD（Residual Current Operated Protective Device）。

漏电保护装置是一种低压安全保护电器，其保护原理如图 5-5 所示。

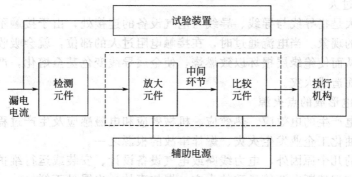

图 5-5 漏电保护装置的原理

(1) 漏电保护装置的选用

用于直接接触电击防护时，应选用额定动作电流为 30mA 及其以下的高灵敏度、快速型。

(2) 需要安装漏电保护装置的场所

① 触电、防火要求较高的场所和新建、改建、扩建工程使用各类低压用电设备、插座，均应安装漏电保护器。

② 对新制造的低压配电柜（箱、屏）、动力柜（箱）、开关箱（柜）、操作台、试验台，以及机床、起重机械、各种传动机械等机电设备的动力配电箱，在考虑设备的过载、短路、失压、断相等保护的同时，必须考虑漏电保护。用户在使用以上设备时，应优先采用带漏电保护的电气设备。

③ 建筑施工场所、临时线路的用电设备。

④ 手持式电动工具（除Ⅲ类外）、移动式生活日用电器（除Ⅲ类外）、其他移动式机电设备，以及触电危险性大的用电设备，必须安装漏电保护器。

⑤ 潮湿、高温、金属占有系数大的场所及其他导电良好的场所，如机械加工、冶金、化工、船舶制造、纺织、电子、食品加工、酿造等行业的生产作业场所，以及锅炉房、水泵房、食堂、浴室、医院等辅助场所。

第三节 电气防火防爆

一、电气火灾、爆炸的原因

1. 短路

不同相的相线之间、相线与零线之间造成金属性接触即为短路。发生短路时，线路中电流增加为正常值的几倍乃至几十倍，温度急剧升高，引起燃烧。

2. 过载

电气线路或设备上所通过的电流值超过其允许的额定值即为过载。过载可以引起绝缘材料不断升温直至燃烧，烧毁电气设备或酿成火灾。

3. 铁芯发热

电气设备的铁芯，由于磁滞和涡流损耗而发热。正常时，其发热量不致引起高温。当设计不合理、铁芯绝缘损坏时，产生高温。

4. 散热不良

电气设备散热受破坏时，会造成设备过热。例如电机缺少风叶，油浸设备缺油等。

5. 接触电阻过大

接触电阻过大是指导线与导线、导线与电气设备的连接处，由于接触不良，使接触部位的局部电阻过大的现象。当电流通过时，在接触电阻过大的部位，就会吸收很大的电能，产生极大的热量，从而使绝缘层损坏以致燃烧，使金属导线变色甚至熔化，严重时可引起附近的可燃物质着火而造成火灾。

6. 雷电和静电形成的点火源

大自然的雷电产生的电效应、热效应、机械效应和电磁感应及生产过程中的静电放电火花，也常常是石油化工企业发生火灾、爆炸事故的根源之一。

除上面介绍的几个原因外，电力线路或电气设备设计、安装或运行维护不当，工作人员由于思想麻痹而忘记切断电源等导致的火灾、爆炸事故，也屡见不鲜。

二、电气火灾的特点

从电气火灾形成的规律上看，电气火灾多发生在夏、冬两季，且节假日或夜间发生重大电气火灾事故较多。台风暴雨、山洪暴发、地震等引起房屋倒塌，使带电的设备出现断线、短路等情况时也易导致火灾事故发生。

此外，电气火灾还具有突发性、快延性、导电性、扑救难度较大等特点。

三、电气火灾的预防

近年来，由电气原因所引起的火灾、爆炸事故，占有相当大的比例。电气设备在生产中必不可少并大量使用，而且有的电气设备在正常运行和事故运行时都会产生电火花或电弧。电火花和电弧的温度很高，可达 3000~6000℃，具有很大的能量，不仅能够引起可燃物质燃烧，还能使金属熔化、飞溅。为此，必须要有严格的设计、安装、使用、维修制度，把电火花和电弧的危害降低到最低程度。火灾危险区域内的电气设备选型、安装，均应符合设计规范的要求。

1. 防爆电气设备选用的一般要求

① 在进行爆炸性环境的电力设计时，应尽量把电气设备，特别是正常运行时发生火花的设备，布置在危险性较小或非爆炸性环境中。火灾危险环境中的表面温度较高的设备，应远离可燃物。

② 在满足工艺生产及安全的前提下，尽量减少防爆电气设备的使用量。火灾危险环境下不宜使用电热器具，非用不可时应用非燃烧材料进行隔离。

③ 防爆电气设备应有防爆合格证。

④ 少用携带式电气设备。

⑤ 可在建筑上采取措施，把爆炸性环境限制在一定范围内，如采用隔墙法等。

2. 电气设备防爆的类型及标志

防爆电气设备的类型很多，性能各异。根据电气设备产生火花、电弧和危险温度的特点，为防止其点燃爆炸性混合物而采取的措施不同分为下列八种形式。

(1) 隔爆型（标志 d）

隔爆型结构的电气设备在爆炸危险区域应用极为广泛。它不仅能防止爆炸火焰的传出，而且能承受内部爆炸性气体混合物的爆炸压力并阻止内部的爆炸向外壳周围爆炸性混合物传播。多用于强电技术，如电机、变压器、开关等。

(2) 增安型（标志 e）

增安型结构在防爆电气设备上使用比较广泛。如电动机、变压器、灯具和带有电感线圈的电气设备等。在正常运行条件下不会产生电弧、火花，也不会产生足以点燃爆炸性混合物的高温。在结构上采取种种措施来提高安全程度，以避免在正常和认可的过载条件下产生电弧、火花和高温。

(3) 本质安全型（标志 ia、ib）

本质安全型防爆结构仅适用于弱电流回路。如测试仪表、控制装置等小型电气设备上。无论在正常情况下，还是非正常情况下发生的电火花或危险温度，都不会使爆炸性物质引爆，因此这种结构是安全性较高的防爆结构。这种电气设备按使用场所和安全程度分为 ia 和 ib 两个等级。

① ia 等级设备。在正常工作、一个故障和两个故障时均不能点燃爆炸性气体混合物。

② ib 等级设备。在正常工作和一个故障时不能点燃爆炸性气体混合物。

正常工作和故障状态是用安全系数来衡量的。安全系数是电路最小引爆电流（或电压）与其电路的电流（或电压）的比值，用 K 表示。正常工作时，$K=2.0$；一个故障时，$K=1.5$；两个故障时，$K=1.0$。

(4) 正压型（标志 p）

它具有正压外壳，可以保持内部保护气体，即新鲜空气或惰性气体的压力高于周围爆炸性环境的压力，阻止外部混合物进入外壳。

(5) 充油型（标志 o）

充油型防爆结构在使用上与传爆等级无关，适合于小型操作开关。它是将电气设备全部或部分部件浸在油内，使设备不能点燃油面以上的或外壳外的爆炸性混合物。

(6) 充砂型（标志 q）

在外壳内充填砂粒材料，使其在一定使用条件下壳内产生的电弧、传播的火焰、外壳壁或砂粒材料表面的过热均不能点燃周围爆炸性混合物。

(7) 无火花型（标志 n）

正常运行条件下，不会点燃周围爆炸性混合物，且一般不会发生有点燃作用的故障。这类设备的正常运行即是指不应产生电弧或火花（包括滑动触头）。电气设备的热表面或灼热点也不应超过相应温度组别的最高温度。

(8) 特殊型（标志 s）

特殊型防爆结构指结构上不属于上述任何一类，而采取其他特殊防爆措施的电气设备。如填充石英砂型的设备即属此列。

选择防爆电气设备的基本依据有爆炸危险区域类别、危险区域等级，爆炸危险区域内爆炸性混合物的级别、温度组别以及危险物质的其他性质（引燃点、爆炸极限、闪点等）。

3. 电气设备的防火

电气设备包括电气照明灯具、电动机、电热设备、电焊机等，是指把电能转换为光能、机械能、热能的设备，应用广泛，火灾危险性大，必须严加防范。

(1) 电气照明灯具

电气照明灯具是将电能变换为光能的电气设备。它按电光源可分为白炽灯、日光灯、碘钨灯、高压水银灯；按光线在空间的分布可分为直射灯、反射灯、漫射灯；按安装方式可分为吸顶灯、线吊灯、链吊灯、管吊灯；按结构和适应环境可分为开启型、封闭型、隔尘型、防爆型等多种。此外，与照明器具配套的，还有开关、接线盒、灯座、熔断器等。

① 电气照明灯具的火灾危险

• 灯具表面温度较高，容易烤着和引燃可燃物。例如，100W 白炽灯的表面温度可达 170~220℃，1000W 碘钨灯的石英玻璃管表面温度高达 500~800℃，400W 高压水银灯的表面温度为 180~250℃，能引起与其接触的易燃物和积落在表面上的粉尘着火。

• 玻璃灯泡破碎，炽热灯丝掉落，引燃可燃物。供电电压超过灯泡所标的电压，大功率灯泡的玻壳受热不均，水滴溅在玻璃灯泡上均能引起灯泡爆碎，高热灯丝落到可燃物上可导致火灾事故。

- 日光灯和高压水银灯的镇流器过热，引燃可燃物。镇流器由铁芯和线圈构成，正常工作时本身也耗电，具有一定温度，如散热条件不好或与灯管匹配不合理，以及其他附件故障时，内部温升增高破坏绝缘强度，形成匝间短路，则产生高温，将会烤着周围可燃物而引起火灾。
- 灯泡与灯座接触不良，灯头线接头松脱或短路，开关接通或断开，都会产生电火花而导致可燃物的燃烧和爆炸性混合物的爆炸。
- 照明用总开关及熔断器容量不够，导线截面不足，可造成过载而发热，特别是熔断器熔件容量不足，可频频熔断产生电火花和熔丝溅落而引燃可燃物，从而引发火灾。

② 电气照明灯具使用中的安全要求
- 灯泡的正下方不应堆放可燃物品。
- 严禁用纸、布或其他可燃物遮挡灯具。
- 不能将灯具作为取暖或烘干使用。
- 普通灯具不准进入爆炸危险场所，储存丙类固体物品的库房，不准使用碘钨灯和超过60W的白炽灯。
- 不得随意增强光源功率。若灯泡坏了，更换的新灯泡功率应与原灯泡功率一致。
- 灯丝应当固定，不能随便移动、乱挂软线，也不要扭劲、打结。
- 白炽灯灯丝烧断，不能晃动搭接勉强使用。
- 不得乱接灯线和增加保险容量，爆炸危险场所和可燃物品库房内不准设置、使用移动式照明灯具（行灯）。

（2）电动机

电动机是利用磁场对载流导线所产生的作用力，将电能转变成机械能的电气设备。电动机按所接电源的类别可分为直流电动机和交流电动机两大类；按工作原理可分为同步电动机和异步电动机（又称感应电动机）。此外，还有许多专门用途的电动机。在工业生产中比较普遍使用的是三相交流异步电动机，它主要由定子和转子两个基本部分组成。

① 电动机发生火灾的主要原因
- 选用不当。不按环境特点（高热、潮湿、腐蚀、爆炸危险等）选用电动机，易出故障，产生高温、火花或电弧而烧毁电动机或引起可燃物质燃烧。
- 过载。如果负载超过电动机的额定输出功率，或者电网电压过低，被带动的机械卡住，都会发生过载，引起绕组过热，甚至烧毁电动机，引燃周围可燃物而发生火灾。
- 绝缘损坏。电动机绕组长期过热、导线绝缘老化或受过电压击穿，都会造成绝缘损坏引起匝间、相间短路或对地短路，招致火灾。
- 接触不良。连接线圈的各个接点或引出线接点如有松动，接触电阻就会增大，引起发热，烧毁接点，产生火花、电弧，造成火灾。
- 单相运行。电源线接触不良，会发生断路使电动机单相运行。电动机单相运行时，其中有的绕组电流就增大1.73倍，温升迅速增高，以致烧毁绕组，引起火灾。
- 机械摩擦、铁损过大、接地装置不良等都能导致火灾事故。

② 预防电动机火灾的主要措施
- 根据环境特点，正确选用电动机的形式。
- 根据负载选择电动机的容量。一般电动机容量要大于所带机械的功率10%左右。
- 根据拖动机械的额定转速选择电动机的转速。感应电动机的额定转速有3000r/min、1500r/min、1000r/min、750r/min等数种，其中应用最广泛的为1500r/min电动机。
- 防止过负荷和单相运行。前者可采用热电器或过流延时继电器来保护；后者可采用双保险接线法或安装失压保护装置来保护。

- 根据电动机的型号和用途正确安装，使电动机及启动装置与可燃物保持 1m 以上的距离，并应安装在非燃烧材料基座上。
- 电动机电源线靠近机体的一段应用金属管、金属软管或塑料管护套。电动机还应有接地保护。
- 严格控制电动机的运行温度，其温升一般不应超过 55℃。为此，应有温度保护装置，当温升超过极限时，能及时切断电源。
- 严格操作规程，发现异常声音及其他不安全因素时，应及时进行排故处理；电动机使用完毕后，应及时切断电源。
- 电动机应避免频繁启动，尽量减少启动次数。一般空载连续启动不得超过 3～5 次，热状态下连续启动不得超过 2～3 次，因为启动电流通常大于额定电流的 4～7 倍，易过热起火。

加强电动机的检查和维护保养，注意经常清扫保持清洁，及时加油润滑，定期检修校验。

(3) 电焊

电焊是金属切割、熔接的一种方法。电焊分为电弧焊、点焊等多种，目前，使用最广的是电弧焊。电弧焊是把焊条作为电路的一个电极，把焊接物质作为另一个电极，利用接触电阻的原理产生高热，并形成电弧，将金属熔化进行焊接。

① 电焊的火灾、爆炸危险性

电焊工作中的疏忽大意就会造成火灾，甚至引起爆炸，情况往往很严重，主要原因有以下几种。

- 飞散的火花、熔融金属和熔渣的颗粒，燃着焊接处附近的易燃物（如油料、木料、草袋等）及可燃气体而引起火灾。从焊接处向四处飞溅的大部分赤热金属微粒在空中便烧尽，但有一些颗粒却相当热，有可能燃着有机尘埃、木屑、垃圾、棉纱及工作服。熔融金属滴从焊接处能向外飞出 5m 远，室外工作遇刮风时，或室内工作遇有过堂风时，火星都可能飞出更远，甚至引起火灾。
- 由于电焊机的软线长期拖拉，使绝缘破坏，或焊机本身绝缘损坏发生短路而发热造成火灾。
- 焊机长期超负荷使用，在导线中通过的电流超过该导线截面规定的允许电流，从而在导线中产生较多的发热量而又来不及全部散发掉，导致导线绝缘发热燃烧，并引燃附近易燃物造成火灾。
- 焊机回线（地线）乱接乱搭或电线接电线，以及电线与开关、电灯等设备连接处的接头不良，接触电阻增大。在一定电流下，有较大接触电阻的线段就会强烈发热，使温度升高引起导线的绝缘层燃烧，导致附近易燃物起火。
- 闸刀开关的刀片接触不良或开关与线路连接松弛，容易造成大的接触电阻，使闸刀和线熔化，引起火灾；或三相闸刀开关有一相刀片失效时，使线路单相运行，导致电流增大，引起线路过负荷发生火灾；以及拉合开关时，打出火花或产生弧光，引起附近可燃物或可燃气体、蒸气等爆炸性混合物爆炸。
- 保险丝使用不当，不能及时切断短路电流，此种情况造成的火灾是比较突出的。
- 插座使用不当，导电粉尘掉入插座内形成短路，或将可燃物堆放在插座上，或违反操作规程，不用插头，而将焊机裸线头插入插座，造成短路或产生火花，引起燃烧或爆炸事故。
- 焊接未清洗的油罐和油桶、带有气压的锅炉，或在有易燃气体的房间内焊接，均会造成爆炸事故。

- 电焊机杂散电流引发的火灾。在易燃易爆场所施焊作业的电焊机二次线搭接在金属构架做回路，由于存在间隙而放电，引爆可燃物。

② 电焊防火防爆的措施
- 严格执行焊接用火审批制度，应经相关部门检查同意后，方能进行焊接作业。并应根据消防需要，配备必要的灭火工具，并派专人监视火警，积极防范。
- 凡是进入危险区域进行焊接的人员，必须经过焊接安全技术培训，并于考试合格后，方能独立作业。凡在禁火区和危险区工作的焊工，必须有动火证和出入证，否则不准在上述范围内进行动火作业。
- 加强安全检查，离焊接处10m范围内不能有有机灰尘、木屑、棉纱、草袋等及石油、汽油、油漆等。如不能及时清除，应用水喷湿，或盖上石棉板、石棉布、湿麻袋隔绝火星，即采取可靠安全措施后才能进行操作。
- 施焊地点应距离乙炔发生器和氧气瓶10m以上。在喷漆室、油库、中心乙炔站、氧气站内严禁电焊工作。不得在储存汽油、煤油、挥发性油脂等的容器上面，或生产、加工、储存易燃易爆物品的房间内进行焊接。
- 不准直接在木板上进行焊接。焊接管子时，要把两端打开，不准堵塞。
- 电焊工作结束时要立即拉闸断电，并认真检查，特别是对有易燃易爆物或填有可燃物隔热层的场所，一定要彻底检查，将火熄灭。
- 在隧道、沉井、坑道、管道、井下及其他狭窄地点进行电焊时，必须事先检查其内部是否有可燃气体或其他易燃易爆物质。如有上述气体或物质，则必须采取有效措施予以排除，如采取通风等。进入内部作业之前，应按有关测试方法做测试试验，确认合格后再开始焊、切操作。
- 电焊回路地线不可乱接乱搭，禁止利用构架、框架做回路线，以防接触不良。同时要做到电线与电线、电线与开关等设备连接处的接头必须符合要求，以防接触电阻过大造成火灾。
- 焊接中如发现电机漏电，皮管漏气或闻到有焦煳味等异常情况时，应立即停止操作进行检查。铝热焊工使用的铝热焊专用火柴不准放在衣袋内，必须放在安全地点。

四、扑救电气火灾的基本方法

1. 电气火灾的特点

电气设备着火时，着火场所的很多电气设备可能是带电的。扑救带电电气设备时，应注意现场周围可能存在着较高的接触电压和跨步电压；同时还有一些设备着火时是绝缘油在燃烧。如电力变压器、多油开关等设备内的绝缘油，受热后可能发生喷油和爆炸事故，进而使火灾事故扩大。

2. 安全措施

(1) 扑救电气火灾

扑救电气火灾时，应首先切断电源。切断电源时应严格按照规程要求操作。

① 火灾发生后，电气设备绝缘已经受损，应用绝缘良好的工具操作。
② 选好电源切断点。切断电源地点要选择适当。夜间切断要考虑临时照明问题。
③ 若需剪断电线时，应注意非同相电线应在不同部位剪断，以免造成短路。剪断电线部位应有支撑物支撑电线的地方，避免电线落地造成短路或触电事故。
④ 切断电源时如需电力等部门配合，应迅速联系，报告情况，提出断电要求。

(2) 带电扑救时的特殊安全措施

为了争取灭火时间，来不及切断电源或因生产需要不允许断电时，要注意以下几点。

① 带电体与人体保持必要的安全距离。一般室内应大于4m，室外不应小于8m。

② 选用不导电灭火剂对电气设备灭火。机体喷嘴与带电体的最小距离：10kV 及以下，大于 0.4m；35kV 及以下，大于 0.6m。用水枪喷射灭火时，水枪喷嘴处应有接地措施。灭火人员应使用绝缘护具，如绝缘手套、绝缘靴等，并采用均压措施。其喷嘴与带电体的最小距离：110kV 及以下，大于 3m；220kV 及以下，大于 5m。

③ 对架空线路及空中设备灭火时，人体位置与带电体之间的仰角不超过 45°，以防电线断落伤人。如遇带电导体断落地面时要划清警戒区，防止跨步电压伤人。

(3) 充油设备的灭火

① 充油设备中，油的闪点多在 130～140℃之间，一旦着火，危险性较大。如果在设备外部着火，可用二氧化碳、1211、干粉等灭火器带电灭火。如油箱破坏，出现喷油燃烧，且火势很大时，除切断电源外，有事故油坑的，应设法将油导入油坑。油坑中及地面上的油火，可用泡沫灭火。要防止油火进入电缆沟，如油火顺沟蔓延，这时电缆沟内的火，只能用泡沫扑灭。

② 充油设备灭火时，应先喷射边缘，后喷射中心，以免油火蔓延扩大。

第四节 防 雷

一、典型事故案例

1989 年 8 月 12 日 8:55，位于山东省胶州湾东岸的黄岛油库突然爆炸起火。随后不久，4 号、3 号、2 号、1 号罐相继爆裂起火。大火迅速向四周蔓延，整个库区成为一片火海。大火还随流淌的原油向低处的海岸蔓延，烧毁了沿途的建筑。截止到 8 月 16 日 18:00，大火共燃烧了 104h 后才被扑灭。这次事故共有 19 人在扑火过程中牺牲，78 人受伤；大火烧毁了 5 座油罐、36000t 原油，并烧毁了沿途建筑；还有 600t 原油流入海洋，造成海面污染、海路和陆路阻断。据测算，这次事故共造成经济损失高达 8500 万元。

据设在黄岛油库内的闪电定位仪监测显示，在首先起火爆炸的 5 号罐约 100m 附近有雷击发生，而 5 号罐顶及其上方的屏蔽金属网和四角的 30m 高避雷针都没有遭受直击雷的痕迹。5 号罐因腐蚀造成钢筋断裂形成开口，罐体上方的屏蔽网因 U 形卡松动也可能形成开口，雷击感应造成开口之间产生放电火花，火花引起油蒸气燃烧并最终导致油罐爆炸。

二、雷电的分类及危害

1. 雷电的分类

雷电通常可分为直击雷和感应雷两种。

(1) 直击雷

大气中带有电荷的雷云对地电压可高达几十万千伏。当雷云同地面凸出物之间的电场强度达到该空间的击穿强度时所产生的放电现象，就是通常所说的雷击。这种对地面凸出物直接的雷击称为直击雷。

(2) 感应雷

感应雷也称雷电感应，分为静电感应和电磁感应两种。静电感应是在雷云接近地面，在架空线路或其他凸出物顶部感应出大量电荷引起的。在雷云与其他部位放电后，架空线路或凸出物顶部的电荷失去束缚，以雷电波的形式，沿线路或凸出物极快地传播。电磁感应是由雷击后伴随的巨大雷电流在周围空间产生迅速变化的强磁场引起的。这种磁场能使附近金属导体或金属结构感应出很高的电压。

2. 雷电的危害

雷击时，雷电流很大，其值可达数十至数百千安培，同时雷电压也极高。因此雷电有很大的破坏力,它会造成设备或设施的损坏,造成大面积停电及生命财产损失。其危害主要有以下几个方面。

(1) 电性质破坏

雷电放电产生极高的冲击电压,可击穿电气设备的绝缘,损坏电气设备和线路,造成大面积停电。由于绝缘损坏还会引起短路,导致火灾或爆炸事故。绝缘的损坏为高压窜入低压、设备漏电创造了危险条件,并可能造成严重的触电事故。巨大的雷电流流入地下,会在雷击点及其连接的金属部分产生极大的对地电压,也可直接导致因接触电压或跨步电压而产生的触电事故。

(2) 热性质破坏

强大雷电流通过导体时,在极短的时间将转换为大量热量,产生的高温会造成易燃物燃烧,或金属熔化飞溅,而引起火灾、爆炸。

(3) 机械性质破坏

由于热效应使雷电通道中木材纤维缝隙或其他结构中缝隙里的空气剧烈膨胀,同时使水分及其他物质分解为气体,因而在被雷击物体内部出现强大的机械压力,使被击物体遭受严重破坏或造成爆裂。

(4) 电磁感应

雷电的强大电流所产生的强大交变电磁场会使导体感应出较大的电动势,并且还会在构成闭合回路的金属物中感应出电流,这时如果回路中有的地方接触电阻较大,就会发生局部发热或发生火花放电,这对于存放易燃、易爆物品的场所是非常危险的。

(5) 雷电波入侵

雷电在架空线路、金属管道上会产生冲击电压,使雷电波沿线路或管道迅速传播。若侵入建筑物内,可造成配电装置和电气线路的绝缘层击穿,产生短路,或使建筑物内易燃、易爆品燃烧和爆炸。

(6) 防雷装置上的高电压对建筑物的反击作用

当防雷装置受雷击时,在接闪器、引下线和接地体上均具有很高的电压。如果防雷装置与建筑物内外的电气设备、电气线路或其他金属管道的相隔距离很近,它们之间就会产生放电,这种现象称为反击。反击可能引起电气设备绝缘破坏,金属管道烧穿,甚至造成易燃、易爆品着火和爆炸。

(7) 雷电对人的危害

雷击电流若迅速通过人体,可立即使人的呼吸中枢麻痹、心室颤动、心跳骤停,以致使脑组织及一些主要脏器受到严重损坏,出现休克甚至突然死亡。雷击时产生的火花、电弧,还会使人遭到不同程度的灼伤。

三、防雷装置

为了保证生命及建筑物的安全,需要装设防雷装置。常见的防雷装置有避雷针、避雷线、避雷网、避雷带、避雷器等。防雷装置本身一般由接闪器、引下线、接地装置三部分组成,其作用是防止直击雷或将雷电流引入大地。

1. 接闪器

接闪器是指避雷针、避雷线、避雷网、避雷带等直接接受雷电的金属构件。

① 避雷针。一般采用直径为 12~16mm 的圆钢或公称口径为 20~25mm 的钢管制成,用来保护建筑物、露天配电装置和电力线路。

② 避雷线。一般采用截面不小于 $35mm^2$ 的钢绞线,常用来架设在高压架空输电线路上,也可用来保护较长的单层建筑物。

③ 避雷网和避雷带。前者为网格状,后者为带状。它们一般采用圆钢和扁钢制作,安

装方便，不用计算保护范围，且不影响建筑物外观。当建筑物不装设突出的避雷针时，都可以采用避雷带、避雷网保护。避雷带可利用直接敷设在屋顶和房屋突出部分的接地导体作为接闪器。当屋顶面积较大时，可敷设避雷网作为接闪器。

除甲类生产厂房和甲类库房外，如为金属屋面的建筑物，均可利用其屋面作为接闪器。接闪器应镀锌或采取其他防腐蚀措施。

2. 引下线

引下线一般采用直径为 8mm 的圆钢或截面为 48mm^2、厚度为 4mm 的扁钢，沿建筑物外墙敷设，并经最短路线接地。一个建筑物的引下线一般不少于两根。

建筑物的金属构件（如消防梯）等可作为引下线，但其所有部位之间均应连成电气通路。采用多根引下线时，为了便于测量接地电阻以及检查引下线和接地线的连接状况，宜在各引下线距地面约 1.8m 处设置断接卡。在易受机械损伤的地方，则应对地面 1.7m 至地下 0.3m 的一段接地线加保护设施。

3. 接地装置

接地装置包括埋设在地下的接地线和接地体。其中垂直埋设的接地体，一般采用角钢、钢管、圆钢；水平埋设的接地体，一般用扁钢、圆钢。在腐蚀性较强的土壤中，应采用镀锌等防腐措施或加大截面。

为了减少相邻两接地体的屏蔽效应，两接地体之间的距离一般应为 5m。接地体埋设深度不应小于 0.5m。接地体应远离由于高温影响使土壤电阻率升高的地方。为降低跨步电压，防止直击雷的接地装置距建筑物出入口及人行道不应小于 3m。

4. 避雷器

避雷器是防止雷电过电压侵袭配电和其他电气设备的保护装置。有阀型避雷器、管型避雷器和单角避雷器（保护间隙）之分，通常安装在被保护设备的引入端，其上端接在架空输电线路上，下端接地。平时避雷器对地保持绝缘状态，不影响系统的正常运行；当线路受雷击时，避雷间隙被击穿，将雷电引入大地。雷电流通过以后，避雷器又恢复原态，系统则仍可正常运行。

阀型避雷器用于保护变、配电装置，分高压和低压两种。管型避雷器一般只用于线路上。羊角避雷器是最简单、最经济的防雷装置，一般安装在线路的进户处，保护电度表等设备。

四、防雷等级的划分

建筑物按其重要性、生产性质、遭受雷击的可能性和后果的严重性分为三类。

1. 第一类防雷建筑物

制造、使用或储存炸药、火药、起爆药、火工品等大量危险物质的建筑物，遇电火花会引起爆炸，从而造成巨大破坏或人身伤亡的建筑物。

2. 第二类防雷建筑物

国家重点建筑物，主要如下。

① 国家级重点文物保护的建筑物。

② 国家级的会堂、办公楼、档案馆、大型展览馆、国际机场、大型火车站、国际港口客运站、国宾馆、大型旅游建筑和大型体育场等。

③ 国家级计算中心、通信枢纽，以及对国民经济有重要意义的装有大量电子设备的建筑物。

④ 制造、使用和储存爆炸危险物质，但电火花不易引起爆炸，或不致造成巨大破坏和人身伤亡的建筑物，如油漆制造车间、氧气站、易燃品库等。2区、11区及某些1区属于第二类防雷建筑物。

⑤ 有爆炸危险的露天气罐和油罐。
⑥ 年预计雷击次数大于 0.06 次的部、省级办公楼及其他重要的或人员密集的公共建筑物。
⑦ 年预计雷击次数大于 0.3 次的住宅、办公楼等一般性民用建筑物。

3. 第三类防雷建筑物

凡不属第一、二类防雷建筑物但需实施防雷保护者。这类建筑物主要如下。
① 省级重点文物保护的建筑物和省级档案馆。
② 年预计雷击次数等于和大于 0.012 次，小于和等于 0.06 次的部、省级办公楼及其他重要的或人员密集的公共建筑物。
③ 年预计雷击次数大于和等于 0.06 次，小于和等于 0.3 次的住宅、办公楼等一般性民用建筑物。
④ 年预计雷击次数大于和等于 0.06 次的一般性工业建筑物。
⑤ 考虑到雷击后果和周围条件等因素，确定需要防雷的 21 区、22 区、23 区火灾危险环境的建筑物。
⑥ 年平均雷暴日 15d/a 以上地区，高度为 15m 及其以上的烟囱、水塔等孤立高耸的建筑物。年平均雷暴日 15d/a 及以下地区，高度为 20m 及以上的烟囱、水塔等孤立高耸的建筑物。

五、雷电的防护

1. 建筑的防雷技术

根据国家标准《建筑物防雷设计规范》（GB 50057—2010）的规定，第一、二类工业建筑物应有防直击雷、感应雷和雷电波侵入的措施；第三类工业建筑物应有防直击雷和雷电波侵入的措施；不装设防雷装置的建筑物，应采取防止高电压侵入的措施。

① 防直击雷措施主要是在需要防雷的建筑物上安装避雷针、避雷线、避雷带、避雷网等保护装置。它们均由接闪器、引下线、接地装置三部分组成，并辅以必要的反击措施。

② 防感应雷措施主要是将建筑物内的金属设备、金属管道、结构钢筋予以连接，并将平行敷设的长金属物隔一定距离用金属线跨接，以防止雷电感应产生高冲击电压造成反击而引起火灾、爆炸事故。

③ 防雷电波侵入的措施主要是在室外低压架空线路和金属管道入户处，采用将绝缘子铁脚接地方式和用阀型避雷器或特制空气保护间隙造成放电保护间隙，当雷电波沿低压线路或金属管道侵入时，绝缘子发生沿面放电，将避雷器或空气保护间隙击穿，从而防止雷电波侵入建筑物内。雷电波也能沿无线电、电视等天线侵入户内，为此，可在天线引入线的室外部分装设一个距离 2mm 的放电间隙，然后接地；或者在天线引入线上安装接地闸刀，雷雨天时将天线直接接地。

2. 化工设备的防雷技术

(1) 金属储罐的防雷技术

① 当罐顶钢板厚度大于 4mm，且装有呼吸阀时，可不装设防雷装置。但油罐体应作良好的接地，接地点不少于两处，间距不大于 30m，其接地装置的冲击接地电阻不大于 30Ω。

② 当罐顶钢板厚度小于 4mm 时，虽装有呼吸阀，也应在罐顶装设避雷针，且避雷针与呼吸阀的水平距离不应小于 3m，保护范围高出呼吸阀不小于 2m。

③ 浮顶油罐（包括内浮顶油罐）可不设防雷装置，但浮顶与罐体应有可靠的电气连接。

④ 易燃液体的敞开储罐应设独立避雷针，其冲击接地电阻不大于 5Ω。

⑤ 覆土厚度大于 0.5m 的地下油罐，可不考虑防雷措施，但呼吸阀、量油孔、采气孔应作良好接地。接地点不少于两处，冲击接地电阻不大于 10Ω。

(2) 非金属储罐的防雷技术

非金属易燃液体的储罐应采用独立的避雷针，以防止直接雷击。同时还应有感应雷措施。避雷针冲击接地电阻不大于 30Ω。

(3) 户外架空管道的防雷技术

① 户外输送可燃气体、易燃或可燃液体的管道，可在管道的始端、终端、分支处、转角处以及直线部分每隔 100m 处接地，每处接地电阻不大于 30Ω。

② 当上述管道与爆炸危险厂房平行敷设且间距小于 10m 时，在接近厂房的一段，其两端及每隔 30～40m 应接地，接地电阻不大于 20Ω。

③ 当上述管道连接点（弯头、阀门、法兰盘等）不能保持良好的电气接触时，应用金属线跨接。

④ 接地引下线可利用金属支架，若是活动金属支架，在管道与支持物之间必须增设跨接线；若是非金属支架，必须另作引下线。

⑤ 接地装置可利用电气设备保护接地的装置。

3. 人体的防雷技术

雷电活动时，由于雷云直接对人体放电，产生对地电压或二次反击放电，都可能对人造成电击。因此，应注意必要的安全要求。

① 雷电活动时，非工作需要，应尽量少在户外或旷野逗留；在户外或野外处最好穿塑料等不浸水的雨衣；如有条件，可进入有宽大金属构架或有防雷设施的建筑物、汽车或船只内；如依靠建筑物屏蔽的街道或高大树木屏蔽的街道躲避时，要注意离开墙壁和树干距离 8m 以上。

② 雷电活动时，应尽量离开小山、小丘或隆起的小道；应尽量离开海滨、湖滨、河边、池旁；应尽量离开铁丝网、金属晾衣绳以及旗杆、烟囱、高塔、孤独的树木；还应尽量离开没有防雷保护的小建筑物或其他设施。

③ 雷电活动时，在户内应注意雷电侵入波的危险，应离开照明线、动力线、电话线、广播线、收音机电源线、收音机和电视机天线以及与其相连的各种设备，以防止这些线路或设备对人体的二次放电。调查资料说明，户内 70% 以上的人体二次放电事故发生在相距 1m 以内的场合，相距 1.5m 以上的尚未发现死亡事故。由此可见，在发生雷电时，人体最好离开可能传来雷电侵入波的线路和设备 1.5m 以上。应当注意，仅仅拉开开关防止雷击是不起作用的。雷电活动时，还应注意关闭门窗，防止球形雷进入室内造成危害。

④ 防雷装置在接受雷击时，雷电流通过会产生很高的电位，可引起人身伤亡事故。为防止反击发生，应使防雷装置与建筑物金属导体间的绝缘介质网络电压大于反击电压，并划出一定的危险区，人员不得接近。

⑤ 当雷电流经地面雷击点的接地体流入周围土壤时，会在它周围形成很高的电位。如有人站在接地体附近，就会受到雷电流所造成的跨步电压的危害。

⑥ 当雷电流经引下线接地装置时，由于引下线本身和接地装置都有阻抗，因而会产生较高的电压降，这时人若接触，就会受接触电压危害，均应引起人们的注意。

⑦ 为了防止跨步电压伤人，防直击雷接地装置距建筑物、构筑物出入口和人行道的距离不应小于 3m。当小于 3m 时，应采取接地体局部深埋、隔以沥青绝缘层、敷设地下均压条等安全措施。

4. 防雷装置的检查

为使防雷装置具有可靠的保护效果，不仅要做到合理设计和精心施工，同时还要建立必要的维修、保养和检查制度。

① 对于重要场所或消防重点保卫单位，应在每年雷雨季节以前作定期检查；对于一般

性场所或单位，应每2～3年在雷雨季节以前作定期检查。如有特殊情况，还要进行临时性检查。

② 检查是否由于维修建筑物或建筑物本身形状有变动，使防雷装置的保护范围出现缺口。

③ 检查各处明装导体有无因锈蚀或机械损伤而折断的情况。如发现锈蚀在30%以上，必须及时更换。

④ 检查接闪器有无因锈蚀或机械损伤而折断的情况。如发现锈蚀在30%以上，必须及时更换。

⑤ 检查引下线在距地面2m至地下0.3m一段的维护处理有无被破坏的情况。

⑥ 检查明装引下线有无在验收后又装设了交叉或平行的电气线路。

⑦ 检查断接卡子有无接触不良的情况。

⑧ 检查接地装置周围的土壤有无沉陷的现象。

⑨ 测量接地装置的接地电阻，如发现接地电阻值有很大变化时，应对接地系统进行全面检查，必要时可补设电极。

⑩ 检查有无因挖土、敷设管道或种植树而挖断接地装置的情况。

第五节 静电的危害及消除

一、静电的产生及其危害

1. 静电的产生

当两种不同性质的物体相互摩擦或接触时，由于它们对电子的吸引力大小各不相同，在物体间发生电子转移，使甲物体失去一部分电子而带正电荷，乙物体获得一部分电子而带负电荷。如果摩擦后分离的物体对大地绝缘，则电荷无法泄漏，停留在物体的内部或者表面呈相对静止状态，这种电荷就称为静电。

2. 静电的特点

(1) 静电电压高

静电能量不大，但其电压很高。带静电的物体表面具有电位的大小与电量（Q）成正比，与物体分布电容（C）成反比，所以当物体带电量一定时，改变物体的电容可以获得很高的电压。实践表明，固体静电可达20000V以上，液体静电和粉体静电可达数万伏，气体和蒸气静电可达10000V以上，人体静电也可达10000V以上。

(2) 静电泄漏慢

非导体上静电泄漏很慢是静电的另一特点。理论证明，静电电荷全部泄漏需要无限长的时间，所以人们用"半衰期"这一概念去衡量物体静电泄漏的快慢。所谓半衰期就是带电体上电荷泄漏到原来一半时所需要的时间，用公式表示为：

$$t_{1/2} = 0.69RC$$

由于积累静电的材料的电阻率都很高，其电阻（R）也都很大，所以其上静电泄漏的半衰期就很长，其上静电泄漏都很慢。

(3) 静电影响因素多

静电的产生和积累受材质、杂质、物料特征、工艺设备（如几何形状、接触面积）和工艺参数（如作业速度）、湿度和温度、带电历程等因素的影响。由于影响静电的因素众多，静电事故的随机性强。

(4) 静电屏蔽

静电场可以用导电的金属加以屏蔽。可以用接地的金属网、容器等将带静电物体屏蔽起来，不使外界遭受静电的危害。相反，使屏蔽的物体不受外电场感应起电，也是"静电屏蔽"，静电屏蔽在安全生产上广为利用。

静电除上述特点外，还具有远端放电、尖端放电等特性。

3. 静电的危害

化工生产中，静电的危害主要有三个方面，即引起火灾和爆炸、静电电击和引起生产中各种困难而妨碍生产。

（1）爆炸和火灾

静电放电可引起可燃、易燃液体蒸气，可燃气体以及可燃性粉尘的着火、爆炸。在化工生产中，由静电火花引起爆炸和火灾事故是静电最为严重的危害。在化工操作过程中，操作人员在活动时，穿的衣服、鞋以及携带的工具与其他物体摩擦时，就可能产生静电。当携带静电荷的人走近金属管道和其他金属物体时，人的手指或脚趾会释放出电火花，往往酿成静电灾害。

（2）电击

由于静电造成的电击，可能发生在人体接近带电物体的时候，也可能发生在带静电电荷的人体接近接地的时候。如橡胶和塑料制品等高分子材料与金属摩擦时，产生的静电荷往往不易泄漏，当人体接近这些带电体时，就会受到意外的电击。

（3）妨碍生产

在某些生产过程中，如不消除静电，将会妨碍生产或降低产品质量。如静电使粉体吸附于设备，会影响粉体的过滤和输送。

4. 静电的消失

静电的消失有两种主要方式，即中和和泄漏。前者主要是通过空气发生的；后者主要是通过带电体本身及其相连接的其他物体发生的。

（1）静电中和

正、负电荷相互抵消的现象称为电荷中和。空气中自然存在的带电粒子极为有限，中和速度十分缓慢，一般不会被觉察到。带电体上的静电通过空气迅速地中和发生在放电时。在实际中，放电的形式主要有如下几种。

① 电晕放电。发生在带电体尖端附近局部区域内。电晕放电的能量密度不高，如不发展则没有引燃一些爆炸性混合物的危险。

② 刷形放电。是火花放电的一种，其放电通道有很多分支。刷形放电释放的能量一般不高，应注意其局部能量密度具有引燃一些爆炸性混合物的能力。传播型刷形放电是刷形放电的一种，传播型刷形放电形成密集的火花，火花能量较大，引燃的危险性也较大。

③ 火花放电。在大气压或高气压下的一种气体放电形式，因发电通道似火花而得名。在易燃易爆场所，火花放电有很大的危险。

④ 雷型放电。由大范围、高电荷密度的空间电荷云引起，能发生闪电状的雷型放电。因其能量大，引燃危险性也大。

（2）静电泄漏

绝缘体上较大的泄漏有两条途径，一条是绝缘体表面泄漏（遇到的是表面电阻）；另一条是绝缘体内部泄漏（遇到的是体积电阻）。

二、静电的影响因素

1. 材质和杂质的影响

一般情况下，杂质有增加静电的趋势；但如果杂质能降低原有材料的电阻率，则加入杂质有利于静电的泄漏。当液体内含有高分子材料（如橡胶、沥青）的杂质时，会增加静电的产生。液体内含有水分时，在液体流动、搅拌或喷射过程中会产生附加静电。液体内水珠的沉降过程中也会产生静电。如果油管或油槽底部积水，经搅动后容易引起静电事故。

2. 工艺设备和工艺参数的影响

① 接触面积越大，双电层正、负电荷越多，产生静电越多。
② 管道内壁越粗糙，接触面积越大，冲击和分离的机会也越多，流动电流就越大。
③ 对于粉体，颗粒越小者，一定量粉体的表面积越大，产生静电越多。
④ 接触压力越大或摩擦越强烈，会增加电荷的分离，以致产生较多的静电。

3. 环境条件和时间的影响

(1) 空气湿度

一般从相对湿度上升到70%左右起，静电很快地减少。但要注意以下两点：

① 有的报告指出在某一湿度下（60%左右）存在静电产生量的最大值；
② 水分以气体状态存在时，几乎不能增加空气的导电性，甚至有时因为有水分而使电荷难于泄漏（试验证明，电荷在干燥空气中泄漏加速）。

(2) 导电性地面

导电性地面在很多情况下能加强静电的泄漏，减少静电的积累。

(3) 周围导体布置

例如，传动皮带刚离开皮带轮时电压并不高，但转到两皮带轮中间位置时，由于距离拉大，电容大大减小，电压则大大升高。

三、防止静电的措施

1. 环境危险程度的控制

静电引起爆炸和火灾的条件之一是有爆炸性混合物存在。为了防止静电的危害，可采取以下控制所在环境爆炸和火灾危险性的措施。

(1) 取代易燃介质

例如，用三氯乙烯、四氯化碳、苛性钠或苛性钾代替汽油、煤油作洗涤剂有良好的防爆效果。

(2) 降低爆炸性混合物的浓度

在爆炸和火灾危险环境中，采用通风装置或抽气装置及时排出爆炸性混合物。

(3) 减少氧化剂含量

这种方法实质上是充填氮、二氧化碳或其他不活泼的气体，减少气体、蒸气或粉尘爆炸性混合物中氧的含量，氧含量不超过8%时，即不会引起燃烧。

2. 工艺控制

工艺控制是从工艺上采取适当的措施，限制和避免静电的产生和积累。

(1) 材料的选用

在存在摩擦而且容易产生静电的场合，生产设备宜配备与生产物料相同的材料。还可以考虑采用位于静电序列中段的金属材料制成生产设备，以减轻静电的危害。

(2) 限制输送速度

降低物料移动中的摩擦速度或液体物料在管道中的流速等工作参数，可限制静电的产生。例如，油品在管道中流动所产生的流动电流或电荷密度的饱和值近似与油品流速的二次方成正比，所以对液体物料来说，控制流速是减少静电电荷产生的有效办法。

(3) 增强静电消散过程

在输送工艺过程中，在管道的末端加装一个直径较大的松弛容器，可大大降低液体在管道内流动时积累的静电。

① 为了防止静电放电，在液体灌装、循环或搅拌过程中不得进行取样、检测或测温操

作。进行上述操作前,应使液体静置一定的时间,使静电得到足够的消散或松弛。

② 料斗或其他容器内不得有不接地的孤立导体。同液态一样,取样工作应在装料停止后进行。

(4) 消除附加静电

工艺过程中产生的附加静电,往往是可以设法防止的。例如降低油罐附加静电的措施如下。

① 为了减轻从油罐顶部注油时的冲击,减少注油时产生的静电,应使注油管头(鹤管头)接近罐底。

② 为了防止搅动油罐底部积水或污物产生附加静电,装油前应将罐底的积水和污物清除掉。

③ 为了降低罐内油面电位,过滤器不应离注油管口太近。

3. 泄漏导走法

(1) 导体接地

接地是消除静电危害最常见的方法,它主要是消除导体上的静电。金属导体应直接接地。

① 凡用来加工、储存、运输各种易燃液体、易燃气体和粉体的设备都必须接地。如果袋形过滤器由纺织品或类似物品制成,建议用金属丝穿缝并予以接地;如果管道由不导电材料制成,应在管外或管内绕以金属丝,并将金属丝接地。

② 工厂或车间的氧气、乙炔等管道必须连成一个整体,并予以接地。可能产生静电的管道两端和每隔200~300m处均应接地。平行管道相距10cm以内时,每隔20m应用连接线互相连接起来。管道与管道或管道与其他金属物件交叉或接近,其间距离小于10cm时,也应互相连接起来。

③ 注油漏斗、浮动罐顶、工作站台、磅秤和金属检尺等辅助设备均应接地。油壶或油桶装油时,应与注油设备跨接起来,并予以接地。

④ 汽车槽车、铁路槽车在装油之前,应与储油设备跨接并接地;装、卸完毕先拆除油管,后拆除跨接线和接地线。

⑤ 可能产生和积累静电的固体和粉体作业中,压延机、上光机及各种辊轴、磨、筛、混合器等工艺设备均应接地。

(2) 加抗静电剂

抗静电添加剂是化学药剂,具有良好的导电性或较强的吸湿性。加入抗静电添加剂之后,能降低材料的体积电阻率或表面电阻率。对于固体,若能将其体积电阻率降低至$1\times10^7\Omega$以下,或将其表面电阻率降低至$1\times10^8\Omega$以下,即可消除静电的危险。

(3) 增湿

增湿即增加现场空气的相对湿度。随着湿度的增加,绝缘体表面上结成薄薄的水膜能使其表面电阻大为降低,同时降低带静电绝缘体的绝缘性,增强其导电性,减小绝缘体通过本身泄放电荷的时间常数,提高泄放速度,限制静电电荷的积累。

生产场所通过安装空调设备、喷雾器等来提高空气的湿度,消除静电危险。从消除静电危害的角度考虑,保持相对湿度在70%以上较为适宜。

(4) 确保静置时间和缓和时间

经注油罐输入容器和储罐的液体,将带入一定的静电荷。静电荷混杂在液体内,根据导电和同性相斥的原理,电荷将向容器壁及液面集中泄漏消散,而液面上的电荷又要通过液面导入大地,显然是需要一段时间才能完成这个过程的。除上面提到管道中的过滤器和管道出口之间需要30s缓冲时间外,油罐在注油,当油量达到油罐容积90%时,停止注油过程中,从注油停止到油面产生最大静电电位,也有一段延迟时间。

4. 人体的防静电措施

(1) 人体接地

人体带电除了能使人体遭到电击和对安全生产造成威胁外,还能在精密仪器或电子器件生产中造成质量事故,为了防止人体带电对化工生产带来危害,采取以下防静电措施。

① 在人体必须接地场所,应装设金属地棒(消电装置)。工作人员随时用手接触地棒,以消除人体所带有的静电。在坐着工作的场合,工作人员可佩戴接地的腕带。防静电的场所入口处、外侧,应有裸露的金属接地物,如采用接地的金属门、扶手、支架等。

② 在有静电危害的场所,工作人员应穿戴防静电工作服、鞋和手套,不得穿用化纤衣服。

(2) 工作地面导电化

① 特殊危险场所的工作地面应是导电性的或造成导电性条件,如洒水或铺设导电地板。

② 工作地面泄漏电阻的阻值既要小到能防止人体静电的积累,又要防止人体触电时不致受到严重伤害,故电阻值应适当。目前国内外要求一般场合为$1\times10^8\Omega$,有火灾爆炸危险的场所为$1\times10^6\Omega$。

(3) 安全操作

① 工作中,应尽量不做可使人体带电的活动。

② 合理使用规定的劳保用品和工具。

③ 工作时间应有条不紊、稳重,避免急骤性动作。

④ 在有静电危险的场所,不得携带与工作无关的金属物品,如钥匙、硬币、手表、戒指等,也不许穿钉子鞋进入现场。

⑤ 不准使用化纤材料制作的拖布或抹布擦洗物体或地面。

第六节 电磁辐射防护

一、电磁辐射概述

1. 电磁辐射的定义

变化的电场会引起一个变化的磁场,同时,变化的磁场亦会引起一个变化的电场。不断变化的电场和磁场,就会形成一个向空间传播的电磁波。电磁辐射是指变化的电场和变化的磁场相互作用而产生的一种能量流的辐射。

2. 电磁辐射的危害

电磁辐射无色、无味、无形,可以穿透包括人体在内的多种物质。各种家用电器、电子设备、办公自动化设备、移动通信设备等电器装置只要处于操作使用状态,它的周围就会存在电磁辐射。长期处于高电磁辐射环境下,可能会对人体健康产生以下影响。

① 对心血管系统的影响,表现为心悸、失眠、部分女性经期紊乱、心动过缓、心搏血量减少、窦性心律不齐、白细胞减少、免疫功能下降等。

② 对视觉系统的影响,表现为视力下降,引起白内障等。

③ 对生殖系统的影响,表现为性功能降低,男子精子质量降低,使孕妇发生自然流产和胎儿畸形等。

④ 长期处于高电磁辐射的环境中,会使血液、淋巴液和细胞原生质发生改变;影响人体的循环系统、免疫、生殖和代谢功能,严重的还会诱发癌症,并会加速人体的癌细胞增殖。

⑤ 装有心脏起搏器的病人处于高电磁辐射的环境中,会影响心脏起搏器的正常使用。

二、电磁辐射的防护

1. 屏蔽

屏蔽包括电场屏蔽和磁场屏蔽。屏蔽的基本原理是屏蔽体在场源作用下,产生感应电荷和电流,限制电磁场传播。

① 电场屏蔽。是用金属板或网等良导体或导电性能好的非金属制成屏蔽体,屏蔽体应有良好的接地,辐射的电磁能量在屏蔽体上引起的电磁场感应电流通过地线流入大地,达到屏蔽的作用。

② 磁场屏蔽。是利用导磁率很高的金属材料封闭磁力场。当磁场变化时,磁屏蔽体材料感应出涡流,产生方向与原来磁通过方向相反的磁通,防止原来的磁通穿出屏蔽体而辐射出去。

目前,大部分设备使用金属网来屏蔽电磁波。一般来说,金属网线越粗、网眼越小,屏蔽的效果越好。当电磁波遇到屏蔽体时,大部分被反射回去,其余的一小部分在金属内部被吸收衰减。

2. 吸收

吸收装置是利用特殊材料制成的屏蔽装置。吸收材料大致可分为两类,一类是谐振型吸收材料,另一类是匹配型吸收材料。谐振型吸收装置是利用某些材料的谐振特性制成的,厚度较小,对频率范围很窄的微波辐射能量有吸收作用。匹配型吸收装置是利用材料和自由空间的阻抗匹配,达到吸收微波辐射能量的目的。它与材料的谐振特性无关,适于吸收频率范围很宽的微波辐射。

3. 高频接地

高频接地包括高频接地和屏蔽接地,屏蔽接地能提高屏蔽效能。

屏蔽金属在电磁场中会产生感应电流。为了不使屏蔽体本身成一个较弱的二次辐射源,屏蔽体应该通过导体接地,将感应电流引入地下。而对于那些不能安装屏蔽装置的电线和微波发射装置来说,就必须在它的周围规划出防护带,防护带的距离根据辐射强度的大小,一般在 20~50m 之间。

4. 抑制辐射

抑制辐射即合理选择或调整高频馈线、工作线圈等辐射源的布置和方位,及采用其他类似方法抑制高频设备对外辐射。

思考与练习题

一、填空题

1. 触电事故是电流的能量直接或间接作用于人体造成的伤害,可分为_____和_____。
2. 直接接触触电的防护措施主要有采用_____、_____、屏护、电气安全距离、隔离变压器和自动断电保护等。
3. 间接接触触电的防护措施主要有_____、保护接零、加强绝缘、电气隔离、不导电环境、等电位连接、特低电压和漏电保护器等。
4. 扑救电气火灾时,应首先切断_____。
5. 雷电通常可分为_____和感应雷两种。

二、判断题

1. 静电能量不大,但其电压很高。实践表明,固体静电可达 20000V 以上,液体静电和粉体静电可达数万伏,气体和蒸气静电可达 10000V 以上,人体静电也可达 10000V 以上。　　　　　　　　　　(　　)
2. 触电事故产生的原因主要是缺乏电气安全意识和知识、违反操作规程、维护不良、电气设备存在安全隐患等。　　　　　　　　　　(　　)

3. 触电事故发生后，触电者不用脱离电源，应立即在现场抢救，措施要适当。（　）
4. 间接接触触电的防护措施主要保护接地、保护接零、加强绝缘、电气隔离、不导电环境、等电位连接、特低电压和漏电保护器等。（　）
5. TNT爆炸属于物理爆炸。（　）

三、简答题

1. 如何预防触电？
2. 如何安全使用电气设备？
3. 如何预防电气设备火灾？
4. 电气火灾发生后，如何进行灭火？
5. 简述防雷措施。
6. 如何防止静电危害？

第六章 特种设备安全技术

第一节 特种设备的安全监察

一、概述

《特种设备安全监察条例》（国务院于 2003 年 3 月 11 日发布的第 373 号令，2003 年 6 月 1 日起实施）规定：特种设备是指涉及生命安全、危险性较大的锅炉、压力容器（含气瓶，下同）、压力管道、电梯、起重机械、客运索道、大型游乐设施。

特种设备危险性很大，容易发生事故，其安全性能的好坏，对于生产安全的影响很大。化工生产中广泛使用的特种设备有锅炉、压力容器、气瓶、压力管道、起重机械等，因此化工企业的设备安全很大程度上取决于特种设备的安全与管理。

1. 锅炉

锅炉是指利用各种燃料、电或者其他能源，将所盛装的液体加热到一定的参数，并承载一定压力的密闭设备。根据《特种设备安全监察条例》，纳入安全监察范围的锅炉，其范围规定为容积大于或者等于 30L 的承压蒸汽锅炉；出口水压大于或者等于 0.1MPa（表压），且额定功率大于或者等于 0.1MW 的承压热水锅炉；有机热载体锅炉。

2. 压力容器

压力容器是指盛装气体或者液体，承载一定压力的密闭设备。根据《特种设备安全监察条例》，纳入安全监察范围的压力容器，其范围规定为最高工作压力大于或者等于 0.1MPa（表压），且压力与容积的乘积大于或者等于 2.5MPa·L 的气体、液化气体和最高工作温度高于或者等于标准沸点的液体的固定式容器和移动式容器；盛装公称工作压力大于或者等于 0.2MPa（表压），且压力与容积的乘积大于或者等于 1.0MPa·L 的气体、液化气体和标准沸点等于或者低于 60℃液体的气瓶、氧舱等。

3. 压力管道

压力管道是指利用一定的压力，用于输送气体或者液体的管状设备。根据《特种设备安全监察条例》，其范围规定为最高工作压力大于或者等于 0.1MPa（表压）的气体、液化气体、蒸气介质或者可燃、易爆、有毒、有腐蚀性、最高工作温度高于或者等于标准沸点的液体介质，且公称直径大于 25mm 的管道。

4. 电梯

电梯是指动力驱动，利用沿刚性导轨运行的箱体或者沿固定线路运行的梯级（踏步），进行升降或者平行运送人、货物的机电设备，包括载人（货）电梯、自动扶梯、自动人行道等。

5. 起重机械

起重机械是指用于垂直升降或者垂直升降并水平移动重物的机电设备，其范围规定为额定起重量大于或者等于 0.5t 的升降机；额定起重量大于或者等于 1t，且提升高度大于或者等于 2m 的起重机和承重形式固定的电动葫芦等。

6. 客运索道

客运索道是指动力驱动,利用柔性绳索牵引箱体等运载工具运送人员的机电设备,包括客运架空索道、客运缆车、客运拖牵索道等。

7. 大型游乐设施

大型游乐设施是指用于经营目的,承载乘客游乐的设施,其范围规定为设计最大运行线速度大于或者等于2m/s,或者运行高度距地面高于或者等于2m的载人大型游乐设施。

二、特种设备的监督管理

《中华人民共和国安全生产法》第三十条规定:生产经营单位使用的涉及生命安全、危险性较大的特种设备,以及危险物品的容器、运输工具,必须按照国家有关规定,由专业生产单位生产,并经取得专业资质的检测、检验机构检测、检验合格,取得安全使用证或者安全标志,方可投入使用。检测、检验机构对检测、检验结果负责。

1. 监督检查

① 国务院特种设备安全监督管理部门负责全国特种设备的安全监察工作,县以上地方负责特种设备安全监督管理的部门对本行政区域内特种设备实施安全监察(以下统称特种设备安全监督管理部门)。

② 特种设备安全监督管理部门依照《特种设备安全监察条例》规定,对特种设备生产、使用单位和检验、检测机构实施安全监察。县级以上地方人民政府应当督促、支持特种设备安全监督管理部门依法履行安全监察职责,对特种设备安全监察中存在的重大问题及时予以协调、解决。

③ 特种设备安全监督管理部门对特种设备生产、使用单位和检验、检测机构进行安全监察时,发现有违反《特种设备安全监察条例》和安全技术规范的行为或者在用的特种设备存在事故隐患的,应当以书面形式发出特种设备安全监察指令,责令有关单位及时采取措施,予以改正或者消除事故隐患。紧急情况下需要采取紧急处置措施的,应当随后补发书面通知。

④ 特种设备安全监督管理部门对特种设备生产、使用单位和检验、检测机构进行安全监察,发现重大违法行为或者严重事故隐患时,应当在采取必要措施的同时,及时向上级特种设备安全监督管理部门报告。接到报告的特种设备安全监督管理部门应当采取必要措施,及时予以处理。

⑤ 特种设备发生事故时,事故发生单位应当迅速采取有效措施,组织抢救,防止事故扩大,减少人员伤亡和财产损失,并按照国家有关规定,及时、如实地向负有安全生产监督管理职责的部门和特种设备安全监督管理部门等有关部门报告。不得隐瞒不报、谎报或者拖延不报。

⑥ 特种设备检验、检测机构,应当依照《特种设备安全监察条例》规定,进行检验、检测工作,对其检验、检测结果和鉴定结论承担法律责任。

2. 设计

对特种设备的设计单位实行许可证管理。特种设备的设计单位应当经国务院特种设备安全监督管理部门许可,方可从事设计活动。

3. 制造

对特种设备的制造单位实行许可证管理。特种设备的制造单位应当经国务院特种设备安全监督管理部门许可,方可从事相应的活动。特种设备出厂时,应当附有安全技术规范要求的设计文件、产品质量合格证明、安装及使用维修说明、监督检验证明等文件。

4. 安装、改造、维修

对特种设备的安装、改造、维修单位实行许可证管理。

① 锅炉、压力容器、电梯、起重机械、客运索道、大型游乐设施的维修单位,应当有

与特种设备维修相适应的专业技术人员和技术工人以及必要的检测手段,并经省、自治区、直辖市特种设备安全监督管理部门许可,方可从事相应的维修活动。

② 锅炉、压力容器、起重机械、客运索道、大型游乐设施的安装、改造、维修,必须由依照《特种设备安全监察条例》取得许可的单位进行。

③ 锅炉、压力容器、电梯、起重机械、客运索道、大型游乐设施的安装、改造、维修竣工后,安装、改造、维修的施工单位应当在验收后 30 日内将有关技术资料移交使用单位。使用单位应当将其存入该特种设备的安全技术档案。

④ 锅炉、压力容器、压力管道、起重机械、大型游乐设施的制造过程及其安装、改造、重大维修过程,必须经国务院特种设备安全监督管理部门核准的检验、检测机构按照安全技术规范的要求进行监督检验;未经监督检验合格的不得出厂或者交付使用。

5. 检验、检测

对特种设备的检验、检测机构实行核准管理。特种设备的检验、检测,包括监督检验,定期检验,型式试验检验、检测。从事检验、检测工作的机构,应当具备相应的条件,并经国务院特种设备安全监督管理部门核准。使用单位设立的特种设备检验、检测机构,应当经国务院特种设备安全监督管理部门组织考核合格,取得检验、检测人员证书,方可从事检验、检测工作。

6. 使用

对特种设备的使用实行登记管理。特种设备的使用单位,应当严格执行《特种设备安全监察条例》和有关安全生产的法律、行政规定,保证特种设备的安全使用。

三、特种设备使用单位的责任

《特种设备安全监察条例》明确规定了特种设备使用单位的职责。化工企业应明确在使用特种设备的过程中应负有的管理责任和应承担的法律责任。

1. 采购

特种设备的使用单位应当使用符合安全技术规范要求的特种设备。在设备投入使用前,应核对其出厂时制造单位应提供的各种技术文件,产品质量合格证明,安装、使用及维修说明,监督检验证明等文件。

2. 登记

特种设备在投入使用前或者投入使用后 30 日内,特种设备使用单位应当向直辖市或者设区的市的特种设备安全监督管理部门登记。登记标志应当置于或者附着于该特种设备的显著位置。

(1) 锅炉压力容器的登记

锅炉压力容器按照《锅炉压力容器使用登记管理办法》(国质检锅[2003] 207 号)规定办理登记:每台锅炉压力容器在投入使用前或者投入使用后 30 日内,使用单位应当向所在地的质量技术监督部门特种设备登记机关申请办理使用登记,领取使用登记证。使用下列锅炉压力容器应当办理使用登记。

- 《蒸汽锅炉安全技术监察规程》、《热水锅炉安全技术监察规程》和《有机热载体炉安全技术监察规程》适用范围内的锅炉。

- 《压力容器安全技术监察规程》、《超高压容器安全技术监察规程》、《医用氧舱安全管理规定》适用范围内的固定式压力容器、移动式压力容器(铁路罐车、汽车罐车、罐式集装箱)和氧舱。

使用锅炉压力容器的单位和个人(以下统称使用单位)应当按照该登记管理办法的规定办理锅炉压力容器使用登记,领取《特种设备使用登记证》。未办理使用登记并领取使用登记证的锅炉压力容器不得擅自使用。

军事装备、核设施、航空航天器、铁路机车、海上设施和船舶使用的锅炉压力容器不适用该登记管理办法。

使用单位应当将使用登记证悬挂在锅炉房内或者固定在压力容器本体上（无法悬挂或者固定的除外），并在锅炉压力容器的明显部位喷涂使用登记证号码。

(2) 电梯、起重机械等特种设备的登记

电梯、起重机械、厂内机动车辆、客运索道、游艺机和游乐设施等特种设备的注册登记与使用管理按照《特种设备注册登记与使用管理规则》（质技监局锅发 [2001] 57号）的规定办理。特种设备的安装、使用、维修保养、改造和检验等单位必须执行该管理规则。厂内机动车辆完成注册登记后，还应当核发厂内机动车辆牌照。使用单位必须将特种设备《安全检验合格》标志及相关牌照和证书固定在规定的位置上。《安全检验合格》标志超过有效期或者未按照规定张挂《安全检验合格》标志的特种设备不得使用。

3. 建档

特种设备使用单位应当建立特种设备安全技术档案。

安全技术档案应当包括以下内容：

① 特种设备的设计文件、制造单位、产品质量合格证明、使用维护说明等文件以及安装技术文件和资料；

② 特种设备的定期检验和定期自行检查的记录；

③ 特种设备的日常使用状况记录；

④ 特种设备及其安全附件、安全保护装置、测量调控装置及有关附属仪器仪表的日常维护保养记录；

⑤ 特种设备的运行故障和事故记录；

⑥ 特种设备的事故应急措施和事故应急救援预案。

4. 自检

① 特种设备使用单位应当对在用特种设备进行经常性日常维护保养，并定期自行检查；

② 特种设备使用单位对在用特种设备应当至少每月进行一次自行检查，并作出记录；

③ 特种设备使用单位应当对在用特种设备的安全附件、安全保护装置、测量调控装置及有关附属仪器仪表进行定期校验、检修，并作出记录；

④ 特种设备使用单位对在用特种设备进行自行检查和日常维护保养时发现异常情况的，应当及时处理。

5. 定检

使用单位应当按照安全技术规范的定期检验要求，在安全检验合格有效期满前1个月向特种设备检验、检测机构提出定期检验要求。检验、检测机构接到定期检验要求后，应当按照安全技术规范的要求及时进行检验。未经定期检验或者检验不合格的特种设备，不得继续使用。

6. 注销

特种设备存在严重事故隐患，无改造、维修价值，或者超过安全技术规范规定的使用年限，特种设备使用单位应当及时予以报废，并应当向原登记的特种设备安全监督管理部门办理注销。

7. 作业人员

① 特种设备作业人员，如锅炉、压力容器、电梯、起重机械、客运索道、大型游乐设施的作业人员及其相关管理人员，应当按照国家有关规定经特种设备安全监督管理部门考核合格，取得国家统一格式的特种作业人员证书，方可从事相应的作业或者管理工作。

② 特种设备使用单位应当对特种设备作业人员进行特种设备安全教育和培训，保证特

种设备作业人员具备必要的特种设备安全作业知识。

③ 特种设备作业人员在作业中应当严格执行特种设备的操作规程和有关的安全规章制度。

④ 特种设备作业人员在作业过程中发现事故隐患或者其他不安全因素时，应当立即向现场安全管理人员和单位有关负责人报告。

8. 法律责任

① 特种设备存在严重事故隐患，无改造、维修价值，或超过安全技术规范规定的使用年限，特种设备使用单位未予以报废，并未向原登记的特种设备安全监督管理部门办理注销，由特种设备安全监督管理部门责令限期整改；逾期未改正的，处 5 万元以上 20 万元以下罚款。

② 特种设备使用单位拒不接受特种设备安全监督管理部门依法实施的安全监察的，由特种设备安全监督管理部门责令限期整改；逾期未改正的，责令停产停业整顿，处 2 万元以上 10 万元以下罚款；触犯刑律的，依照刑法关于防害公务罪或其他罪的规定，依法追究刑事责任。

③ 特种设备使用单位存在未认真履行以上其他职责的情形的，由特种设备安全监督管理部门责令限期改正；逾期未改正的，处 2000 元以上 2 万元以下罚款；情节严重的，责令停止使用或停产停业整顿。

特种设备的范围较广，下面侧重就化学品生产中常见的锅炉、压力容器、压力管道、气瓶、起重机械等方面的安全使用知识加以介绍。

第二节　锅炉的安全技术

一、锅炉的基本构成、分类和安全附件

1. 锅炉的基本构成

锅炉包括"锅"和"炉"两部分。现代工业上使用的锅炉，已不是简单的"锅"和"炉"，而是具备复杂的汽水系统和炉内系统。汽水系统是使水受热变成水蒸气的管道和容器，通常也叫汽水系统；炉内系统是进行燃烧和热交换的系统，通常也叫燃烧系统或风煤烟系统。锅炉就是汽水系统和燃烧系统的统一体。

锅炉整体的结构包括锅炉本体和辅助设备两大部分。锅炉中的炉膛、锅筒、过热器、省煤器、空气预热器、构架和炉墙等主要部件构成生产蒸汽的核心部分（见图 6-1），称为锅炉本体。锅炉本体中两个最主要的部件是炉膛和锅筒。

(1) 炉膛

炉膛又称燃烧室，是供燃料燃烧的空间。

(2) 锅筒

锅筒是自然循环和多次强制循环锅炉中，接受省煤器来的给水、连接循环回路，并向过热器输送饱和蒸汽的圆筒形容器。锅筒筒体由优质厚钢板制成，是锅炉中最重的部件之一。锅筒的主要功能是储水，进行汽水分离，在运行中排除锅水中的盐水和泥渣，避免含有高浓度盐分和杂质的锅水随蒸汽进入过热器和汽轮机中。锅筒内部装置包括汽水分离和蒸汽清洗装置、给水分配管、排污和加药设备等。锅筒上还装有水位表、安全阀等监测和保护设施。

(3) 过热器

过热器是由碳素钢管或耐热合金钢管弯制的蛇形管束组成，两端分别连接在过热器进口及出口集箱上。根据蛇形管束的布置方式，有立式过热器和卧式过热器两种。过热器的作用

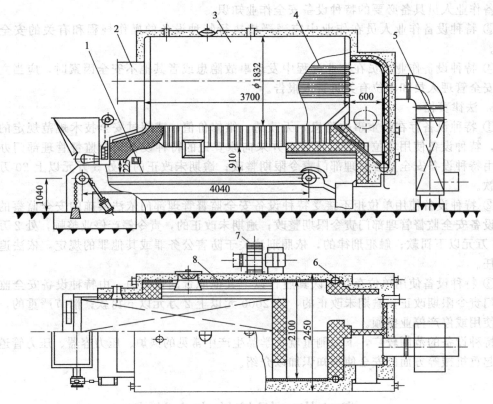

图 6-1 KZL4-13-Ⅱ型快装锅炉（单位：mm）
1—链条炉排；2—前烟箱；3—锅筒；4—烟管；
5—省煤器；6—下降管；7—送风机；8—水冷壁管

是将一定压力下的饱和蒸汽加热干燥成具有一定温度的过热蒸汽。过热器按传热方式分为对流式、辐射式和混合式几种。

(4) 省煤器

省煤器的作用是降低排烟温度，减少热损失，提高锅炉热效率；提高给水温度，改善水的品质，减轻有害气体对钢板的腐蚀。省煤器布置在锅炉尾部烟道中。省煤器有铸铁省煤器和钢管省煤器两种。铸铁省煤器由带肋片的铸铁立管组成，各铸铁管之间用180°弯管连接，使整个省煤器成为一体；钢管省煤器由弯成蛇形的无缝钢管组成，蛇形管交错排列以加强传热效果。管式省煤器一般用于大中型锅炉。

(5) 空气预热器

空气预热器是烟气与空气之间进行热交换的装置，属于燃烧系统。它的作用是降低排烟温度，减少排烟热损失；热空气送入炉膛可保证燃料及时着火，稳定和完善燃烧，提高锅炉的热效率。空气预热器布置在尾部烟道，利用烟气的余热加热空气，然后将被加热的空气送入炉膛。常见的空气预热器有管式和回转式两种。小型水管锅炉的空气预热器都是管式，即由许多直的有缝钢管连接到管板上，组成管箱，再由若干管箱组成空气预热器。烟气从管内自上而下流过，空气则由管外横向掠过管束，二者通过管壁进行换热。

锅炉烟气中所含粉尘（包括飞灰和炭黑）、硫和氮的氧化物都是污染大气的物质，未经净化时其排放指标可达到环境保护规定指标的几倍到数十倍。控制这些物质排放的措施有燃烧前处理、改进燃烧技术、除尘、脱硫和脱硝等。借助高烟囱只能降低烟囱附近地区大气中污染物的浓度。烟气除尘所使用的作用力有重力、离心力、惯性力、附着力以及声波、静电等。对粗颗粒一般采用重力沉降和惯性力的分离,在较高容量下常采用离心力分离除尘,静电除尘器和布袋过滤器具有较高的除尘效率。湿式除尘器和文氏水膜除尘器中的水滴、水膜能黏附飞灰,除尘效率很高,还能吸收气态污染物。

2. 锅炉的分类

锅炉种类很多,分类和命名方法也各式各样,可以从不同角度出发对锅炉进行分类。

① 按使用方式分类:固定式锅炉、移动式锅炉。

② 按用途分类:电站锅炉、工业锅炉、采暖锅炉、机车锅炉、船舶锅炉。

③ 按出口介质状态分类:蒸汽锅炉、热水锅炉、汽水两用锅炉。

④ 按压力分类:低压锅炉($p \leqslant 2.45 \text{MPa}$)、中压锅炉($2.45 \text{MPa} < p \leqslant 3.82 \text{MPa}$)、高压锅炉($3.82 \text{MPa} < p < 9.8 \text{MPa}$)、超压锅炉($p = 13.7 \text{MPa}$);

⑤ 按结构分类:火管锅炉、水火管锅炉、水管锅炉。

⑥ 按燃料分类:燃煤锅炉、燃油锅炉、燃气锅炉、电加热锅炉、原子能锅炉。

3. 锅炉的主要参数

锅炉的主要参数包括以下几项。

① 额定蒸汽压力。指在额定运行工况下,其出口处的蒸汽压力,单位为 MPa(兆帕)。

② 额定热功率(相对热水锅炉和有机热载体锅炉而言)。指在额定运行工况下,在单位时间内输出的热量,单位为 MW/h(兆瓦/小时)。

③ 工作压力。指锅炉、锅炉受压元件处的运行压力。

④ 额定蒸发量。指蒸汽锅炉在额定运行工况下,单位时间内能产生额定压力蒸汽的能力,单位为 t/h(吨/小时)。

4. 锅炉的主要安全附件

(1) 安全阀

安全阀是锅炉必不可少的安全附件之一,它有两个作用:一是当锅炉压力达到额定限度时,安全阀自动开启,放出蒸汽,发出警报,使司炉人员能及时采取措施;二是安全阀开启后能排出足够的蒸汽,使锅炉压力下降,当压力下降至额定工作压力以下时,安全阀即能自动关闭。工业锅炉所用的安全阀有弹簧式安全阀、杠杆式安全阀、静重式安全阀等三种。

安全阀在使用时有如下几点注意事项:

① 安全阀应铅直地安装在锅筒最高位置;

② 在安全阀与锅筒之间不得装阀门;

③ 安全阀一般应设置排汽管,排汽管应尽量接到安全地点;

④ 为防止安全阀的阀瓣和阀座粘住,应定期对安全阀作手动或自动的放汽实验;

⑤ 安全阀每年至少校验一次,并加以铅封,校验报告应妥善保存好。

(2) 压力表

压力表是锅炉必不可少的安全附件之一,它的作用是用来测量和表示锅炉内压力的大小。锅炉上如果没有压力表,或者压力表失灵,锅炉内的压力就无法表示,从而直接危及安全;锅炉上装着灵敏、准确的压力表,司炉人员就能凭此正确地操作锅炉,确保安全经济地运行。

压力表在使用时有如下注意事项:

① 压力表应根据工作压力选用,压力表表盘刻度最大值应为工作压力的 1.5~3.0 倍,最好选用 2 倍;

② 压力表表盘大小应保证司炉工能清楚地看到压力指示值,表盘直径不应小于 100mm,一般高度达 2m 的锅炉选用压力表直径应不小于 200mm;

③ 压力表应每半年校验一次,在工作压力处划红线并加铅封;

④ 压力表与锅筒之间应有存水弯管与三通旋塞。
(3) 水位计（或称水位表）

其作用是指示锅炉内水位的高低，协助司炉人员监视锅炉水位的动态，以便把锅炉水位控制在正常幅度之内，防止锅炉发生缺水或满水事故。水位表有玻璃管式与平板式两种，水位表上应划有高水位、中水位、低水位三根红线，水位表放水管应接至安全地点。

二、锅炉的安全运行

锅炉使用单位应向当地劳动部门办理锅炉设备使用登记手续；司炉人员应持证上岗；应健全以岗位责任制为主的各项规章制度，建立运行管理奖惩考核制度，严格监督，奖惩兑现；认真落实好车间、班组、值班人员检查制，发现问题及时处理；认真做好锅炉运行、检查、维修等各项纪录；按要求做好停炉保养工作；认真执行《低压锅炉水质标准》，确保水质达标；杜绝三违作业；锅炉按规定定期进行停炉检验和水压试验；经常检查锅炉的三大安全附件（安全阀、压力表和水位计）、转动设备、配电保护设施等，做好记录，确保灵敏可靠。

1. 锅炉点火前要做的准备工作

(1) 检查准备

对新装、迁装和检修后的锅炉，点火之前一定要进行全面检查。为了不遗漏检查项目，可按照锅炉运行规程的规定逐项进行检查。各个被检项目都符合点火要求后才能进行下一步的操作。

(2) 上水

锅炉点火前的检查工作完毕后，即可进行锅炉的上水工作。上水时要缓慢，至最低安全水位时应停止上水，以防受热膨胀后水位过高。水温不宜过高，水温与筒壁温度之差不超过50℃。

(3) 烘炉

新装或长期停用的锅炉，炉墙比较潮湿，为避免锅炉投入运行后，高温火焰使炉墙内水分迅速蒸发而造成炉墙产生裂缝，因此在上水后要进行烘炉。烘炉就是在炉膛中用文火缓慢加热锅炉，逐渐蒸发炉墙中的水分。烘炉时间的长短，应根据锅炉型式、炉墙结构以及施工季节不同而定。在烘炉后期，可通过检查炉墙内部材料含水率或温度，判定烘炉是否合格。

(4) 煮炉

煮炉是利用化学药剂，除去受热面及其循环系统内部的铁锈、污物及胀接管头内部的油脂等，以确保锅炉的内部清洁，保证锅炉安全运行和获得品质优良的蒸汽。煮炉可以单独进行，也可以在烘炉后期和烘炉一道进行。煮炉时，一般在锅水中加入碱性药剂，如 $NaOH$、Na_3PO_4 等。煮炉后，若锅筒和集箱内壁无油垢、擦去附着物后金属表面无锈斑，即为合格。

(5) 蒸汽试验

煮炉完毕后，即可升至工作压力进行蒸汽试验。由于蒸汽试验是在热态下进行的，效果比水压试验更为实际。在蒸汽试验时主要检查人孔、手孔、法兰等处是否渗漏，全部阀门的严密程度，锅筒、集箱等膨胀情况是否正常等。

2. 锅炉点火升压阶段的安全注意事项

锅炉点火是在做好点火前的一切检查和准备工作之后而开始的。点火所需时间应根据锅炉的结构型式、燃烧方式和水循环等情况而定，点火方法因燃烧方式和燃烧设备而异。由于锅炉点火升压对其安全有直接影响，因此，在点火升压阶段应注意以下安全事项。

(1) 防止炉膛爆炸

锅炉点火前，炉膛和烟道中可能残存可燃气体或其他可燃物，如不注意清除，这些可燃物与空气的混合物遇明火即可能爆炸。燃油锅炉、燃气锅炉、煤粉锅炉等必须特别注意防止炉膛爆炸。点火前，应启动引风机，对炉膛和烟道通风 5~10min。燃气锅炉、燃油锅炉和煤粉锅炉点燃时，应先送风，之后投入点燃的火炬，最后送入燃料。一次点火未成功，必须立即停止向炉膛供给燃料，然后充分通风换气后再重新点火。严禁利用炉膛余热进行二次点火。

(2) 控制升温升压速度

锅炉的升压过程和升温过程是紧紧地联系在一起的。由于温度升高，需要注意锅筒和受热面的热膨胀和热应力问题。为了保证锅炉各部分受热均匀，防止产生过大的热应力，升压过程一定要缓慢进行。同时要对各受热承压部件的膨胀情况进行监督，发现膨胀不均匀时应采取措施消除。当压力升到 0.2MPa 时，应紧固人孔、手孔及法兰上的螺栓。

(3) 严密监视和调整指示仪表

点火升压过程中，锅炉的蒸汽参数、水位及各部件的工作状况在不断变化，为了防止异常情况及事故的出现，必须严密监视各种指示仪表，控制锅炉压力、温度、水位在合理范围内。同时，各种指示仪表本身也要经历从冷态到热态，从不承压到承压的过程，因而在点火升压阶段，保证指示仪表的准确可靠是十分重要的。压力上升到不同阶段，应分别做好冲洗水位表、压力表，试用排污装置，校验安全阀等工作。

3. 运行期间的巡回检查

司炉人员应坚守岗位，当班中必须不断地对运行中的锅炉进行全面的巡视检查，发现问题及时处理并做好记录。

① 检查锅炉水位是否正常，汽压是否稳定，特别要检查安全阀、压力表、水位计、温度计、警报器、蒸汽流量计等所有安全附件是否齐全、准确、灵敏、可靠；检查仪表是否正常，各指示信号有无异常变化。

② 检查锅炉的燃烧情况，注意蒸发量与负荷是否适应；检查燃料输送系统是否正常，燃料供应情况是否正常，上煤机、出渣机、鼓风机、引风机等辅机设备运转是否正常，有无异常现象。

③ 检查各转动机械的轴承温升是否超限（滑动轴承温升 35℃，最高 60℃；滚动轴承温升 40℃，最高 70℃）；检查各个需要润滑的部位油位是否正常，有无缺油或漏油现象。

④ 检查烟道、风道等有无漏风现象；检查除尘器是否漏风，水膜除尘器水量大小；检查炉渣清除情况。

⑤ 检查给水设备、管道及其附件等的完好情况；检查给水系统中水箱水位是否正常，水泵运转状况，各阀门开关位置和给水压力是否正常；检查排污阀和管道有无异常情况；检查各类阀门、仪表工作是否正常。

⑥ 检查锅炉本体受压部件有无渗漏、变形等异常情况；检查锅炉可见部位和炉拱、炉墙是否有异常现象。

⑦ 巡回检查发现的问题要及时处理，并将检查结果记入锅炉及附属设备的运行记录内。

4. 锅炉运行时水位的控制和调节

锅炉的水位是保证正常供汽和安全运行的重要指标。在锅炉运行中，操作人员应不间断地通过水位表监视锅内的水位。锅炉水位应经常保持在正常水位线处，并允许在正常水位线上下 50mm 之内波动。当锅炉负荷稳定时，如果给水量与蒸发量相等，则锅炉水位就比较稳定；如果给水量与蒸发量不相等，水位就要变化。间断上水的小型锅炉，由于水位总在变化，最易造成各种水位事故，更需加强运行监督和调节。

对负荷经常变动的锅炉来说，负荷的变动引起蒸发量的变动，从而造成给水量与蒸发量的差异，使水位产生波动。为使水位保持正常，锅炉在低负荷运行时，水位应稍高于正常水位，以防负荷增加时水位降得过低；锅炉在高负荷运行时，水位应稍低于正常水位，以免负荷降低时水位升得过高。当负荷突然变化时，有可能形成虚假水位，调整中应考虑到虚假水位出现的可能，在负荷突然增加之前适当降低水位，在负荷突然降低之前适当提高水位。

为了对水位进行可靠的监督，在锅炉运行中要定期冲洗水位表，每班应至少冲洗一次。当水位表看不到水位时，应立即采取措施，查明锅内实际水位，在未肯定锅内实际水位的情况前，严禁上水。

5. 锅炉运行时蒸汽温度的控制和调节

对于饱和蒸汽锅炉，其蒸汽温度随蒸汽压力的变化而变化；对于过热蒸汽锅炉，其蒸汽温度的变化主要取决于过热器烟气侧的放热和蒸汽侧的吸热。当流经过热器的烟气温度、烟气量和烟气流速等变化时，都会引起过热蒸汽温度的上升或下降。

(1) 当过热蒸汽温度过高时，可采用下列方法降低蒸汽温度

① 有减温器的，可增加减温器水量。

② 喷汽降温。在过热蒸汽出口，适量喷入饱和蒸汽，可降低过热蒸汽温度。

③ 对过热器前的受热面进行吹灰。如对水冷壁吹灰，可增加炉膛蒸发受热面的吸热量，降低炉膛出口烟温，从而降低过热器传热温度。

④ 在允许范围内降低过剩空气量。

⑤ 提高给水温度。当负荷不变时，增加给水温度，势必减弱燃烧才能不使蒸发量增加，燃烧的减弱使烟气量和烟气流速减小，使过热器的吸热量降低，从而使过热蒸汽温度下降。

⑥ 使燃烧中心下移。适当减小引风和鼓风，使炉膛火焰中心下移，使进入过热器的烟气量减少，烟温降低，使过热蒸汽温度降低。

(2) 当过热蒸汽温度过低时，可采用下列方法升高蒸汽温度

① 对过热器进行吹灰，提高其吸热能力。

② 降低给水温度。

③ 增加风量，使燃烧中心上移。

④ 有减温器的，可减少减温水量。

6. 锅炉运行时蒸汽压力的控制和调节

锅炉正常运行中，蒸汽压力应基本上保持稳定。当锅炉负荷变化时，可按下述方法进行调节，使汽压、水位保持稳定。

① 当负荷降低使汽压升高时，如果此时水位较低，可增加给水量使汽压不再上升，然后酌情减少燃料量和风量，减弱燃烧，降低蒸发量，使汽压保持正常。

② 当负荷降低使汽压升高时，如果水位也高，应先减少燃料量和风量，减弱燃烧，同时适当减少给水量，待汽压、水位正常后，再根据负荷调节燃烧和给水。

③ 当负荷增加使汽压下降时，如果此时水位较低，可先增加燃料量和风量，加强燃烧，同时缓慢加大给水量，使汽压、水位恢复正常；也可先增加给水量，待水位正常后，再增加燃烧，使汽压恢复正常。

④ 当负荷增加使汽压下降时，如果水位较高，可先减少给水量，再增加燃料量和风量，强化燃烧，加大蒸发量，使气压恢复正常。

对于间断上水的锅炉，上水应均匀，上水间隔时间不宜过长，一次上水不宜过多，在燃烧减弱时不宜上水，以保持汽压稳定。

7. 锅炉的水质处理及化学清洗

(1) 水质处理

锅炉水处理人员必须经过培训、考试合格，并取得锅炉安全监察机构颁发的相应资格证书后，才能从事相应的水处理工作。蒸汽锅炉、热水锅炉的给水应采用锅外化学（离子交

换）水处理方法。额定蒸发量小于或等于 2t/h，且额定蒸汽压力小于或等于 1.0MPa 的蒸汽锅炉，额定热功率小于或等于 2.8MW 的热水锅炉也可采用锅内加药处理。但必须对锅炉的结垢、腐蚀和水质加强监督，认真做好加药、排污和清洗工作。额定蒸发量大于或等于 6t/h 的蒸汽锅炉或额定热功率大于或等于 4.2MW 的热水锅炉的给水应除氧。锅炉水质应符合《工业锅炉水质》（GB/T 1576—2008）的要求。

（2）化学清洗

锅炉化学清洗单位必须获得省级以上（含省级）安全监察机构的资格认可，才能从事相应级别的锅炉清洗工作。清洗单位在锅炉化学清洗前，应制订清洗方案并持清洗方案等有关资料到锅炉登记所在地的安全监察机构办理备案手续。清洗结束时，清洗单位和锅炉使用单位及安全监察机构或其授权的锅炉检验单位应对清洗质量进行检查验收。

三、锅炉检验

为了及时发现和消除锅炉存在的缺陷，保证锅炉安全、经济和连续地运行，一定要按计划对锅炉内外部进行定期检验和修理。锅炉检验是一项细致、复杂和技术性较强的工作，从事工业锅炉安全管理的工作者必须熟悉锅炉检验的方法、内容和质量要求。

根据《锅炉定期检验规则》，将锅炉检验分为内部检验、外部检验和水压试验三种形式。在用锅炉一般每年进行一次外部检验，每两年进行一次内部检验，每六年进行一次水压试验。电站锅炉的内部检验和水压试验周期可按照电厂大修周期进行适当调整。对于无法进行内部检验的锅炉，应每三年进行一次水压试验。只有当内部检验、外部检验和水压试验均在合格有效期内，锅炉才能投入运行。

除常规的检验外，若遇移装锅炉开始投运时、锅炉停止运行一年以上恢复运行时、锅炉的燃烧方式和安全自控系统有改动后等特殊情况应立即进行外部检验；若新安装的锅炉运行一年后、移装锅炉投运前、锅炉停止运行一年以上恢复运行前、受压元件经重大修理或改造后，应立即进行内部检验；若遇移装锅炉投运前、受压元件经重大修理或改造后等特殊情况应立即进行水压试验。

1. 内部检验

内部检验主要是检验锅炉承压部件是否在运行中出现裂纹、起槽、过热、变形、泄漏、腐蚀、磨损、水垢等影响安全的缺陷。

内部检验的主要部件有：锅筒（壳）、封头、管板、炉胆、回燃室、水冷壁、烟管、对流管束、集箱、过热器、省煤器、外置式汽水分离器、导汽管、下降管、下脚圈、冲天管和锅炉范围内的管道等部件；分汽（水）缸原则上应跟随一台锅炉进行同周期的检验。

进行内部检验前，锅炉使用单位应做好如下准备：

① 应提前停炉，保证检验人员进入锅炉内部检验时炉内温度应冷却至 35℃ 以下；

② 打开各种可检查门孔，清除锅炉内部水垢污物（应留下水垢样品供检验人员参考），清除炉膛、烟箱、受热面管子间和烟管内积灰炉渣；

③ 采取可靠措施隔断受检锅炉与热力系统相连的蒸汽、给水、排污等管道及烟、风道，并切断电源，对于燃油、燃气的锅炉还须可靠地隔断油、气来源并进行通风置换；

④ 必要时拆除妨碍检查的汽水挡板，分离装置及给水、排污装置等内件；

⑤ 准备好安全电源。

2. 外部检验

外部检验是指锅炉在运行状态下，对其安全状况进行的检验。外部检验包括锅炉管理检查，锅炉本体检验，安全附件、自控调节及保护装置检验，辅机和附件检验，水质管理和水处理设备检验等方面。外部检验以宏观检验为主，并配合对一些安全装置、设备的功能确认，但不得因检验而出现不安全因素。

进行外部检验前,锅炉使用单位应做好如下准备:

① 锅炉外部的清理工作;

② 准备好锅炉的技术档案资料;

③ 准备好司炉人员和水质化验人员的资格证件;

④ 检验时,锅炉使用单位的锅炉管理人员和司炉班长应到场配合,协助检验工作,并提供检验员需要的其他资料。

3. 水压试验

水压试验是指锅炉以水为介质,以规定的试验压力对锅炉受压部件强度和严密性进行的检验。水压试验应在锅炉内部检验合格后进行。水压试验的试验压力应符合表 6-1。

表 6-1 水压试验的试验压力

锅筒(锅壳)工作压力(p)	试验压力
<0.8MPa	$1.5p$ 但不小于 0.2MPa
0.8~1.6MPa	$p+0.4$MPa
>1.6MPa	$1.25p$

四、锅炉事故的种类及原因

锅炉运行中因锅炉受压部件、附件或附属设备损坏,造成人身伤亡,被迫停炉修理或减少供汽、供热量的现象叫锅炉事故。锅炉事故有爆炸事故、满水事故、缺水事故、汽水共腾事故、水位计破裂事故、炉管爆破事故、炉膛爆炸事故、烟道爆炸事故、二次燃烧事故、炉鸣或炉颤事故、炉墙损坏或倒塌事故等。

造成锅炉发生事故的原因是多方面的,归纳起来主要有以下三个方面。

① 锅炉结构不合理造成某些部位强度不够、水循环不良、存在热偏差或炉体不能自由膨胀等;锅炉材质不符合质量要求;制造工艺不当,受压部件存在内应力;排污口安装高,泥渣无法排尽;锅炉两端无膨胀滑动支点,管道膨胀受阻;安全阀设计不合理,调试不符合要求;水位表安装位置不合理;压力表不准或连接管未按要求安装;防爆门过重或泄压面积不足;排烟温度设计不合理等。

② 锅炉运行管理不善造成锅炉缺水或满水;水质管理不善引起锅炉结垢;除氧不善使金属受热面产生腐蚀;排污不及时造成炉水碱度过高;调节不及时造成锅炉雾化不良、燃烧不完全、火焰不稳定或偏斜;燃烧器本身故障或燃烧系统故障造成锅炉熄火等。

③ 锅炉安全附件不全或失效、不灵;锅炉工的误操作;锅炉检修质量不好和未对锅炉进行定期检修等。

1. 锅炉爆炸事故

锅炉爆炸总是在受压元件最薄弱的失效部位,然后由汽、水剧烈膨胀引起锅内大量的水发生水锤冲击使裂口扩大。立式锅炉破裂,多数在下脚圈处,大量蒸汽从裂口喷出,就像火箭腾空飞起,可能飞离几十到几百米远。卧式锅炉的爆炸,易发生在锅筒下腹高温辐射区或者内燃炉膛上方高温辐射区,由于在炉膛内部,锅炉本体最可能是前后平行飞动。

锅炉爆炸的主要原因如下。

(1) 先天性缺陷

① 设计失误。结构受力、热补偿、水循环、用材、强度计算、安全设施等方面出现严重错误。

② 制造失误。用错材料、不按图施工、焊接质量低劣、热处理、水压试验等工艺规范错误等。

(2) 超压破裂

锅炉运行压力超过最高许可工作压力，使元件应力超过材料的极限应力。超压工况常因安全泄放装置失灵、压力表失准、超压报警装置失灵、严重缺水事故而处理不当引起。

（3）过热失效

钢板过热烧坏，强度降低而致元件破坏，通常因锅炉缺水干烧、结垢太厚、锅水中有油脂或锅筒内掉入石棉橡胶板等异物原因引起。

（4）爆纹和起槽

元件受交变应力作用，产生疲劳裂纹，又由腐蚀综合作用，造成槽状减薄。

（5）水击破坏

因操作不当引起汽水系统水锤冲击，使元件受到强大的附加应力作用而失效。

2．缺水事故

当锅炉水位低于水位表最低安全水位刻度线时，即形成了锅炉缺水事故。锅炉缺水时，水位表往往看不到水位，表内发白发亮；低水位报警器动作并发出警报；过热蒸汽温度升高。锅炉缺水是锅炉运行中最常见的事故之一，常常造成严重后果。严重的缺水会使锅炉受热而使管子过热变形甚至烧塌；胀口渗漏以致胀管脱落；受热面钢材过热或过烧，降低以致丧失承载能力；管子爆破，炉壁损坏。处理不当时，甚至导致锅炉爆炸事故。

常见的缺水原因如下：

① 运行人员疏忽大意，对水位监视不严或误操作；

② 水位表故障造成假水位而运行人员未及时发现；

③ 水位报警器或给水自动调节器失灵；

④ 给水设备或给水管路故障，无法给水或水量不足；

⑤ 运行人员排污后忘记关排污阀，或者排污阀泄漏等。

3．满水事故

锅炉满水是由于锅炉水位高于水位表最高水位刻度线，致使水位表内看不到水位，但表内发暗，这是满水与缺水的重要区别。满水时，高水位报警器发出警报；过热蒸汽温度降低；给水流量不正常地大于蒸汽流量；严重时，锅水进入蒸汽管道及过热器，造成水击及过热器结垢。满水的主要危害是降低蒸汽品质，损害、破坏过热器。

常见的满水原因如下：

① 运行人员疏忽大意，对水位监视不严或误操作；运行人员擅离职守，放弃了对水位及其他仪表的监视；

② 水位表故障造成假水位而运行人员未及时发现；

③ 水位报警器或给水自动调节器失灵而工作人员未及时发现。

五、锅炉事故的预防

锅炉是一种承受压力和高温的特种设备，往往由于设计、制造、安装不合理或者使用管理不当而造成爆炸事故。为了预防锅炉事故，必须从锅炉的设计、制造、安装、使用、维修、保养等环节着手，切实贯彻执行国家的法律、规程和标准。

1．把好锅炉设计关

锅炉设计要做到结构合理，受压元件强度计算精确，选材得当，设计单位及设计人员应对其设计的锅炉的安全性能负责。设计图纸上应有设计、校对、审核和设计负责人签字。锅炉总图上应有批准、备案等说明。锅炉元件的强度计算，必须按规定的要求进行。

2．锅炉制造要保证质量

由于锅炉工作条件比较恶劣，尤其是受热面，外部受强烈的热辐射和高温气流的冲刷，内部受高压水和蒸汽的作用，锅炉元件同时处于高温、高压和易于腐蚀的条件下。因此，锅炉能否保证安全运行，制造质量至关重要。制造单位必须从制造设备、工艺等方面保证质量要求；对材料质量、工艺技术、焊接质量和检验等都要严格要求。焊接工人必须经过考试，取得特种设备安全监察机构颁发的证书，才准许焊接受压元件。锅炉出厂时必须附有安全技术资料。

3. 锅炉的安装须符合要求

锅炉的安装质量好坏与安全运行有直接关系。安装单位须取得资质，锅炉安装前，应对锅炉各个部件的质量进行逐个检查，发现质量不合格，有权拒绝安装。立式锅炉、快装锅炉，经审查同意后使用单位可以自行安装。

4. 加强锅炉使用中的安全管理和维修

使用单位应向当地劳动部门办理锅炉设备使用登记手续；司炉工人应经过考核取得《特种设备作业人员证书》，方准操作；使用单位须认真执行《低压锅炉水质标准》，确保水质达标。

使用单位应有专人负责锅炉设备的技术管理，要建立以岗位责任制为主的各项规章制度；对用煤粉、油、气体燃烧的锅炉，还应建立巡回监视检查和对自动仪表定期进行校验检修的制度；应按照《蒸汽锅炉安全监察规程》的要求，搞好锅炉的运行管理、维修保养、定期检修等工作。

锅炉运行值班人员应不间断地观察锅炉给水、燃烧等情况，经常检查锅炉的三大安全附件（安全阀、压力表和水位计）、转动设备、配电保护设施等，做好记录，确保灵敏可靠，如发现异常危险征兆，要立即报告领导，采取措施，防止爆炸。要每年进行一次内外部检验，及时发现缺陷，及时修理。

第三节 压力容器的安全技术

一、压力容器的基本结构

压力容器一般由筒体、封头、法兰、密封组件、开孔与接管、安全附件及支座等部分组成。对于储存容器，外壳即是容器，而反应器、换热器、分离器等，还需装入工艺所需的内部构件才能构成完整的容器。

1. 筒体

筒体是储存或完成化学反应所需的压力空间。常见的筒体外形有圆筒形和球形两种。

（1）球形容器

球形容器的本体是一个球壳。球壳一般由上下两块圆弧形板（俗称南、北极板）和多块球面板（俗称瓜皮）对接双面焊接而成。大型球罐的球面板数量更多，它不但有纵向焊接，而且还有横向焊接（俗称赤道带、南温带、北温带）（见图6-2）。

球形压力容器大多数是中、低压容器，直径都比较大，因为只有采用大型结构才能充分发挥球形容器的优越性。从承压壳体的受力情况看，球形是最适宜的形状，因为在内压力作用下，球形壳体的应力是圆筒形壳体的一半。如果容器的直径、制造材料和工作压力都相同，则球形壳体所需要的承压壁厚只为圆筒形壳体的一半。从壳体的表面积看，球形壳体的相对表面积（表面积与容器容积之比）要比圆筒形壳体小10%～30%，因而使

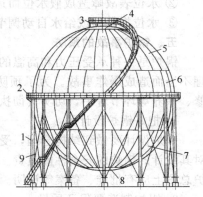

图6-2 球罐
1—支柱；2—中部平台；3—顶部操作平台；
4—北极板；5—北温带；6—赤道带；
7—南温带；8—南极板；9—拉杆

用的板材也少。制造同样容积的压力容器，球形容器要比圆筒形容器节省制造材料 30%～40%。

球形容器的制造比较困难。它不便安装内件，也不利于内部介质的流动，所以不宜作反应器和换热器，而被广泛用作储存容器。

球形储罐可以用在高压常温、高压低温及低压低温的条件下，储存气体、液体及液化气（乙烯、丙烯、丙烷、氧气、氮气、石油气、天然气、液氨、液氯）及轻质油品等。设计压力从 99.9% 的真空度到 3MPa，个别已达 7MPa；使用温度从 －250℃ 到 550℃；容积从 $50m^3$ 到 $50000m^3$，直径从 $\phi 280mm$ 的小球到 $\phi 47000mm$ 的大型球罐。最大的容积已有 $117000m^3$、直径为 $\phi 60000mm$、重达 3000t 的大型球罐。所用材质主要有高强度钢、超高强度低合金钢、不锈钢及铝镁合金等，国内主要由 Q235、16MnR、16MnCuR 和 15MnVR 等钢种制造。球罐结构分单层、双层及多层高压球罐。单层球罐应用较多；双层球罐仅用在低温低压，储存要求洁净的产品或腐蚀性强的介质，如 －100℃ 的液态乙烯储罐；多层结构主要用于高压球罐，即用多层较薄的钢板代替单层较厚的钢板，目前国内应用不多。

球形储罐也存在一定缺点，限制了其使用范围，如一般均需现场安装和焊接，对钢板材质及焊接质量要求较高，钢板厚度也受到限制，而且还需考虑由于钢材轧制方向的机械性能的差异。特别对大型球罐，需用高强度钢板，为获得缺陷少而小、内应力低、韧性高的焊缝，防止脆性断裂，就必须严格控制焊接工艺参数和规范。因此施工比较复杂，焊接工作量很大，现场整体退火处理比较困难。此外，对大型球罐，基础较大、地基承载能力低及不均匀下沉也直接影响球罐的安全操作和使用寿命等。

目前，球形储罐在我国石油、化工、冶金等工业部门已广泛采用。$50～2000m^3$ 的球罐已系列化，并且在设计、制造、安装和使用各方面都积累了不少经验。

(2) 圆筒形容器

圆筒形容器是由一个圆筒体和两端的封头组成的，是使用得最为普遍的一种压力容器。虽然它的受力状况不如球体，但比其他形状（如方形）容器要好得多。圆筒体是一个平滑的曲面，没有由于形状突变而产生较大的附加应力。圆筒形容器比球形容器易制造，内部空间又适宜于装设工艺装置，并有利于相互作用的工作介质的相对流动，因而被广泛用作反应装置、换热装置和分离装置。

对于圆筒形容器的筒体，一般薄壁的筒体（除直径较小者）常采用无缝钢管外，都是用钢板卷圆后焊接而成；厚壁的筒体则有单层的（包括整体锻造和卷焊）和多层组合的。图 6-3 是一个卧式圆筒形储罐示意图。

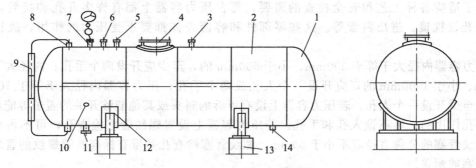

图 6-3 卧式圆筒形储罐

1—封头；2—筒体；3—气相接管；4—人孔；5—液相回流接管；
6—安全阀接管；7—压力表接管；8—液位计接管；9—液位计；
10—温度计插孔；11—液相接管；12—鞍式支座；13—基础；14—排污接管

2. 封头

封头是圆筒形容器的主要承压部件，作为容器的封闭端，与圆筒体组成一个完整的压力容器。通常人们把与圆筒体焊接成一体的容器的端部结构称为封头，而把与筒体由螺栓、法兰等连接的可拆结构称为端盖。

封头的形式较多，以它的纵剖曲线形状来分，有半球形、碟形、椭圆形、无折边球形等。

(1) 半球形封头

半球形封头实际上就是个半球体，其高度等于它的半径。半球形封头整体压制成型比较困难，直径较大（公称直径 $DN > 2.5m$）的一般都是由几块大小相同的梯形球瓣板和顶部中心的一块圆形球面板（球冠）组焊而成。

(2) 碟形封头

碟形封头又称带折边的球形封头。它由几何形状不同的三部分组成：

① 球面体（球冠），是中心部分；
② 圆筒体（俗称直边），是与筒体连接的部分；
③ 过渡圆弧（俗称折边），连接球面体与圆筒体。

(3) 椭圆形封头

椭圆形封头是个半椭球体，它的纵剖面是条半椭圆曲线。曲线的曲率半径连续变化，没有形状突变处，因而封头的应力分布较均匀，受力状况比碟形封头好。

3. 法兰

法兰是容器的封头与筒体及开孔、管口与管道连接的重要部件。它通过螺栓和垫片的连接与密封，保持系统的密封性。

为了安全，法兰连接必须满足下列基本要求：

① 有足够的刚度，且连接件之间具有必需的密封压力，以保证在操作过程中介质不会泄漏；
② 有足够的强度，即不因可拆连接的存在而削弱了整个结构的强度，且本身能承受所有的外力；
③ 能耐腐蚀，能迅速并多次地拆开和装配；
④ 成本低廉，适合于大批量的制造。

法兰连接便是一种能较好地满足上述要求的可拆连接，在化工设备和化工管道中得到了广泛应用。

4. 开孔与接管

为了适应各种工艺和安全检查的需要，每台压力容器上都有许多开孔和接管，如手孔、人孔、视镜、进出料管等。这些零部件和容器壳体都要承受压力的作用，故称为受压组件。

压力容器内径大于等于 300mm、小于 500mm 的，至少应开设两个手孔；内径大于等于 500mm、小于 1000mm 的，应开设一个人孔或两个手孔；压力容器内径大于等于 1000mm 的，应至少开设一个人孔。若压力容器上设有可拆的封头或其他能够开关的盖子等能起到人孔或手孔作用的，可不设人孔和手孔。若压力容器上设置螺纹管塞检查孔，可不再设置手孔，螺纹管塞的公称直径应不小于 50mm。螺纹管塞检查孔是带有标准锥管螺纹的管座并配装封闭塞或帽盖。

检查孔的开设位置应合理、恰当，便于清理内部。手孔或螺纹管塞检查孔应分别开设在两端的封头上或封头附近的筒体上。

球形压力容器的人孔应设在极带上。

二、压力容器的分类

在化工生产过程中,为了有利于安全技术监督和管理,根据容器的压力高低、介质的危害程度以及在生产中的重要作用,将压力容器进行分类。

1. 按工作压力分类

按压力容器的设计压力分为低压、中压、高压、超高压 4 个等级。

低压(代号 L):$0.1\text{MPa} \leqslant p < 1.6\text{MPa}$

中压(代号 M):$1.6\text{MPa} \leqslant p < 10\text{MPa}$

高压(代号 H):$10\text{MPa} \leqslant p < 100\text{MPa}$

超高压(代号 U):$100\text{MPa} \leqslant p \leqslant 1000\text{MPa}$

2. 按用途分类

按压力容器在生产工艺过程中的作用原理分为反应容器、换热容器、分离容器、储存容器。

(1) 反应容器(代号 R)

反应容器是主要用于完成介质的物理、化学反应的压力容器。如反应器、反应釜、分解锅、分解塔、聚合釜、高压釜、超高压釜、合成塔、铜洗塔、变换炉、蒸煮锅、蒸球、蒸压釜、煤气发生炉等。

(2) 换热容器(代号 E)

换热容器是主要用于完成介质的热量交换的压力容器。如管壳式废热锅炉、热交换器、冷却器、冷凝器、蒸发器、加热器、消毒锅、染色器、蒸炒锅、预热锅、蒸锅、蒸脱机、电热蒸汽发生器、煤气发生炉水夹套等。

(3) 分离容器(代号 S)

分离容器是主要用于完成介质的流体压力平衡和气体净化分离等的压力容器。如分离器、过滤器、集油器、缓冲器、洗涤器、吸收塔、干燥塔、汽提塔、分汽缸、除氧器等。

(4) 储存容器(代号 C,其中球罐代号 B)

储存容器主要是盛装生产用的原料气体、液体、液化气体等的压力容器。如各种类型的储罐。

在一种压力容器中,如同时具备两个以上的工艺作用原理时,应按工艺过程中的主要作用来划分。

3. 按危险性和危害性分类

(1) 一类压力容器

一类压力容器有非易燃或无毒介质的低压容器、易燃或有毒介质的低压分离容器和换热容器。

(2) 二类压力容器

二类压力容器有任何介质的中压容器、易燃介质或毒性程度为中度危害介质的低压反应容器和储存容器、毒性程度为极度和高度危害介质的低压容器、低压管壳式余热锅炉、搪瓷玻璃压力容器。

(3) 三类压力容器

三类压力容器有毒性程度为极度和高度危害介质的中压容器和 pV(设计压力×容积)$\geqslant 0.2\text{MPa} \cdot \text{m}^3$ 的低压容器,易燃或毒性程度为中度危害介质且 $pV \geqslant 0.5\text{MPa} \cdot \text{m}^3$ 的中压反应容器;$pV \geqslant 10\text{MPa} \cdot \text{m}^3$ 的中压储存容器,高压、中压管壳式余热锅炉,高压容器。

三、压力容器的安全附件

1. 安全附件的类型

压力容器的安全附件,又称为安全装置,是指为使压力容器能够安全运行而装设在设备上的附属装置。压力容器的安全附件按使用性能或用途来分，一般包括以下四大类型。

（1）联锁装置

联锁装置是为防止操作失误而设置的控制机构，如联锁开关、联动阀等。

（2）警报装置

警报装置是指压力容器在运行中出现不安全因素致使容器处于危险状态时能自动发出音响或其他明显警报信号的仪器，如压力警报器、温度监测仪等。

（3）计量装置

计量装置指能自动显示压力容器运行中与安全有关的工艺参数的器具，如压力表、温度计等。

（4）泄压装置

泄压装置指能自动、迅速地排出容器内的介质，使容器内压力不超过它的最高许用压力的装置。

2. 安全附件

（1）安全阀

安全阀的工作原理较简单，它基本上由三个主要部分组成，即阀座、阀瓣和加载机构。阀座与阀体有的是一个整体，有的是组装在一起的，它与容器连通。阀瓣常连带有阀杆，它紧扣在阀座上。阀瓣上面是加载机构，载荷的大小是可以调节的。当容器内的压力在规定的工作压力范围以内时，内压作用在阀瓣上的力小于加载机构施加在阀瓣上的力，两者之差构成阀瓣与阀座之间的密封力，阀瓣紧压着阀座，容器内的气体无法排出；当容器内的压力超过规定的工作压力时，内压作用于阀瓣上的力大于加载机构施加在它上面的力，于是阀瓣离开阀座，安全阀开启，容器内的气体即通过阀座口排出。如果安全阀的排量大于容器的安全泄放量，则经过短时间的排放，容器内压力会很快降回正常工作压力。此时，内压作用于阀瓣的力又小于加载机构施加在它上面的力，阀瓣又紧压着阀座，气体停止排出，容器保持正常的工作压力继续运行。安全阀就是通过作用在阀瓣上两个力的平衡来使它关闭或开启以防止压力容器超压的。为了使压力容器正常安全运行，安全阀应满足以下基本要求：

① 在工作压力下保持严密不漏；

② 在压力达到开启压力时，阀即自动迅速开启，顺利地排出气体；

③ 在开启状态下，阀瓣应稳定、无振荡现象；

④ 在排放压力下，阀瓣处在全开装置，并达到额定排放量；

⑤ 泄压关闭后应继续保持良好的密封状态。

（2）爆破片

爆破片又称防爆膜，是一种断裂型安全泄压装置。由于具有泄压反应快、密封性能好等特点，使它成为某些化工容器不可缺少的安全装置。随着化学工业的发展，对爆破片的精度要求越来越高，爆破片的结构形式也越来越多，如剪切破坏型爆破片、弯曲破坏型（碎裂式）爆破片、普通拉伸破坏型（破裂式）爆破片、型孔式拉伸破坏型爆破片和失稳型（压缩型、翻转型、突破式）爆破片等。

（3）液位计

液位计（或液位自动指示器）是显示容器内液面位置（气液交界面）的一种装置。盛装液化气体的储运容器，包括大型球形储罐、卧式储槽和罐车等，以及作液体蒸发用的换热容器，都应装设有液位计或液位自动指示器，以防容器内因满液而发生液体膨胀导致容器超压事故。

液位计是根据连通管原理制成的，结构非常简单。有玻璃管式和平板玻璃式两种，压力容器多用平板玻璃式。选用、装设和使用液位计或液位自动指示器时，应注意以下事项：

① 工作介质为易燃或有毒性的容器，应采用平板式玻璃液位计或液位自动指示器；大型液化气体储罐应装设安全可靠的液位自动指示器；
② 液位计或液位自动指示器上应有防止液位计泄漏的装置和保护罩；
③ 液位计或液位自动指示器应装在便于观察液位的地方，并应有良好的照明；
④ 液位计应经常保持清洁，玻璃板必须明亮清晰，液位清楚易见；
⑤ 应经常检查液位计的工作情况，如气液连通开关是否处于开启状态，连通管或开关是否堵塞，各连接处有无渗漏现象等。

(4) 压力表

压力表又称压力计，是用以测量流体压力强度的器具。凡是需要单独装设安全泄压装置的压力容器都必须装有压力表。压力表的选用如下。

① 装在压力容器上的压力表，其最大量程应与容器的工作压力相适应。压力表的最大量程最好选用为容器工作压力的 2 倍，不能小于 1.5 倍，或大于 3 倍。
② 压力容器用的压力表还应具有足够的精度。压力表的精度是以它的允许误差占表盘刻度极限值的百分数按级别来表示的（如精度为 1.5 级的压力表，其允许误差为表盘刻度极限值的 1.5%），精度等级一般都标在表盘上；低压容器所用的压力表，其精度一般不应低于 2.5 级；中、高压容器用的压力表，精度不应低于 1.5 级；
③ 为使操作人员能准确地看清压力值，压力表的表盘直径不应过小。容器用压力表的表盘直径一般不应小于 100mm，如果压力表装得较高或离岗位较远，表盘直径还应增大。

压力表的装设应符合下列规定。

① 压力表的接管应直接与压力容器本体相连接，装设压力表的地方应有足够的照明和便于观察与检验，并要防止压力表受到高温辐射或引起振动。
② 为便于更换和校验压力表，压力表与容器的接管中应装有旋塞，旋塞应装在垂直的管段上。工作介质为高温蒸汽的压力容器，压力表的接管上要装有一段弯管，让蒸汽在这一段弯管内冷凝，以避免高温蒸汽直接进入压力表的弹簧管内，致使表内元件过热而产生变形，影响压力表的精度。接管上的旋塞，应装在这段弯管和压力表之间的垂直管段上。
③ 如果容器的工作介质对压力表的零件材料有腐蚀作用，则应在弹簧式压力表与容器的连接管路上装置充填有液体的隔离装置，充填液不应与工作介质起化学反应或生成混合物。如果限于操作条件不能采取这种保护装置时，则应选用抗腐蚀的压力表。
④ 压力表最好固定使用在相同工作压力的容器上，这样可以根据最高许用压力在压力表的刻度盘上刻上警戒红线。但不应把警戒红线涂在压力表的玻璃上，以免玻璃转动产生错觉，造成事故。

四、压力容器的使用安全管理

压力容器使用的范围量大面广，操作条件复杂，特别是化工和化学制药生产中使用的压力容器，大多是盛装易燃、易爆、有毒或剧毒、腐蚀性强等危险性较大的介质。同时，压力容器还要承受各种苛刻的压力载荷和温度环境。一旦使用操作失误发生易燃、易爆、有毒的介质的外泄甚至容器发生爆炸破裂，势必会造成极具灾难性的后果。根据有关的统计，因违章作业和误操作等使用管理不善是压力容器事故的主要原因之一。根据对国内压力容器爆炸事故分析表明：因违章作业和误操作等使用管理不善（含安全附件失灵、维修不当）占 58.1%，制造质量不良（焊接缺陷）、设计用材不合理占 29.6%。为确保压力容器的安全运行，防止压力容器泄漏、爆炸等事故造成环境污染，确保人身的安全与健康，为此对压力容器的安全管理提出了更高的要求。

1. 登记

压力容器是生产和生活中广泛使用的、有爆炸危险的承压设备。为了加强锅炉压力容器使用的安全监察工作,根据《锅炉压力容器安全监察条例》的有关规定,制定了《锅炉压力容器使用登记管理办法》。通过压力容器使用登记,可以使当地锅炉压力容器安全监察机构掌握压力容器有关安全方面的基本情况,提高安全管理水平。

固定式压力容器的使用单位,每台锅炉压力容器在投入使用前或者投入使用后30日内,使用单位必须逐台向省级质监部门和设区的市的质监部门的锅炉压力容器使用登记机关申请办理使用登记,领取使用登记证;超高压容器和液化气体罐车的使用单位,必须逐台向省级质监部门锅炉压力容器安全监察机构申报和办理使用登记手续。

压力容器使用证的监督管理应符合以下要求。

① 新压力容器未办理使用登记手续,不得投入使用。

② 未注册的在用压力容器,不得继续使用。

③ 判废的压力容器应由使用单位作出处理。按报废处理的,不得再作承压容器使用,并不得转让、销售。

④ 转让、涂改使用证,劳动部门锅炉压力容器安全监察机构应予以注销,并责令使用单位停止使用该压力容器。

⑤ 在用压力容器超过检验期限不按有关规定检验又不申报的,不得继续使用,该容器的使用证即行无效。

⑥ 危及安全的在用压力容器,在规定期限内不修复、不采取有效措施妥善处理,应停止使用,并注销其使用证。

2. 技术档案

压力容器的使用单位,必须建立压力容器技术档案并由管理部门统一保管。技术档案的内容应包括:

① 压力容器档案卡;

② 压力容器设计文件;

③ 压力容器制造、安装技术文件和资料;

④ 检验、检测记录,以及有关检验的技术文件和资料;

⑤ 修理方案、实际修理情况记录,以及有关技术文件和资料;

⑥ 压力容器技术改造的方案、图样、材料质量证明书、施工质量检验技术文件和资料;

⑦ 安全附件校验、修理和更换记录;

⑧ 有关事故的记录资料和处理报告。

3. 加强管理

压力容器使用单位按以下内容和要求做好压力容器的管理工作。

① 使用单位必须执行压力容器有关的规程、规章和技术规范,编制本单位压力容器的安全管理规章制度及安全操作规程,并严格执行。安全管理规章制度主要包括各级岗位责任制,修理、改造、检验、报废的技术审查和报批制度,压力容器安全检查制度,安全操作规程等。

② 压力容器的操作人员应持证上岗。压力容器使用单位应对压力容器操作人员定期进行专业培训与安全教育,培训考核工作由地、市级安全监察机构或授权的使用单位负责。

③ 压力容器发生下列异常现象之一时,操作人员应立即采取紧急措施,并按规定的报告程序,及时向有关部门报告。

• 压力容器工作压力、介质温度或壁温超过规定值,采取措施仍不能得到有效控制;

• 压力容器的主要受压元件发生裂缝、鼓包、变形、泄漏等危及安全的现象;

• 安全附件失效;

• 接管、紧固件损坏,难以保证安全运行;

- 发生火灾等直接威胁到压力容器安全运行；
- 过量充装；
- 压力容器液位超过规定，采取措施仍不能得到有效控制；
- 压力容器与管道发生严重振动，危及安全运行；
- 其他异常情况。

五、压力容器的检验

1. 压力容器的定期检验

压力容器的定期检验按《压力容器定期检验规则》（TSG R7001—2004）和《压力容器安全技术监察规程》（质技监局锅发［1999］154号）的有关规定执行，两者有矛盾的以前者为准。

定期检验分为全面检验和耐压试验。

① 全面检验是指压力容器停机时的检验。全面检验应当由检验机构进行。其检验周期为：

- 安全状况等级为1、2级的，一般每6年一次；
- 安全状况等级为3级的，一般3～6年一次；
- 安全状况等级为4级的，其检验周期由检验机构确定。

压力容器安全状况等级的评定按《压力容器定期检验规则》第五章进行。

② 耐压试验是指压力容器全面检验合格后，所进行的超过最高工作压力的液压试验或者气压试验。每两次全面检验期间内，原则上应当进行一次耐压试验。

当全面检验、耐压试验和年度检查在同一年度进行时，应当依次进行全面检验、耐压试验和年度检查，其中全面检验已经进行的项目，年度检查时不再重复进行。

对无法进行或者无法按期进行全面检验、耐压试验的压力容器，按照《压力容器安全技术监察规程》第一百三十八条规定执行。

（1）压力容器的全面检验

压力容器一般应当于投用满3年时进行首次全面检验。下次的全面检验周期，由检验机构根据本次全面检验结果按照《压力容器定期检验规则》第四条的有关规定确定。

① 有以下情况之一的压力容器，全面检验周期应当适当缩短：

- 介质对压力容器材料的腐蚀情况不明或者介质对材料的腐蚀速率每年大于0.25mm/a，以及设计者所确定的腐蚀数据与实际不符的；
- 材料表面质量差或者内部有缺陷的；
- 使用条件恶劣或者使用中发现应力腐蚀现象的；
- 使用超过20年，经过技术鉴定或者由检验人员确认按正常检验周期不能保证安全使用的；
- 停止使用时间超过2年的；
- 改变使用介质并且可能造成腐蚀现象恶化的；
- 设计图样注明无法进行耐压试验的；
- 检验中对其他影响安全的因素有怀疑的；
- 介质为液化石油气且有应力腐蚀现象的，每年或根据需要进行全面检验；
- 采用"亚铵法"造纸工艺，且无防腐措施的蒸球根据需要每年至少进行一次全面检验；
- 球形储罐（使用标准抗拉强度下限$\sigma_b \geqslant 540$MPa材料制造的，投用一年后应当开罐检验）；
- 搪玻璃设备。

② 安全状况等级为 1、2 级的压力容器符合以下条件之一时，全面检验周期可以适当延长：
- 非金属衬里层完好，其检验周期最长可以延长至 9 年；
- 介质对材料腐蚀速率每年低于 0.1mm/a（实测数据）、有可靠的耐腐蚀金属衬里（复合钢板）或者热喷涂金属（铝粉或者不锈钢粉）涂层，通过 1～2 次全面检验确认腐蚀轻微或者衬里完好的，其检验周期最长可以延长至 12 年；
- 装有催化剂的反应容器以及装有充填物的大型压力容器，其检验周期根据设计图样和实际使用情况由使用单位、设计单位和检验机构协商确定，报办理《使用登记证》的质量技术监督部门（以下简称发证机构）备案。

(2) 安全状况等级为 4 级的压力容器的定期检验

其累积监控使用的时间不得超过 3 年。在监控使用期间，应当对缺陷进行处理，提高其安全状况等级，否则不得继续使用。

(3) 其他

有以下情况之一的压力容器，全面检验合格后必须进行耐压试验：
- 用焊接方法更换受压元件的；
- 受压元件焊补深度大于 1/2 壁厚的；
- 改变使用条件，超过原设计参数并且经过强度校核合格的；
- 需要更换衬里的（耐压试验应当于更换衬里前进行）；
- 停止使用两年后重新复用的；
- 从外单位移装或者本单位移装的；
- 使用单位或者检验机构对压力容器的安全状况有怀疑的。

(4) 申报压力容器的定期检验

使用单位必须于检验有效期满 30 日前申报压力容器的定期检验，同时将压力容器检验申报表报检验机构和发证机构。检验机构应当按检验计划完成检验任务。

(5) 停机后的技术性处理和检验前的安全检查

使用单位应当与检验机构密切配合，按《压力容器定期检验规则》的要求，做好停机后的技术性处理和检验前的安全检查，确认符合检验工作要求后，方可进行检验，并在检验现场做好配合工作。

(6) 压力容器安全状况等级的划分

按照《压力容器定期检验规则》(TSG R7001—2004) 执行，主要是根据受压元件的材质、结构、缺陷、损伤等方面的检验结果评定的，共分为 1～5 级。

2. 压力容器的年度检查

年度检查，是指为了确保压力容器在检验周期内的安全而实施的运行过程中的在线检查，每年至少一次。固定式压力容器的年度检查可以由使用单位的压力容器专业人员进行，也可以由国家质量监督检验检疫总局（以下简称国家质检总局）核准的检验检测机构（以下简称检验机构）持证的压力容器检验人员进行。

压力容器的年度检查包括使用单位压力容器安全管理情况检查、压力容器本体及运行状况检查和压力容器安全附件检查等。检查方法以宏观检查为主，必要时进行测厚、壁温检查和腐蚀介质含量测定、真空度测试等。

(1) 年度检查前，使用单位应当做好的准备工作

① 压力容器外表面和环境的清理；

② 根据现场检查的需要，做好现场照明、登高防护、局部拆除保温层等配合工作，必要时配备合格的防噪声、防尘、防有毒有害气体等防护用品；

③ 准备好压力容器技术档案资料、运行记录、使用介质中有害杂质记录；
④ 准备好压力容器安全管理规章制度和安全操作规范、操作人员的资格证；
⑤ 检查时，使用单位压力容器管理人员和相关人员到场配合，协助检查工作，及时提供检查人员需要的其他资料。

(2) 压力容器的安全管理

年度检查前，检查人员应当首先全面了解被检压力容器的使用情况、管理情况，认真查阅压力容器技术档案资料和管理资料，做好有关记录。压力容器安全管理情况检查的主要内容如下：

① 压力容器的安全管理规章制度和安全操作规程、运行记录是否齐全、真实，查阅压力容器台账（或者账册）与实际是否相符；
② 压力容器图样、使用登记证、产品质量证明书、使用说明书、监督检验证书、历年检验报告以及维修、改造资料等建档资料是否齐全并且符合要求；
③ 压力容器作业人员是否持证上岗；
④ 上次检验、检查报告中所提出的问题是否解决。

第四节 气瓶的安全技术

一、气瓶概述

1. 气瓶的定义

气瓶是指在正常环境下（-40~60℃）可重复充气使用的，公称工作压力为 0~30MPa（表压），公称容积为 0.4~1000L 的盛装永久气体、液化气体或溶解气体等的移动式压力容器。

气瓶是储运式压力容器，在生产中使用日益广泛。目前使用最多的是无缝钢瓶，其公称容积为 40L，外径为 219mm。此外，液化石油气瓶的公称容积装重有 10kg、15kg、20kg、50kg 等四种。溶解乙炔气瓶的公称容积有 25L（直径为 200mm）、40L（直径为 250mm）、50L（直径为 250mm）、60L（直径为 300mm）等四种。

2. 气瓶的分类

(1) 按充装介质的性质分类

分为永久气体气瓶、液化气体气瓶和溶解气体气瓶。

① 永久气体气瓶。永久气体（压缩气体）因其临界温度小于-10℃，常温下呈气态，所以称为永久气体，如氢、氧、氮、空气、煤气及氩、氦、氖、氪等。这类气瓶一般都以较高的压力充装气体，目的是增加气瓶的单位容积充气量，提高气瓶利用率和运输效率。常见的充装压力为 15MPa，也有充装压力为 20~30MPa 的永久气体气瓶。

② 液化气体气瓶。液化气体气瓶充装时都以低温液态灌装。有些液化气体的临界温度较低，装入瓶内后受环境温度的影响而全部汽化。有些液化气体的临界温度较高，装瓶后在瓶内始终保持气液平衡状态，因此，可分为高压液化气体和低压液化气体。

高压液化气体是指临界温度大于或等于-10℃，且小于或等于 70℃ 的气体，常见的有乙烯、乙烷、二氧化碳、氧化亚氮、六氟化硫、氯化氢、三氟氯甲烷（F-13）、三氟甲烷（F-23）、六氟乙烷（F-116）、氟乙烯等。常见的充装压力有 15MPa 和 12.5MPa 等。

低压液化气体是指临界温度大于 70℃ 的气体。如溴化氢、硫化氢、氨、丙烷、丙烯、异丁烯、1,3-丁二烯、1-丁烯、环氧乙烷、液化石油气等。《气瓶安全监察规程》规定，液化气体气瓶的最高工作温度为 60℃。低压液化气体在 60℃ 时的饱和蒸气压都在 10MPa 以下，所以这类气体的充装压力都不高于 10MPa。

③ 溶解气体气瓶。是专门用于盛装乙炔的气瓶。由于乙炔气体极不稳定，故必须把它溶解在溶剂（常见的为丙酮）中。气瓶内装满多孔性材料，以吸收溶剂。乙炔瓶充装乙炔气，一般要求分两次进行，第一次充气后静置 8h 以上，再第二次充气。

(2) 按制造方法分类

分为钢制无缝气瓶、钢制焊接气瓶和缠绕玻璃纤维气瓶。

① 钢制无缝气瓶。是以钢坯为原料，经冲压拉伸制造，或以无缝钢管为材料，经热旋压收口收底制造的钢瓶。瓶体材料为采用碱性平炉、电炉或吹氧碱性转炉冶炼的镇静钢，如优质碳钢、锰钢、铬钼钢或其他合金钢。用于盛装永久气体（压缩气体）和高压液化气体。

② 钢制焊接气瓶。是以钢板为原料，冲压卷焊制造的钢瓶。瓶体及受压元件材料为采用平炉、电炉或氧化转炉冶炼的镇静钢，材料要求有良好的冲压和焊接性能。这类气瓶用于盛装低压液化气体。

③ 缠绕玻璃纤维气瓶。是以玻璃纤维加黏结剂缠绕或碳纤维制造的气瓶。一般有一个铝制内筒，其作用是保证气瓶的气密性，承压强度则依靠玻璃纤维缠绕的外筒，这类气瓶由于绝热性能好、质量轻，多用于盛装呼吸用压缩空气，供消防、毒区或缺氧区域作业人员随身背挎并配以面罩使用。一般容积较小（1~10L），充气压力多为 15~30MPa。

3. 气瓶的颜色标志

国家法规和标准规定气瓶要漆色，包括瓶色、字样、字色和色环。气瓶漆色的作用除了保护气瓶防止腐蚀、反射阳光等热源、防止气瓶过度升温以外，还为了便于区别、辨认所盛装的介质，防止可燃或易燃、易爆介质与氧气混装。气瓶的颜色标志见表 6-2。

表 6-2 气瓶颜色标志一览表

序号	充装气体名称	化学式	瓶色	字样	字色	色　环
1	乙炔	$CH\equiv CH$	白	乙炔不可近火	大红	
2	氢	H_2	淡绿	氢	大红	$p=20MPa$,淡黄色单环;$p=30MPa$,淡黄色双环
3	氧	O_2	淡(酞)蓝	氧	黑	$p=20MPa$,白色单环
4	氮	N_2	黑	氮	淡黄	$p=30MPa$,白色双环
5	空气		黑	空气	白	
6	二氧化碳	CO_2	铝白	液化二氧化碳	黑	$p=20MPa$,黑色单环
7	氨	NH_3	淡黄	液氨	黑	
8	氯	Cl_2	深绿	液氯	白	
9	氟	F_2	白	氟	黑	
10	一氧化氮	NO	白	一氧化氮	黑	
11	二氧化氮	NO_2	白	液化二氧化氮	黑	
12	碳酰氯	$COCl_2$	白	液化光气	黑	
13	砷化氢	AsH_3	白	液化砷化氢	大红	
14	磷化氢	PH_3	白	液化磷化氢	大红	
15	乙硼烷	B_2H_6	白	液化乙硼烷	大红	
16	四氟甲烷	CF_4	铝白	氟氯烷 14	黑	
17	二氟二氯甲烷	CCl_2F_2	铝白	液化氟氯烷 12	黑	
18	二氟溴氯甲烷	$CBrClF_2$	铝白	液化氟氯烷 12B1	黑	
19	三氟氯甲烷	$CClF_3$	铝白	液化氟氯烷 13	黑	
20	三氟溴甲烷	$CBrF_3$	铝白	液化氟氯烷 13B1	黑	$p=12.5MPa$,深绿色单环
21	六氟乙烷	CF_3CF_3	铝白	液化氟氯烷 116	黑	

续表

序号	充装气体名称		化学式	瓶色	字样	字色	色环
22	一氟二氯甲烷		$CHCl_2F$	铝白	液化氟氯烷21	黑	
23	二氟二氯甲烷		CCl_2F_2	铝白	液化氟氯烷22	黑	
24	三氟甲烷		CHF_3	铝白	液化氟氯烷23	黑	
25	四氟二氯乙烷		$CClF_2-CClF_2$	铝白	液化氟氯烷114	黑	
26	五氟一氯乙烷		CF_3-CClF_2	铝白	液化氟氯烷115	黑	
27	三氟氯乙烷		CH_2Cl-CF_3	铝白	液化氟氯烷133a	黑	
28	八氟环丁烷		$CF_2CF_2CF_2CF_2$	铝白	液化氟氯烷318	黑	
29	二氟氯乙烷		CH_3CClF_2	铝白	液化氟氯烷142b	大红	
30	1,1,1-三氟乙烷		CH_3CF_3	铝白	液化氟氯烷143a	大红	
31	1,1-二氟乙烷		CH_3CHF_2	铝白	液化氟氯烷152a	大红	
32	甲烷		CH_4	棕	甲烷	白	$p=20MPa$,淡黄色单环;$p=30MPa$,淡黄色双环
33	天然气			棕	天然气	白	
34	乙烷		CH_3CH_3	棕	液化乙烷	白	$p=15MPa$,淡黄色单环;$p=20MPa$,淡黄色双环
35	丙烷		$CH_3CH_2CH_3$	棕	液化丙烷	白	
36	环丙烷		$CH_2CH_2CH_2$	棕	液化环丙烷	白	
37	丁烷		$CH_3CH_2CH_2CH_3$	棕	液化丁烷	白	
38	异丁烷		$(CH_3)_3CH$	棕	液化异丁烷	白	
39	液化石油气	工业用		棕	液化石油气	白	
39	液化石油气	民用		银灰	液化石油气	大红	
40	乙烯		$CH_2=CH_2$	棕	液化乙烯	淡黄	$p=15MPa$,白色单环;$p=20MPa$,白色双环
41	丙烯		$CH_3CH=CH_2$	棕	液化丙烯	淡黄	
42	1-丁烯		$CH_3CH_2CH=CH_2$	棕	液化丁烯	淡黄	
43	2-丁烯(顺)		$H_3C-CH=CH-CH_3$	棕	液化顺丁烯	淡黄	
44	2-丁烯(反)		$H_3C-CH=CH-CH_3$	棕	液化反丁烯	淡黄	
45	异丁烯		$(CH_3)_2C=CH_2$	棕	液化异丁烯	淡黄	
46	1,3-丁二烯		$CH_2=CH-CH=CH_2$	棕	液化丁二烯	淡黄	
47	氩		Ar	银灰	氩	深绿	$p=20MPa$,白色单环;$p=30MPa$,白色双环
48	氦		He	银灰	氦	深绿	
49	氖		Ne	银灰	氖	深绿	
50	氪		Kr	银灰	氪	深绿	
51	氙		Xe	银灰	氙	深绿	
52	三氟化硼		BF_3	银灰	氟化硼	黑	
53	一氧化二氮		N_2O	银灰	液化笑气	黑	$p=15MPa$,深绿色单环
54	六氟化硫		SF_6	银灰	液化六氟化硫	黑	$p=12.5MPa$,深绿色单环
55	二氧化硫		SO_2	银灰	液化二氧化硫	黑	
56	三氯化硼		BCl_3	银灰	液化氯化硼	黑	
57	氟化氢		HF	银灰	液化氟化氢	黑	

注：最后一列的 p 指气瓶的公称工作压力。

二、气瓶的安全附件

1. 安全泄压装置

气瓶的安全泄压装置，是为了防止气瓶在遇到火灾等高温时，瓶内气体受热膨胀而发生破裂爆炸。

（1）防爆片

防爆片装在瓶阀上，其爆破压力略高于瓶内气体的最高温升压力。防爆片多用于高压气瓶上，有的气瓶不装防爆片。《气瓶安全监察规程》对是否必须装设防爆片，未做明确规定。气瓶装设防爆片有利有弊，一些国家的气瓶不采用防爆片这种安全泄压装置。

（2）易熔塞

易熔塞一般装在低压气瓶的瓶肩上，当周围环境温度超过气瓶的最高使用温度时，易熔塞的易熔合金熔化，瓶内气体排出，避免气瓶爆炸。

2. 瓶帽

瓶帽是瓶阀的防护装置，它可避免气瓶在搬运过程中因碰撞而损坏瓶阀，保护出气口螺纹不被损坏，防止灰尘、水分或油脂等杂物落入阀内。瓶帽按其结构型式可分为拆卸式和固定式两种。

3. 防震圈

气瓶装有两个防震圈，是气瓶瓶体的保护装置。气瓶在充装、使用、搬运过程中，常常会因滚动、震动、碰撞而损伤瓶壁，以致发生脆性破坏。这是气瓶发生爆炸事故常见的一种直接原因。我国采用的是两个紧套在瓶体上部和下部，用橡胶或塑料制成的防震圈。

三、气瓶的充装

为了保证气瓶在使用或充装过程中不因环境温度升高而处于超压状态，必须对气瓶的充装量严格控制。确定压缩气体及高压液化气体气瓶的充装量时，要求瓶内气体在最高使用温度（60℃）下的压力，不超过气瓶的最高许用压力；对低压液化气体气瓶，则要求瓶内液体在最高使用温度下，不会膨胀至瓶内满液，即要求瓶内始终保留有一定气相空间。

1. 气瓶充装前的检查

① 气瓶是否是持有制造许可证的制造单位制造的，气瓶是否是规定停用或需要复验的；
② 气瓶改装是否符合规定；
③ 气瓶原始标志是否符合标准和规定，钢印字迹是否清晰可见；
④ 气瓶是否在规定的定期检验有效期限内；
⑤ 气瓶上标出公称工作压力是否符合欲装气体规定的充装压力；
⑥ 气瓶的漆色、字样是否符合《气瓶颜色标记》的规定；
⑦ 气瓶附件是否齐全并符合技术要求；
⑧ 气瓶内有无剩余压力，剩余气体与欲装气体是否符合；
⑨ 盛装氧气或强氧化性气体气瓶的瓶阀和瓶体是否沾染油脂；
⑩ 新投入使用或经定期检验、更换瓶阀或因故放尽气体后首次充气的气瓶，是否经过置换或真空处理；
⑪ 瓶体有无裂纹、严重腐蚀、明显变形、机械损伤以及其他能影响气瓶强度和安全使用的缺陷。

2. 禁止充气的气瓶

在气瓶充装前的检查中，发现气瓶具有下列情况之一时，应禁止对其进行充装：
① 钢印标记、颜色标记不符合规定及无法判定瓶内气体的；
② 改装不符合规定或用户自行改装的；
③ 附件不全、损坏或不符合规定的；

④ 瓶内无剩余压力的；
⑤ 超过检验期的；
⑥ 外观检查存在明显损伤，需进一步进行检查的；
⑦ 氧气或强氧化性气体气瓶沾有油脂的；
⑧ 易燃气体气瓶的首次充装，事先未经置换和抽空的。

任何气瓶在充装结束后，都必须经检查员按规定的检查项目逐项检查，不符合技术要求的，应进行妥善处理，否则严禁出站。

3. 气瓶的充装量

各种类型气体的最大充装量应按下列方法确定。

① 永久气体气瓶的最大充装量，应保证所装的气体在333K（60℃）时的压力不超过气瓶的最高许用压力。

② 高压液化气体的最大充装量也应保证所装液化气体在333K（60℃）时的气体压力（已全部汽化）不超过气瓶的最高许用压力。但它的充装量是以充装系数（单位容积内装入液化气体的质量）来计量的。

③ 低压液化气体的最大充装量是保证所装入的液化气体在333K（60℃）时瓶内不会满液，仍保留有气相空间，也就是液化气体充装系数（单位容积内所装入液化气体的质量）不应大于所装介质在333K时液体的密度。

④ 乙炔气瓶的充装压力，在任何情况下不得大于2.5MPa。

四、气瓶的检验

气瓶在使用过程中，要定期进行技术检验，测定气瓶技术性能状况，从而对气瓶能否继续使用作出正确的处理。气瓶的定期检验，应由取得检验资格的专门单位负责进行。检验单位的检验钢印代号，由劳动部门统一规定。

1. 各类气瓶的检验周期

① 盛装腐蚀性气体的气瓶，每两年检验一次；
② 盛装一般气体的气瓶，每三年检验一次；
③ 液化石油气气瓶，使用未超过20年的，每五年检验一次；超过20年的，每两年检验一次；
④ 盛装惰性气体的气瓶，每五年检验一次。

气瓶检验单位对要检验的气瓶，逐只进行检验，并按规定出具检验报告。

2. 气瓶定期检验的项目

（1）外观检查

气瓶外观检查的目的是要查明气瓶是否有腐蚀、裂纹、凹陷、鼓包、磕伤、划伤、倾斜、筒体失圆、颈圈松动、瓶底磨损及其他缺陷，以确定气瓶能否继续使用。

（2）音响检查

外观检查后，应进行音响检查，其目的是通过音响判断瓶内腐蚀状况和有无潜在的缺陷。

（3）瓶口螺纹检查

用肉眼或放大镜观察螺纹状况，用锥螺纹塞规进行测量。要求螺纹表面不准有严重锈损、磨损或明显的跳动波纹。

（4）内部检查

气瓶的内部检查，是在没有内窥镜的情况下，可采用电压6~12V的小灯泡，借灯光从瓶口目测。如发现瓶内的锈层或油脂未被除去，或落入瓶内的泥沙、锈粉等杂物未被洗净，必须将气瓶返回清理工序重新处理。注意检查瓶内容易腐蚀的部位，如瓶体的下半部。还应注意瓶壁有无制造时留下的损伤。

(5) 质量和容积的测定

测定气瓶质量和容积的目的，在于进一步鉴别气瓶的腐蚀程度是否影响其强度。

(6) 水压试验

水压试验是气瓶定期检验中的关键项目，即使上述各项检查都合格的气瓶，也必须再经过水压试验，才能最后确定是否可以继续使用。《气瓶安全监察规程》规定，气瓶耐压试验的试验压力为设计压力的1.5倍。水压试验的方法有两种，即外测法气瓶容积变形试验和内测法气瓶容积变形试验。

(7) 气密性试验

通过气密性试验来检查瓶体、瓶阀、易熔塞、盲塞的严密性，尤其是盛装毒性和可燃性气体的气瓶，更不能忽视这项试验。气密性试验可用经过干燥处理的空气、氮气作为加压介质。试验方法有两种，即浸水法试验和涂液法试验。

五、气瓶的使用管理

1. 气瓶的使用

使用气瓶的注意事项如下。

① 使用气瓶者应学习国家有关气瓶的安全监察规程、标准，了解气瓶规格、质量和安全要求的基本知识和规定，在技术熟练人员的指导监督下进行操作练习，合格后才能独立使用。

② 使用前应对气瓶进行检查，确认气瓶和瓶内气体质量完好，方可使用。如发现气瓶颜色、钢印等辨别不清，检验超期，气瓶损伤（变形、划伤、腐蚀），气体质量与标准规定不符等现象，应拒绝使用并作妥善处理。

③ 按照规定，正确、可靠地连接调压器、回火防止器、输气、橡胶软管、缓冲器、汽化器、焊割炬等，检查、确认没有漏气现象。连接上述器具前，应微开瓶阀吹除瓶阀出口的灰尘、杂物。

④ 气瓶使用时，一般应立放（乙炔瓶严禁卧放使用），不得靠近热源。与明火的距离、可燃与助燃气体气瓶之间的距离，不得小于10m。

⑤ 使用易发生聚合反应气体的气瓶，应远离射线、电磁波、振动源。

⑥ 防止日光暴晒、雨淋、水浸。

⑦ 移动气瓶应手搬瓶肩转动瓶底；移动距离较远时可用轻便小车运送，严禁抛、滚、滑、翻和肩扛、脚踹。

⑧ 禁止敲击、碰撞气瓶。绝对禁止在气瓶上焊接、引弧。不准用气瓶作支架和铁砧。

⑨ 注意操作顺序。开启瓶阀应轻缓，操作者应站在阀出口的侧后；关闭瓶阀应轻而严，不能用力过大，避免关得太紧、太死。

⑩ 瓶阀冻结时，不准用火烤。可把瓶移入室内或温度较高的地方或用40℃以下的温水浇淋解冻。

⑪ 注意保持气瓶及附件清洁、干燥，禁止沾染油脂、腐蚀性介质、灰尘等。

⑫ 瓶内气体不得用光用尽，应留有剩余压力（余压）。压缩气体气瓶的剩余压力，应不小于0.05MPa；液化气体气瓶应留有不少于0.5%～1.0%规定充装量的剩余气体。

⑬ 要保护瓶外油漆防护层，既可防止瓶体腐蚀，也是识别标记，可以防止误用和混装。瓶帽、防震圈、瓶阀等附件都要妥善维护、合理使用。

⑭ 不得擅自更改气瓶的钢印和颜色标记。

⑮ 气瓶投入使用后，不得对瓶体进行挖补、焊接修理。

2. 气瓶的搬运和运输

搬运和运输气瓶应小心谨慎，否则容易造成事故，应注意以下事项。

① 运输、搬动、装卸气瓶的管理、操作、押运和驾驶人员，应学习并熟练掌握气瓶、气体的安全知识，消防器材和防毒面具的用法。

② 气瓶应戴瓶帽，最好戴宏大定式瓶帽以保护瓶阀，避免瓶阀受力损坏。

③ 短距离移动气瓶，最好使用专用小车。人工搬动气瓶，应手搬瓶肩，转动瓶底，不可拖拽、滚动或用脚蹬踹。

④ 应轻装轻卸，严禁抛、滑、滚、撞。

⑤ 吊装时应使用专门装具，严禁使用电磁起重机、链绳吊装，避免吊运途中滑落。

⑥ 航空、铁路、公路、水运气瓶，应遵守相应的专业规章的规定。

⑦ 装运气瓶应妥善固定。汽车装运，一般应立放，车厢高度不应低于瓶高的 2/3；卧放时，气瓶头部（有阀端）应朝向一侧，垛放高度应低于车厢高度。

⑧ 运输已充气的气瓶，瓶体温度应保持在 40℃ 以下，夏天要有遮阳设施，防止暴晒，炎热地区应夜间运输。

⑨ 同一运输舱内（如车厢、集装箱、货仓）应尽量装运同一种气体的气瓶。严禁将容易发生化学反应而引起爆炸、燃烧、毒性、腐蚀危害的异种气体气瓶同仓运输；严禁易燃器、油脂、腐蚀性物质与气瓶同仓运输。

⑩ 运输气瓶的舱室严禁烟火。应配备灭火器材（乙炔瓶不准使用四氯化碳灭火器）和防毒面具。

⑪ 运输气瓶的车辆，途中休息或临时停车，应避开交通要道、重要机关和繁华地区，应停在准许停靠的地段或人烟稀少的空旷地点，要有人看守，驾驶员和押运员不得同时离车他往。

⑫ 在运输途中如发生气瓶泄漏、燃烧等事故时，不要惊慌，车应往下风方向开，寻找空旷处，针对事故原因，按应急方案处理。

⑬ 运输车辆或舱室应张挂安全标志。

3. 气瓶的储存保管

存放气瓶的仓库必须符合有关安全防火要求。首先是与其他建筑物的安全距离、与明火作业以及散发易燃气体作业场所的安全距离，都必须符合防火设计范围；气瓶库不要建筑在高压线附近；对于易燃气体气瓶仓库，电气要防爆还要考虑避雷设施；为便于气瓶装卸，仓库应设计装卸平台；仓库应是轻质屋顶的单层建筑，门窗应向外开，地面应平整而又要粗糙不滑（储存可燃气体气瓶的地面可用沥青水泥制成）；每座仓库储量不宜过多，盛装有毒气体气瓶或介质相互抵触的气瓶应分室加锁储存，并有通风换气设施；在附近设置防毒面具和消防器材，库房温度不应超过 35℃；冬季取暖不准用火炉。

气瓶仓库符合安全要求，为气瓶储存安全创造了条件。但是管理人员还必须严格认真地贯彻《气瓶安全监察规程》的有关规定。

① 气瓶的储存应有专人负责管理。管理人员、操作人员、消防人员应经过安全技术培训，了解气瓶、气体的安全知识。

② 气瓶的储存一定要按照气体性质和气瓶设计压力分类。所装介质接触能发生化学反应的异种气体气瓶应分开（分室储存），如氧气瓶与氢气瓶、液化石油气瓶，乙炔瓶与氧气瓶、氯气瓶不能同储一室；空瓶实瓶应分开。

③ 气瓶库（储存间）应符合《建筑设计防火规范》，应采用二级以上防火建筑，与明火或其他建筑物应有适当的安全距离。易燃、易爆、有毒、腐蚀性气体气瓶库的安全距离不得小于 15m。

④ 气瓶库应通风、干燥，防止雨（雪）淋、水浸，避免阳光直射，要有便于装卸、运

输的设施。库内不得有暖气、水、煤气等管道通过，也不准有地下管道或暗沟。对于易燃气体气瓶仓库，电气要防爆还要考虑避雷设施。

⑤ 在炎热的夏季，要随时注意仓库室内温度，加强通风，保持室温在39℃以下。存放有毒气体或易燃气体气瓶的仓库，要经常检查气瓶有无渗漏，发现有渗漏的气瓶，应采取措施或送气瓶制造厂处理。

⑥ 地下室或半地下室不能储存气瓶。

⑦ 瓶库有明显的"禁止烟火"、"当心爆炸"等各类必要的安全标志。

⑧ 瓶库应有运输和消防通道，设置消防栓和消防水池，在固定地点备有专用灭火器、灭火工具和防毒用具。

⑨ 储气的气瓶应戴好瓶帽，最好戴固定瓶帽。瓶阀出气管端要装上帽盖，并拧上瓶帽。

⑩ 实瓶一般应立放储存。有底座的气瓶，应将气瓶直立于气瓶的栅栏内，并用小铁链扣住；无底座气瓶，可水平横放在带有衬垫的槽木上，以防气瓶滚动，气瓶均朝向一方，如果需要堆放，层数不得超过五层，高度不得超过1m。气瓶存放整齐，要留有通道，宽度不小于1m，以便于检查与搬运。

⑪ 实瓶的储存数量应有限制，在满足当天使用量和周转量的情况下，应尽量减少储存量。对临时存放充满气体的气瓶，一定要注意数量一般不超过五瓶，不能受日光暴晒，周围10m内严禁堆放易燃物质和使用明火作业。

⑫ 对于盛装易于发生聚合反应、规定储存期限的气瓶应注明储存期限，及时发出使用。

⑬ 加强气瓶入库和发放管理工作，建立并执行气瓶进出库制度，认真填写入库和发放气瓶登记表，以备查。

六、气瓶事故及预防措施

1. 气瓶充装事故及预防措施

(1) 典型事故案例

【案例6-1】河北省保定市2004年7月17～18日接连发生4起气瓶爆炸事故，其中1起重大事故，共造成5人死亡，12人受伤，直接经济损失100万元。事故的直接原因是这4起事故气瓶均属同一氧气站充装，氧气充装站未按规定对充装前气瓶内残留气体进行检测，致使充装气瓶中残留有可燃气体，在使用过程中遇激发能引起化学性爆炸。

【案例6-2】1999年3月24日，哈尔滨某机厂十四车间数控工段准备用来进行焊接作业的溶解乙炔气瓶发生爆炸，造成4人死亡，13人重伤，17人轻伤，直接经济损失1500万元。由于该起事故特大，黑龙江省政府请求国务院派人调查处理，后由国家质量技术监督局牵头组织调查组，调查结论是：乙炔瓶不补加丙酮或少补加丙酮，最严重的一只瓶缺丙酮11.8kg；在丙酮不足的情况下，超量充装乙炔，最严重的超4.8kg。

【案例6-3】2006年11月1日，天津市某氧气充装车间发生气瓶爆炸事故，造成氧气充装车间屋顶塌落，氧气充装回流排倒塌，2人死亡，2人受轻伤。事故发生时该气瓶已充装$150kgf/cm^2$压力，大大超过其额定的$30kgf/cm^2$压力，导致该气瓶发生爆炸，是造成这次事故的直接原因。

(2) 气瓶充装事故的原因分析

气瓶充装引起气瓶破裂爆炸是常见气瓶爆炸事故的原因之一。探究其主要原因有以下几个方面。首先，气瓶充装单位未按规定对充装前气瓶内残留气体进行检测，导致气瓶内残留物质与充装的气体发生化学反应引起爆炸。其次是充装乙炔气瓶中丙酮数量严重不足，引起爆炸。所谓溶解乙炔，是以丙酮作溶剂，在一定的压力下，将乙炔气充装并溶解于丙酮中。使用时靠减压，将溶解于丙酮中的乙炔释放出来。如果溶剂丙酮不足时，不仅溶解的乙炔气数量很少，而且气瓶压力因溶剂少而增高，使运输和使用过程容易发生爆炸。第三是气瓶超量充装引起爆炸。

(3) 防止气瓶充装事故的对策

加强气瓶安全管理，严格执行《气瓶安全监察规程》的安全要求，防止充装事故发生。

① 充装压缩气体的气瓶，要按不同温度下的最高允许充装压力进行充装，防止气瓶在最高使用温度下的压力超过气瓶的最高许用压力；

② 充装永久气体的气瓶，应明确规定在多高的充装温度下充装多大的压力；

③ 充装液化气体的气瓶，必须严格按规定的充装系数充装，不得超量，如发现超装时，应设法将超装量卸出；

④ 充装量应包括气瓶内原有的余液量，不得将余液忽略不计，不得用储罐减量法确定充装量；

⑤ 充装后的气瓶，应有专人负责，逐只进行检查，发现充装过量的气瓶，必须及时将超装量妥善排出，所有仪表量具（如压力表、磅秤）都应按规定的范围选用，并且要定期检验和校正。

2. 气瓶混装事故及预防措施

(1) 典型事故案例

【案例 6-4】1990 年 3 月 22 日，某油田建设公司第九分公司一中队在切割作业中，氧气瓶突然爆炸，2 人被炸死。原因为以氢气瓶作氧气瓶进行充装，为化学性爆炸，气瓶漆色为深绿色，气瓶瓶阀型号为 QF-30，出气口螺纹为左旋，该瓶是哈尔滨某厂的氢气瓶，氧气厂未认真检查就给充装氧气。

【案例 6-5】1998 年 10 月 8 日 8 时多，哈尔滨市某化工厂正在充装的氧气瓶发生爆炸，造成 1 人死亡，1 人重伤。原因是：充装前未进行检查，误把色标脱落的氢气瓶当成氧气瓶，在充氧时引起氢氧混合而发生化学性爆炸。

【案例 6-6】1999 年 1 月 6 日下午，沈阳市某制氧厂，在进行液氧汽化充装时，6 只氧气瓶发生爆炸，造成 5 人死亡，4 人受伤。300 多平方米厂房被炸毁，周围房屋门窗玻璃被震碎，除 6 只气瓶炸坏外，还有 2 只氧气瓶被熔穿 2 个洞（$\phi 80 \sim 100$mm），直接经济损失 61 万元。据分析瓶内混有氢气，与氧气混合酿成化学性爆炸。

(2) 气瓶混装引起爆炸事故的原因分析

气体混装是指在同一气瓶内灌装两种气体（或液体）。如果这两种介质在瓶内发生化学反应，将会造成气瓶爆炸事故。如氧气与可燃气体混装，往往是原来盛装可燃气体（如氢、甲烷等）的气瓶，未经过置换、清洗等处理，而且瓶内还有余气，又用来盛装氧气；或者将原来装氧气的气瓶用来充装可燃气体，使可燃气体与氧气在瓶内发生化学反应，瓶内压力急剧升高，气瓶破裂爆炸。这种由于化学反应而发生爆炸的能量，往往要比气瓶由于承受不了瓶内气体压力而发生爆炸（物理现象爆炸）的能量大几倍至几十倍。正因为这样，再加上这种化学反应速率很快，爆炸时往往使气瓶炸成许多碎片。

(3) 预防事故对策

防止因气瓶混装而发生爆炸事故，应做好以下两方面的工作。

① 充气前对气瓶进行严格的检查。检查气瓶外表面的颜色、标记是否与所装气体的规定标记相符，原始标记是否符合规定，钢印标志是否清晰，气瓶内有无剩余压力，气瓶瓶阀的出口螺纹型式是否与所装气体的规定相符，安全附件是否齐全。

② 采用防止混装的充气连接结构。充装单位应认真执行国家标准《气瓶阀出气口连接型式和尺寸》，包括充气前对瓶阀出口螺纹型式（左右旋、内外螺纹）的检查以及采用标准规定的充气接头型式和尺寸。

3. 气瓶发生事故的应急措施

当气瓶发生事故时，应考虑如何采取有效的措施来减少事故造成的损失。

① 气瓶受外界火焰威胁时，必须根据火焰对气瓶的威胁程度确定应急措施。若火焰尚未波及到气瓶，则立即全力扑火。若火焰已波及到气瓶或气瓶已处于火中，为防止气瓶受热爆炸，在气瓶还未过热之前，必须迅速将气瓶移到安全的地方，如果当时的条件不允许，在保证安全距离的前提下，用水龙带或其他方法向气瓶上喷射大量的水进行冷却。如果火焰发自瓶阀，应迅速关闭瓶阀切断气源，若条件不允许，则必须确保气体在受控下燃烧，严防火焰蔓延烧损其他气瓶或设施。

② 气瓶发生泄漏事故，应根据气瓶泄漏部位、泄漏量、泄漏气体性质及其影响和影响范围，确定应采取的应急措施。如果气瓶泄漏不能被就地阻止，而又没有除害装置，可根据气体性质，将泄漏的气瓶浸入冷水池或石灰水池中使之吸收。

③ 气瓶发生大量泄漏事故时，应根据气体性质及周围情况进行处置。如果泄漏的是有毒气体，则应令周围的人迅速疏散，同时立即穿戴防护用具进行妥善处置；可燃气体泄漏时，除迅速处置外，还应做好各项灭火准备。为处置事故和进行抢救，除忌水的气瓶外，应向气瓶特别是发生事故的气瓶上喷水冷却。

第五节　压力管道的安全技术

在化工生产中，几乎所有的化工设备之间都是用管道相连接的，用以连接化工设备与机械，输送和控制流体介质。化工压力管道，内部介质多为有毒、易燃、具有腐蚀性的原料，由于腐蚀、磨损使罐壁变薄，极易造成泄漏而引起火灾、爆炸事故。因此，在化工生产中，压力管道的安全与其他特种设备一样，具有极其重要的地位。

一、压力管道概述

1. 压力管道的分类

根据管道输送介质的种类、性质、压力、温度以及管道材质的不同，管道可按下列方法分类。

（1）按管道输送的介质种类分类

可分为液化石油气管道、原油管道、氢气管道、水管道、蒸汽管道、工艺管道等。

（2）按管道的设计压力分类

可分为真空管道、低压管道、中压管道、高压管道等。

（3）按管道的材质分类

可分为铸铁管、碳钢管、合金钢管、有色金属和非金属（如塑料、陶瓷、水泥、橡胶等）管道。有时为了防腐蚀，把耐腐蚀材料衬在管子内壁上，成为衬里管。

（4）按管道的综合因素分类

按管道所承受的最高工作压力、温度、介质和材料等因素综合考虑，将管道分为Ⅰ、Ⅱ、Ⅲ、Ⅳ、Ⅴ类。这种分类方法比较科学，且有利于加强安全技术管理和监察。

2. 管路的管件、阀门及连接

化工管路包括管件、阀门和连接。

（1）管件

管件的作用是连接管子，使管路改变方向、延长、分路、汇流缩小或扩大等。管件的种类较多，改变流体方向的管件有45°、90°弯头和回弯管，连接管路支路的管件有各种三通、四通等，改变管路直径的管件有大小头等，连接两管的管件有外牙管、内牙管等，堵塞管路的管件有管塞、管帽等。

(2) 阀门

阀门的作用是控制和调节流量。阀门的种类较多，按其作用可分为截止阀、止逆阀、减压阀和调节阀等；按阀门的形状和结构可分为闸阀、旋塞阀、针形阀及蝶形阀等。

(3) 管路的连接

管路的连接包括管子与管子、管子与阀门及管件和管子与设备的连接。常用的管路连接方式有法兰连接、螺纹连接和焊接。无缝钢管一般采用法兰连接或管子间的焊接，水煤气管只用螺纹连接，玻璃钢管大多采用活套法兰连接。用法兰连接管路时，必须加上垫片，以保证连接处的严密性。

二、压力管道的防腐

1. 各种管材的腐蚀特性与管材的选择

管道的种类繁多，它们的工作压力、通过的介质和温度、敷设的条件、所处的环境都各不相同。为了延长管道的使用寿命，达到经久耐用的目的，应了解和掌握各种管材的腐蚀特性，合理地选用管材。

2. 管道的防腐措施

各种金属管道和金属构件的主要防腐措施，是在金属表面涂上不同的防腐材料（即防腐油漆），经过固化而形成涂层，牢固地结合在金属表面上。由于涂层把金属表面同外界严密隔绝，阻止金属与外界介质进行化学反应或电化学反应，从而防止了金属的腐蚀。

除了采用防腐涂料措施外，也可采用在金属管表面镀锌、镀铬以及在金属管内加耐腐衬里（如橡胶、塑料、铅、玻璃）等措施。

3. 管道的防腐施工

(1) 管道表面清理

通常在金属管道和构件的表面有金属氧化物、油脂、泥灰、浮锈等杂质，这些杂质影响防腐层同金属表面的结合，因此在刷油漆前必须去掉这些杂质。除采用7108稳化型带赛底漆允许有$80\mu m$以下的锈层之外，一般都要求露出金属本色。表面清理分为除油、除锈和酸洗。

① 除油。如果金属表面黏结较多的油污时，要用汽油或者浓度为5%的热荷性钠（氢氧化钠）溶液洗刷干净，干燥后再除锈。

② 除锈。管道除锈的方法很多，有人工除锈、机械除锈、喷砂除锈、酸洗除锈等。

(2) 涂漆

涂漆是对管道进行防腐的主要方法。涂漆质量的好坏将直接关系到防腐效果，为保证油漆质量，必须掌握涂漆技术。

涂漆一般采用刷漆、喷漆、浸漆、浇漆等方法。在化工管道工程中大多采用刷漆和喷漆方法。人工刷漆时应分层进行，每层应往复涂刷，纵横交错，并保持涂层均匀，不得漏涂，涂刷要均匀，每层不应涂得太厚，以免起皱和附着不牢。机械喷涂时，喷射的漆流应与喷漆面垂直，喷漆面为圆弧时，喷嘴与喷漆面的距离为400mm。喷涂时，喷嘴的移动应均匀，速度宜保持在10～18m/min，喷嘴使用的压缩空气压力为0.196～0.392MPa。涂漆时环境温度不低于5℃。涂漆的结构和层数按设计规定，如无设计要求时，可按无绝热层的明装管道要求，涂一至两遍防锈漆，两至三遍以上面漆；有绝热层的明装管道及暗装管道均应涂两遍防锈漆进行施工。埋设在地下的铸铁管出厂时未给管道涂防腐层者，施工前应在其表面涂刷两遍沥青漆。现场施工中在施工验收后要对连接部分进行补涂，补涂要求与原涂层相同。

三、压力管道的检查与试验

1. 压力管道的外部检查

压力管道的外部检查应每年一次。外部检查的主要项目有：

① 有无裂纹、腐蚀、变形、泄漏等情况；
② 紧固件是否齐全，有无松动，法兰有无偏斜，吊卡、支架是否完好等；
③ 绝热层、防腐层是否完好；
④ 管道震动情况，管道与相邻物件有无摩擦；
⑤ 阀门填料有无泄漏，操作机构是否灵活；
⑥ 易燃易爆介质管道，每年必须检查一次防静电接地电阻，法兰间接触电阻应小于 0.03Ω，管道对地电阻不得大于 100Ω；停用两年以上需重新启用的，外部检查合格后方可使用。

2. 定点测厚

定点测厚主要用于检查高压、超高压管道。一般每年至少进行一次。主要检查管道易冲刷、腐蚀、磨损的焊缝弯管、角管、三通等部位。定点测厚部位的测点数量，按管道腐蚀、冲刷、磨损情况及直径大小、使用年限等确定。定点测厚发现问题时，应扩大检测范围，做进一步检测。定点测厚数据记入设备档案中。

3. 全面检查

管道的全面检查，每 3~6 年进行一次。可根据实际技术状况和检测情况，延长或缩短检查周期，但最长不得超过 9 年。高压、超高压管道的全面检查，一般 6 年进行一次。使用期限超过 15 年的各类管道，经全面检查，技术状况良好，经单位技术总负责人批准，仍可按原定周期检查，否则应缩短检查周期。

（1）运行前的检查

① 竣工文件检查。竣工文件是指装置（单元）设计、采购及施工完成之后的最终图纸文件资料，它主要包括设计竣工文件、采购竣工文件和施工竣工文件三部分。设计竣工文件的检查主要是查设计文件是否齐全，设计方案是否满足生产要求，设计内容是否有足够而且切实可行的安全保护措施等内容。

② 现场检查。现场检查可以分为设计与施工漏项、未完工程、施工质量等三个方面的检查。

• 设计与施工漏项。设计与施工漏项可能发生在各个方面，出现频率较高的问题有以下几个方面：阀门、跨线、高点排气及低点排液等遗漏；操作及测量指示点太高以致无法操作或观察，尤其是仪表现场指示元件；缺少梯子或梯子设置较少，巡回检查不方便；支吊架偏少，以致管道挠度超出标准要求，或管道不稳定；管道或构筑物的梁柱等影响操作通道；设备、机泵、特殊仪表元件（如热电偶、仪表箱、流量计等）、阀门等缺少必要的操作检修场地，或空间太小，操作检修不方便。

• 未完工程。未完工程的检查适用于中间检查或分期分批投入开车的装置检查。对于本次开车所涉及的工程，必须确认其已完成并不影响正常的开车。对于分期分批投入开车的装置，未列入本次开车的部分，应进行隔离，并确认它们之间相互不影响。

• 施工质量。施工质量可能发生在各个方面，因此应全面检查。可着重从管道及其元件、支吊架、焊接、隔热防腐等方面进行检查。

③ 理化检验。下列管道，在全面检验时进行理化检验：

• 工作壁温大于 370℃的碳钢和铁素体不锈钢管道；
• 工作壁温大于 430℃的低合金钢和奥氏体不锈钢管道；
• 工作壁温大于 220℃的临氢介质碳钢和低合金钢管道；
• 工作壁温大于 320℃的钛及钛合金管道；
• 工作介质含湿 H_2S 的碳钢和低合金钢管道。

检验内容包括内表面表层及不同深度层的化学成分分析、硬度测定和金相组织检查、机械性能（抗拉、抗弯及冲击韧性）试验。

对于在应力腐蚀敏感介质中使用的管道，应进行焊接接头的硬度测定，以查明焊缝热处理（消除焊接残余应力）效果，从而判定管道的应力腐蚀破裂倾向的大小。

破坏性检验凡发现较明确的材质劣化现象，如化学成分改变（脱碳、增碳等）、强度降低（氢腐蚀等）、塑性及韧性降低（湿H_2S介质中的氢脆等）、金相组织改变（珠光体严重球化或石墨化、晶间腐蚀等），则该管道必须判废。

焊缝的硬度值对碳钢管不应超过母材最高硬度的120％；对合金钢管不应超过母材最高硬度的125％。在含湿H_2S介质中，要求HRC＜22。

(2) 运行中的检查和监测

运行中的检查和监测包括运行初期检查、巡线检查及在线监测、末期检查及寿命评估三部分。

① 运行初期检查。由于可能存在的设计、制造、施工等问题，当管道初期升温和升压后，这些问题都会暴露出来。此时，操作人员应会同设计、施工等技术人员，有必要对运行的管道进行全面系统的检查，以便及时发现问题，及时解决。在对管道进行全面系统的检查过程中，应着重从管道的位移情况、振动情况、支承情况、阀门及法兰的严密性等方面进行检查。

② 巡线检查及在线监测。在装置运行过程中，由于操作波动等其他因素的影响，或压力管道及其附件在使用一段时期后因遭受腐蚀、磨损、疲劳、蠕变等损伤，随时都有可能发生压力管道的破坏，故对在役压力管道进行定期或不定期的巡检，及时发现可能产生事故的苗头，并采取措施，以免造成较大的危害。

除了进行巡线检查外，对于重要管道或管道的重点部位还可利用现代检测技术进行在线监测，即可利用工业电视系统、声发射检漏技术、红外线成像技术等对在线管道的运行状态、裂纹扩展动态、泄漏等进行不间断监测，并判断管道的安定性和可靠性，从而保证压力管道的安全运行。

③ 末期检查及寿命评估。压力管道经过长时期运行，因遭受到介质腐蚀、磨损、疲劳、老化、蠕变等的损伤，一些管道已处于不稳定状态或临近寿命终点，因此更应加强在线监测，并制定好应急措施和救援方案，随时准备着抢险救灾。

压力管道寿命的评估应根据压力管道的损伤情况和检测数据进行，总的来说，主要是针对管道材料已发生的蠕变、疲劳、相变、均匀腐蚀和裂纹等几方面进行评估。

四、化工管道工程的验收

化工管道工程投入运行前应进行全面的检查验收，验收内容包括试压、吹扫清洗和验收。较大和复杂管网系统的试压、吹洗，事先应制订专门的方案，有计划地进行。

1. 试压

管道系统的压力试验，包括强度试验、严密性试验、真空度试验。

强度试验与严密性试验，一般采用液压试验。如有特殊原因，也可采用气压试验，但必须有相关安全措施并经有关主管部门批准。以气压代替液压进行强度试验时，试验压力应为设计压力的1.1倍。

埋地压力管道在回填土后，还要进行最终水压试验和渗水量测定，即进行第二次压力试验和测定渗水量。具体方法和标准按规范规定进行。

真空管道在强度试验和严密性试验合格后，还应做真空度试验。真空度试验一般在工作压力下试验24h，增压率A级管道不大于3.5％，B、C级管道不大于5％为合格。

A、B级管道试验前，应由建设单位与施工单位对管子、管件、阀门、焊条的制造合格证、阀门试验记录、焊接工作记录、静电测试记录等有关资料按相关规定进行审查。

2. 吹扫清洗

吹扫清洗的目的是为了保证管道系统内部的清洁。采用气体或蒸汽清理称为吹扫；采用液体介质清理称为清洗。吹扫清洗前，应编制吹扫清洗方案，以确保吹扫清洗的质量和安全。

（1）空气吹扫

工作介质为气体的管道，一般用空气吹扫。空气吹扫时，在排出口用白布或涂有白漆的靶板检查，5min内靶板上无铁锈、灰尘、水分和其他脏物为合格。

（2）蒸汽吹扫

工作介质为蒸汽的管道和用空气吹扫达不到清洁要求的非蒸汽管道用蒸汽吹扫。蒸汽吹扫应先缓慢升温暖管，防止升温过快造成管道系统膨胀破坏。

一般蒸汽管道或其他管道，吹扫时可用刨光的木板悬于排汽口处检测，无铁锈、脏物为合格。中、高压蒸汽管道及蒸汽透平机的入口管道，吹扫质量要求比一般管道严格，用装于排汽管口的铝靶板检查，俗称打靶。两次靶板更换检查时，每次肉眼可见的冲击斑痕不多于10点，每点不大于1mm，视为蒸汽吹扫合格。

（3）油清洗

润滑、密封及控制油系统管道，在试压吹扫合格后，系统试运转前进行油清洗。清洗至目测过滤网（200目或100目，根据设备转数定），每厘米滤网上滤出的杂物不多于3个颗粒为合格。油清洗合格的管道系统，在试运转前换上合格的正常使用的油品。

（4）管道脱脂

氧气管道、富氧管道等忌油管道，要进行脱脂处理。脱脂处理应在水或蒸汽吹扫、清除杂物合格后进行。脱脂处理一般可选用二氯乙烷、三氯乙烯、四氯化碳、工业酒精、浓硝酸或浓碱等进行。脱脂剂为易燃、易爆、有毒、腐蚀性介质，因此脱脂作业要有防火、防毒、防腐蚀灼伤的安全措施。

（5）酸洗钝化

酸洗的目的是清除管道系统内壁的锈迹、锈斑，而又不损坏内壁表面。一般石油化工装置在投料前都要进行整个系统或局部系统的酸洗钝化。

3. 验收

管道施工完毕后交付生产时，应提交一系列技术文件，如管子、管件、阀门等的材料合格证、材料代用记录、焊接探伤记录、各种试验检查记录、竣工图等。高压管道系统还应提交高压管子管件制造厂家的全部证明书，验收记录及校验报告单，加工记录，紧固件及阀门的制造厂家的全部证明及校验报告单，高压阀门试验报告、修改设计通知及材料代用记录，焊接记录及Ⅰ类焊缝位置单线图，热处理记录及探伤报告单，压力试验、吹洗、检查记录，其他记录及竣工图等。

五、压力管道的安全使用管理

压力管道使用单位负责本单位压力管道的安全管理工作，并应履行以下职责：

① 贯彻执行有关安全法律、法规和压力管道的技术规程、标准，建立、健全本单位的压力管道安全管理制度；

② 应有专职或兼职专业技术人员负责压力管道的安全管理工作；

③ 压力管道及其安全设施必须符合国家的有关规定；

④ 新建、改建、扩建的压力管道及其安全设施不符合国家有关规定时，有权拒绝验收；

⑤ 建立技术档案，并到企业所在地的地（市）级或其委托的县级质量技术监督部门登记；

⑥ 对压力管道操作人员和压力管道检查人员进行安全技术培训；压力管道安全管理人

员和操作人员（指《特种设备安全监察条例》所规定的压力管道使用单位的专职或者兼职从事管道设备、运行、技术安全管理的人员和操作维护人员）要按照《压力管道安全管理人员和操作人员考核大纲》（TSG D6001—2006）进行考核合格后，方可从事相关工作。

⑦ 制订压力管道定期检验计划，安排附属仪器仪表、安全保护装置、测量调控装置的定期校验和检修工作；

⑧ 对事故隐患应及时采取措施进行整改，重大事故隐患应以书面形式报告省级以上（含省级，下同）主管部门和省级以上质量技术监督部门；

⑨ 对输送可燃、易爆或有毒介质的压力管道应建立巡线检查制度，制定应急措施和救援方案，根据需要建立抢险队伍，并定期演练；

⑩ 按有关规定及时如实向主管部门和当地质量技术监督部门报告压力管道事故，并协助做好事故调查和善后处理工作，认真总结经验教训，防止事故的发生；

⑪ 按有关规定应负责其他压力管道的安全管理工作。

第六节 起重机械的安全技术

一、起重机械的分类和工作级别

1. 起重机械的分类

根据国家标准《起重机械名词术语》（GB/T 6974.1～6974.19—1986）的规定，起重机械分为轻小起重设备、起重机和升降机。轻小起重设备包括千斤顶、滑车、起重葫芦、绞车和悬挂单轨系统。起重机分为桥架型起重机、臂架型起重机和缆索型起重机。此外，起重机按取物装置和用途可分为吊钩起重机、抓斗起重机、电磁起重机、冶金起重机、集装箱起重机等。按运移方式可分为固定式起重机、运行式起重机、爬升式起重机、便携式起重机等。按使用场所可分为车间起重机、机器房起重机、仓库起重机、建筑起重机、工程起重机、港口起重机等。

在化工生产中，起重机械主要是用于设备修理时吊装、拆卸设备及其零件之用，也有用于工艺生产中物料的输送。常用的大型起重机械设备有桥式起重机（也叫天车）、臂架类起重机（如起重汽车、吊车）、升降机、电梯等。大量应用的是轻小型起重机械，如千斤顶、手拉葫芦、电葫芦等。在化工设备安装作业中常用塔式起重机、桅杆式起重机、卷扬机等。

在起重作业中容易发生夹挤、脱钩、吊物坠落和物体打击等事故。为了降低起重事故，要对设计、制造、使用部门实行安全管理，对在用起重机械实行定期安全检验，没有安全检验合格证的机械不准使用。对操作人员进行专业培训教育，持证上岗。

2. 起重机械的工作级别

（1）起重机工作级别的划分

起重机工作级别根据起重机利用等级和载荷状态分为 8 级（A1～A8）。

（2）起重机利用等级的划分

利用等级表征起重机在其有效寿命期间的使用频繁程度，用总的工作循环次数（N）表示。根据总的工作循环次数（N），把起重机利用等级分为 10 级。

（3）起重机机构工作级别的划分

起重机机构工作级别根据机构利用等级和载荷状态划分为 8 个级别（M1～M8）。机构利用等级是根据总使用寿命分为 10 个等级。总使用寿命（小时数）是在设计使用年数内处于运转的总小时数。它仅作为机构零件的设计基础，而不能视为保用期。

二、起重机械的安全装置

为保证起重机械的自身安全及操作人员的安全，各种类型的起重机械均设有安全防护装置。较常见的安全装置有以下几种。

1. 超载限制器

它是一种超载保护装置，其功能是当起重机超载时，使起升动作不能实现。从而避免过载。超载保护装置按其功能可分为自动停止型、报警型和综合型几种。根据《起重机械安全规程》(GB 6067—1985)的规定，额定起重量大于 20t 的桥式起重机，额定起重量大于 10t 的门式起重机、装卸机、铁路起重机等均应设置超载限制器。

2. 力矩限制器

它是臂架式起重机的超载保护装置，常用的有机械式和电子式等。当臂架式起重机的起重力矩力大于允许极限时，会造成臂架折弯或折断，甚至还会造成起重机整机失稳而倾覆或倾翻。因此，履带式起重机、塔式起重机应设置力矩限制器。

3. 极限位置限制器

上升极限位置限制器用于限制取物装置的起升高度。动力驱动的起重机，其起升机构均应装设上升极限位置限制器，以防止吊具起升到上升极限位置后继续上升，拉断起升钢丝绳。下降极限位置限制器是用来限制取物装置下降至最低位置时，能自动切断电源，使起升机下降允许停止。

4. 缓冲器

缓冲器是一种吸收起重机与物体相碰时的能量的安全装置，在起重机的制动器和终点开关失灵后起作用。当起重机与轨道端头立柱相接时，保证起重机较平稳地停车。起重机上常用的缓冲器有橡胶缓冲器、弹簧缓冲器和液压缓冲器。

当车速超过 120m/min 时，一般缓冲器则不能满足要求，必须采用光线式防止冲撞装置、超声波式防止冲撞装置以及红外线反射器等。

5. 防碰撞装置

当起重机运行到危险距离范围内时，防碰撞装置便发出警报，进而切断电源，使起重机停止运行，避免起重机之间的相互碰撞。

6. 防偏斜装置

大跨度的门式起重机和装卸桥应设置偏斜限制器、偏斜指示器或偏斜调整装置等，来保证起重机支腿在运行中不出现超偏现象。即通过机械和电器的联锁装置，将超前或滞后的支腿调整到正常位置，以防桥架被扭坏。

7. 夹轨器和锚定器

夹轨器的工作原理是利用夹铅夹紧轨道头部的两个侧面，通过结合面的夹紧力将起重机固定在轨道上；锚定装置是将起重机与轨道基础固定，通常在轨道上每隔一段距离设置一个。

8. 其他安全装置

其他安全装置主要包括联锁保护装置、幅度指示器、水平仪、防止吊臂后倾装置、极限力矩限制器、回转定位装置、风级风速报警器。

三、起重搬运安全

起重搬运安全工作要遵守《起重机械安全监察规定》(国家质量监督检验检疫总局令第92号，2007年6月1日起施行) 和《起重机械安全规程》(GB 6067—1985)的有关规定。

1. 起重机械操作人员的要求

① 起重工必须经专门安全技术培训，考试合格持证上岗。严禁酒后作业。

② 起重工应健康，两眼视力均不得低于1.0，无色盲、听力障碍、高血压、心脏病、癫

痫病、眩晕、突发性昏厥及其他影响起重吊装作业的疾病与生理缺陷。

③ 作业前必须检查作业环境、吊索具、防护用品。吊装区域无闲散人员，障碍已排除。吊索具无缺陷，捆绑正确牢固，被吊物与其他物件无连接。确认安全后方可作业。

④ 轮式或履带式起重机作业时必须确定吊装区域，并设警戒标志，必要时派人监护。

⑤ 大雨、大雪、大雾及风力6级以上（含6级）等恶劣天气，必须停止露天起重吊装作业。严禁在带电的高压线下或一侧作业。

⑥ 在高压线垂直或水平方向作业时，必须保持最小安全距离。

⑦ 起重机司机必须熟知下列知识和操作能力：
- 所操纵的起重机构造和技术性能；
- 起重机安全技术规程、制度；
- 起重量、变幅、起升速度与机械稳定性的关系；
- 钢丝绳的类型、鉴别、保养与安全系数的选择；
- 一般仪表的使用及电气设备常见故障的排除；
- 钢丝绳接头的穿结（卡接、插接）；
- 吊装构件重量计算；
- 操作中能及时发现或判断各机构故障，并能采取有效措施；
- 制动器突然失效能作紧急处理。

⑧ 指挥信号工必须熟知下列知识和操作能力。
- 应掌握所指挥的起重机的技术性能和起重工作性能，能定期配合司机进行检查，能熟练地运用手势、旗语、哨声和通讯设备。
- 能看懂一般的建筑结构施工图，能按现场平面布置图和工艺要求指挥起吊、就位构件、材料和设备等。
- 掌握常用材料的重量和吊运就位方法及构件重心位置，并能计算非标准构件和材料的重量。
- 正确地使用吊具、索具，编插各种规格的钢丝绳。
- 有防止构件装卸、运输、堆放过程中变形的知识。
- 掌握起重机最大起重量和各种高度、幅度时的起重量。熟知吊装、起重有关知识。
- 具备指挥单机、双机或多机作业的指挥能力。
- 严格执行"十不吊"的原则。即：被吊物重量超过机械性能允许范围；信号不清；吊物下方有人；吊物上站人；埋在地下物；斜拉斜牵物；散物捆绑不牢；立式构件、大模板等不用卡环；零碎物无容器；吊装物重量不明。

⑨ 挂钩工必须相对固定并熟知下列知识和操作能力：
- 必须服从指挥信号的指挥；
- 熟练运用手势、旗语、哨声；
- 熟悉起重机的技术性能和工作性能；
- 熟悉常用材料重量、构件的重心位置及就位方法；
- 熟悉构件的装卸、运输、堆放的有关知识；
- 能正确使用吊索具和各种构件的拴挂方法。

⑩ 操作人员作业时必须执行安全技术交底，听从统一指挥。

⑪ 使用起重机作业时，必须正确选择吊点的位置，合理穿挂索具，试吊。除指挥及挂钩人员外，严禁其他人员进入吊装作业区。

⑫ 使用两台吊车抬吊大型构件时，吊车性能应一致，单机荷载应合理分配，且不得超过额定荷载的80%。作业时必须统一指挥，动作一致。

2. 基本操作

① 穿绳。确定吊物重心，选好挂绳位置。穿绳应用铁钩，不得将手臂伸到吊物下面。吊运棱角坚硬或易滑的吊物，必须加衬垫，用套索。

② 挂绳。应按顺序挂绳，吊绳不得相互挤压、交叉、扭压、绞拧。一般吊物可用兜挂法，必须保护吊物平衡，对于易滚、易滑或超长货物，宜采用绳索方法，使用卡环锁紧吊绳。

③ 试吊。吊绳套挂牢固，起重机缓慢起升，将吊绳绷紧稍停，起升不得过高。试吊中，指挥信号工、挂钩工、司机必须协调配合。如发现吊物重心偏移或其他物件粘连等情况时，必须立即停止起吊，采取措施并确认安全后方可起吊。

④ 摘绳。落绳、停稳、支稳后方可放松吊绳。对易滚、易滑、易散的吊物，摘绳要用安全钩。挂钩工不得站在吊物上面。如遇不易人工摘绳时，应选用其他机具辅助，严禁攀登吊物及绳索。

⑤ 抽绳。吊钩应与吊物重心保持垂直，缓慢起绳，不得斜拉、强拉，不得旋转吊壁抽绳。如遇吊绳被压，应立即停止抽绳，可采取提头试吊方法抽绳。吊运易损、易滚、易倒的吊物不得使用起重机抽绳。

⑥ 吊挂作业应遵守以下规定：
- 兜绳吊挂应保持吊点位置准确、兜绳不偏移、吊物平衡；
- 锁绳吊挂应便于摘绳操作；
- 卡具吊挂时应避免卡具在吊装中被碰撞；
- 扁担吊挂时，吊点应对称于吊物中心。

⑦ 捆绑作业应遵守以下规定：
- 捆绑必须牢固；
- 吊运集装箱等箱式吊物装车时，应使用捆绑工具将箱体与车连接牢固，并加垫防滑；
- 管材、构件等必须用紧线器紧固。

⑧ 新起重工具、吊具应按说明书检验，试吊后方可正式使用。

⑨ 长期不用的起重、吊挂机具，必须进行检验、试吊，确认安全后方可使用。

⑩ 钢丝绳、套索等的安全系数为8～10。

四、起重机械的安全管理

1. 使用单位的安全管理

起重机械的使用要遵守《起重机械安全监察规定》（国家质量监督检验检疫总局令第92号，2007年6月1日起施行）、《起重机械安全规程》（GB 6067—1985）和《特种设备注册登记与使用管理规则》（质技监局锅发〔2001〕57号）的有关规定。

① 起重机械在投入使用前或者投入使用后30日内，使用单位应当按照规定到登记部门办理使用登记。流动作业的起重机械，使用单位应当到产权单位所在地的登记部门办理使用登记。

② 起重机械使用单位发生变更的，原使用单位应当在变更后30日内到原登记部门办理使用登记注销；新使用单位应当按规定到所在地的登记部门办理使用登记。

③ 起重机械报废的，使用单位应当到登记部门办理使用登记注销。

④ 起重机械使用单位应当履行下列义务：
- 使用具有相应许可资质的单位制造并经监督检验合格的起重机械；
- 建立健全相应的起重机械使用安全管理制度；
- 设置起重机械安全管理机构或者配备专（兼）职安全管理人员从事起重机械的安全管理工作；

- 对起重机械作业人员进行安全技术培训，保证其掌握操作技能和预防事故的知识，增强安全意识；
- 对起重机械的主要受力结构件、安全附件、安全保护装置、运行机构、控制系统等进行日常维护保养，并做出记录；
- 配备符合安全要求的索具、吊具，加强日常安全检查和维护保养，保证索具、吊具安全使用；
- 制定起重机械事故应急救援预案，根据需要建立应急救援队伍，并且定期演练。

⑤ 使用单位应当建立起重机械安全技术档案。起重机械安全技术档案应当包括以下内容：
- 设计文件、产品质量合格证明、监督检验证明、安装技术文件和资料、使用和维护说明；
- 安全保护装置的型式试验合格证明；
- 定期检验报告和定期自行检查的记录；
- 日常使用状况记录；
- 日常维护保养记录；
- 运行故障和事故记录；
- 使用登记证明。

⑥ 起重机械定期检验周期最长不超过 2 年，不同类别的起重机械检验周期按照相应安全技术规范执行。使用单位应当在定期检验有效期届满 1 个月前，向检验检测机构提出定期检验申请。流动作业的起重机械异地使用的，使用单位应当按照检验周期等要求向使用所在地检验检测机构申请定期检验。使用单位应当将检验结果报登记部门。

⑦ 旧起重机械应当符合下列要求，使用单位方可投入使用：
- 具有原使用单位的使用登记注销证明；
- 具有新使用单位的使用登记证明；
- 具有完整的安全技术档案；
- 监督检验和定期检验合格。

⑧ 起重机械承租使用单位应当按照《起重机械安全监察规定》的有关规定，在承租使用期间对起重机械进行日常维护保养并记录，对承租起重机械的使用安全负责。禁止承租使用下列起重机械：
- 没有在登记部门进行使用登记的；
- 没有完整安全技术档案的；
- 监督检验或者定期检验不合格的。

⑨ 起重机械的拆卸应当由具有相应安装许可资质的单位实施。起重机械拆卸施工前，应当制定周密的拆卸作业指导书，按照拆卸作业指导书的要求进行施工，保证起重机械拆卸过程的安全。

⑩ 起重机械具有下列情形之一的，使用单位应当及时予以报废并采取解体等销毁措施：
- 存在严重事故隐患，无改造、维修价值的；
- 达到安全技术规范等规定的设计使用年限或者报废条件的。

⑪ 起重机械出现故障或者发生异常情况，使用单位应当停止使用，对其进行全面检查，消除故障和事故隐患后，方可重新投入使用。

⑫ 发生起重机械事故，使用单位必须按照有关规定要求，及时向所在地的质量技术监督部门和相关部门报告。

2. 维修和保养

起重机应当经常进行检查、维护和保养，传动部分应有足够的润滑油，对易损件必须经常检查、维修或更换，对机械的螺栓，特别是经常震动的零件，如回转支承、吊臂连接螺栓，应检查其是否松动，如有松动必须及时拧紧或更换。机械设备维护和保养应符合以下要求。

① 各机构的制动器应经常进行检查和调整制动瓦和制动轮的间隙，保证灵活可靠。在摩擦面上，不应有污物存在，遇有污物必须用汽油或稀料洗掉。

② 减速箱、变速箱、外啮合齿轮等各部分的润滑以及液压油均按润滑表中的要求进行。

③ 要注意检查各部位钢丝绳有无断丝和松股现象。如超过有关规定必须立即换新。钢丝绳的维护保养应严格按《塔式起重机安全规程》（GB 5144—2006）规定执行。

④ 经常检查各部的连接情况，如有松动应予拧紧。机体连接螺栓应在机体受压时检查松紧度（可采用旋转臂的方法去造成受压状态），所有连接轴都必须有开口销，并需张开充分。

⑤ 经常检查各机构运转是否正常，有无噪音，如发现故障，必须及时排除。

⑥ 安装、拆卸和调整回转机构时，要注意保证回转机构减速器的中心线与齿轮中心线平行，其啮合面不小于70%，啮合间隙要适合。

思考与练习题

一、填空题

1. 根据《特种设备安全监察条例》（国务院令第373号）的规定，＿＿＿＿＿＿是指涉及生命安全、危险性较大的锅炉、压力容器（含气瓶，下同）、压力管道、电梯、起重机械、客运索道、大型游乐设施。
2. 锅炉的主要安全附件是＿＿＿＿＿、＿＿＿＿＿和＿＿＿＿＿。
3. 根据《锅炉定期检验规则》，将锅炉检验分为＿＿＿＿＿、＿＿＿＿＿和水压试验三种形式。
4. 压力容器一般应当于投用满＿＿＿＿＿年时进行首次全面检验，下次的全面检验周期，由检验机构根据本次全面检验结果按照《压力容器定期检验规则》（TSG R7001—2004）第四条的有关规定确定。
5. 盛装腐蚀性气体的气瓶，每＿＿＿＿＿年检验一次；盛装惰性气体的气瓶，每＿＿＿＿＿年检验一次。
6. 根据国家标准《起重机械名词术语》（GB/T 6974.1～6974.19—1986）的规定，起重机械分为＿＿＿＿＿、＿＿＿＿＿和＿＿＿＿＿。

二、判断题

1. 当锅炉水位高于水位表最低安全水位刻度线时，即形成了锅炉缺水事故。（　　）
2. 超载限制器是一种超载保护装置，其功能是当起重机超载时，使起升动作不能实现。（　　）
3. 压力容器的安全阀就是通过作用在阀瓣上两个力的平衡来使它关闭或开启以防止压力容器超压的。因此正常工作压力下，不用严密泄漏。（　　）
4. 国家法规和标准规定气瓶要漆色，包括瓶色、字样、字色和色环。气瓶漆色的作用除了保护气瓶、防止腐蚀，反射阳光等热源，防止气瓶过度升温以外，还为了便于区别、辨认所盛装的介质，防止可燃或易燃、易爆介质与氧气混装。（　　）
5. 气瓶使用时，一般应立放（乙炔瓶严禁卧放使用）。不得靠近热源。与明火距离、可燃与助燃气体气瓶之间距离，不得小于10m。（　　）
6. 起重机械操作人员应健康，但没有视力要求。（　　）

三、简答题

1. 锅炉运行中的安全要点有哪些？
2. 锅炉运行中在什么情况下必须停炉？
3. 压力容器有哪些安全附件？有何作用？
4. 如何进行压力容器的安全管理？
5. 为了保证气瓶的充装安全，应做好哪些工作？
6. 化工管道验收包括哪些内容？

第七章 化工检修安全技术

第一节 化工生产设备检修的分类与特点

一、化工生产设备检修的分类

1. 计划检修

化工企业根据设备的管理、使用及生产规律,制订设备检修计划,按计划对设备检修,叫计划检修。根据检修内容、周期和要求的不同分为小修、中修和大修。

2. 非计划检修

因突发性的故障或事故而造成设备或装置临时性停车进行的抢修叫非计划检修。

二、化工生产设备检修的特点

1. 复杂性

由于化工生产中使用的化工设备、仪表、管道、阀门等种类多,数量大,结构和性能各异,要求检修人员知识面广,熟悉不同设备的结构、性能和特点,制订有组织、有计划、有具体实施的检修方案。检修中由于受环境、气候、场地的限制,有些要在露天作业,有些要在设备内作业,有些要在地坑或井下作业,有时还要上、中、下立体交叉作业,所有这些都给化工检修增加了复杂性。

2. 频繁性

所谓频繁是指计划检修、计划外检修的次数多。另外,化工生产的复杂性,决定了化工设备及管道故障和事故的频繁性,也决定了化工检修的频繁性。

3. 危险性

化工生产的特点,决定了化工设备检修的危险性。化工生产的原料、中间产品、产品及废弃物大多是有毒有害、易燃易爆和腐蚀性的危险化学品。当检修设备时,作业人员直接接触这些危险物质,其危险程度可想而知。同时,检修中设备的交替、与生产系统的隔绝、置换等,以及在拆旧更新、加固改造、修配安装等工程中,不但有施工困难,而且经常需要动火、登高、起重吊装、电气、进罐作业等,在任何一个环节上稍有一点疏忽大意,就可能发生事故。

第二节 化工生产设备检修前的准备工作

一、制订安全检修方案

在化工企业里,无论大修、中修、小修,都要制订安全检修方案。一个完整的检修方案包括检修施工方案、检修网络图、检修内容、人员分工及职责、安全检修制度和安全检查。

施工方案和检修网络图中列明检修的项目、内容、要求、人员分工及职责、施工方法和进度、检修过程中的安全措施等。

安全检修制度是根据检修施工方案，要结合国家有关法律、法规、标准和规程、规定等，针对检修作业内容、施工范围，制定的安全规定。

安全检查包括对检修项目的检查、检修机具的检查和检修现场的巡回检查。

检修项目是指制订安全检修方案时，制定的安全技术措施。

检修机具的安全检查是指检修所用机具进行的安全检查，未经检查合格的机具不准在检修过程中使用。

在检修过程中，要组织安全检查人员到现场巡回检查，检查检修现场是否执行安全检修的各项规定。

二、进行安全教育

在检修人员进入检修现场之前，必须进行一次全员的安全检修教育，要组织人员学习有关安全生产的法律、法规、标准及规章制度，对检修人员进行安全技术知识、检修典型事故案例教育，学习停车、置换、清洗、试车、开车方案。

通过安全教育，使企业职工牢固树立"安全第一、预防为主"的思想，扎扎实实地落实检修过程中的各项安全措施，以保证安全检修的顺利进行。

三、安全交接

在设备检修前必须进行生产单位与检修单位的安全交接，生产单位为交方，检修单位为接方。生产单位按照安全交接条件，逐步解除各生产装置的危险因素，落实安全措施，使设备恢复停车时的常态，如常温、常压、无毒、无害、无燃烧、无爆炸的状态。解除危险因素通常采取以下措施和步骤。

1. 停车

在执行停车时，必须有上级的指令，并与上下工序及有关方面的工作人员取得联系，按停车程序执行。

2. 泄压

设备交付检修时，所有泄压设备压力表的表针均归到零位。

3. 排放

排尽检修系统内残留的固体和液体。

4. 降温

高温设备应强制通风，自然降温。

5. 抽堵盲板

凡需要检修的设备，必须和运行系统进行可靠隔离，这是化工检修必须遵循的安全规定。检修设备和运行系统隔离的最好办法就是装设盲板。抽堵盲板属危险作业，应办理作业许可证和审批手续，并指定专人制订作业方案和检查落实相应的安全措施。作业前安全负责人应带领操作、监护人员察看现场，交代作业程序和安全事项。

盲板选材要适宜，应平整、光滑、无裂纹和孔洞。盲板大小应根据管道法兰密封面大小制作，厚度应符合强度要求。一般盲板应有一个或两个手柄，便于辨识和抽堵。抽堵多个盲板时，应按盲板位置图及编号作业，统一指挥。严禁在一条管路上同时进行两处和两处以上抽堵盲板作业。

6. 置换和中和

为保证检修动火和罐内作业的安全，设备检修前，内部的易燃、易爆、有毒气体应进行置换，酸、碱等腐蚀性液体应进行中和处理。

置换通常是指用水、蒸汽、惰性气体将设备、管道里的易燃气体彻底置换出来的方法。置换作业应注意：可靠隔离，即置换作业应在抽堵盲板之后进行；制订方案，置换前应制订置换方案，绘制置换流程图；置换彻底，设备或管道的置换一定要彻底，置换后必须经化学成分分析合格后才能作业；取样分析，置换过程中应按置换流程图上标明的取样分析点（一般在置换终点和死角附近）取样分析；惰性气体纯度，置换用惰性气体要严格控制氧、氢、一氧化碳等的含量。

7. 吹扫

对可能积附易燃易爆、有毒介质残留物、油垢或沉淀物的设备，用置换方法一般清除不尽，故还应进一步进行吹扫作业。一般主要采用蒸汽来吹扫。吹扫作业和置换一样，事先要制订吹扫方案、绘制流程图、办理审批手续。

进行吹扫作业还应注意：吹扫时要集中用汽，吹完时应先关阀后停汽，防止介质倒回；对设备进行吹扫时，应选择最低部位排放，防止出现死角；吹扫后必须分析合格，才能进行下一步作业；吹扫结束应对下水道、地沟进行清洗；忌水物不能用蒸汽吹扫；吹扫过程中要防止静电的危害。

8. 清洗和铲除

经置换和吹扫无法清除的沉积物，要采用清洗的方法。如热水蒸煮、酸洗、水洗、溶剂溶解，使污染物软化溶解而除去。

如果用清洗方法不能除尽沉积物，只能用人工铲除法予以清除。

9. 检验分析

清洗置换后的设备和工艺系统，必须进行检验分析，以保证安全要求。分析时取样要有代表性，要正确选择取样点，要定时取样分析。分析结果是检修作业的依据，所以分析结果要有记录，经分析人员签字后才能生效，分析样品要保留一段时间以备复查。只有在分析合格达到安全要求后才能进行检修作业。

10. 切断水、电、汽（气）和物料源

在检修前，对一切需要检修的设备必须切断水、电、气和物料源，并在电源的启动开关上悬挂"禁止合闸"的标示牌。

四、落实安全措施

1. 整理场地和通道

凡与检修无关的障碍都清除，设立安全围栏及标志，夜间要设红灯信号等。

2. 准备好设备、附件、材料和安全用具

根据检修项目、内容和要求，准备好检修所需要的材料、附件、设备和安全用具如脚手架、安全帽、防毒面具以及测氧、测爆、测毒等分析仪器和消防器材，消防设备应指定专人分别负责，仔细检查或检验，确保完好。

3. 认真检查、合理布置检修器具

不同检修工种的专用器具齐全，特别是一些大型设备如起重机具等要事先检查合格。要做到机具齐全、安全可靠。

第三节 化工检修中的安全技术

检修施工人员首先严格遵守有关安全检修的规章制度，认真落实各项安全措施；其次遵守作业安全管理程序，健全完善审批手续；第三遵循检修项目负责制的原则，按方案或检修任务书制定的范围、方法、步骤和要求进行。

现将检修中几项常见的作业和安全要求介绍如下。

一、动火作业

动火作业是指在禁火区进行焊接与切割作业及在易燃易爆场所使用喷灯、电钻、砂轮等进行可能产生火焰、火花和炽热表面的临时性作业。

1. 动火作业的分类

动火作业根据作业区域火灾危险性的大小分为特级、一级、二级等三个级别。

(1) 特级动火作业

在处于运行状态的易燃易爆物品生产装置、输送管道、储罐、容器等部位上及其他特殊危险场所的动火作业为特级动火作业。

(2) 一级动火作业

在易燃易爆场所进行的动火作业为一级动火作业。

(3) 二级动火作业

除特级动火和一级动火以外的动火作业为二级动火作业。

2. 动火作业的安全措施

(1) 严格动火许可证的审批

严格执行在禁火区内动火办理动火许可证的申请、审核和批准的制度，是确保化工企业安全动火的有效措施。动火许可证的内容应包括动火部位、动火方式、动火时间、危险性分析、安全技术措施、具体方案以及项目负责人、操作人员、监护人员等责任人。

动火许可证的审批要层层负责、人人把关。项目负责人、设备管理人员、消防部门和设备管理部门都要审查并各负其责。厂级领导和设备管理部门应把工作重点放在检查督促动火许可证制度和内容的落实上，做到没有动火证或动火证手续不全不准动火，超过动火期限、动火内容或地点更改不准动火。

(2) 隔绝

化工设备、管道虽有阀门控制，但阀门若出现泄漏或关闭不严、误操作等，使易燃、易爆介质进入动火设备或空气中形成爆炸混合物，遇明火就会燃烧或爆炸，因此，局部检修需要动火作业时，必须与生产系统安全隔绝。

应将与动火设备相连的管道、阀门等拆下，然后在法兰上装设盲板，如无法拆卸，则应在动火设备和相连的生产系统的管法兰之间插入盲板进行隔绝。抽堵盲板前应仔细检查设备和管道内是否有剩液和余压，并防止形成负压吸入空气发生爆炸。抽堵盲板工作要建立台账，盲板按工艺顺序编号，做好登记核查工作。漏堵会导致检修作业中发生事故，漏抽将导致试车或投产时发生事故。

此外，应考虑与周围设备、易燃物的安全隔离；在设备内动火时，对较深的容器应分层隔绝，防止工具或物体坠落引发火星；凡可以拆卸迁移的动火设备或管道，均应拆迁到固定动火区或其他安全的地方进行动火，尽量减少禁火区内的动火作业。

(3) 置换

为保证检修时动火作业的安全，必须对待动火设备进行置换处理。置换方法一般用蒸汽、氮气、惰性气体充入设备或管道内，将易燃介质排出；或用注水排气法将易燃介质压出。

若被置换介质有滞留性质，或其密度与置换介质相近时，应注意置换的不彻底性或两种介质相混合的可能性。因此置换是否彻底不能以置换介质的用量多少或时间长短确定，而应根据化验分析结果确定。

(4) 吹扫

对积附有油垢、残渣、沉淀物的设备和管道，置换后应用蒸汽吹扫。吹扫要集中用汽；塔、釜、热交换器等设备进行吹扫时，要选择最低部位排放，并要注意防止出现死角和吹扫不净；对下水道、阴井、地沟也要注意吹扫；忌水物质和残留有三氯化氮的设备和管道不能用蒸汽吹扫。

（5）清洗和铲除

经置换和吹扫无法清除的沉积物，要采取清洗措施。根据积垢性质采用酸性、碱性溶液或溶剂进行清洗，但所选用的清洗剂不能与沉积物形成危险混合物，且以不燃、低毒为宜。为提高清洗效果，可通入蒸汽将溶液煮沸。清洗干净后要通入清水进行二次清洗。

前述几种方法均无效的沉积物要用人工铲除。需要进入设备内作业的要符合罐内作业安全规定。铲除可燃物时，要用木质、铜质、铝质等不产生火花的铲、刷、钩等工具。铲除残酸、有毒沉积物，应做好个人防护，铲刮下来的沉积物应及时清扫并妥善处理。

此外还要注意，保温材料有可能吸附易燃介质成为危险源，动火前要把保温材料去除干净。

（6）移去可燃物

应将动火地点周围 10m 以内的一切可燃物，如汽油、易燃溶剂、油棉纱以及盛放过易燃物质尚未清洗的空桶等移到安全场所。乙炔和氧气瓶不得有泄漏，二者间距不小于 7m，应距明火 10m 以上。电焊机应放在指定地方，接地线应接在被焊设备上，接地点应靠近焊接处，不准采用远距离接地回路。对周围不能移动的设备，如易燃气体管道、容器等，应用水喷湿或盖上石棉板、湿麻袋等来隔绝火星。高处动火要采用接火盘，装设铁皮遮挡，或用石棉布围栏，捕集熔渣，并注意火星飞溅方向，防止火星落入危险区域。遇到 5 级以上大风，应停止室外高空动火。

（7）消防

化工设备有时是一边检修，一边生产，现场环境复杂，稍有疏忽就有可能发生燃烧、爆炸事故。因此，动火现场应设置一定数量的水、蒸汽、惰性气体等固定或半固定的消防设施，并配备适用的手提式灭火器。在危险大的重要地段动火，消防车和消防人员应到现场，做好火灾的扑救准备。

（8）监护

动火现场必须指派经验丰富的人员负责监护。监护人员必须熟悉动火现场情况，能及时发现异常现象，会恰当地处理出现的危险和突发事件。监护人员严禁脱岗或擅自进入设备容器内。

二、动土作业

动土作业是指挖土、打桩、地锚入土深度在 0.5m 以上，地面堆放负重在 $50kg/cm^2$ 以上，使用推土机、压路机等施工机械进行填土或平整场地的作业。

1. 动土作业的危险性

在化工企业内，地下埋有动力、通讯和仪表等不同规格的电缆，各种管道纵横交错，还有很多地下设施（如阀门井），在不明地下设施的情况下随意动土作业，容易发生挖段管道、刨穿电缆、地下设施塌方毁坏等事故，不仅会造成停产，还有可能造成人员伤亡。

2. 动土作业安全措施

① 必须办理《动土作业证》。

② 动土作业前，项目负责人必须对施工人员进行安全教育，施工负责人对安全措施进行现场交底，并督促落实。

③ 动土作业施工现场应根据需要设置护栏、盖板和警告标志，夜间应悬挂红灯警示。施工结束后应及时回填土，并恢复地下设施。

④ 动土作业必须按《动土作业证》的内容进行，对审批手续不全、安全措施不落实的情况，施工人员有权拒绝作业。

⑤ 严禁涂改、转借《动土作业证》，不得擅自变更动土作业内容、扩大作业范围或转移

作业地点。

⑥ 动土中如暴露出电缆、管线以及不能辨识的物品时，应立即停止作业，妥善加以保护，报告动土审批单位处理，经采取措施后方可继续动土作业。

⑦ 动土临近地下隐蔽设施时，应轻轻挖掘，禁止使用铁棒、铁镐或抓斗等机械工具。

⑧ 挖掘坑、槽、井、沟等作业时，应遵守下列规定。

• 挖掘土方应自上而下进行，不准采用挖底脚的办法挖掘，挖出的土石不准堵塞下水道和阴井。

• 在挖较深的坑、槽、井、沟时，严禁在土壁上挖洞攀登，作业时必须戴安全帽，坑、槽、井、沟上端边沿不准人员站立、行走。

• 要视土壤性质、湿度和挖掘深度设置安全边坡或固定支架。挖出的泥土堆放处和堆放的材料至少应距坑、槽、井、沟边缘 0.8m，高度不得超过 1.5m。

• 作业时注意对有毒有害物质的检测，保持通风良好。

• 在坑、槽、井、沟边缘，不能安放机械、铺设轨道及通行车辆。

• 在拆除固壁支撑时，应从下而上进行；更换支撑时，应先装新的，后拆旧的。

• 所有人员不准在坑、槽、井、沟内休息。

• 上下交叉作业应戴安全帽，多人同时挖土应相距在 2m 以上，防止工具伤人。

三、罐内作业

1. 罐内作业的内容

凡是进入塔、釜、槽罐、炉膛、锅筒、容器以及地下室、地坑、阴井、下水道或其他闭塞场所进行的作业，均称为罐内作业，也称"受限空间"。

2. 罐内作业的安全措施

① 凡是因生产需要进行下罐作业（含各种釜、槽、塔、柱等容器内作业），必须经车间主任签发，由安全员办理下罐作业许可证，许可证必须由下罐作业人和下罐作业监护人本人签字，并对下罐作业安全措施作全面检查，确认下罐作业准备工作符合下罐作业管理规定后，方准下罐作业。否则，严禁任何人擅自下罐作业。

② 下罐作业前必须切断罐搅拌的动力电源，并挂"有人作业，禁止合闸"警示牌，并拔下电机单机保险或卸下电机传动皮带。

③ 下罐作业前，要对罐内进行清理，对盛装过易燃易爆及有毒有害物质的罐体进行罐内作业时，必须用压缩空气进行吹扫置换，置换完毕后，作罐内气体分析，确认无毒无害后，方准下罐作业。作业时应始终向罐内通压缩空气，防止罐内缺氧。

④ 下罐作业前必须排空罐内压力，按规定打开罐盖，并关闭所有通往罐体的阀门或安装盲板，并挂"有人工作"警示牌。

⑤ 对罐内有物料且有毒有害，确实无法处理又需下罐作业时，必须由车间领导请示技术和安全部门，采取安全可靠的措施，经工厂总工程师或厂长批准后，方可下罐作业。

⑥ 下罐作业人员必须是身体健康者，严禁酒后下罐作业。

⑦ 罐内作业所用照明灯电压为 12V，所用工具、器材严禁上下抛掷，必须采用工具袋，用绳索吊送。

⑧ 严禁向罐内通氧气。使用电气焊作业时，焊具必须安全可靠，完整无损。使用气焊割具时，随用随放，用后立即提出罐外，严禁在罐内存放。

⑨ 下罐作业人员必须按规定穿戴劳动防护用品。要系好安全带，挂好速差器，戴好安全帽。

⑩ 罐内作业要根据作业环境的实际危险性，采取相应的、必要的安全防范措施。

⑪ 下罐作业必须设专人监护，严格执行下罐作业监护人的职责，对罐内作业人员的生

命安全负责。

⑫ 作业完毕后，应由作业人员和监护人共同检查验收，确认无误后，拆除警示牌，然后方可离开作业现场。

四、高处作业

凡在坠落高度基准面 2m 以上（含 2m）有可能坠落的高处进行的作业，均称为高处作业。

1. 高处作业的分级

依据高度高处作业分为 4 级：高度在 2～5m，称为一级高处作业；高度在 5～15m，称为二级高处作业；高度在 15～30m，称为三级高处作业；高度在 30m 以上，称为特级高处作业。

2. 高处作业的安全规定

① 应预先对高处作业现场进行勘察，确定高处作业方案，并提出安全保护措施。

② 从事高处作业的人员，身体必须健康，患有高血压病、心脏病、贫血病、癫痫病的人员不能从事高处作业。

③ 高处作业前，单位应对作业人员进行高处作业常识、操作规程的培训。危险性较大的岗位作业人员必须经上级有关部门培训，持证上岗。

④ 高处作业机械和登高装置应确保处于良好的技术状况，并在作业实施前进行确认。

⑤ 根据现场需要，应采取安全布控措施［如设置锥形标、限速标志、隔离带（线）、警示牌等］，确保齐全、有效。

⑥ 必须设置有牢固的可供人员站立的作业平台，并设置供操作者上下的安全梯台。

⑦ 不需带电作业的应尽可能不带电作业。作业时应有监护人员，严禁单人实施高处作业。

⑧ 作业时应明确一人进行现场的统一指挥，高处作业人员衣着要灵活、轻便，禁止穿硬底鞋、高跟鞋、带钉鞋和易滑鞋，穿好工作服，戴好安全帽，系好安全带。

⑨ 作业时，材料与工具应妥善放置，防止坠落，严禁抛、甩传递；作业所用的工具应随手放入工具袋（套）内。

⑩ 严禁作业人员酒后作业，作业过程严禁嬉戏、打闹。

3. 高处作业的基本安全技术措施

① 凡是临边作业，都要在临边处设置防护栏杆，一般上杆离地面高度为 1.0～1.2m，下杆离地面高度为 0.5～0.6m。防护栏杆必须自上而下用安全网封闭，或在栏杆下边设置严密固定的高度不低于 18cm 的挡脚板或 40cm 的挡脚笆。

② 对于洞口作业，可根据具体情况采取设置防护栏杆、加盖板、张挂安全网与装栅门等措施。

③ 进行攀登作业时，作业人员要从规定的通道上下，不能在阳台之间等非规定通道进行攀登，也不得任意利用吊车臂架等施工设备进行攀登。

④ 进行悬空作业时，要设有牢靠的作业立足处，并视具体情况设防护栏杆、搭设脚手架、操作平台、使用马凳，张挂安全网或其他安全措施；作业所用索具、脚手板、吊篮、吊笼、平台等设备，均需经技术鉴定方能使用。

⑤ 进行交叉作业时，注意不得在上下同一垂直方向上操作，下层作业的位置必须处于依上层高度确定的可能坠落范围之外。不符合以上条件时，必须设置安全防护层。

⑥ 结构施工自二层起，凡人员进出的通道口（包括井架、施工电梯的进出口），均应搭设安全防护棚。高度超过 24m 时，防护棚应设双层。

⑦ 建筑施工进行高处作业之前，应进行安全防护设施的检查和验收。验收合格后，方

可进行高处作业。

第四节　化工检修的验收

一、清理现场

检修完毕，检修工首先要检查自己的工作有无遗漏和清理现场。具体如下：

① 检修项目、测试项目、探伤项目等有无遗漏；

② 检查检修所用的盲板，应如数抽回或加入盲板；

③ 清扫管线，应无任何物件（如未拆除的盲板或垫圈）阻塞；

④ 更换拆卸下的曾生产或盛装有毒有害或易燃易爆物质的设备零件、管线等，应经清洗和分析合格后送入废料场；

⑤ 检查设备的防护装置和安全设施，以及拆除的盖板、围栏扶手、避雷装置等应恢复原来状态；

⑥ 清除设备上、房屋顶上、厂房内外地面上的杂物垃圾；

⑦ 检修所用的工机具、脚手架、临时电线、开关、临时用的警告标志等应清出现场。

二、试车

试车就是对检修过的设备加以考验，必须在工完、料净、现场清理后才能进行。

1. 试温

试温是指高温设备如加热器、反应炉等，按工艺要求升温至最高温度，考验其放热、耐火、保温的功能是否符合标准。

2. 试压

① 缓慢升压至规定试验压力的10%，保压5～10min，对所有焊缝和连接部位进行初步检查，如果无泄漏可以继续升压到规定试验压力的50%。

② 如果无异常现象，其后按规定试验压力的10%逐步升压，直至试验压力，保压30min。然后降到规定试验压力的87%，保压足够时间进行检查。检查期间压力应保持不变，不得采用连续加压来维持试验压力不变。

③ 气压试验后符合以下条件为合格：

- 无异常响声；
- 经过肥皂液或者其他检漏液检查无漏气；
- 无可见的变形。

3. 试速

试速是指对传动设备的考验，如搅拌器、离心机、鼓风机等，以规定的速度运转，观察其摩擦、振动等情况。

4. 试漏

试漏是检验常压设备、管线的连接部位是否紧密，可先以低于0.1MPa的空气（正负均可）或蒸汽试漏，观察其是否漏水漏气，或很快降压。然后再以液体原料等注入，循环运行，以防开车后的跑、冒、滴、漏。

5. 联动试车

应组织试车领导机构，制订方案，明确试车总负责人和分段指挥者。试车前应确认设备管线内已经清理彻底；人孔、料孔、检修孔都已盖严；仪表电源、安全装置都齐全有效才能试车。如要开动与外界有牵连的水、电、气，先要做好联系工作。试车中发现异常现象，应立即停车，查明原因，妥善处理后再继续试车。

三、验收

大检修结束后，要按安全交接程序进行严格的，并有安全、机械动力等部门参加的验收交接。检修单位为交方，生产单位为接方。

1. 机械动力部门应予以检查确认的检修内容
① 检查计划检修项目不应有缺项或漏项。
② 检查各类设备检修项目，在质量上达到检修标准的确认。
③ 检查检修后的公用工程系统（水、电、汽、气）达到检修标准的确认。
④ 检查检修后的仪表、仪表联锁以及工艺报警器应准确无误。

2. 生产、技术、调度部门应予以检查确认的检修内容
① 对外管线盲板的拆除（加入）的确认。
② 基建、检修项目、工程项目完成后的物料管线安装位置及投料开车前状态检查的确认。
③ 公用工程系统按正常投运状态的检查确认。
④ 对各车间内部管线盲板的拆除（加入）的确认。
⑤ 对试车、系统开车程序的审查。

3. 安全防火部门应予以检查确认的检修项目内容
① 对安全措施项目的完成情况及安全操作规程的审查。
② 检查在检修前各类不安全因素的整改及落实情况。
③ 对检修后仍有遗留的隐患进行检查分析，并对其安全防范措施进行审查确认。
④ 安全消防措施、安全装置的检查确认。

在上述程序完成后，交接双方及有关部门在交接书上签字。生产单位在开车前，要对操作工进行安全教育，使他们弄清设备、管线、阀门、开关等在检修中所作变动的情况，以确保开车后的正常生产。

化工投料开车，这是整个设备检修的最后一关，必须精心组织、统筹安排，按开车方案进行。开车成功后，检修安全管理的秩序和内容就全部结束，投料生产恢复正常，就转为生产安全管理。

思考与练习题

一、填空题

1. 化工设备检修具有_____、_____和_____。
2. 设备检修前必须进行生产单位与检修单位的安全交接，生产单位为_____，检修单位为_____。
3. 凡需要检修的设备，必须和运行系统进行可靠隔离，这是化工检修必须遵循的安全规定。检修设备和运行系统隔离的最好办法就是_____。
4. 为保证检修动火和罐内作业的安全，设备检修前内部的易燃、易爆、有毒气体应进行置换，酸、碱等腐蚀性液体应进行_____。
5. _____是指在禁火区进行焊接与切割作业及在易燃易爆场所使用喷灯、电钻、砂轮等进行可能产生火焰、火花和炽热表面的临时性作业。
6. 凡在坠落高度基准面2m以上（含2m）有可能坠落的高处进行的作业，均称为_____。

二、选择题

1. 根据化工生产中机械设备的实际运转和使用情况，化工检修可分为（　　　）。
　　A. 计划检修和非计划检修　　B. 大修和小修　　C. 大修和中修
2. 化工生产的（　　　）决定了化工检修的危险性。
　　A. 频繁性　　　　　　　　B. 危险性　　　　C. 复杂性

3. 做好检修前的（　　）是化工安全检修的一个重要环节。
　　A. 技术工作　　　　　　B. 准备工作　　　　　C. 思想工作
4. 化工检修中罐内作业非常频繁，与动火作业一样，是（　　）很大的作业。
　　A. 频繁性　　　　　　　B. 危险性　　　　　　C. 复杂性

三、判断题
1. 化工企业中机械设备的检修具有频繁性、复杂性和危险性的特点，决定了化工安全检修的重要地位。（　　）
2. 在化工企业中，不论大修、中修、小修，都必须集中指挥。（　　）
3. 建立罐内作业许可证制度是指进入罐内作业，必须申请办证，并得到批准。（　　）
4. 试车就是对检修过的设备装置进行验证，必须经检查验收合格后才能进行。（　　）
5. 在工作现场动用明火，须报主管部门批准，并做好安全防范工作。（　　）

四、简答题
1. 化工设备检修前应做好哪些方面的工作？请结合本工厂实际设计一套安全检修方案。
2. 简述动火作业的安全要点。
3. 入罐作业的基本要求是什么？
4. 简述高处作业的安全要点。
5. 化工设备检修后的收尾工作有哪些？

第八章 化工生产中典型化学反应的安全技术

化工生产是以化学反应为主要特征的生产过程，具有易燃、易爆、有毒、有害、有腐蚀等特点，因此安全生产在化工中尤为重要。不同类型的化学反应，因其反应特点不同，潜在的危险性亦不同，生产中规定有相应的安全操作要求。一般情况下，中和反应、复分解反应、酯化反应危险性较少，操作较易控制；但不少化学反应如氧化、硝化反应等就存在火灾和爆炸的危险，操作较难控制，必须特别注意安全。

第一节 氧化反应

一、氧化反应概述

1. 氧化反应的定义

物质发生化学反应时失去电子的反应是氧化反应。

氧化反应在化学工业中有广泛的应用，如氨氧化制硝酸、甲醇氧化制甲醛、乙烯氧化制环氧乙烷等。

2. 氧化反应的特点

① 氧化反应是强放热反应，特别是完全氧化反应，放出的热量比部分氧化反应大8～10倍。所以及时有效地移走反应热是一个非常关键的问题。

② 氧化反应途径多样，生成的副产物也多。

③ 从热力学趋势看，烃类氧化成二氧化碳和水的倾向性很大。因此，在氧化反应中控制不当容易造成深度氧化，导致原料和氧化中间产物的损失。为此，必须选择性能优良的催化剂并及时终止氧化反应。

3. 氧化剂

氧化剂是氧化还原反应里得到电子或有电子对偏向的物质，也即由高价变到低价的物质。

氧化剂在反应里表现氧化性。氧化能力强弱是氧化剂得电子能力的强弱，不是得电子数目的多少，如浓硝酸的氧化能力比稀硝酸强，得到电子的数目却比稀硝酸少。含有容易得到电子的元素的物质常用作氧化剂，在分析具体反应时，常用元素化合价的升降进行判断，所含元素化合价降低的物质为氧化剂。

氧化剂按其氧化性的强弱和化学组成的不同分为四类，即一级无机氧化剂、二级无机氧化剂、一级有机氧化剂、二级有机氧化剂。

(1) 一级无机氧化剂

此类氧化剂不稳定，有强烈的氧化性。常见的有：

① 过氧化物类，如过氧化钠、过氧化钾等；

② 某些氯的含氧酸及其盐类，如高氯酸钠、氯酸钾、漂白精（次亚氯酸钙）等；

③ 硝酸盐类，如硝酸钾、硝酸钠、硝酸铵等；

④ 高锰酸盐类，如高锰酸钾、高锰酸钠等；

⑤ 其他，如银铝催化剂、烟雾剂（主要成分为氯酸钾、氯化铵）等。

(2) 二级无机氧化剂

二级无机氧化剂比一级无机氧化剂稍稳定，氧化性稍弱。常见的有：

① 硝酸盐及亚硝酸盐类，如硝酸铁、硝酸铅、亚硝酸钠、亚硝酸钾等；

② 过氧酸盐类，如过硫酸钠、过硼酸钠等；

③ 高价态金属酸及其盐类，如重铬酸钾、重铬酸钠、高铼酸铵、高锰酸锌、高锰酸银等；

④ 氯、溴、碘等卤素的含氧酸及其盐类，如溴酸钠、氯酸镁、亚氯酸钠、高氯酸钙、高碘酸等；

⑤ 其他氧化物，如五氧化二碘、二氧化铬、二氧化铅、二氧化锌、二氧化镁等。

(3) 一级有机氧化剂

一级有机氧化剂很不稳定，容易分解，有很强的氧化性，而且其本身是可燃的，易于着火燃烧；分解时的生成物为气体，容易引起爆炸。因此，有机氧化剂比无机氧化剂具有更大的火灾爆炸危险性。常见的有过氧化二苯甲酰、过氧化二异丙苯、过氧化二叔丁酯、过苯甲酸、过甲酸、硝酸肼、硝酸脲等。

(4) 二级有机氧化剂

二级有机氧化剂比一级有机氧化剂稍稳定，氧化性稍弱。常见的有过乙酸、过氧化环己酮、土荆芥油、除蛔素等。

二、氧化反应过程的安全控制技术

1. 氧化反应的温度控制

通常情况下，氧化反应开始需要加热，反应过程又会放热，特别是催化气相氧化反应，一般都是在较高温度（250～600℃）下进行。反应器多点测温，用一定温度的水进行换热，控制反应温度在操作范围内。

2. 氧化物质的控制

(1) 惰性气体保护

被氧化的物质大部分是易燃易爆物质，如与空气混合极易形成爆炸混合物，因此，生产装置要密闭，防止空气进入系统和跑、冒、滴、漏。生产中物料加入、半成品或产品转移要加惰性气体保护。工业上采用加入惰性气体（如氮气、二氧化碳）的方法，来改变循环气的成分，偏离混合气的爆炸极限，增加反应体系的安全性；其次，这些惰性气体具有较高的热容，能有效地带走部分反应热，增加反应系统的稳定性。氧化物质的理化性质见表8-1。

表 8-1 氧化物质的理化性质

序号	氧化反应	易燃介质	与空气混合的爆炸极限
1	乙烯氧化制取环氧乙烷	乙烯	3%～29%
		环氧乙烷	3.0%～100%
2	甲苯氧化制取苯甲酸	甲苯	1.2%～7%
3	甲醇氧化制取甲醛	甲醇	6%～36.5%

(2) 合理选择物料配比

氧化剂具有很大的火灾危险性。因此，在氧化反应中，一定要严格控制氧化剂的配料比，例如氨在空气中的氧化合成硝酸和甲醇蒸气在空气中的氧化制甲醛，其物料配比接近爆炸下限，倘若配比失调，温度控制不当，极易爆炸起火。

氧化剂的加料速度也不宜过快。要有良好的搅拌和冷却装置，防止升温过快、过高。另外，要防止因设备、物料含有的杂质为氧化剂提供催化剂，例如有些氧化剂遇金属杂质会引起分解。使用空气时一定要净化，除掉空气中的灰尘、水分和油污。

(3) 保持安全环境

氧化产品有些也具有火灾危险性，在某些氧化反应过程中还可能生成危险性较大的过氧化物，要防雨、防晒、通风、禁火、轻放。例如乙醛氧化生产乙酸的过程中有过乙酸生成，性质极不稳定，受高温、摩擦或撞击就会分解或燃烧。对某些强氧化剂，如环氧乙烷是可燃气体；硝酸不仅是腐蚀性物质，也是强氧化剂；含有36.7%的甲醛溶液是易燃液体，其蒸气的爆炸极限为7.7%～73%。

3. 催化氧化操作过程的控制

在催化氧化反应过程中，无论是均相或是非均相反应，都是以空气或纯氧为氧化剂，可燃的烃或其他有机物与空气或氧的气态混合物在一定的浓度范围内，如引燃就会发生分支连锁反应，火焰迅速蔓延，在很短时间内，温度急速增高，压力也会剧增，而引起爆炸。

① 氧化过程中如以空气和纯氧作氧化剂时，反应物料的配比应控制在爆炸范围之外。空气进入反应器之前，应经过气体净化装置，清除空气中的灰尘、水汽、油污以及可使催化剂活性降低或中毒的杂质以保持催化剂的活性，减少起火和爆炸的危险。

② 氧化反应器有卧式和立式两种，内部填装有催化剂。一般多采用立式，因为这种形式的催化剂装卸方便，而且安全。

③ 催化气相氧化反应一般都是在250～600℃的高温下进行的，由于反应放热，应控制适宜的温度、流量，防止超温、超压和混合气处于爆炸范围内。为了防止氧化反应器在万一发生爆炸或燃烧时危及人身和设备安全，在反应器前后管道上应安装阻火器，阻止火焰蔓延，防止回火，使燃烧不致影响其他系统。为了防止反应器发生爆炸，还应装有泄压装置。对于工艺参数控制，应尽可能采用自动控制或自动调节以及警报联锁装置。

④ 使用硝酸、高锰酸钾等氧化剂进行氧化时要严格控制加料速度，防止多加、错加。固体氧化剂应该粉碎后使用，最好呈溶液状态使用，反应时要不间断地搅拌。

⑤ 使用氧化剂氧化无机物，如使用氯酸钾氧化制备铁蓝颜料时，应控制产品烘干温度不超过燃点，在烘干之前用清水洗涤产品，将氧化剂彻底除净，防止未起反应的氯酸钾引起烘干物料起火。有些有机化合物的氧化，特别是在高温下的氧化反应，在设备及管道内可能产生焦化物，应及时清除以防自燃，清焦一般在停车时进行。

⑥ 氧化反应使用的原料及产品，应按有关危险品的管理规定，采用相应的防火措施，如隔离存放、远离火源、避免高温和日晒、防止摩擦和撞击等。如是电介质的易燃液体或气体，应安装能消除静电的接地装置。在设备系统中宜设置氮气、水蒸气灭火装置，以便能及时扑灭火灾。

三、典型事故案例

【**案例 8-1**】1995年5月18日下午2点，江阴市某化工厂当班生产副厂长王某组织8名工人接班，接班后氧化釜继续通氧氧化，当时釜内工作压力为0.75MPa，温度为160℃。不久工人发现氧化釜搅拌器传动轴密封填料处发生泄漏，当班长钟某在观察泄漏情况时，泄漏的物料溅到了眼睛，钟某就离开现场去冲洗眼睛。之后工人刘某、星某在副厂长王某的指派下，用扳手直接去紧搅拌轴密封填料的压盖螺栓来处理泄漏问题，当刘某、星某对螺母紧了几圈后，物料继续泄漏，且螺栓已跟着转动，无法旋紧。经王某同意，刘某将手中的两只扳手交给在现场的工人陈某，自己去修理间取管钳，当刘某离开操作平台约45s，走到修理间前时，操作平台上发生爆燃，接着整个生产车间起火。当班工人除钟某、刘某离开生产车间之外，其余7人全部陷入火中，副厂长王某、工人李某当场烧死，陈某、星某在医院抢救过程中死亡，5人重伤。该厂320m²生产车间厂房屋顶和280m²的玻璃钢棚以及部分设备、原料等被烧毁，直接经济损失为10.6万元。

事故原因：不了解生产特点，违章指挥，违规操作。

第二节　还原反应

一、还原反应及其作用

1. 定义

从广义上讲，凡是反应物分子得到电子或使参加反应的碳原子上的电子云密度增高的反应称为还原反应。从狭义上讲，凡使反应物分子的氢原子数增加或氧原子数减少的反应称为还原反应。

2. 作用

通过还原反应可得一系列产物。如硝基还原得到各种芳胺，大量被用于合成燃料、农药、塑料等化工产品；将醛、酮、酸还原制得相应的醇或烃类化合物；由醌类化合物还原可得相应的酚等。

二、典型还原反应及其安全控制技术

1. 金属还原反应

金属和酸作用生成盐和氢，起还原作用。例如，铁粉和锌粉与稀硫酸、盐酸的还原反应生成初生态氢，在潮湿空气中遇酸性气体时可能引起自燃，在储存时应特别注意；硝基苯在盐酸溶液中被铁粉还原成苯胺。

反应时酸的浓度要控制适宜，浓度过高或过低均使产生初生态氢的量不稳定，反应温度不宜过高，防止产生大量氢气而造成冲料。反应过程中应注意搅拌效果，以防止金属（铁粉、锌粉）下沉。反应结束后，反应器内残渣中仍有铁粉、锌粉在继续作用，不断放出氢气，很不安全，应将残渣放入室外储槽中，加冷水稀释，槽上加盖并设排气管以导出氢气。待金属粉消耗殆尽，再加碱中和。若急于中和，则容易产生大量氢气和反应热，可能出现燃烧、爆炸等危险。

2. 催化加氢还原反应

在有机合成反应过程中，常用雷尼镍、钯炭等作为催化剂和有机物质进行还原反应。如苯在催化剂作用下，经加氢生成环己烷。

催化剂雷尼镍和钯炭在空气中吸潮后有自燃的危险，钯炭更易自燃，即使没有火源存在，也能使氢气和空气的混合物发生爆炸、燃烧。因此，用催化剂来活化氢气进行还原反应时，必须先用氮气置换反应器内的空气，经分析反应器内含氧量符合要求后，方可通入氢气。反应结束后，应先用氮气把反应器内的氢气置换干净，方能开阀出料，防止外界空气与氢气相混，在催化剂存在下发生燃烧、爆炸。雷尼镍和钯炭要浸在酒精中储存，禁止暴露于空气中，钯炭回收时要用酒精及清水充分洗涤，过滤抽真空时不得抽得太干，以免氧化着火。

无论是金属还原反应，还是催化加氢还原反应，都有氢气存在。氢气的爆炸极限为4%～75%，如果操作失误或设备泄漏，都极易引起爆炸。高温高压下的氢对金属有渗透作用，易造成氢腐蚀，所以，设备和管道的选材要合理并需定期检测，以防发生事故。生产操作过程要稳定温度、压力、流量等工艺参数，配备安全阀、防爆膜、阻火器等安全设备，采用轻质屋面、高空排放、泄爆窗等安全措施。

3. 使用其他还原剂的还原反应

还原反应中常用还原剂火灾危险性大的有硼氢化钾和硼氢化钠、氢化铝锂、氢化钠、保险粉[连二亚硫酸钠（$Na_2S_2O_4$）]、异丙醇铝等。

硼氢化钾和硼氢化钠都是遇水燃烧物质，在潮湿的空气中能自燃，遇水和酸会分解产生大量的氢并有大量的反应热，会发生燃烧、爆炸。要储存于密闭容器中，置于干燥处。硼氢化钾通常溶解在液碱中比较安全。在化工生产中，调节酸碱度时要防止加酸过多、过快。

氢化铝锂有良好的还原性，但遇潮湿空气、水和酸极易燃烧，应浸没在煤油中储存。使用时应先将反应器用氮气置换干净，并在氮气保护下投料和反应。反应热由油类冷却剂移走，禁止用水冷却，防止水漏入反应器内发生爆炸。

用氢化钠作还原剂与水、酸的反应与氢化铝锂相似，它与甲醇、乙醇等反应相当激烈，有燃烧、爆炸的危险。

保险粉是一种还原效果较好且安全性较强的还原剂，在潮湿的空气中能分解析出黄色的硫黄蒸气。硫黄蒸气自燃点低，易自燃。化工生产过程中，在预制釜内加入定量冷水，有搅拌情况下缓慢加入保险粉，待溶解后再投入反应器与物料反应。

异丙醇铝常用于高级醇的还原，反应较温和。但在异丙醇铝制备时通常采用加热回流反应，会产生大量氢气和异丙醇蒸气，如果铝片或催化剂氯化铝的质量不佳，反应就不正常，往往先是不反应，温度升高后又突然反应，引起冲料，增加了燃烧、爆炸的危险性。

还原反应的中间体，特别是硝基化合物还原反应的中间体具有一定的火灾危险。例如，邻硝基苯甲醚还原为邻氨基苯甲醚的过程中，产生氧化偶氮苯甲醚，该中间体受热到150℃能自燃；苯胺在生产中如果反应条件控制不好，可以生成爆炸危险性很大的环己胺。

在还原过程中采用危险性小而还原性强的新型还原剂对安全生产很有意义。例如，用硫化钠代替铁粉还原，可以避免氢气产生，同时也消除了铁泥堆积的问题。

三、典型事故案例

【**案例 8-2**】1996 年 8 月 12 日，山东省某化学工业集团总公司制药厂在生产山梨醇过程中发生爆炸事故。该制药厂新开发的山梨醇于 7 月 15 日开始投料生产。8 月 12 日零时山梨醇车间乙班接班，氢化岗位的氢化釜处在加氢反应过程中。氢化釜在加氢反应过程中，氢气不断地加入，调压阀处于常动状态（工艺条件要求氢化釜内的工作压力为 4MPa），由于尾气缓冲罐下端残糖回收阀处于常开状态（此阀应处于常关状态，在回收残糖时才开此阀，回收完后随即关好，气源是从氢化釜调压出来的氢气），氢气被送至 3 号高位槽后，经槽顶呼吸管排到室内。因房顶全部封闭，又没有排气装置，致使氢气沿房顶不断扩散集聚，与空气形成爆炸混合气，达到了爆炸极限。二层楼平面设置了产品质量分析室，常开的电炉引爆了混合气，发生了空间化学爆炸。1 号、2 号液糖高位槽封头被掀裂，3 号液糖高位槽被炸裂，封头飞向房顶，4 台沉降槽封头被炸挤压入槽内，6 台尾气分离器、3 台缓冲罐被防爆墙掀翻砸坏，室内外的工艺管线、电气线路被严重破坏。

事故原因：安全技术操作规程没有论证审定，没有尾气缓冲罐回收阀操作程序规定；工艺设计不符合规范要求；没有按"三同时"要求，进行建设项目设立安全审查、建设项目安全设施设计审查和建设项目安全设施竣工验收。

第三节 取代反应

有机化合物分子里的某些原子或原子团被其他原子或原子团所代替的反应称为取代反

应。取代反应可分为亲核取代、亲电取代和均裂取代三类,其中芳族亲电取代反应和芳族亲核取代反应又可统称为芳族取代反应。

1. 亲核取代反应

饱和碳上的亲核取代反应很多。例如,卤代烷能分别与氢氧化钠、醇钠或酚钠、硫脲、硫醇钠、羧酸盐和氨或胺等发生亲核取代反应,生成醇、醚、硫醇、硫醚、羧酸酯和胺等;醇可与氢卤酸、卤化磷或氯化亚砜作用,生成卤代烃;卤代烷被氢化铝锂还原为烷烃,也是负氢离子对反应物中卤素的取代。由于反应物结构和反应条件的差异,亲核取代反应有两种机理,即单分子亲核取代反应(S_N1)和双分子亲核取代反应(S_N2)。

2. 芳族取代反应

分芳族亲电取代反应和芳族亲核取代反应两类。芳烃通过硝化、卤化、磺化和烷基化或酰基化反应,可分别在芳环上引进硝基、卤原子、磺酸基和烷基或酰基,这些都属芳族亲核取代反应。芳环上已有取代基的化合物,取代基对试剂的进攻有定位作用。苯环上的取代基为给电子基团和卤原子时,亲电试剂较多地进入其邻位和对位;取代基为吸电子基团时,则以得到间位产物为主。此外,除发生这些正常反应外,有时试剂还可以进攻原有取代基的位置并取而代之,这种情况称为原位取代。

芳族取代反应需要在一定条件下才能进行。如卤代芳烃一般不易发生芳族取代反应,但当卤原子受到邻位或对位硝基的活化,则易被取代。卤代芳烃在强碱条件下也可发生取代反应。此外,芳香族重氮盐由于离去基团断裂成为稳定的分子氮,有利于生成苯基正离子,也能发生类似 S_N1 的反应。

3. 均裂取代反应

均裂取代反应为自由基对反应物分子中某原子的进攻,生成产物和一个新的自由基的反应。这种反应通常是自由基链式反应的链转移步骤。一些有机物在空气中会发生自动氧化,其过程也是均裂取代,如苯甲醛、异丙苯和四氢萘等与氧气作用,可分别生成相应的有机过氧化物。

下面重点分析化工生产中应用较多的硝化、氯化、磺化、烷基化、重氮化反应等取代反应的安全技术。

一、硝化反应

1. 硝化反应及其应用

硝化反应通常是指向有机物分子中引入硝基（—NO_2）的反应过程。脂肪族化合物硝化时有氧化-断键副反应,工业上很少采用。硝基甲烷、硝基乙烷、硝基丙烷等四种硝基烷烃气相法生产过程,是 20 世纪 30 年代美国商品溶剂公司开发的。迄今该法仍是制取硝基烷烃的主要工业方法。此外,硝化也泛指氮的氧化物的形成过程。

工业上应用较多的是芳烃的硝化,以硝基取代芳环（Ar）上的氢,可用以下通式表示:

$$Ar-H + HNO_3 \longrightarrow Ar-NO_2 + H_2O$$

各种芳香族硝基化合物,如硝基苯、硝基甲苯和硝基氯苯等是染料中间体。有些硝基化合物是炸药,如 2,4,6-三硝基甲苯（即 TNT）。芳香族硝基化合物还原可制得各种芳伯胺,如苯胺等。

有机化学中最重要的硝化反应是芳烃的硝化,向芳环上引入硝基的最主要的作用是作为制备氨基化合物的一条重要途径,进而制备酚、氟化物等化合物。

2. 硝化反应的主要危险性

① 硝化反应是放热反应,温度越高,硝化反应的速率越快,放出的热量越多,越易造成温度失控而爆炸。

② 被硝化的物质大多为易燃物质,有的兼具毒性,如苯、甲苯、脱脂棉等,使用或储

③ 混酸具有强烈的氧化性和腐蚀性，与有机物特别是不饱和有机物接触即能引起燃烧。硝化反应的腐蚀性很强，会导致设备的强烈腐蚀。混酸在制备时，若温度过高或落入少量水，会促使硝酸的大量分解，引起突沸冲料或爆炸。

④ 硝化产物大都具有火灾、爆炸危险性，尤其是多硝基化合物和硝酸酯，受热、摩擦、撞击或接触点火源，极易爆炸或着火。

3. 硝化反应的安全技术要点

① 硝化设备应确保严密不漏，防止硝化物料溅到蒸气管道等高温表面上而引起爆炸或燃烧。如管道堵塞时，可用蒸气加温疏通，千万不能用金属棒敲打或明火加热。

② 硝化车间厂房设计应符合我国爆炸危险场所安全规定，车间内禁止带入火种，电气设备要防爆。当设备需动火检修时，应拆卸设备和管道，并移至车间外安全地点，用水蒸气反复冲刷残留物质，经分析合格后，方可施焊。需要报废的管道，应专门处理后堆放起来，不可随便拿用，避免意外事故发生。

③ 配制混酸时，应先用水将浓硫酸稀释，稀释应在搅拌和冷却情况下将浓硫酸缓慢加入水中，以免发生爆溅。配制稀硫酸后，在不断搅拌和冷却条件下加浓硝酸，应严格控制温度以及酸的配比，直至充分搅拌均匀为止。

④ 硝化过程应严格控制加料速度，控制硝化反应温度。硝化反应器应有良好的搅拌和冷却装置，不得中途停水断电及搅拌系统发生故障。硝化器应安装严格的温度自动调节、报警及自动联锁装置，当超温或搅拌故障时，能自动报警并停止加料。硝化器应设有泄爆管和紧急排放系统，一旦温度失控，紧急排放到安全地点。

⑤ 取样时可能发生烧伤事故。为了使取样操作机械化，应安装特制的真空仪器，此外最好还要安装自动酸度记录仪。取样时应当防止未完全硝化的产物突然着火。例如，当搅拌器下面的硝化物被放出时，未发生反应的硝酸可能与被硝化产物发生反应等。

⑥ 向硝化器加入固体物质，必须采用漏斗或翻斗车使加料工作机械化。从自动加料器上部的平台上将物料沿专用的管子加入硝化器中。

⑦ 对于特别危险的硝化物，则需将其放入装有大量水的事故处理槽中。为了防止外界杂质进入硝化器中，应仔细检查硝化器中的半成品。

⑧ 由填料函落入硝化器中的油能引起爆炸事故，因此，在硝化器盖上不得放置用油浸过的填料。在搅拌器的轴上，应备有小槽，以防止齿轮上的油落入硝化器中。

⑨ 进行硝化过程时，不需要压力，但在卸出物料时，需采用一定压力，因此，硝化器应符合加压操作容器的要求。加压卸料时可能造成有害蒸气泄入操作厂房空气中，为了防止此类情况的发生，应改用真空卸料。装料口经常打开或者用手进行装料以及在物料压出时不可能逸出蒸气，应当尽量采用密闭化措施。由于设备易腐蚀，必须经常检修更换零部件，这也可能引起人身事故。

⑩ 由于硝基化合物具有爆炸性，因此必须特别注意处理此类物质过程中的危险性。例如，二硝基苯酚甚至在高温下也无危险，但当形成二硝基苯酚盐时，则变为危险物质；三硝基苯酚盐（特别是铅盐）的爆炸力是很大的。在蒸馏硝基化合物（如硝基甲苯）时，必须特别小心。因蒸馏在真空下进行，硝基甲苯蒸馏后余下的热残渣能发生爆炸，这是由于热残渣与空气中的氧相互作用的结果。

4. 典型事故案例

【案例 8-3】 2003 年 4 月 12 日，江苏省某厂三硝基甲苯（TNT）生产线硝化车间发生特大爆炸事故。爆炸事故发生后，该车间及其内部 40 多台设备荡然无存，现场留下一个方圆约 $40m^2$、深 7m 的锅底形大坑，坑底积水 2.7m，据估算这次事故爆炸的药量约为 40t TNT

当量。爆炸不仅使工房被摧毁，而且精制、包装工房，空压站及分厂办公室遭到严重破坏，相邻分厂也受到严重影响。位于爆炸中心西侧的三分厂、南侧的五分厂、北侧的六分厂和热电厂，凡距爆炸中心 600m 范围内的建筑物均遭严重破坏；1200m 范围内的建筑物局部破坏，门窗玻璃全被震碎；3000m 范围内的门窗玻璃部分震碎。在爆炸中心四周的近千株树木，或被冲击波拦腰截断，或被冲倒，或树冠被削去半边。爆炸飞散物——残墙断壁和设备碎块，大多抛落在 300m 半径范围内，少数飞散物抛落甚远。例如，一根长 800mm、ϕ80mm 的钢轴飞落至 1685m 处；一个数十吨重的钢筋混凝土块（原硝化工房拱形屋顶的残骸）被抛落在东南方 487m 处，将埋在地下 2m 深处的 ϕ400mm 铸铁管上水干线砸断，使水大量溢出；一个数十千克重的水泥墙残块飞至 310m，砸穿三分厂卫生巾生产工房的屋顶，将室内 2 名女工砸成重伤。

事故中死亡 17 人、重伤 13 人、轻伤 94 人；报废建筑物约 $5\times10^4 m^2$，严重破坏的建筑物 $5.8\times10^4 m^2$，一般破坏的建筑物 $17.6\times10^4 m^2$；设备损坏 951 台（套），直接经济损失达 2266.6 万元。此外由于停产和重建，间接损失更加巨大。

事故原因：工艺设计有问题，硝化反应前移，管理混乱，违反操作规程等。

二、氯化反应

1. 氯化反应及其应用

氯化反应指氯原子取代有机化合物中氢原子的反应过程。化工生产中的这种取代过程是直接用氯化剂处理被氯化的原料。工业上通常用液态或气态的氯、气态氯化氢和各种浓度的盐酸、磷酰氯（三氯氧化磷）、三氯化磷、硫酰氯（二氯硫酰）、次氯酸钙（漂白粉）等氯化剂生产氯仿、四氯化碳、氯乙烷、苯酚等产品。

2. 常用的氯化方法

（1）热氯化法

热氯化法是以热能激发氯分子，使其分解成活泼的氯自由基进而取代烃类分子中的氢原子，而生成各种氯衍生物。工业上将甲烷氯化制取各种甲烷氯衍生物，丙烯氯化制取 α-氯丙烯，均采用热氯化法。

（2）光氯化法

光氯化法是以光能激发氯分子，使其分解成氯自由基，进而实现氯化反应。光氯化法主要应用于液氯相氯化，例如，苯的光氯化制备农药等。

（3）催化氯化法

催化氯化法是利用催化剂以降低反应活化能，促使氯化反应的进行。在工业上均相和非均相的催化剂均有采用，例如将乙烯在 $FeCl_2$ 催化剂存在下与氯加成制取二氯乙烷，乙炔在 $HgCl_2$、活性炭催化剂存在下与氯化氢加成制取氯乙烯等。

（4）氧氯化法

以 HCl 为氯化剂，在氧和催化剂存在下进行的氯化反应，称为氧氯化反应。

生产含氯衍生物的化学反应有取代氯化和加成氯化。

3. 氯化反应过程的危险性分析

① 氯气本身的毒性较大，储存压力较高，一旦泄漏，易发生中毒、爆炸事故。

② 氯化反应过程所用的原料大多是有机物，具有易燃、易爆危险。

③ 氯化反应是一个放热过程（有些是强放热过程，如甲烷氯化，每取代 1mol 原子氢，放出热量 100kJ 以上），尤其在较高温度下进行氯化，反应更为激烈。如温度失控，可造成超压爆炸的危险。

④ 液氯汽化时，高热使液氯剧烈汽化，可造成内压过高而爆炸。

⑤ 氯化反应几乎都有氯化氢气体生成，氯化氢能腐蚀生产设备、设施。

4. 氯化反应的安全技术要点

(1) 氯气的安全使用

在化工生产中，氯气是最常用的氯化剂，储运的基本形态是液氯，通常灌装于钢瓶和槽车中，要密切注意外界温度和压力的变化。化工生产工艺流程是储罐—蒸发器—缓冲罐—氯化反应器—后序设备。一般情况下不能把储存氯气的钢瓶或槽车当储罐使用，否则被氯化的有机物质可能倒流进入气瓶或槽车，引起爆炸。一般氯化器前应设置氯气缓冲罐，防止氯气断流或压力减小时形成倒流。

(2) 氯化反应过程的安全要求

① 氯化反应过程中应严格控制各种火源，电气设备应符合防火防爆的要求。

② 一般氯化反应设备有良好的冷却系统，并严格控制氯气的流量，以避免因氯气流量过快，温度剧升而引起事故。例如环氧氯丙烷生产中，丙烯预热至300℃左右进行氯化，反应温度可升至500℃，在这样高的温度下，如果物料泄漏就会造成燃烧或引起爆炸。

③ 液氯的蒸发汽化装置，一般采用汽水混合物，其流量可以采用自动调节装置。加热温度不超过50℃。在氯气的入口处，应当备有氯气的计量装置，从钢瓶中放出氯气时可以用阀门来调节流量。

(3) 设备设施的防腐措施

氯化反应的设备、管路等应合理选择防腐蚀材料。通过采用吸收和冷却装置回收氯化氢气体制取盐酸，除去尾气中绝大部分氯化氢，这是较为经济的工艺路线。另外也可以采用活性炭吸附和化学处理方法及冷凝法。采用冷凝方法较合理，但要消耗的冷量较大。

5. 典型事故案例

【案例8-4】江苏省某化工公司的1号生产厂房由硝化工段、氟化工段和氯化工段三部分组成。由前两个工段生产的2,4-二硝基氟苯，在一定温度下通入氯气反应生成最终产品2,4-二氯氟苯。2006年7月27日15:10，首次向氯化反应塔塔釜投料。17:20，通入导热油加热升温；19:10，塔釜温度上升到130℃，此时开始向氯化反应塔塔釜通氯气；20:15，操作工发现氯化反应塔塔顶冷凝器没有冷却水，于是停止向釜内通氯气，关闭导热油阀门。28日4:20，在冷凝器仍然没有冷却水的情况下，又开始通氯气，并开导热油阀门继续加热升温；7:00，停止加热；8:00，塔釜温度为220℃，塔顶温度为430℃；8:40，氯化反应塔发生爆炸。据估算，氯化反应塔物料的爆炸当量相当于406kg TNT，爆炸半径约为30m，造成1号厂房全部倒塌，死亡22人，受伤29人，其中3人重伤。

事故原因：管理混乱，责任心淡薄；不严格执行操作规程；指示仪器失效。

三、磺化反应

1. 磺化反应及其应用

磺化反应是在有机化合物分子中引入磺酸基（—SO_3H）或它相应的盐或磺酰卤基（—SO_2Cl）的反应。常用的磺化剂有发烟硫酸、亚硫酸钠、亚硫酸钾、三氧化硫等。磺化反应在化工生产中应用较为普遍，如用硝基苯与发烟硫酸生产间氨基苯磺酸钠，卤代烷与亚硫酸钠在高温加压条件下生产磺酸盐等均属磺化反应。

2. 磺化反应过程的危险性分析

① 磺化剂浓硫酸、发烟硫酸、三氧化硫、氯磺酸（剧毒化学品）都是氧化性物质，且有的是强氧化剂，遇水放出大量的热，可能会造成沸溢，甚至出现燃烧或爆炸。

② 磺化反应是放热反应，若投料顺序颠倒、投料速度过快、搅拌不良、冷却效果不佳等，都有可能造成反应温度升高，会引起燃烧或爆炸事故。

③ 磺化过程中产生硫酸，具有很强的腐蚀作用，增加了对设备的腐蚀破坏。

3. 磺化反应的安全技术要点

① 使用磺化剂必须严格防水、防潮，严格防止接触各种易燃物，以免发生火灾爆炸。

② 磺化反应系统应设置安全防爆装置和紧急放料装置，一旦温度失控，立即紧急放料，并进行紧急冷处理。

③ 磺化反应系统应有良好的搅拌和有效的冷却装置，及时散发反应放出的热量，避免温度失控。

④ 严格控制投料速度和顺序，避免反应温度过高造成沸溢。

4. 典型事故案例

【案例 8-5】 1989 年 1 月 13 日 20 时 50 分，某市染料化工厂氨基苯磺酸钠车间硫化反应釜在硫化反应终点准备放料时发生爆炸。死亡 3 人，重伤 3 人，直接经济损失达 24900 元，间接经济损失 50000 元。爆炸后，13m 高的三层楼厂房（340m^2）被炸毁，周围 160m 范围内的厂房玻璃大部分被震碎；釜门被冲开，釜盖框架断裂，转动轴弯曲。

事故原因：操作人员未将釜门关到操作规程要求的位置，就通知送气，由于釜门摩擦力不够，釜门被冲开，这是事故发生的直接原因。

四、烷基化反应

1. 烷基化反应及其应用

烷基化反应是在有机化合物中的氮、氧、碳等原子上引入烷基（—R）的化学反应。引入的烷基有甲基（—CH_3）、乙基（—C_2H_5）、丙基（—C_3H_7）、丁基（—C_4H_9）等。常用烯烃、卤代烃、醇等作烷基化剂。烷基化是有机合成的重要反应之一，如制备 N,N-二甲基苯胺、苯甲醚等化工原料都是通过烷基化反应而实现的。

2. 烷基化反应过程的危险性分析

① 被烷基化的物质以及烷基化剂大都具有燃烧、爆炸等危险。如苯是中闪点易燃液体，闪点为 -11℃，爆炸极限为 1.2%~8%；甲醇是常用的烷基化试剂，其闪点为 11℃，爆炸极限为 5.5%~44%。

② 烷基化过程所用的催化剂反应活性强。如氯化铝是遇湿易燃物品，有强烈的腐蚀性，遇水或水蒸气分解放热，放出氯化氢气体，有时能引起爆炸，若接触可燃物，则易着火；三氯化磷是腐蚀性忌湿液体，遇水或乙醇剧烈分解，放出大量的热和氯化氢气体，有极强的腐蚀性和刺激性，有毒，遇水及酸（主要是醋酸、硝酸）发热、冒烟，有发生起火爆炸的危险。

③ 烷基化反应都是在加热条件下进行的。如果原料、催化剂、烷基化剂等加料次序颠倒、速度过快或搅拌停止，就会发生剧烈反应，引起冲料，造成燃烧或爆炸事故。

④ 烷基化产品亦有一定的火灾危险性。

3. 烷基化反应的安全技术要点

① 使用的烷基化剂必须防水、防潮，以免发生火灾爆炸。

② 烷基化反应系统应设置完善的消防设施和可燃气体监测报警仪。

③ 烷基化反应系统应有良好的搅拌和有效的冷却装置，及时散发反应放出的热量，避免温度失控。

④ 严格控制投料速度和顺序，避免发生剧烈反应引起冲料，造成着火或爆炸。

第四节 裂解反应

广义地说，凡是有机化合物在高温下分子发生分解的反应过程都称为裂解反应。裂解反应可分为热裂解反应、催化裂解反应、加氢裂解反应三种类型。

一、热裂解反应

1. 热裂解反应及其应用

热裂解反应是在隔绝空气加强热（>459℃），烷烃分子中的 C—C 和 C—H 键均裂，形成含碳较少的烃分子，是自由基反应。例如石油烃（裂解原料）在隔绝空气和高温条件下，分子发生分解反应而生成小分子烃类的过程。

热裂解反应通常可以划分为一次反应和二次反应。一次反应，即由原料烃类经热裂解生成乙烯和丙烯的反应。二次反应，主要是指一次反应生成的乙烯、丙烯等低级烯烃进一步发生反应生成多种产物，甚至最后生成焦或炭。

2. 热裂解反应过程中的危险性分析

（1）管式裂解炉容易产生结焦

热裂解反应温度高、反应时间短，以防止裂解气体二次反应而使裂解炉管结焦，随着裂解的进行，焦的积累不断增加，影响管壁的导热性能，造成局部过热，烧坏设备，甚至堵塞炉管，引起事故。

（2）引风机故障

由于断电或机械故障使引风机突然停止工作，则炉膛内很快变成正压，会从窥视孔或烧嘴等处向外喷火，严重时会引起炉膛爆炸。

（3）燃料气压力降低

裂解炉采用燃料油作燃料时，若燃料油的压力降低，也会使油嘴回火。因此，当燃料油压力降低时应自动切断燃料油的供应，同时停止进料。

3. 热裂解反应的安全技术要点

（1）引风机故障的预防

为了预防引风机故障，必须设置联锁装置，一旦引风机故障停车，则裂解炉自动停止进料并切断燃料供应，但应继续供应稀释蒸气，以带走炉膛内的余热。

（2）燃料气压力降低的控制

裂解炉正常运行中，若燃料系统大幅度波动，燃料气压力过低，则可能造成裂解炉烧嘴回火，使烧嘴烧坏，甚至会引起爆炸。

裂解炉采用燃料油作燃料时，若燃料油的压力降低，也会使油嘴回火。因此，当燃料油压力降低时应自动切断燃料油的供应，同时停止进料。

当裂解炉同时用油和气作燃料时，如果油压降低，则在切断燃料油的同时，将燃料气切入烧嘴，裂解炉可继续维持运转。

（3）其他公用工程故障的防范

裂解炉其他公用工程（如锅炉给水）中断，则废热锅炉汽包液面迅速下降，如不及时停炉，必然会使废热锅炉炉管、裂解炉对流段锅炉给水预热管损坏。此外，水、电、蒸汽出现故障，均能使裂解炉发生事故。在此情况下，裂解炉应能自动停车。

4. 典型事故案例

【**案例 8-6**】1997 年 1 月 21 日，美国加州托斯科埃文炼油厂加氢裂解单元发生爆炸事故，造成 1 人死亡，46 人受伤（其中 13 人重伤），以及周围居民的预防性疏散、庇护。

该装置加氢裂解 2 段 3 号反应器 4 催化剂床产生一个热点（该热点极有可能是由于催化剂在床层内流动和热量分布不均造成的），发生温度偏离；并通过下一催化剂床 5 床扩散，5 床产生的过热升高了反应器出口温度。由于操作人员没有按照操作规程规定的"反应器温度超过 800°F（426.7℃）即泄压停车"执行。2 段 3 号反应器使温度偏离没有得到控制，致使该反应器出口管因极度高温（可能超过 760℃）而发生破裂。轻质气体（主要是从甲烷到丁烷的混合物、轻质汽油、重汽油、汽油和氢气）从管道泄出，遇到空气立即自燃，发生爆炸及火灾事故。

事故原因：监督管理不力，操作人员违反规程；在设计和运行反应器的温度监控系统过程中考虑人的因素不够；生产运行和维护工作不充分；工艺危险分析存在错误；操作规程过时且不完善。

二、催化裂解反应

1. 催化裂解反应及其应用

催化裂解反应是在催化剂作用下发生的裂解反应。一般强度较低，但反应机理不是自由基反应，而是离子型反应。

催化裂解技术是重油轻质化的重要手段之一。燃油企业中一半以上的效益是靠催化裂解取得的。

2. 催化裂解反应过程中的危险性分析

① 催化裂解一般在较高温度（460～520℃）和 0.1～0.2MPa 压力下进行，火灾危险性较大。

② 若操作不当，再生器内的空气和火焰进入反应器中会引起恶性爆炸。

③ U形管上的小设备和小阀门较多，易漏油着火。

④ 在催化裂化过程中还会产生易燃的裂化气，以及在烧焦或催化剂不正常时，还可能出现可燃的一氧化碳气体。

3. 催化裂解反应的安全技术要点

（1）反应原料气的控制

在催化反应中，当原料气中某种能和催化剂发生反应的杂质含量增加时，可能会生成爆炸性危险物，这是非常危险的。例如，在乙烯催化氧化合成乙醛的反应中，由于在催化剂体系中含有大量的亚铜盐，若原料气中含乙炔过高，则乙炔与亚铜反应生成乙炔铜，其自燃点为 260～270℃，在干燥状态下极易爆炸，在空气作用下易氧化并易起火；烃与催化剂中的金属盐作用生成难溶性的钯块，不仅使催化剂组成发生变化，而且钯块也极易引起爆炸。

（2）反应操作的控制

在催化过程中若催化剂选择的不正确或加入不适量，易形成局部反应激烈；另外，由于催化反应大多需在一定温度下进行，若散热不良、温度控制不好等，很容易发生超温爆炸或着火事故。从安全角度来看，催化过程中应该注意正确选择催化剂，保证散热良好，不使催化剂过量、局部反应激烈，严格控制温度。如果催化反应过程能够连续进行，自动调节温度，就可以减少其危险性。

（3）催化产物的控制

在催化过程中有的产生氯化氢，氯化氢有腐蚀和中毒危险；有的产生硫化氢，则中毒危险更大，且硫化氢在空气中的爆炸极限较宽（4.3%～45.5%），生产过程中还有爆炸危险；有的催化过程产生氢气，着火爆炸的危险更大，尤其在高压下，氢的腐蚀作用可使金属高压容器脆化，从而造成破坏性事故。

三、加氢裂化反应

1. 加氢裂化反应及其应用

加氢裂化反应是在较高压力下，烃类分子与氢气在催化剂表面进行裂解和加氢反应生成较小分子的转化过程，同时也发生加氢脱硫、脱氮和不饱和烃的加氢反应。

高压加氢裂化可以加工各种重质劣质原料油，生产优质汽油、煤油、柴油、润滑油及化工石脑油和蒸汽裂解制乙烯原料。

2. 加氢裂化反应过程中的危险性分析

① 由于加氢裂解使用大量氢气，而且反应温度和压力都较高，在高压下钢与氢气接触，

钢材内的碳分子易被氢气所夺取，使碳钢硬度增大而降低强度，产生氢脆，如设备或管道检查或更换不及时，就会在高压（10～15MPa）下发生设备爆炸。

② 加氢是强烈的放热反应，反应器必须通冷氢以控制温度。因此，要加强对设备的检查，定期更换管道、设备，防止氢脆造成事故。

③ 加热炉要平稳操作，防止设备局部过热，防止加热炉的炉管烧穿或者高温管线、反应器漏气而引起着火。

3. 加氢裂化反应的安全技术要点

① 为了预防高压氢泄漏引起爆炸，在压缩机各段都应安装压力表和安全阀，在最后一段上最好安装两个安全阀和两个压力表。另外，高压设备和管道的选材要防止氢腐蚀并定期进行检验。

② 为了防止因高压致使设备损坏，氢气泄漏达到爆炸浓度，应有充足的备用蒸汽或惰性气体，以便应急。另外，室内通风应当良好，因氢气密度较小，宜采用天窗排气。

③ 冷却机器和设备用水不得含有腐蚀性物质。在开车或检修设备、管线之前必须用氮气吹扫。吹扫气体应高空排放防止窒息或中毒。

④ 由于停电或无水而停车的系统，应保持余压，以免空气进入系统。无论在什么情况下，处于带压的设备不得进行拆卸检修。

第五节 聚合反应

将若干个分子结合为一个较大的、组成相同而相对分子质量较高的化合物的反应过程称为聚合反应。所以聚合物就是由单体聚合而成的、相对分子质量较高的物质。相对分子质量较低的称作低聚物；相对分子质量高达几千甚至几百万的称为高聚物或高分子化合物。例如三聚甲醛是甲醛的低聚合物，聚氯乙烯是氯乙烯的高聚合物。

聚合反应的类型很多，按照聚合的方式可分为个体聚合、悬浮聚合、溶液聚合、乳液聚合以及缩合聚合。按聚合物单体元素组成和结构的不同，可分加聚反应和缩聚反应两大类。

一、加聚反应

1. 加聚反应及其应用

小分子的烯烃或烯烃的取代衍生物在加热和催化剂作用下，通过加成反应结合成高分子化合物的反应，叫做加成聚合反应，简称加聚反应。加聚反应广泛应用于塑料及合成树脂工业中，如合成聚氯乙烯、氯丁橡胶、有机玻璃等。

2. 加聚反应过程中的危险性分析

① 单体、溶剂、引发剂、催化剂等大多属易燃、易爆物质，在压缩过程中或在高压系统中泄漏，易发生火灾爆炸。

② 聚合反应中加入的引发剂都是化学活泼性很强的过氧化物，一旦配料比控制不当，容易引起暴聚，反应器超压而引起爆炸。

③ 聚合反应的热量如不能及时导出，如搅拌发生故障、停电、停水、聚合物粘壁而造成局部过热等，均可使反应器温度迅速增加，导致爆炸。

3. 加聚反应的安全技术要点

① 应设置可燃气体检测报警器，一旦发现设备、管道有可燃气体泄漏，将自动停车。

② 高压分离系统应设置安全阀、爆破片、导爆管，并有良好的静电接地系统，一旦出现异常能及时泄压。

③ 反应釜的搅拌和温度应有检测和联锁装置，发现异常能自动停车或打入终止剂停止

反应进程。

④ 对催化剂、引发剂等要加强严格管理，控制好过氧化物引发剂在水中的配比，避免冲料。

4. 典型事故案例

【案例 8-7】 1990 年 1 月 27 日 1 时 30 分，湖南省某化工厂聚氯乙烯车间发生爆炸事故，造成 2 人死亡、2 人轻伤；直接经济损失 25 万元，车间停产 3 个月之久。

(1) 事故经过

1990 年 1 月 27 日 1 时 30 分，湖南省某化工厂聚氯乙烯车间 1 号聚合反应釜（13m³ 搪瓷釜），设计压力为 $(8\pm0.2)\times10^2$ kPa。该釜加料完毕后，18 时 40 分达到指示温度，开始聚合；聚合反应过程中，由于其间反应激烈，注加稀释水等操作以控制反应温度。28 日早 6 时 50 分，釜内压力降到 3.42×10^2 kPa，温度为 51℃，反应已达 12h。取样分析釜内气体氯乙烯、乙炔含量后，根据当时工艺规定可向氯乙烯柜排气到 8 时，釜内压力为 1.7×10^2 kPa。白班接班后，继续排气到 8 时 53 分，釜内压力降到 1.5×10^2 kPa，即停止排气而开动空气压缩机压入空气向 3 号沉析槽出料。9 时 10 分，3 号沉析槽泡沫太多，已近满量，沉析岗位人员怕跑料，随即通知聚合操作人员把出料阀门关闭，以便消除沉析槽泡沫，而后再启动空气压缩机压入空气出料，但由于出料管线被沉积树脂堵塞，此时虽釜内压力已达到 4.22×10^2 kPa，物料仍然压不过来，空气压缩机被迫停机。当时聚合操作人员林某赶到干燥工段找回当班班长廖某（代理值班长）共同处理，当林某和廖某刚回到 1 号釜旁即发生釜内爆炸，将人孔盖螺栓冲断，釜盖飞出，接着一团红光冲出，而后冒出有窒息性气味的黑烟、黄烟。

(2) 事故原因分析

事故的直接原因是采用压缩空气出料工艺过程中，空气与未聚合的氯乙烯形成爆炸性混合物（氯乙烯在空气中的爆炸范围为 4%～22%），提供了爆炸的物质条件。

二、缩聚反应

1. 缩聚反应及其特征

(1) 缩聚反应的定义

单体间相互反应生成高分子化合物，同时还生成小分子（水、氨等分子）的反应叫缩聚反应。例如，甲醛跟过量苯酚在酸性条件下生成酚醛树脂（线型）；在碱性和甲醛过量条件下，则生成网状高分子。

根据反应条件可分为熔融缩聚反应、溶液缩聚反应、界面缩聚反应和固相缩聚反应四种；根据所用原料可分为均缩聚反应、混缩聚反应和共缩聚反应三种；根据产物结构又可分为二向缩聚（或线型缩聚）反应和三向缩聚（或体型缩聚）反应两种。

(2) 缩聚反应的特征

① 缩聚反应通常是官能团间的聚合反应，如酯化反应就是一个典型的缩聚反应，反应中有低分子副产物产生，如水、醇、胺等。

② 缩聚物中往往留有官能团的结构特征，如—OCO—、—NHCO—，故大部分缩聚物都是杂链聚合物。

③ 缩聚物的结构单元比其单体少若干原子，故相对分子质量不再是单体相对分子质量的整数倍。

2. 缩聚反应的危险性分析

① 缩聚反应是吸热反应，但如果温度过高，也会导致系统的压力增加，甚至引起爆裂，泄漏出易燃易爆的单体。

② 缩聚反应中加入的引发剂都是化学活泼性很强的过氧化物，一旦配料比控制不当，

容易引起暴聚，使反应器超压易引起爆炸。

3. 缩聚反应的安全技术要点

① 应设置反应器的搅拌、温度控制联锁装置及反应抑制剂添加系统，出现异常情况时能自动启动抑制剂添加系统，自动停车。

② 应严格控制配料比例，防止因热量暴聚引起的反应器压力骤增。

第六节 电解反应

一、电解反应及其应用

电流通过电解质溶液或熔融电解质时，在两个电极上所引起的化学变化，称为电解。电解过程中能量变化的特征是电能转变为电解产物蕴藏的化学能。

电解在工业生产中有广泛的应用。许多金属（钠、钾、镁、铝等）、稀有金属（锆、铪等）、有色金属（铜、锌、铅）等的冶炼与精炼，许多基本化学工业产品（氢、氯、烧碱、氯酸钾、过氧化氢等）的制备以及电镀、电抛光、阳极氧化等都是通过电解来实现的。

二、食盐电解生产工艺

食盐溶液电解是化学工业中最典型的电解反应之一。食盐水电解可以制得苛性钠、氯气、氢气等产品。目前采用的电解食盐水方法有隔膜法、水银法、离子交换电解法等。电解食盐水的简要工艺流程如图 8-1 所示。

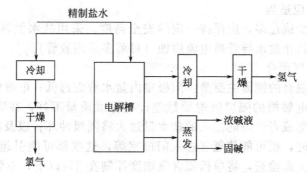

图 8-1 电解食盐水的简要工艺流程

电解食盐水的简要工艺流程是首先溶化食盐，除去杂质，精制盐水送电解工段。电解槽开车前，注入盐水的液面超过阴极室高度，使整个阴极室浸在盐水中。通直流电后，电解槽带有负电荷的氯离子向阳极运动，在阳极上放电后成为不带电荷的氯原子，并结合成为氯分子从盐水液面逸出而聚集于盐水上方的槽内，氯气由排出管送往氯气干燥、压缩工段。带有正电荷的氢离子向阴极运动，在阴极上放电后成为不带电荷的氢原子，并结合成为氢分子而聚集于阴极槽内，氢气由排出管送往氢气干燥、压缩工段。

立式隔膜电解槽生产的碱液约含碱 11%，而且含有氯化钠和大量的水。为此要经过蒸发浓缩工段将水分和食盐除掉，生成的浓碱液再经过熬制即得到固碱或加工成片碱。水银法生产的碱液浓度为 45% 左右。离子膜法生产的碱液浓度为 31% 左右，含盐量极少。

电解产生的氢气和氯气，由于含有大量的饱和水蒸气和氯化氢气体，对设备的腐蚀性很强，所以氯气要送往干燥工段经硫酸洗涤，除掉水分，然后送入氯气液化工段，以提高氯气的纯度。氢气经固碱干燥、压缩后送往使用单位。

三、食盐水解的危险性分析

1. 氯气泄漏的中毒危险

氯气属于剧毒化学品，本身不燃，具有助燃性；对眼睛、呼吸道有刺激作用，严重时会使人畜中毒，甚至死亡。因此，食盐电解时发生氯气泄漏，容易发生中毒事故。

2. 氢氯混合的爆炸危险

氢气是极易燃烧的气体，氯气是氧化性很强的有毒气体，一旦两种气体混合极易发生爆炸，当氯气中含氢量达到5%以上，则随时可能在光照或受热情况下发生爆炸。

3. 杂质反应产物的分解爆炸危险

盐水中如含有铁杂质，能够产生第二阴极而放出氢气。盐水中带入铵盐，在适宜的条件下（pH<4.5时），铵盐和氯作用可生成氯化铵，氯作用于浓氯化铵溶液还可生成黄色油状的三氯化氮。三氯化氮是一种爆炸性物质，与许多有机物接触或加热至90℃以上以及被撞击，即发生剧烈的分解爆炸。

4. 碱液灼伤及触电危险

电解槽内盐水盛装过满、电解温度过高引起碱液飞溅，易发生碱液灼伤事故；电解槽对地绝缘损坏，或电极板和电极框之间绝缘损坏等情况都有引起触电的危险。

四、食盐水解的安全技术要点

1. 盐水应保证质量

盐水配制必须严格控制质量，尤其是铁、钙、镁和无机铵盐的含量。一般要求 $c(Mg^{2+})<2mg/L$，$c(Ca^{2+})<6mg/L$，$c(SO_4^{2-})<5mg/L$。应尽可能采取盐水纯度自动分析装置，这样可以观察盐水成分的变化，随时调节碳酸钠、苛性钠、氯化钡或丙烯酰胺的用量。

2. 盐水添加高度应适当

盐水添加不可过少或过多，应保持一定的安全高度。采用盐水供料器应间断供给盐水，以避免电流的损失，防止盐水导管被电流腐蚀（目前多采用胶管）。

3. 防止氢气与氯气混合

造成氢气和氯气混合的原因主要是：阳极室内盐水液面过低；电解槽氢气出口堵塞，引起阴极室压力升高；电解槽的隔膜吸附质量差；石棉绒质量不好，在安装电解槽时碰坏隔膜，造成隔膜局部脱落或者送电前注入的盐水量过大将隔膜冲坏；以及阴极室中的压力等于或超过阳极室的压力时，就可能使氢气进入阳极室等，这些都可能引起氯气中含氢量增高。此时应对电解槽进行全面检查，将单槽氯含氢浓度控制在2%以下，总管氯含氢浓度控制在0.4%以上。

4. 严格电解设备的安装要求

电解槽应安装在自然通风良好的单层建筑物内，厂房应有足够的防爆泄压面积。电解槽食盐水入口处和碱液出口处应考虑采取电气绝缘措施，以免漏电产生火花。氢气系统与电解槽的阴极箱之间也应有良好的电气绝缘。整个氢气系统应良好接地，并设置必要的水封或阻火器等安全装置。

5. 掌握正确的应急处理方法

在生产中当遇到突然停电或其他原因突然停车时，高压阀不能立即关闭，以免电解槽中氯气倒流而发生爆炸。应在电解槽后安装放空管，以及时减压，并在高压阀门上安装单向阀，以有效地防止跑氯，避免污染环境和带来火灾危险。

五、典型事故案例

【案例8-8】 2003年6月3日，某化工厂电解车间氯气系统发生爆炸，造成氯气进口部分管道、氯气水封和水雾捕集器等不同程度损坏，停产28h，所幸无人员伤亡。

6月3日5:10，该厂电解车间检修；当日20:00开车生产；氯氢处理工段于17:30开启罗茨风机；20:05开启氯气3号泵；20:10送直流电生产；20:35电流升至8000A，此时，氯氢处理工段氯气压力为 0.16MPa，氢气压力为 0.026MPa，运行平稳；20:40，氢处理工段当班班长启动氯水泵（此泵为洗涤三氯化氮用），在开进口阀门后的瞬间，氯气系统发生爆炸。

事故原因：电解工段部分盐水总管有盐阻塞，使盐水流通不畅。在送电时，电解槽隔膜疏松，电解液流大，盐水补充跟不上，使部分电解槽水位偏低，液封高度不够，使氢气进入阳极室，随氯气一起进入氯气系统，造成氯气总管内氢量增大。在送直流电约 30~40min，氯内含氢浓度较高，有可能在氯氢处理工段积聚，并达到了爆炸极限范围。电流升至 8000A 时，氢处理工段班长启动氯水泵（此泵应在送直流电前开），氯水冲击容器壁（塑料材质）引起静电火花，产生了激发能量（氢最小燃烧能量为 0.019mJ），与达到爆炸极限的氢气和空气的混合气体相遇引发爆炸。

思考与练习题

一、判断题

1. 从热力学趋势看，烃类氧化成二氧化碳和水的倾向性很大。因此，在氧化反应中控制不当容易造成深度氧化，导致原料和氧化中间产物的损失。因此，必须选择性能优良的催化剂并及时终止氧化反应。
（　　）
2. 使用硝酸、高锰酸钾等氧化剂进行氧化时不用控制加料速度。（　　）
3. 无论是金属还原反应，还是催化加氢还原反应，都有氢气存在。氢气的爆炸极限为 4%~75%，如果操作失误或设备泄漏，都极易引起爆炸。（　　）
4. 硝化反应是放热反应，温度越高，硝化反应的速率越快，放出的热量越多，越易造成温度失控而爆炸。（　　）
5. 一般氯化反应设备有良好的冷却系统，并严格控制氯气的流量，以避免因氯流量过快，温度剧升而引起事故。（　　）
6. 磺化反应系统应设置安全防爆装置和紧急放料装置，因此使用磺化剂不用防水、防潮，也不发生火灾爆炸。（　　）
7. 烷基化反应系统应有良好的搅拌和有效的冷却装置，及时散发反应放出的热量，避免温度失控。（　　）
8. 热裂解反应温度高、反应时间短，以防止裂解气体二次反应而使裂解炉管结焦，随着裂解的进行，焦的积累不断增加，影响管壁的导热性能，造成局部过热，烧坏设备，甚至堵塞炉管，引起事故。（　　）
9. 在催化过程中若催化剂选择的不正确或加入不适量，易形成局部反应激烈。（　　）
10. 缩聚反应通常是官能团间的聚合反应，如酯化反应就是一个典型的缩聚反应，反应中有低分子副产物产生，如水、醇、胺等。（　　）

二、简答题

1. 举例简述氧化反应过程安全控制的主要因素及对策。
2. 举一常见还原反应过程，列出生产中应注意的安全因素。
3. 硝化过程防爆的主要关键点是什么？
4. 氯化反应的安全技术要点是什么？
5. 简述磺化反应的危险性。
6. 简述聚合反应的危险性及安全技术要点。
7. 简述裂解反应的特点。
8. 简述电解反应的特点。
9. 简述电解过程的危险性及安全技术要点。
10. 简述烷基化反应的危险性。

第九章 化工操作单元的安全技术

第一节 加 热

加热是指将热能传给较冷物体而使其变热的过程,是促进化学反应和完成蒸馏、蒸发、干燥、熔融等单元操作的必要手段。生产中常用的加热方式有直接火加热(包括烟道气加热)、蒸汽(或热水)加热、有机载体(或无机载体)加热以及电加热等。

一、直接火加热(烟道气加热)

直接火加热是采用直接火焰或烟道气进行加热的方法,其加热温度可达1030℃。

1. 直接火加热的主要危险性

直接火加热危险性最大,温度不易控制,可能造成局部过热烧坏设备。因此在处理易燃易爆物质时,一般不采用此方法。

2. 直接火加热的安全要点

① 将加热炉门同加热设备间用砖墙完全隔离。如炉膛构造应采用烟道气辐射方式加热,避免火焰直接接触设备。

② 加热锅内残渣应经常清除,以避免局部过热引起锅底破裂。

③ 使用煤粉为燃料的炉子,在制粉系统上安装爆破片,以防止煤粉爆炸。

④ 使用液体或气体的炉子,点火前应吹扫炉膛,排除可能积存的爆炸性混合气体,以免点火时爆炸。

二、蒸汽(或热水)加热

对于易燃易爆物体的加热,一般采用水蒸气或热水加热,温度容易控制,比较安全,其温度可达100～140℃。

1. 水蒸气、热水加热的主要危险性

存在升温过快或超压爆炸的危险,与水会发生反应的物料,不宜采用水蒸气或热水加热。

2. 水蒸气、热水加热的安全要点

① 采用水蒸气或热水加热时,应定期检查蒸汽夹套和管道的耐压强度,并应安装压力表和安全阀。

② 应保持适宜的升温速度。升温速度过快时,容易发生冲料、过热燃烧等事故。

③ 加热操作时,要严密注意设备的压力变化,及时调节压力,避免发生超压爆炸事故。

三、载体加热

采用有机物、无机物作为载体进行加热,其加热温度可达到230～540℃,最高可达1000℃。所采用的载体的种类很多,常用有机油、二甲苯混合物、熔盐等。

1. 载体加热的主要危险性

① 高温有机物具有燃烧爆炸危险、高温结焦和积炭危险。

② 采用硝酸盐、亚硝酸盐等无机盐作加热载体时,要预防与有机物等可燃物接触,因为无机盐混合物具有强氧化性,与有机物接触后会发生强烈的氧化还原反应引起燃烧或

爆炸。

2. 载体加热的安全要点

① 高温有机物载体加热时，运行中密闭性和温度控制必须严格。

② 使用二甲苯混合物载体加热时，不得混入低沸点杂质（如水），否则升温过程中容易产生爆炸危险。

③ 使用无机载体（如硝酸盐）加热时，加热温度越快，发生爆炸的危险性越大。

四、电加热

电加热即采用电炉或电感进行加热。

1. 电加热的主要危险性

电加热装置（如电炉或电感线圈）绝缘破坏、受潮、漏电、短路以及电火花、电弧等均能引起易燃易爆物质着火或爆炸。

2. 电加热的安全要点

在加热易燃物质，以及受热能挥发可燃性气体或蒸气的物质，应采用密闭式电加热器。电加热器不能安装在易燃物质附近。导线的负荷能力应满足加热器的要求。为了提高电加热设备的安全可靠性，可采用防潮、防腐蚀、耐高温的绝缘，增加绝缘层的厚度，添加绝缘保护层等措施。电感应线圈应密封起来，防止与可燃物接触。电加热器的电炉丝与被加热设备的器壁之间应有良好的绝缘，以防短路引起电火花，将器壁击穿，使设备内的易燃物质或漏出的气体和蒸气发生燃烧或爆炸。

五、事故案例分析

【案例 9-1】 1995 年 1 月 13 日，陕西省某化肥厂发生再生器爆炸事故，造成 4 人死亡，多人受伤。

1. 事故经过

陕西省某化肥厂铜氨液再生由回流塔、再生器和还原器完成。1 月 13 日 7 时，再生系统清洗、置换后，打开再生器入孔和顶部排气孔。当日 14 时采样分析再生器内氨气含量为 0.33%、氧气含量为 19.8%，还原器内氨气含量为 0.66%、氧气含量为 20%。14 时 30 分，用蒸汽对再生器下部的加热器试漏，技术员徐某和陶某戴面具进入再生器检查。因温度高，所以用消防车向再生器充水降温。15 时 30 分，用空气试漏，合成车间主任熊某等二人戴面具再次从再生器入孔进入检查。17 时 20 分，在未对再生器内采样分析的情况下，车间主任李某决定用 0.12MPa 蒸汽第三次试漏，并四人一起进入，李某用哨声对外联系关停蒸汽，工艺主任王某在人孔处进行监护。17 时 40 分，再生器内混合气发生爆炸。除一人负重伤从器内爬出外，其余三人均死在器内，人孔处王某被爆炸气浪冲击到氨洗塔平台死亡。生产副厂长赵某、安全员蔡某和机械员魏某均被烧伤。

2. 事故原因分析

（1）直接原因

经调查认为，这起事故的直接原因主要是在再生器系统清洗、置换不彻底的情况下，用蒸汽对再生器下部的加热器试漏（等于用加热器加热），使残留和附着在器壁等部件上的铜氨液（或沉积物）解析或分解，析出一氧化碳、氨气等可燃气与再生器内空气形成混合物达到爆炸极限，遇再生器内试漏作业产生的机械火花（不排除内衣摩擦静电火花）引起爆炸。

（2）间接原因

事故暴露出作业人员有章不循，没有执行容器内作业安全要求中关于"作业中应加强定时监测"、"做连续分析并采取可靠通风措施"的规定，在再生器内作业长达 3h 40min 未对其内进行取样分析，也未采取任何通风措施，致使容器内积累的可燃气混合物达到爆炸极限，说明这起事故是由该单位违反规定而引起的责任事故。

第二节 冷却、冷凝、冷冻

一、冷却、冷凝

1. 冷却、冷凝操作概述

冷却指使热物体的温度降低而不发生相变化的过程。

冷凝则指使热物体的温度降低而发生相变化的过程,通常指物质从气态变成液态的过程。

冷却(凝)法可分为直接冷却法和间接冷却法。在化工生产中,把物料冷却在大气温度以上时,可以用空气或循环水作为冷却介质;冷却温度在15℃以上,可用地下水作冷却介质;冷却温度在0~5℃时,可以用冷冻盐水作冷却介质。按照冷却(凝)设备传热面的形式和结构的不同,可分为管式冷却(凝)器、板式冷却(凝)器、混合式冷却(凝)器。

2. 冷却、冷凝的安全要点

① 应根据被冷却物料的温度、压力、理化性质以及所要求冷却的工艺条件,正确选用冷却设备和冷却剂。忌水物料的冷却不宜采用水作冷却剂,必需时应采取特别措施。

② 应严格注意冷却设备的密闭性,防止物料进入冷却剂中或冷却剂进入物料中。

③ 冷却操作过程中,冷却介质不能中断,否则会造成积热,使反应异常,系统温度、压力升高,引起火灾或爆炸。因此,冷却介质温度控制最好采用自动调节装置。

④ 开车前,首先应清除冷凝器中的积液,然后通入冷却介质,最后通入高温物料;停车时,应先停物料,后停冷却系统。

⑤ 为保证不凝可燃气体安全排空,可充氮进行保护。

⑥ 高凝固点物料,冷却后易变得黏稠或凝固,在冷却时要注意控制温度,防止物料卡住搅拌器或堵塞设备及管道。

二、冷冻

1. 冷冻操作概述

在工业生产过程中,蒸气、气体的液化,某些组分的低温分离,以及某些物品的输送、储藏等,常需将物料降到比水或周围空气更低的温度,这种操作称为冷冻或制冷。

冷冻操作的实质是利用冷冻剂自身通过压缩—冷却—蒸发(或节流、膨胀)的循环过程,不断地由被冷冻物体取出热量(一般通过冷载体盐水溶液传递热量),并传给高温物质(水或空气),以使被冷冻物体温度降低。一般来说,冷冻程度与冷冻操作技术有关,凡冷冻范围在-100℃以内的称冷冻;而在-100~-200℃或更低的,则称为深度冷冻,简称深冷。工业上常用的制冷剂有氨、氟里昂。在石油化工生产中,常用石油裂解产品乙烯、丙烯作为深冷分离的冷冻剂。

2. 冷冻方法

化工生产中常用的冷冻方法有以下几种。

① 低沸点液体的蒸发。如液氨在0.2MPa压力下蒸发,可以获得-15℃的低温,若在0.04119MPa压力下蒸发,则可达-50℃;液态乙烷在0.05354MPa压力下蒸发可达-100℃,液态氦蒸发可达-210℃等。

② 冷冻剂于膨胀机中膨胀,气体对外做功,致使内能减少而获得低温。该法主要用于那些难以液化气体(空气、氢等)的液化过程。

③ 利用气体或蒸汽在节流时所产生的温度降而获取低温的方法。

3. 冷冻剂

冷冻剂的种类很多。但目前尚无一种理想的冷冻剂能够满足所有的条件。冷冻剂与冷冻机的大小、结构和材质有着密切的关系。目前广泛使用的冷冻剂是氨。在石油化学工业中，常用石油裂解产品乙烯、丙烯作冷冻剂。丙烯的制冷程度与氨接近，但汽化潜热小，危险性较氨大。乙烯的沸点为-103.7℃，在常压下蒸发即可获得-70～-100℃的低温。乙烯的临界温度为9.5℃。

4. 载冷体

冷冻机中产生的冷效应，通常不用冷冻剂直接作用于被冷物体，而是以一种盐类的水溶液作冷载体传给被冷物。此冷载体往返于冷冻机和被冷物之间，不断自被冷物取走热量，不断向冷冻剂放出热量。

常用的冷载体有氯化钠、氯化钙、氯化镁等溶液。对于一定浓度的冷冻盐水，有一定的冻结温度。所以在一定的冷冻条件下，所用冷冻盐水的浓度应较所需浓度大，否则有冻结现象产生，使蒸发器蛇管外壁结冰，严重影响冷冻机操作。

5. 冷冻的安全要点

① 对于制冷系统的压缩机、冷凝器、蒸发器以及管路系统，应注意耐压等级和气密性，防止设备、管路产生裂纹、泄漏。此外，应加强压力表、安全阀等的检查和维护。

② 对于低温部分，应注意其低温材质的选择，防止低温脆裂发生。

③ 当制冷系统发生事故或紧急停车时，应注意被冷冻物料的捧空处置。

④ 对于氨压缩机，应采用不放火花的电气设备；压缩机应选用低温下不冻结且不与制冷剂发生化学反应的润滑油，且氨油分离器应设于室外。

⑤ 注意冷载体盐水系统的防腐蚀。

三、事故案例分析

【案例9-2】1982年1月19日12时40分，浙江省某化肥厂冷冻岗位，因女工玩耍踩断氨管致3人氨中毒死亡。

1. 事故经过

1月19日12时，该厂临时停车期间，合成车间4名女工在清扫完卫生后到冷冻岗位室外晒太阳时，其中1名分析工双脚踩氨油分离器进液管上上下下跳动玩耍，不慎将进液阀门连接管丝扣踩断，致使大量氨从断管处外泄，4人中除1人逃离外，其余3人均中毒昏倒，经抢救无效而死亡。

2. 事故原因分析

① 管接头选材不符合设计要求，以铸铁件代替钢件。

② 原设计该管道离地1.9m，因分离效果不好，经两次修改后，该管距地260mm，使用砖块作支撑。

③ 踩断管线的女分析工违反有关规定，在工作时间内踩在生产管道上跳着玩。

④ 因当时更换合成大槽，冷冻系统存氨备开车用，冷冻系统的4个阀门（平衡阀、冷却排管进出口阀、液氨储槽进口阀）全部呈开启状态，致在氨油分离器平衡管根部断裂后，大量液氨从氨油分离器、液氨储槽和冷却排管内排出，而扩大了事故。

⑤ 有关人员违反国务院颁发的有关规定，将位于冷冻岗位室外西侧的安全通道堆放大量电气杂物，把通道堵死，致使两名分析工受阻而中毒死亡。

第三节 粉碎、筛分

一、粉碎

1. 粉碎操作概述

将大块物料变成小块物料的操作称粉碎或破碎；而将小块变成粉末的操作称研磨。

粉碎方法按实际操作时的作用力可分为挤压、撞击、研磨、劈裂等。根据被粉碎物料的物理性质和其大小，以及所需的粉碎度进行粉碎方法的选择。一般对于特别坚硬的物料，挤压和撞击有效；对于韧性物料用研磨或剪力较好；而对脆性物料以劈裂为宜。

2. 粉碎的安全要点

粉碎的危险主要由机械故障、机械及其所在的建筑物内的粉尘爆炸、精细粉料处理伴生的毒性危险以及高速旋转元件的断裂引起。

粉碎机的安全要点如下：
① 加料、出料最好是连续化、自动化；
② 具有防止破碎机损坏的安全装置；
③ 产生粉末应尽可能少；
④ 发生事故能迅速停车。

二、筛分

1. 筛分操作概述

在化工生产中，为满足生产工艺要求，常常将固体原材料、产品进行颗粒分级。通常用筛子将固体颗粒度（块度）分级，选取符合工艺要求的粒度，这一操作过程称为筛分。

筛分分为人工筛分和机械筛分。筛分所采用的设备是筛子，筛子分固定筛及运动筛两类。若按筛网形状又可分为转筒式和平板式两类。在转筒式运动筛中又有圆盘式、滚筒式和链式等；在平板式运动筛中，则有摇动式和簸动式。

物料粒度是通过筛网孔眼尺寸控制的。在筛分过程中，有的是筛下部分符合工艺要求；有的是筛余物符合工艺要求。根据工艺要求还可进行多次筛分，去掉颗粒较大和较小部分而留取中间部分。

2. 筛分的安全要点

筛分最大的危险性是粉尘爆炸事故，因此，筛分操作要注意以下几个方面。
① 在筛分过程中，粉尘如果具有可燃性，应注意因碰撞和静电而引起粉尘燃烧、爆炸；如粉尘具有毒性、吸水性或腐蚀性，要注意呼吸器官及皮肤的保护，以防引起中毒或皮肤伤害；
② 要加强检查，注意筛网的磨损和筛孔堵塞、卡料，以防筛网损坏和混料；
③ 筛分操作是大量扬尘过程，在不妨碍操作、检查的前提下，应将其筛分设备最大限度地进行密闭；
④ 振动筛会产生大量噪声，应采用隔离等消声措施；
⑤ 筛分设备的运转部分要加防护罩以防绞伤人体。

三、事故案例分析

【案例 9-3】事故经过：1981 年 7 月 15 日，新化县某厂非法生产炸药，导致原料发生剧烈化学反应，产生大量气体和热量而发生爆炸，炸死 11 人，重伤 2 人，轻伤 2 人，直接经济损失 1.1 万余元。

事故原因分析：该厂擅自由生产导火线转为生产铵锑炸药，违反高温季节停止生产炸药的常规，并将铵锑炸药的生产工序由原来的三次粉碎增加到四次。

事故当日，负责第二台粉碎机的操作工，在粉碎第一堂料后，没有按规定清洗机器，就接着粉碎第二堂料。由于粉碎机高速运转、挤压、产生高温。使机身内部原料熔化后结块，堵塞进料口，形成密封体，使机内原料发生剧烈化学反应，产生大量气体和热量而发生爆炸，造成重大人员伤亡和严重的经济损失。

第四节 混合、过滤

一、混合

1. 混合操作概述

凡使两种及以上物料相互分散，从而达到温度、浓度以及组成一致的操作，均称为混合。混合分液态与液态物料的混合、固态与液态物料的混合和固态与固态物料的混合。混合操作是用机械搅拌、气流搅拌或其他混合方法完成的。

2. 混合的安全要点

混合操作是一个比较危险的过程，需注意以下安全事项。

① 混合易燃、易爆或有毒物料时，混合设备应很好地密封，并通入惰性气体进行保护。

② 混合可燃物料时，设备应很好地接地，以导接静电，并在设备上安装爆破片。

③ 不可随意提高搅拌器的转速，尤其搅拌非常黏稠的物质时。否则，极易造成电机超负荷、桨叶断裂及物料飞溅等。

④ 混合过程中物料放热时，搅拌不可中途停止。否则，会导致物料局部过热，可能产生爆炸。

二、过滤

1. 过滤操作概述

过滤是使悬浮液在重力、真空、加压及离心的作用下，通过细孔物体，将固体悬浮微粒截留进行分离的操作。

按操作方法，过滤分为间歇过滤和连续过滤两种；按推动力分为重力过滤、加压过滤、真空过滤和离心过滤。

2. 过滤的安全要点

① 若加压过滤时能散发易燃、易爆、有害气体，则应采用密闭过滤机，并应用压缩空气或惰性气体保持压力。取滤渣时，应先释放压力。

② 在存在火灾、爆炸危险的工艺中，不宜采用离心过滤机，宜采用转鼓式或带式等真空过滤机，如必需时，应严格控制电机安装质量，安装限速装置。

③ 离心过滤机应注意选材和焊接质量，转鼓、外壳、盖子及底座等应用韧性金属制造。

三、事故案例分析

【案例 9-4】1998 年 5 月 30 日，黑龙江省某化工厂，发生一起氧气压缩机（简称氧压机）过滤器爆炸事故，过滤器烧毁，仪表、控制电缆全部烧坏，迫使氧压机停车 1 个月。

1. 事故经过

5 月 30 日某时，操作人员突然听到一声巨响，并伴有大量浓烟从氧压机防爆间内冒出。操作工立即停氧压机并关闭入口阀和出口阀，灭火系统自动向氧压机喷氮气，消防人员立刻赶到现场对爆炸引燃的仪表、控制电缆进行灭火，防止了事故进一步扩大。事后对氧压机进行检查发现，中间冷却器、过滤器被烧毁，并引燃了仪表、控制电缆。

2. 事故原因分析

从现场检查发现，被烧毁的过滤器外壳呈颗粒状，系燃烧引起的爆炸，属化学爆炸。经分析最后确定为铁锈和焊渣在氧气管道中受氧气气流冲刷，积聚在中间冷却器过滤网处，反复摩擦产生静电，当电荷积聚至一定量时发生火花放电，引燃了过滤器发生爆炸。

燃烧应具备 3 个条件即可燃物、助燃物、引燃能量。这 3 个条件要同时具备，也要有一定的量相互作用，燃烧才会发生。铁锈和焊渣即可燃物，而铁锈和焊渣的来源是设备停置时间过长没有采取有效保护措施而产生锈蚀，安装后设备没有彻底清除焊渣。能量来源是铁锈和焊渣随氧气高速流动时产生的静电，静电电位可高达数万伏。当铁锈和焊渣随氧气流到过滤器时被滞留下来，铁锈和焊渣越积越多，静电能也随之增大。铁锈的燃点和最小引燃能量均低。如铁锈粉尘的平均粒径为 $100\sim150\mu m$ 时，燃点温度为 $240\sim439℃$，较金属本身的熔点低很多，当发生火花放电且氧浓度高时，就发生了燃烧爆炸。

第五节 物料输送

在化工生产过程中，经常需要将各种原材料、中间体、产品以及副产品和废弃物，从前一个工段输送到后一个工段，或由一个车间输送到另一个车间，或输送到仓库储存。这些输送过程都是借助于各种输送机械设备来实现的。由于所输送物料的形态不同（块状、粉状、液体、气体），所采用的输送方式和机械也各异，但不论采取何种形式的输送，保证它们的安全运行都是十分重要的。若一处受阻，不仅影响整条生产线的正常运行，还可能导致各种事故。

一、固体物料的输送

1. 常见输送设备及输送方式

固体物料分为块状物料和粉状物料，在实际生产中多采用皮带输送机、螺旋输送机、刮板输送机、链斗输送机、斗式提升机以及气力输送（风送）等多种方式进行输送。

气力输送是凭借真空泵或风机产生的气流动力将物料吹走以实现物料输送。与其他输送方式相比，气力输送系统构造简单、密闭性好、物料损失少、粉尘少、劳动条件好，易实现自动化且输送距离远。但能量消耗大、管道磨损严重，且不适于输送湿度大、易黏结的物料。

2. 不同输送方式的危险性分析及安全控制

(1) 皮带、刮板、螺旋输送机、斗式提升机等输送设备

这类输送设备连续往返运转，在运行中除设备本身会发生故障外，还会造成人身伤害。因此除要加强对机械设备的常规维护外，还应对齿轮、皮带、链条等部位采取防护措施。

① 皮带传动在运行过程中，要防止因高温物料烧坏皮带，或因斜偏刮挡撕裂皮带的事故发生。另外，皮带同皮带轮接触的部位，对于操作工人是极其危险的部位，可造成断肢伤害甚至危及生命安全。正常生产时，这个部位应安装防护罩。检修时拆下的防护罩，检修完毕应立即重新安装好。

② 齿轮同齿轮、齿条、链条相啮合的部位，是极其危险的部位。该处连同它的端面均应采取防护措施，防止发生重大人身伤亡事故。

对于螺旋输送机，应注意螺旋导叶与壳体间隙、物料粒度和混入杂物以防止挤坏螺旋导叶与壳体。

③ 输送设备的开、停车。在生产中有自动开停和手动开停两种系统。为保证输送设备的安全，还应安装超负荷、超行程停车保护装置。紧急事故停车开关应设在操作者经常停留的部位。停车检修时，开关应上锁或撤掉电源。

长距离输送系统，应安装开停车联系信号，以及给料、输送、中转系统的自动联锁装置或程序控制系统。

④ 输送设备的日常维护。日常维护中，润滑、加油和清扫工作是操作者致伤的主要原因。因此，应提倡安装自动注油和清扫装置，以减少发生这类危险的概率。

(2) 气力输送

从安全技术考虑，气力输送系统除设备本身因故障损坏外，最大的问题是系统的堵塞和由静电引起的粉尘爆炸。

① 堵塞。以下几种情况易发生堵塞：
- 具有黏性或湿性过高的物料较易在供料处、转弯处黏附管壁，造成管路堵塞；
- 大管径长距离输送管比小管径短距离输送管更易发生堵塞；
- 管道连接不同心时，有错偏或焊渣突起等障碍处易堵塞；
- 输料管径突然扩大，或物料在输送状态中突然停车时，易造成堵塞。

最易堵塞的部位是弯管和供料处附近的加速段，由水平向垂直过渡的弯管易堵塞。为避免堵塞，设计时应确定合适的输送速度，选择管系的合理结构和布置形式，尽量减少弯管的数量。

输料管壁厚通常为 3～8mm。输送磨削性较强的物料时，应采用管壁较厚的管道，管内表面要求光滑、不准有褶皱或凸起。

此外，气力输送系统应保持良好的严密性。否则，吸送式系统的漏风会导致管道堵塞；而压送式系统漏风，会将物料带出，污染环境。

② 静电。粉料在气力输送系统中，会同管壁发生摩擦而使系统产生静电，这是导致粉尘爆炸的重要原因之一，必须采取下列措施加以消除。
- 输送粉料的管道应选用导电性较好的材料，并应良好地接地。若采用绝缘材料管道，且能产生静电时，管外应采取可靠的接地措施。
- 输送管道的直径要尽量大些。管路弯曲和变径应平缓，弯曲和变径处要少。管内壁应平滑，不许装设网格之类的部件。
- 管道内风速不应超过规定值，输送量应平稳，不应有急剧的变化。
- 粉料不要堆积在管内，要定期使用空气进行管壁吹扫。

二、液体物料的输送

1. 液体物料输送设备的分类

化工生产过程中输送的液态物料种类繁多、性质各异（有高黏度溶液、悬浮液、腐蚀性溶液等），且温度、压强又有高低之分，因此，所用泵的种类较多。生产中常用的有离心泵、往复泵、旋转泵、流体作用泵等四类。

2. 液体输送过程的危险性分析及安全控制

（1）离心泵

离心泵在开动前，泵内和吸入管必须用液体充满，如在吸液管一侧装一单向阀门，使泵在停止工作时泵内液体不致流空，或将泵置于吸入液面之下，或采用自灌式离心泵都可将泵内空气排尽。

操作前应压紧填料函，但不要过紧、过松，以防磨损轴部或使物料喷出。停车时应逐渐关闭泵出口阀门，使泵进入空转。使用后放尽泵与管道内积液，以防冬季冻坏设备和管道。

在输送可燃液体时，管内流速不应大于安全流速，且管道应有可靠的接地措施以防静电。同时要避免吸入口产生负压，使空气进入系统发生爆炸。

安装离心泵时，混凝土基础需稳固，且基础不应与墙壁、设备或房柱基础相连接，以免产生共振。

为防止杂物进入泵体，吸入口应加滤网。泵与电机的联轴节应加防护罩以防绞伤。

在生产中，若输送的液体物料不允许中断，则需要考虑配置备用泵和备用电源。

（2）往复泵

往复泵主要由泵体、活塞（或活柱）和两个单项活门构成。依靠活塞的往复运动将外能以静压力形式直接传给液态物料，借以传送。往复泵按其吸入液体动作可分为单动、双动及差动往复泵。

蒸汽往复泵以蒸汽为驱动力，不用电和其他动力，可以避免产生火花，故而特别适用于输送易燃液体。当输送酸性和悬浮液时，选用隔膜往复泵较为安全。

往复泵开动前，需对各运动部件进行检查。观察其活塞、缸套是否磨损，吸液管上之垫片是否适合法兰大小。以防泄漏，各注油处应适当加油润滑。

开车时，将泵体内壳充满水，排除缸内空气。若在出口装有阀门时，须将出口阀门打开。

需要特别注意的是，对于往复泵等正位移泵，严禁用出口阀门调节流量，否则将造成设备或管道的损坏。

(3) 旋转泵

旋转泵同往复泵一样，同属于正位移泵。同往复泵的主要区别是泵中没有活门，只有在泵中旋转着的转子。旋转泵依靠旋转时排送液体，留出空间形成低压将液体连续吸入和排出。

因为旋转泵属于正位移泵，故流量不能用出口管道上的阀门进行调节，而采用改变转子转速或回流支路的方法调节流量。

(4) "酸蛋"和空气升液器

在化工生产中，也有用压缩空气为动力来输送一些酸、碱等有腐蚀性液体的设备，俗称"酸蛋"。这些设备也属于压力容器，要有足够的强度。在输送有爆炸性或燃烧性物料时，要采用氮、二氧化碳等惰性气体代替空气，以防造成燃烧或爆炸。

易燃液体不能采用压缩空气压送。因为空气与易燃液体混合，可形成爆炸混合物，且有产生静电的可能。

对于闪点很低的易燃液体，应用氮或二氧化碳等惰性气体压送。闪点较高及沸点在130℃以上的可燃液体，如有良好的接地装置，可用空气压送。输送易燃液体采用蒸汽往复泵较为安全。如采用离心泵，则泵的叶轮应用有色金属或塑料制造，以防撞击发生火花。设备和管道应良好接地，以防静电引起火灾。

用各种泵类输送可燃液体时，其管内流速不应超过安全速度。

另外，虹吸和自流的输送方法比较安全，在工厂中应尽量采用。

三、气体物料的输送

1. 气体物料输送的设备

按气体的运动方式，压缩机可分为往复压缩机和旋转压缩机两类。

2. 气态物料输送的安全要点

① 输送液化可燃气体宜采用液环泵，因液环泵比较安全。但在抽送或压送可燃气体时，进气入口应该保持一定余压，以免造成负压吸入空气形成爆炸性混合物。

② 为避免压缩机气缸、储气罐以及输送管路因压力增高而引起爆炸，要求这些部分要有足够的强度。此外，要安装经核验准确可靠的压力表和安全阀（或爆破片）。安全阀泄压应将危险气体导至安全的地点。还可安装压力超高报警器、自动调节装置或压力超高自动停车装置。

③ 压缩机在运行中不能中断润滑油和冷却水，并注意冷却水不能进入气缸，以防发生水锤。

④ 气体抽送、压缩设备上的垫圈易损坏漏气，应注意经常检查，及时换修。

⑤ 压送特殊气体的压缩机，应根据所压送气体物料的化学性质，采取相应的防火措施。如乙炔压缩机同乙炔接触的部件不允许用铜来制造，以防产生具有爆炸危险的乙炔铜。

⑥ 可燃气体的管道应经常保持正压，并根据实际需要安装逆止阀、水封和阻火器等安全装置，管内流速不应过高。管道应有良好的接地装置，以防静电聚集放电引起火灾。

⑦ 可燃气体和易燃蒸气的抽送、压缩设备的电机部分，应为符合防爆等级要求的电气设备，否则，应穿墙隔离设置。

⑧ 当输送可燃气体的管道着火时，应及时采取灭火措施。管径在 150mm 以下的管道，一般可直接关闭闸阀熄火；管径在 150mm 以上的管道着火时，不可直接关闭闸阀熄火，应采取逐渐降低气压，通入大量水蒸气或氮气灭火的措施，但气体压力不得低于 50~100Pa。严禁突然关闭闸阀或水封，以防回火爆炸。当着火管道被烧红时，不得用水骤然冷却。

四、事故案例分析

【案例 9-5】火灾事故

1. 事故经过

1995 年 11 月 4 日 21 时 50 分，某市造漆厂树脂车间工段 B 反应釜加料口突然发生爆炸，并喷出火焰，烧着了加料口的帆布套，并迅速引燃堆放在加料口旁的 2176kg 松香，松香被火熔化后，向四周及一楼流散，使火势顷刻间扩大。当班工人一边用灭火器灭火，一边向消防部门报警。市消防队于 22 时 10 分接警后迅速出动，经过消防官兵的奋战，于 23 时 30 分将大火扑灭。

这起火灾烧毁厂房 756m³，仪器仪表 240 台，化工原料产品 186t 以及设备、管道，造成直接经济损失 120.1 万元。

2. 事故原因分析

造成这起火灾事故的直接原因，是 B 反应釜内可燃气体受热媒加温到引燃温度，被引燃后冲出加料口而蔓延成灾。

造成事故的间接原因，一是工艺、设备存在不安全因素。在树脂生产过程中，按规定投料前要用 200 号溶剂汽油对反应釜进行清洗，然后必须将汽油全部排完，但在实际操作中操作人员仅靠肉眼观察是否将汽油全部排完，且观察者与操作者分离，排放不尽的可能性随时存在。在以前曾经发生过两次喷火事件，但均未引起领导重视，也没有认真分析原因和提出整改措施，致使养患成灾。二是物料堆放不当，导致小火酿大灾。按规定树脂反应釜物料应从 3 层加入，但由于操作人员图方便，将松香堆放在 2 层反应釜旁并改从 2 层投料，反应釜喷火后引燃松香，并大量熔化流散，使火势迅速蔓延。三是消防安全管理规章制度不落实、措施不到位，而且具体生产中的安全操作要求、事故防范措施及异常情况下的应急处置都没有落到实处。

第六节 干燥、蒸发与蒸馏

一、干燥

1. 干燥操作概述

干燥是利用热能除去固体物料中的水分或溶剂的单元操作。

干燥按操作压力可分为常压干燥和减压干燥；按操作方式可分为间歇式与连续式干燥；按传热方式不同，可分为对流干燥、传导干燥和辐射干燥。

干燥的介质有空气、过热蒸汽、烟道气等。

2. 干燥的安全要点

干燥过程的主要危险有干燥温度、时间控制不当造成局部过热，造成物料分解爆炸，以及操作过程中散发出来的易燃易爆气体或粉尘与点火源如明火和高温表面接触，引起燃烧爆炸的危险。因此，干燥过程中应注意以下事项。

① 对于易燃、易爆物料的干燥，采用真空干燥比较安全，因其蒸发速度快，干燥温度低。但真空干燥后消除真空时，须使温度降低后方能放空，否则，空气过早进入可能引起物料着火或爆炸。

② 在气流干燥中，要严格控制干燥气流的流速，并将设备接地，以防止静电聚积。

③ 在滚筒干燥中应适当调整刮刀与滚筒的间隙并将刮刀固定牢，或采用有色金属制造的刮刀，以防止产生火花。

④ 用烟道气加热的滚筒式干燥器，应注意加热均匀，不可断料和滚筒中途停止运转，如有此情况发生，则应切断烟道气并通氮加以保护。

⑤ 正压操作的干燥器应密封良好，防止可燃气体及粉尘泄漏，引起爆炸。

⑥ 非防爆的一切电开关均应安装在室外或箱内，电热设备应做好隔离措施。

二、蒸发

1. 蒸发操作概述

蒸发是通过加热使溶液中的溶剂不断汽化并被移除，以提高溶液中溶质的浓度，或使溶质析出的物理过程。如制糖工业中蔗糖水、甜菜水的浓缩，氯碱工业中的碱液提浓以及海水淡化等均采用蒸发的办法。

2. 蒸发过程的特点

① 蒸发的目的是为了使溶剂汽化，因此被蒸发的溶液应由具有挥发性的溶剂和不挥发性的溶质组成。整个蒸发过程中溶质的数量是不变的。

② 溶剂的汽化可分别在低于沸点和沸点下进行。在低于沸点时进行，称为自然蒸发。如海水制盐用太阳晒，此时溶剂的汽化只能在溶液的表面进行，蒸发速率缓慢，生产效率较低。若溶剂的汽化在沸点温度下进行，称为沸腾蒸发，溶剂不仅在溶液的表面汽化，而且在溶液内部的各个部分同时汽化，蒸发速率大大提高。

③ 蒸发操作是一个传热和传质同时进行的过程，蒸发的速率取决于过程中较慢的那一步的速率，即热量传递速率，因此工程上通常把它归纳为传热过程。

④ 由于溶液中溶质的存在，在溶剂汽化过程中，溶质易在加热表面析出而形成污垢，影响传热效果。当该溶质是热敏性物质时，还有可能因此而分解变质。

⑤ 蒸发操作需在蒸发器中进行。沸腾时，由于液沫的夹带而可能造成物料的损失，因此蒸发器在结构上与一般加热器是不同的。

⑥ 蒸发操作中要将大量溶剂汽化，需要消耗大量的热能，所以，蒸发操作的节能问题将比一般传热过程更为突出。目前工业上常用水蒸气作为加热热源，而被蒸发的物料大多为水溶液，汽化出来的蒸汽仍然是水蒸气，通常将用来加热的蒸汽称为一次蒸汽，将从蒸发器中蒸发出的蒸汽称为二次蒸汽。充分利用二次蒸汽是蒸发操作中节能的主要途径。

3. 蒸发的安全要点

蒸发操作的最终目的是将溶液中大量的水分蒸发出来，使溶液得到浓缩，而要提高蒸发器在单位时间内蒸出的水分，在操作过程中应做到以下几方面。

(1) 合理选择蒸发器

蒸发器的选择应考虑蒸发溶液的性质，如溶液的黏度、发泡性、腐蚀性、热敏性，以及是否容易结垢、结晶等情况。如热敏性的物料蒸发，由于物料所承受的最高温度有一定极限，因此应尽量降低溶液在蒸发器中的沸点，缩短物料在蒸发器中的滞留时间，所以可选择膜式蒸发器。对于腐蚀性溶液的蒸发，蒸发器的材料应耐腐蚀。

(2) 提高蒸汽压力

为了提高蒸发器的生产能力，提高加热蒸汽的压力和降低冷凝器中二次蒸汽压力，有助于提高传热温度差。因为加热蒸汽的压力提高,饱和蒸汽的温度也相应提高。冷凝器中的二次蒸汽压力降低,蒸发室的压力变低,溶液沸点温度也就降低。

(3) 提高传热系数（K）

提高蒸发器蒸发能力的主要途径是提高传热系数（K）。通常情况下,管壁热阻很小,可忽略不计。加热蒸汽膜系数一般很大,若蒸汽中含有少量不凝性气体,加热蒸汽冷凝膜系数下降。据研究测试,蒸汽中含有1%不凝性气体,传热总系数下降60%,所以在操作中,必须及时排除不凝性气体。在蒸发操作中,管内壁结垢现象是不可避免的,尤其当处理易结晶和腐蚀性物料时,此时传热总系数（K）变小,使传热量下降。在这些蒸发操作中,一方面应定期停车清洗、除垢;另一方面应积极改进蒸发器的结构,如把蒸发器的加热管加工光滑些,使污垢不易生成,即使生成也易清洗,这就可以提高溶液循环的速度,从而降低污垢生成的速度。

对于不易结垢、不易结晶的物料蒸发,影响传热总系数（K）的主要因素是管内溶液沸腾的传热膜系数。在此类蒸发中,应提高溶液的循环速度和湍动程度,从而提高蒸发器的蒸发能力。

(4) 提高传热量

提高蒸发器的传热量,必须增加它的传热面积。在操作中,必须密切注意蒸发器内液面的高低。液面过高,加热管下部所受静压强过大,溶液达不到沸腾。

三、蒸馏

1. 蒸馏操作概述

蒸馏是根据液体混合物中各组分沸点的不同来分离液体混合物,使其分离为纯组分的操作。其过程是通过加热、蒸发、分馏、冷凝,得到不同沸点的产品。按操作方法,蒸馏分为间歇蒸馏和连续蒸馏;按操作压力,可分为常压、减压、加压蒸馏。此外,还有特殊蒸馏,如蒸汽蒸馏、萃取蒸馏、恒沸蒸馏和分子蒸馏。

2. 蒸馏的安全要点

在安全技术上,除了根据加热方法采取相应的安全措施外,还应按物料性质、工艺要求正确选择蒸馏方法、蒸馏设备及操作压力,特别要注意以下安全要点。

① 据物料的特性,选择正确的蒸馏方法和设备。对于难挥发的物料（常压沸点在150℃以上）,应采用真空蒸馏;对于中等挥发性物料（常压沸点在100℃左右）,采用常压蒸馏;对于沸点低于30℃的物料,则应采用加压蒸馏。对于具有特殊要求的物料,则需采用特殊分离方法。混合物各组分沸点极接近或组成恒沸物时,可采用萃取蒸馏和恒沸蒸馏。分子蒸馏则可使混合物中难以分离的组分容易分开。

② 易燃液体蒸馏不能用明火作热源,而应采用水蒸气或过热水蒸气加热。

③ 蒸馏设备应具有很好的气密性,应严格进行气密性检查。对于加压蒸馏设备,应进行耐压试验检查,并安装安全阀和温度、压力调节等装置,严格控制蒸馏温度与压力。

④ 蒸馏操作应严格按照操作程序进行,避免因开车、停车和运行过程中的误操作导致事故的发生。

⑤ 注意防止管道被凝固点较高的物质凝结堵塞,使塔内压增高而引起爆炸。

⑥ 确保冷凝器中的冷却水或冷冻盐水不能中断。

⑦ 在蒸馏易燃液体,特别是汽油、苯、丙酮等不易导电的液体时,应注意系统消除静电,将蒸馏设备、管道良好接地。

⑧ 室外安装的蒸馏塔应安装可靠的避雷装置。

⑨ 对于易燃、易爆物料的蒸馏,其厂房应符合防火、防爆要求,有足够的泄压面积,室内电气设备均应符合场所的防爆要求。

⑩ 蒸馏设备应注意经常检查、维修，认真搞好停车后、开车前的系统清洗、置换，避免发生事故。

四、事故案例分析

【案例 9-6】 蒸馏事故

(1) 事故经过

2004年9月9日晨7点半左右，某化工厂四车间蒸发岗位，由于蒸汽压力波动，导致造粒喷头堵塞，当班车间值班主任王某迅速调集维修工4人上塔处理。操作工李某看将到8点下班交班时间，手里拿一套防氨过滤式防毒面具，一路来到64m高的造粒塔上，查看检修进度。维修工们用撬杠撬离喷头，李某站在维修工们的身后仔细观察。当法兰刚撬开一个缝，这时一股滚烫的尿液突然直喷出来，维修工们眼尖腿快迅速躲闪跑开。李某躲闪不及，尿液扑了他满脸半身，当即昏倒在地，并造成裸露在外面的脸、脖颈、手臂均受到伤害，而额头局部Ⅱ度烫伤。

(2) 事故原因分析

① 李某防护技能差。在他上塔查看维修工的检修进度时，只一味地想看个究竟，位置站得太靠前。当法兰撬开时，反应迟钝、躲闪慢，是导致他烫伤的直接原因。

② 李某自我防护意识淡薄，疏于防范。当他提醒别人注意安全时，完全忘记了自己也处在极度危险环境中。虽然他手里拿有防氨过滤式防毒面具，但未按规定佩戴，只是把防护器材当作一种摆设，思想麻痹大意不重视，缺乏防范警惕性，是导致他烫伤的主要原因。

③ 该车间安全管理不到位。在一个不足$6m^3$的狭窄检修现场，却集中有6人，人员拥挤，不易疏散开。更严重的是，检修现场进入了与检修无关的人员，检修负责人没有及时制止和纠正，思想麻痹大意，未引起重视，结果恰恰烫伤的又是与检修无关的人员，实属不应该，是发生李某烫伤的一个重要原因。

④ 该车间安全技术培训不到位。维修工们只顾一门心思自顾自地检修，没有考虑周围的环境情况是否发生了不利于检修的变化；检修现场人员防护意识太差，拿着防护用具不用，哪有不被烫伤的道理？检修前安全教育不到位，维修工缺乏严格的检查，安全措施未严格落实到位，执行力差。

【案例 9-7】 干燥事故

(1) 事故经过

1991年12月6日，河南某制药厂一分厂干燥器内烘干的过氧化苯甲酰发生化学分解强力爆炸，死亡4人，重伤1人，轻伤2人，直接经济损失15万元。

该厂的最终产品是面粉改良剂，过氧化苯甲酰是主要配入药品。这种药品属化学危险物品，遇过热、摩擦、撞击等会引起爆炸，为避免外购运输中发生危险，故自己生产。

1991年12月4日8时，工艺车间干燥器第五批过氧化苯甲酰105kg，按工艺要求，需干燥8h，至下午停机。由化验室取样化验分析，因含量不合格，需再次干燥。次日9时，将干燥不合格的过氧化苯甲酰装入干燥器。恰遇5日停电，一天没开机。6日上午8时，当班干燥工马某对干燥器进行检查后，由干燥工苗某和化验员胡某二人去锅炉房通知锅炉工杨某送热汽，又到制冷房通知王某开真空，后胡、苗二人又回到干燥房。9时左右，张某喊胡某去化验。下午2时停抽真空，在停抽真空15min左右，干燥器内的干燥物过氧化苯甲酰发生化学爆炸，共炸毁车间上下两层5间、粉碎机1台、干燥器1台，干燥器内蒸汽排管在屋内向南移动约3m，外壳撞到北墙飞出8.5m左右，楼房倒塌，造成重大人员伤亡。

(2) 事故原因分析

① 第一分蒸汽阀门没有关，第二分蒸汽阀门差一圈没关严，显示第二分蒸汽阀门进汽量的压力表是0.1MPa。据此判断干燥工马某、苗某没有按照《干燥器安全操作法》要求

"在停机抽真空之前，应提前一小时关闭蒸汽"的规定执行。在没有关闭两道蒸汽阀门的情况下，下午2时通知停抽真空，造成停抽后干燥器内温度急剧上升，致使干燥物过氧化苯甲酰因遇热引起剧烈分解发生爆炸。

② 该厂在试生产前对其工艺设计、生产设备、操作规程等未按化学危险物品规定报经安全管理部门鉴定验收。

③ 该厂用的干燥器是仿照许昌制药厂的干燥器自制的，该干燥器适用于干燥一般物品，但干燥化学危险物品过氧化苯甲酰就不一定适用。

思考与练习题

一、填空题

1. _____是指将热能传给较冷物体而使其变热的过程，生产中常用的加热方式有_____、_____、_____以及电加热等。
2. 从安全技术考虑，气力输送系统除设备本身因故障损坏外，最大的问题是系统的_____和_____引起的粉尘爆炸。
3. _____指使热物体的温度降低而不发生相变化的过程；_____则指使热物体的温度降低而发生相变化的过程。
4. 通常用筛子将固体颗粒度（块度）分级，选取符合工艺要求的粒度，这一操作过程称为_____，其最大的危险性是_____。
5. 按操作方法，过滤分为_____和_____两种；按推动力分为_____、_____、_____和_____。
6. 对于易燃、易爆物料的干燥，采用_____比较安全，因其蒸发速度快，干燥温度低。

二、判断题

1. 直接火加热危险性最大，温度不易控制，可能造成局部过热烧坏设备。因此在处理易燃易爆物质时，一般不采用此方法。（　　）
2. 水蒸气、热水加热过程中，存在升温过快或超压爆炸的危险，与水会发生反应的物料，不宜采用水蒸气或热水加热。（　　）
3. 用硝酸盐作加热载体过程中与有机物等可燃物接触，也没有危险性。（　　）
4. 加热易燃物质，以及受热能挥发可燃性气体或蒸气的物质，用密闭式电加热器。（　　）
5. 冷却操作过程中，冷却介质不能中断，否则会造成积热，使反应异常，系统温度、压力升高，引起火灾或爆炸。（　　）
6. 混合易燃、易爆物料时，混合设备的密封性好时，不用通入惰性气体进行保护。（　　）

三、简答题

1. 简述直接火加热的安全操作要点。
2. 简述混合的安全操作要点。
3. 简述冷却、冷凝的安全操作要点。
4. 简述粉碎的安全操作要点。
5. 简述蒸馏的安全操作要点。
6. 闪点很低的易燃液体输送应注意哪些问题？

第十章 危险化学品事故应急救援

第一节 危险源辨识

危害是指可能造成人员伤害、职业病、财产损失、作业环境破坏的根源或状态。危险是指特定危险事件发生的可能性与后果的结合。总的来说,危险、危害因素是指能造成人员伤亡或影响人体健康、导致疾病和对物造成突发性或慢性损坏的因素。

危险源是指一个系统中具有潜在能量和物质释放危险的,在一定的触发因素作用下可转化为事故的部位、区域、场所、空间、岗位、设备及其位置。也就是说,危险源是能量、危险物质集中的核心,是能量传出来或爆发的地方。

一、危险、有害因素的分类

危险、有害因素的分类方法有许多种,这里简单介绍按导致事故、职业危害的直接原因进行分类的方法和参照事故类别进行分类的方法。根据《生产过程危险和有害因素分类与代码》(GB/T 13861—2009)的规定,将生产过程中的危险、有害因素分为如下六类。

1. 物理性危险和有害因素

(1) 设备、设施缺陷

如强度不够、刚度不够、稳定性差、密封不良、应力集中、外形缺陷、外露运动件缺陷、制动器缺陷、控制器缺陷及设备设施其他缺陷等。

(2) 防护缺陷

主要包括无防护装置、防护装置和设施缺陷、防护不当、支撑不当、防护距离不够和其他防护缺陷等。

(3) 电

如带电部位裸露、漏电、雷电、静电、电火花及其他电危害。

(4) 噪声

常见的噪声有机械性噪声、电磁性噪声、流体动力性噪声和其他噪声等。

(5) 振动

含机械性振动、电磁性振动、流体动力性振动和其他振动。

(6) 电磁辐射

电离辐射有X射线、γ射线、α粒子、β粒子、质子、中子和高能电子束等;非电离辐射如紫外线、激光、射频辐射和超高压电场。

(7) 运动物

如固体抛射物、液体飞溅物、反弹物、岩土滑动、料堆垛滑动、气流卷动、冲击地压和其他运动物危害。

(8) 明火

(9) 能造成灼伤的高温物质

如高温气体、高温固体、高温液体和其他高温物质。

(10) 能造成冻伤的低温物质

如低温气体、低温固体、低温液体与其他低温物质。

(11) 粉尘与气溶胶

不包括爆炸性、有毒性粉尘与气溶胶。

(12) 作业环境不良

包括作业环境乱、基础下沉、安全过道缺陷、采光照明不良、有害光照、通风不良、缺氧、空气质量不良、给排水不良、涌水、强迫体位、气温过高、气温过低、气压过高、气压过低、高温高湿、自然灾害和其他作业环境不良。

(13) 信号缺陷

包括无信号设施、信号选用不当、信号位置不当、信号不清、信号显示不准及其他信号缺陷。

(14) 标志缺陷

包括无标志、标志不清楚、标志不规范、标志选用不当、标志位置缺陷及其他标志缺陷。

(15) 其他

其他物理性危险和有害因素。

2. 化学性危险和有害因素

① 易燃易爆物质。

② 易自燃物质。

③ 有毒物质。

④ 腐蚀性物质。

⑤ 其他化学性危险、有害因素。

3. 生物性危险和有害因素

① 致病微生物（细菌、病毒和其他致病微生物）。

② 传染病媒介物。

③ 致害动物。

④ 致害植物。

⑤ 其他生物性危险、有害因素。

4. 心理、生理性危险和有害因素

① 负荷超限。

② 健康状况异常。

③ 从事禁忌作业。

④ 心理异常。

⑤ 辨识功能缺陷。

⑥ 其他心理、生理性危险和有害因素。

5. 行为性危险和有害因素

① 指挥错误。如指挥失误、违章指挥、其他指挥错误等。

② 操作失误。如误操作、违章作业、其他操作失误等。

③ 监护失误。

④ 其他错误。

⑤ 其他行为性危险和有害因素。

6. 其他危险和有害因素

二、危险和有害因素的辨识方法、主要内容及控制途径

1. 危险、有害因素的辨识方法

危险、有害因素辨识是事故预防、安全评价、重大危险源监督管理、建立应急救援体系和职业健康安全管理体系的基础。许多系统安全评价方法，都可用来进行危险、有害因素的辨识。危险、有害因素的分析需要选择合适的方法，应根据分析对象的性质、特点和分析人员的知识、经验和习惯来选用。常用的辨识方法大致可分为两大类。

(1) 经验法

经验法适用于有可供参考先例、有以往经验可以借鉴的危险、有害因素辨识的过程，不能应用在没有先例的新系统中。

① 对照法。指对照有关标准、法规、检查表或依靠分析人员的观察分析能力，借助于经验和判断能力直观地分析评价对象的危险、有害因素的方法。对照经验法是辨识中常用的方法。其优点是简便、易行；其缺点是受辨识人员知识、经验和占有资料的限制，可能出现遗漏。为弥补个人判断的不足，常采取专家会议的方式来相互启发、交换意见、集思广益，使危险、有害因素的辨识更加细致、具体。

对照事先编制的检查表辨识危险、有害因素，可弥补知识、经验不足的缺陷，具有方便、实用、不易遗漏的优点，但必须事先编制完备适用的检查表。检查表是在大量实践经验基础上编制的，我国一些企业和行业的安全检查表、事故隐患检查表也可作为参考。

② 类比法。利用相同或相似系统或作业条件的经验和安全生产事故的统计资料来类推、分析评价对象的危险、有害因素。

(2) 系统安全分析方法

系统安全分析方法即应用系统安全工程评价方法进行危险、有害因素的辨识。该方法常用于复杂系统和没有事故经验的新开发系统。常用的系统安全分析方法有事件树分析(ETA)、故障树分析（FTA）、故障模式及影响分析（FMEA）等分析方法。

2. 危险、有害因素辨识的主要内容

在进行危险、有害因素的辨识时，要全面、有序地进行，防止出现漏项，主要对厂址、厂区平面布置、生产工艺过程、生产设备装置、作业环境和安全管理措施等进行辨识。

(1) 厂址

从厂址的地质、地形、自然灾害、周围环境、气象条件、交通和抢险救灾支持条件等方面进行分析。

(2) 厂区平面布置

① 总图。功能分区（生产、管理、辅助生产、生活区）布置；高温、有害物质、噪声、辐射、易燃易爆危险品设施布置；工艺流程布置；建筑物、构筑物布置；风向、安全距离、卫生防护距离等。

② 运输线路及码头。厂区道路、厂区铁路、危险品装卸区、厂区码头建（构）筑物结构、防火、防爆、朝向、采光和运输通道等。

(3) 生产工艺过程

物料（如毒性、腐蚀性和燃爆性物料等）、温度、压力、速度、作业及控制条件、事故及失控状态。

(4) 生产设备、装置

① 化工设备、装置。高温、低温、腐蚀、高压、振动、关键部位的备用设备、控制、操作、检修和故障以及失误时的紧急异常情况。

② 机械设备。运动零部件和工件、操作条件、检修作业、误运转和误操作。

③ 电气设备。断电、触电、火灾、爆炸、误运转和误操作、静电和雷电。

④ 危险性较大的设备、高处作业设备。

⑤ 特殊单体设备、装置。锅炉房、乙炔站、氧气站、石油库和危险品库等。

⑥ 粉尘、毒物、噪声、振动、辐射、高温和低温等有害作业部位。
⑦ 管理设施、事故应急抢救设施、辅助生产和生活卫生设施。
(5) 作业环境
识别存在毒物、噪声、振动、高温、低温、辐射、粉尘及其他有害因素的作业部位。
(6) 安全管理措施
从安全生产管理组织机构、安全生产管理制度、事故应急救援预案、从业人员培训、日常安全管理等方面进行识别。

3. 危险、有害因素的控制途径
采取有效的危险、有害因素控制措施可以很好地预防事故的发生，降低事故损失。
(1) 事故预防对策的基本要求
采取事故预防时，应能够满足以下基本要求：
① 预防生产过程中产生危险和有害因素；
② 排除工作场所的危险和有害因素；
③ 处置危险和有害物并降低到国家标准规定的限值内；
④ 预防生产装置失灵和操作失误产生的危险和有害因素；
⑤ 发生意外事故时，为遇险人员提供自救和施救条件。
(2) 选择事故预防对策的原则
按事故预防优先顺序的要求，应遵循以下具体原则。
① 消除。通过合理的设计和科学的管理，尽可能从根本上消除危险、有害因素，如采用无害工艺技术、生产中以无害物质代替有害物质、实现自动化作业和遥控技术等。
② 预防。当消除危险、有害因素有困难时，可采取预防性技术措施，预防危险、危害发生，如使用安全阀、安全屏护、漏电保护装置、安全电压、熔断器、防爆膜和事故排风装置等。
③ 减弱。在无法消除危险、有害因素和难以预防的情况下，可采取减轻危险、有害因素的措施，如局部通风排毒装置、生产中以低毒性物质代替高毒性物质、降温措施、避雷装置、消除静电装置、减振装置和消声装置等。
④ 隔离。在无法消除、预防、减弱危险、有害因素的情况下，应将人员与危险、有害因素隔开，并将不能共存的物质分开，如遥控作业、安全罩、防护屏、隔离操作室、安全距离和事故发生时的自救装置（如防毒服、各类防护面具）等。
⑤ 联锁。当操作者失误或设备运行达到危险状态时，应通过联锁装置终止危险、危害发生。
⑥ 警告。在易发生故障和危险性较大的地方，配置醒目的安全色、安全标志；必要时，设置声、光或声光组合报警装置。

4. 控制危险、有害因素的对策
(1) 事故预防技术措施
设计过程中，当事故预防对策与经济效益发生矛盾时，宜优先考虑事故预防对策上的要求，并应按事故预防对策优先顺序选择如下技术措施。
① 直接安全技术措施。生产设备本身具有本质安全性能，不出现事故和危害。
② 间接安全技术措施。若不能或不完全能实现直接安全技术措施时，必须为生产设备设计出一种或多种安全防护装置，最大限度地预防、控制事故或危害的发生。
③ 指示性安全技术措施。间接安全技术措施也无法实现时，需采用检测报警装置、警示标志等措施，警告、提醒作业人员注意，以便采取相应的对策或紧急撤离危险场所。
④ 若间接、指示性安全技术措施仍然不能避免事故、危害发生，则应采用安全操作规

程、安全教育、培训和个人防护用品等来预防、减弱系统的危险、危害程度。

在实际工作中上述措施常常是综合使用的。

(2) 控制危险、有害因素的对策措施

消除和减少危险、有害因素的技术措施和管理措施是事故预防对策中非常重要的一个环节，实质上是保障整个生产过程安全的对策措施。根据预防伤亡事故的原则，控制危险、有害因素的基本对策如下。

① 实行机械化和自动化。机械化、自动化的生产不仅是发展生产的重要手段，也是提高安全技术措施的根本途径。机械化能减轻劳动强度；自动化能减少人身伤害的危险。

② 设置安全装置。安全装置包括防护装置、保险装置、信号装置及危险牌指示和识别标志。

③ 增强机械强度。机械设备、装置及其主要部件必须具有必要的机械强度和安全系数。

④ 保证电气安全可靠。电气安全对策通常包括防触电、防电气火灾爆炸和防静电等，保证电气安全的基本条件包括安全认证、备用电源、防触电、电气防火防爆和防静电措施。

⑤ 按规定维护保养和检修机器设备。机器设备是生产的主要工具，它在运转过程中总不免有些零部件逐渐磨损或过早损坏，以至引起设备上的事故，其结果不但使生产停顿，还可能使操作工人受到伤害。因此，要使机器设备经常保持良好状态，预防设备事故和人身伤亡事故的发生，必须进行经常的维护保养和计划检修。

⑥ 保持工作场所合理布局。工作场所就是工人使用机器设备、工具及其他辅助设备对原材料和半成品进行加工的区域。完善的组织与合理的布局，不仅能够促进生产，而且是保证安全的必要条件。在配置主要机器设备时，要按照人机工程学要求使机器适应人或使人适应机器。人机匹配合理，才能安全、高效。

工作场所的整洁也很重要。工作场所散落的金属废屑、润滑油、乳化液、毛坯、半成品的杂乱堆放，地面不平整等情况都能导致事故的发生。因此，必须保持工作场所的整洁。

⑦ 配备个人防护用品

采取各类措施后，还不能完全保证作业人员的安全健康时，必须根据危险、有害因素和作业类别配备具有相应防护功能的个人防护用品，作为补充对策。对毒性较大的工作环境中使用过的个人防护用品，应制定严格的管理制度，采取统一洗涤、消毒、保管和销毁的措施，并配设必要的设施。

选用特种劳动防护用品（头、呼吸器官、眼、面、听觉器官、手、足防护用具和防护服装、防坠落用品）时，必须选用取得国家指定机构颁发的特种劳动防护用品生产许可证的企业生产的产品，产品应具有安全检验合格证。

三、危险化学品重大危险源

事故隐患是指可导致事故发生的物的危险状态、人的不安全行为及管理上的缺陷。重大事故隐患可以视为是重大危险、危害因素恶化的一种表现。人们通过发现、整改这些隐患，预防重大事故的发生。

1. 危险化学品重大危险源的定义

广义上说，可能导致重大事故发生的设备、设施或场所都可称为重大危险源。

《危险化学品重大危险源辨识》（GB 18218—2009）中将危险化学品重大危险源定义为长期地或临时地生产、加工、使用或储存危险化学品，且危险化学品的数量等于或超过临界量的单元。单元指一个（套）生产装置、设施或场所，或同属一个工厂且边缘距离小于500m 的几个（套）生产装置、设施或场所。

2. 我国关于重大危险源管理的法律法规要求

《安全生产法》第三十三条要求"生产经营单位对重大危险源应当登记建档,进行定期检测、评估、监控,并制定应急预案,告知从业人员和相关人员在紧急情况下应当采取的应急措施。生产经营单位应当按照国家有关规定将本单位重大危险源及有关安全措施、应急措施报有关地方人民政府负责安全生产监督管理的部门和有关部门备案。"

《危险化学品安全管理条例》第十条规定:"除运输工具、加油站、加气站外,危险化学品的生产装置和储存数量构成重大危险源的储存设施,与下列场所、区域的距离必须符合国家标准或者国家有关规定:

① 居民区、商业中心、公园等人口密集区域;
② 学校、医院、影剧院、体育场(馆)等公共设施;
③ 供水水源、水厂及水源保护区;
④ 车站、码头(按照国家规定,经批准,专门从事危险化学品装卸作业的除外)、机场以及公路、铁路、水路交通干线、地铁风亭及出入口;
⑤ 基本农田保护区、畜牧区、渔业水域和种子、种畜、水产苗种生产基地;
⑥ 河流、湖泊、风景名胜区和自然保护区;
⑦ 军事禁区、军事管理区;
⑧ 法律、行政法规规定予以保护的其他区域。

已建危险化学品的生产装置和储存数量构成重大危险源的储存设施不符合前款规定的,由所在地设区的市级人民政府负责危险化学品安全监督管理综合工作的部门监督其在规定期限内进行整顿;需要转产、停产、搬迁、关闭的,报本级人民政府批准后实施。"

《危险化学品安全管理条例》第二十二条规定"储存单位应当将储存剧毒化学品以及构成重大危险源的其他危险化学品的数量、地点以及管理人员的情况,报当地公安部门和负责危险化学品安全监督管理综合工作的部门备案。"

《危险化学品安全管理条例》第四十八条规定"危险化学品生产、储存企业以及使用剧毒化学品和数量构成重大危险源的其他危险化学品的单位,应当向国务院经济贸易综合管理部门负责危险化学品登记的机构办理危险化学品登记。危险化学品登记的具体办法由国务院经济贸易综合管理部门制定。"

《国务院关于进一步加强安全生产工作的决定》(2004年1月9日公布)要求"搞好重大危险源的普查登记,加强国家、省(区、市)、市(地)、县(市)四级重大危险源监控工作,建立应急救援预案和生产安全预警机制"。

3. 重大危险源的控制系统

重大危险源控制的目的,不仅是要预防重大事故发生,而且要做到一旦发生事故,能将事故危害限制到最低程度。由于工业活动的复杂性,需要采用系统工程的思想和方法控制重大危险源。

重大危险源控制系统主要由以下几个部分组成。

(1) 重大危险源的辨识

防止重大工业事故发生的第一步,是辨识或确认高危险性的工业设施(危险源)。由政府主管部门和权威机构在物质毒性、燃烧、爆炸特性基础上,制定出危险物质及其临界量标准。通过危险物质及其临界量标准,可以确定哪些是可能发生事故的潜在危险源。

(2) 重大危险源的评价

根据危险物质及其临界量标准进行重大危险源辨识和确认后,就应对其进行风险分析评价。

一般来说,重大危险源的风险分析评价包括以下几个方面:

① 辨识各类危险因素及其原因与机制；
② 依次评价已辨识的危险事件发生的概率；
③ 评价危险事件的后果；
④ 进行风险评价；
⑤ 进行风险控制。

(3) 重大危险源的管理

企业应对工厂的安全生产负主要责任。在对重大危险源进行辨识和评价后，应针对每一个重大危险源制定出一套严格的安全管理制度，通过技术措施（包括化学品的选择，设施的设计、建造、运转、维修以及有计划的检查）和组织措施（包括对人员的培训与指导，提供保证其安全的设备，工作人员水平、工作时间、职责的确定，以及对外部合同工和现场临时工的管理），对重大危险源进行严格的控制和管理。

(4) 重大危险源的安全报告

要求企业应在规定的期限内，对已辨识和评价的重大危险源向政府主管部门提交安全报告。如属新建的有重大危害性的设施，则应在其投入运转之前提交安全报告。

安全报告应详细说明重大危险源的情况，包括可能引发事故的危险因素以及前提条件、安全操作和预防失误的控制措施、可能发生的事故类型、事故发生的可能性及后果、限制事故后果的措施、现场事故应急救援预案等。安全报告应根据重大危险源的变化以及新知识和技术进展的情况进行修改和增补，并由政府主管部门经常进行检查和评审。

(5) 事故应急救援预案

事故应急救援预案是重大危险源控制系统的重要组成部分。企业应负责制订现场事故应急救援预案，并且定期检验和评估现场事故应急救援预案和程序的有效程度，以及在必要时进行修订。场外事故应急救援预案，由政府主管部门根据企业提供的安全报告和有关资料制定。事故应急救援预案的目的是抑制突发事件，减少事故对工人、居民和环境的危害。因此，事故应急救援预案应提出详尽、实用、明确和有效的技术措施与组织措施。政府主管部门应保证将发生事故时要采取的安全措施和正确做法的有关资料散发给可能受事故影响的公众，并保证公众充分了解发生重大事故时的安全措施，一旦发生重大事故，应尽快报警。

每隔适当的时间应修订和重新散发事故应急救援预案宣传材料。

(6) 工厂选址和土地使用规划

政府有关部门应制定综合性的土地使用政策，确保重大危险源与居民区和其他工作场所、机场、水库、其他危险源和公共设施安全隔离。

(7) 重大危险源的监察

政府主管部门必须派出经过培训的、合格的技术人员定期对重大危险源进行监察、调查、评估和咨询。

4. 重大危险源辨别的依据

重大危险源辨识现所依据的标准是《危险化学品重大危险源辨识》(GB 18218—2009)。标准中规定当单元内存在危险物质的数量等于或超过上述标准中规定的临界量，该单元即被定为重大危险源。辨识单元内存在危险物质的数量是否超过临界量需根据处理物质种类的多少区分为以下两种情况。

① 单元内存在的危险物质为单一品种，则物质的数量即为单元内危险物质的总量，若等于或超过相应的临界量，则定为重大危险源。

② 单元内存在的危险物质为多品种时，按以下公式计算，若满足下式，则定为重大危险源。

$$\frac{q_1}{Q_1}+\frac{q_2}{Q_2}+\cdots+\frac{q_n}{Q_n}\geqslant 1$$

式中　$q_1,q_2,\cdots,q_n$——每种危险物质实际存在的量；

　　　$Q_1,Q_2,\cdots,Q_n$——与各种危险物质相对应的生产场所或储存区的临界量。

第二节　危险化学品事故

一、危险化学品事故的类型

所谓危险化学品事故，是指涉及危险化学品的职工伤亡事故。是不是危险化学品造成的事故，主要看事故中产生危害的物质是否主要是危险化学品。危险化学品是事故发生前已经存在的，而不是事故中产生的。

根据危险化学品的易燃、易爆、有毒、腐蚀等危险特性，以及危险化学品事故定义的研究，确定危险化学品事故的类型分为以下 6 类。

1. 危险化学品火灾事故

危险化学品火灾事故指燃烧物质主要是危险化学品的火灾事故。具体又分若干小类，包括易燃液体火灾、易燃固体火灾、自燃物品火灾、遇湿易燃物品火灾、其他危险化学品火灾。

易燃液体火灾往往发展到爆炸事故，造成重大的人员伤亡。单纯的液体火灾一般不会造成重大的人员伤亡。由于大多数危险化学品在燃烧时会放出有毒气体或烟雾，因此危险化学品火灾事故中，人员伤亡的原因往往是中毒和窒息。

【案例 10-1】2004 年 10 月 10 日，云南省普吉某公司炼油厂突然起火，近 20t 的油料被大火吞噬。50 多名消防战士，冒着危险与大火搏斗 1.5h，在油料罐即将爆炸前，将大火扑灭。由于扑救及时，油罐未出现爆炸，大火没有造成人员伤亡，直接经济损失达数十万元。

2. 危险化学品爆炸事故

危险化学品爆炸事故指危险化学品发生化学反应的爆炸事故或液化气体和压缩气体的物理爆炸事故。具体又分若干小类，包括爆炸品的爆炸（又可分为烟花爆竹爆炸、民用爆炸器材爆炸、军工爆炸品爆炸等），易燃固体、自燃物品、遇湿易燃物品的火灾爆炸，易燃液体的火灾爆炸，易燃气体爆炸，危险化学品产生的粉尘、气体、挥发物的爆炸，液化气体和压缩气体的物理爆炸，其他化学反应爆炸。

【案例 10-2】2007 年 5 月 11 日 13 时 28 分，某大化 TDI 有限责任公司 TDI 车间硝化装置发生爆炸事故，造成 5 人死亡、80 人受伤，其中 14 人重伤，厂区内供电系统严重损坏，附近村庄几千名群众转移。

3. 危险化学品中毒和窒息事故

危险化学品中毒和窒息事故主要指人体吸入、食入或接触有毒有害化学品或者化学品反应的产物，而导致的中毒和窒息事故。具体又分若干小类，包括吸入中毒事故（中毒途径为呼吸道）、接触中毒事故（中毒途径为皮肤、眼睛等）、误食中毒事故（中毒途径为消化道）、其他中毒和窒息事故。

【案例 10-3】1999 年 5 月 1 日，上海某工厂利用放假之际，组织 5 名职工清洗沉淀池。4 人下去清洗，5min 后相继倒下，池口监护人员立即报警。在救援过程中又有 3 名职工和 1 名消防队员中毒倒在池中。面对这样的惨状，有人才意识到池内存在有毒气体（硫化氢），后经佩戴过滤式防毒面具后才把所有的人救上来。这起事故造成 3 人死亡，5 人中毒。

【案例10-4】2000年3月11日,某市景龙机电设备安装公司施工队,在进行一项防腐工程作业中,一名施工人员急性氮气窒息死亡。

4. 危险化学品灼伤事故

危险化学品灼伤事故主要指腐蚀性危险化学品意外地与人体接触,在短时间内即在人体被接触表面发生化学反应,造成明显破坏的事故。腐蚀品包括酸性腐蚀品、碱性腐蚀品和其他不显酸碱性的腐蚀品。

化学品灼伤与物理灼伤(如火焰烧伤、高温固体或液体烫伤等)不同。物理灼伤是高温造成的伤害,使人体立即感到强烈的疼痛,人体肌肤会本能地立即避开。化学品灼伤有一个化学反应过程,开始并不感到疼痛,要经过几分钟,几小时甚至几天才表现出严重的伤害,并且伤害还会不断地加深。因此,化学品灼伤比物理灼伤危害更大。

【案例10-5】2000年夏,安徽省某铁路货运场,3名装卸工卸危险化学品硫酸。在疏通槽内出料管堵塞时管内喷出白色泡沫状液体,溅到站在槽上的3人身上和面部。由于3人均没戴防护面罩,经用水清洗后送往医院,检查为酸伤害。经半年多的治疗,3人视力均低于0.2不等,且泪腺受损。

5. 危险化学品泄漏事故

危险化学品泄漏事故主要指气体或液体危险化学品发生了一定规模的泄漏,虽然没有发展成为火灾、爆炸或中毒事故,但造成了严重的财产损失或环境污染等后果的危险化学品事故。危险化学品泄漏事故一旦失控,往往造成重大火灾、爆炸或中毒事故。

【案例10-6】2003年9月5日上午,河南省某运输公司一辆液氨罐车到江西某化肥厂充装液氨,在充装过程中,因充装软管不相配套,装卸软管的液相管突然爆裂,大量液氨外泄,瞬间液氨汽化,白雾顿时向周围扩散。事故发生后,罐车车主因躲避不及,中毒倒地,后经送医院抢救无效身亡。

【案例10-7】2006年5月30日,一辆装有27.8t浓硝酸的罐车,途经G102线辽宁葫芦岛市绥中县内,发生罐车硝酸泄漏事故。因抢险及时,此次事故没有造成人员伤亡。抢险人员扑救发生泄漏事故的浓硝酸罐车情况如图10-1所示。

图10-1 抢险人员在扑救泄漏事故的浓硝酸罐车

6. 其他危险化学品事故

其他危险化学品事故指不能归入上述五类危险化学品事故之外的其他危险化学品事故。主要指危险化学品的险肇事故,即危险化学品发生了人们不希望的意外事件,如危险化学品罐体倾倒、车辆倾覆等,但没有发生火灾、爆炸、中毒和窒息、灼伤、泄漏等事故。

二、危险化学品事故的特点

1. 突发性

危险化学品作用迅速,危及范围大,常常带来社会不稳定因素。它的发生往往是突发的和难以预料的。中毒途径主要是染毒空气、土壤、食物和水,经呼吸道、消化道、皮肤和黏膜摄入吸收毒物而中毒。

【案例 10-8】1995 年 7 月 4 日,成都市某化工厂液氯车间发生氯气泄漏,当场死 3 人,伤 6 人,且仅约 1h,市区数十平方公里范围内都能闻到刺激性的氯气味。

2. 群体性

由于危险化学品事故多发生于公共场所,来源于同一污染源,因此容易出现同一区域的群体性中毒等。瞬间可能出现大批化学中毒、爆炸伤、烧伤伤员,需要同时救护,按常规医疗办法,无法完成任务。这时应采用军事医学原则,根据伤情,对伤病员进行鉴别分类,实行分级救护,后送医疗,紧急疏散中毒区内的重伤员。

【案例 10-9】1979 年 9 月浙江省温州市某厂液氯钢瓶爆炸,泄漏氯 10.2t,1208 人住院,779 人中毒,59 人死亡;1995 年的日本东京地铁沙林中毒事件,十几分钟近 5000 人受累,死亡 10 余人;2003 年 12 月 23 日我国重庆市开县发生天然气井喷事故,一夜间造成硫化氢中毒死亡 243 人。

3. 紧迫性

虽然危险化学品事故导致中毒的很多化学物质毒性较大,可导致突然死亡,但大部分毒物中毒过程往往呈进行性加重,有的可造成亚急性中毒或具有潜伏期。因此,只有在短时间内实施救治和毒物清除,救治成功的希望较大。

4. 复杂性

危险化学品事故有时初期很难确定何种毒物中毒,毒物检验鉴定需要一定的设备和时间,大部分中毒是根据现场情况和临床表现而进行判断,容易出现误诊误治。中毒现场救治又需要具有防护能力的医学救治队伍,否则容易造成医务人员的中毒。而且,绝大多数化学毒物没有特效解毒剂,往往需要较强的综合救治能力,如生命体征监护、呼吸支持、高压氧和血液净化等特殊手段。即使有特效解毒剂,由于平时使用较少,一般医院不储备,国家和地方也储备不足,因而经常出现千里送药或动用国家仅有的少量药品,甚至是临时生产。

5. 危害性

危险化学品事故在危害程度上远远大于其他一般事故。危险化学品事故的实际杀伤威力,与危险化学品的种类和当时的气候条件有很大的关系。

6. 长期性

危险化学品事故后化学毒物的作用时间比较长,消失较为困难,有持久性的特点。其表现为毒物毒性内在的持久效应、合并的精神作用和造成的社会影响。由于造成中毒的染毒空气、土壤和水中存在的毒物,以及进入人体内的毒物,稀释、排泄或解毒需要一定的手段和时间,因此在未有效处置和防护的情况下,可能会出现二次中毒。如东京沙林事件救治过程中,救援人员接触沾有沙林中毒人员的衣物,而出现症状;也曾出现过食入因中毒死亡的动物,而造成动物或人员中毒。

第三节　危险化学品事故的应急救援

一、我国危险化学品事故应急救援概况

随着近年来我国化学工业的迅速发展,生产装置的日益大型化、复杂化,如何预防和阻

止重特大化学事故的发生，积极实施有效的化学事故应急救援，尽可能地避免和减少损失已成为当务之急。我国政府和相关部门、企业在这方面做了大量的卓有成效的工作。

1994年，原化工部制定并颁布了《化学事故应急救援管理办法》（化督发［1994］597号）。1996年，原化工部和国家经贸委联合印发了《关于组建"化学事故应急救援系统"的通知》（化督发［1996］242号），成立了全国化学事故应急救援指挥中心和按区域组建的8个化学事故应急救援抢救中心。1998年，"化学事故应急救援系统"更名为"国家经贸委化学事故应急救援抢救系统"，由国家经贸委领导，该系统由"国家经贸委化学事故应急救援指挥中心"、"国家经贸委化学事故应急救援指挥中心办公室"和8个"国家经贸委化学事故应急抢救中心"组成。

1997年，公安部消防部队在全国30个重点城市成立了消防特勤队伍，配备了比较先进的装备和器材，建立了一支化学事故应急救援现场抢救的重要力量。人民解放军中的防化兵也配有比较完善的装备和器材，是实施化学事故应急救援的专业部队。

1991年，上海市颁布了《上海市化学事故应急救援办法》，建立了我国第一个地方性化学事故应急救援体系，并在实际应用中取得了良好的效果。

2002年颁布实施的《安全生产法》和《职业病防治法》、《危险化学品安全管理条例》以及《使用有毒物品作业场所劳动保护条例》等，对化学事故应急救援都作出了明确的规定和要求。另外，我国大型的石油化工企业如中国石油、中国石化等都组建了自己的一套具有针对性的化学事故应急救援体系，拥有装备精良、训练有素的专业队伍。

我国政府加强对应急救援的体制、机制和法制建设的同时，对应急管理工作十分重视。2006年国务院发布《国务院关于全面加强应急管理工作的意见》，国家安全生产监督管理总局又制定了《生产经营单位安全生产事故应急预案编制导则》、《生产安全事故应急预案管理办法》等，规范了生产安全事故应急预案的管理，完善了应急预案体系，增强了应急预案的科学性、针对性和实效性。

但是，由于危险化学品事故应急救援系统是一项涉及面广、专业性强的工作，靠某一个部门或单位是很难独立完成的，必须把各方面的救援力量整合起来，密切配合、协同作战才能迅速、有效地组织和实施应急救援。从总体上讲，我国目前尚缺乏完善的体系和管理制度对上述各种应急救援力量进行有效整合，因此建立和健全我国的化学事故应急救援体系势在必行。

二、危险化学品事故应急救援的指导思想与原则

1. 危险化学品事故应急救援的指导思想

认真贯彻"安全第一，预防为主，综合治理"的方针，坚持以人为本，预防为主，充分依靠法制、科技和人民群众，以保障公众生命财产安全为根本，以落实和完善应急预案为基础，以提高预防和处置突发公共事件能力为重点，全面加强应急管理工作，最大程度地减少突发公共事件及其造成的人员伤亡和危害，维护国家安全和社会稳定，促进经济社会全面、协调、可持续发展。

2. 危险化学品事故应急救援的工作原则

（1）安全第一，预防为主

加强对危险化学品生产经营单位的日常管理，落实企业安全生产主体责任，消除事故隐患。加强基础工作，增强事故预警分析，做好应急预案演练，提高事故防范意识。

（2）职责明确，规范有序

明确危险化学品事故应急救援中各部门、企业的职责，规范应急救援工作程序，使整个应急救援工作规范有序。

（3）依法管理，依靠科技

严格执行国家有关法律法规，对危险化学品事故的预防、报告、控制和救援工作实行依法管理。依靠科学技术，通过实施现场自动检测、监控等手段，实现危险化学品事故预防、应急救援的科学化、规范化。

(4) 分级负责，属地为主

危险化学品事故应急救援工作遵循综合协调、分级负责、属地为主的原则。

三、危险化学品事故应急救援体系

按照国务院关于各类突发事件原则上由当地政府负责处理的精神，国家化学事故应急救援体系设国家、省（自治区、直辖市）、市、县、企业5级应急救援组织体系，根据事故影响范围和事故后果的严重程度，分别由不同层次的应急救援指挥部门负责救援工作的组织实施。该体系依托政府各部门在各级行政区域设立的组织系统，体系完整，能够逐级实施领导管理，覆盖全境，责任明确，适应化学事故点多、面广，救援工作应急性强，以当地救援为主的特点。应急救援组织体系包括以下机构。

1. 应急救援指挥中心

应急救援指挥中心是负责事故应急救援组织、指挥、协调的中枢机构。

2. 区域化学事故应急医疗抢救中心

负责对化学毒物中毒、烧伤、外伤等现场医疗抢救，协助医疗卫生部门做好伤员的抢救工作；为化学应急救援医疗抢救提供信息、技术咨询；各种化学应急抢救药品及器械、设备的储备、保管等工作。

3. 应急救援队伍

危险化学品事故发生后，接到命令即能火速赶往事故现场，控制事故进一步发展（泄漏控制和火灾控制），完成现场抢险作业和现场洗消等工作。

4. 技术支持体系

(1) 应急预案系统

各级人民政府负责制定、修订、实施各辖区内的化学事故应急救援预案，并建立各级化学事故应急救援预案系统。根据应急预案，定期组织演练。

(2) 信息技术支持体系

由国家化学品登记注册中心和各省（市）地方登记办公室组成的危险化学品登记网络，结合国家实行危险化学品登记制度，建立包括危险化学品生产、储存、经营、运输企业动态信息的数据库，为国家和地方的化学事故应急救援准备和救援行动提供信息支持，提供24小时国家化学事故应急咨询热线服务，为危险化学品安全管理、事故预防和应急救援提供技术、信息支持。

(3) 现场救援技术支持体系

加强应急救援队伍与应急装备建设，促进各种救援力量的有效整合。完善国内消防特勤队伍的建设，购置先进的灭火车辆、侦检设备、防护器材与通讯设备等；充分发挥总参防化部队的作用，完善防化设备，增强应急力量。

(4) 专家库系统

根据地域分布，聘请包括安全、消防、卫生、环保等在内的各类专家，定期进行考核和资格认证，保证其危险化学品事故应急咨询时的权威性和时效性，必要时就近专家可赴现场指导应急救援工作。

四、危险化学品事故应急救援的基本任务

1. 控制危险源

及时控制造成事故的危险源是应急救援工作的首要任务，只有及时控制住危险源，防止事故的继续扩展，才能及时、有效地进行救援。特别对发生在城市或人口稠密地区的化学事

故，应尽快组织工程抢险队与事故单位技术人员一起及时堵源，控制事故继续扩展。

2．抢救受害人员

抢救受害人员是应急救援的重要任务。在应急救援行动中，及时、有序、有效地实施现场急救与安全转送伤员是降低伤亡率，减少事故损失的关键。

3．指导群众防护，组织群众撤离

由于化学事故发生突然、扩散迅速、涉及范围厂、危害大，应及时指导和组织群众采取各种措施进行自身防护，并向上风方向迅速撤离出危险区或可能受到危害的区域。在撤离过程中应积极组织群众开展自救和互救工作。

4．做好现场洗消，消除危害后果

对事故外逸的有毒有害物质和可能对人和环境继续造成危害的物质，应及时组织人员予以清除，消除危害后果，防止对人的继续危害和对环境的污染。

5．查清事故原因，估算危害程度，向有关部门和社会媒介提供详实情报

事故发生后应及时调查事故的发生原因和事故性质，估算出事故的危害波及范围和危险程度，查明人员伤亡情况，做好事故调查。

五、危险化学品事故应急救援程序

危险化学品事故应急救援一般包括报警与接警、应急救援队伍的出动、应急救援的实施（紧急疏散、现场急救）、泄漏控制和火灾控制等。

1．事故报告

① 事故发生后，现场人员立即向企业应急中心报告。发生较大或较严重的危险化学品事故时，发生事故的危险化学品企业或区县安全生产监督管理部门立即向市安全生产应急指挥部报告。

② 报告内容包括事故发生的时间和地点、事故类型（泄漏、火灾和爆炸）、发生事故的装置部位、物料性质、事态程度、扑救要求及报警人姓名、联系电话等。

2．救援程序

① 企业应急中心值班接到报告后，应立即报告应急救援指挥部，由应急救援指挥部指示发出险情信号。

② 当听到报警后，所有应急组织成员迅速到达指定地点，总指挥（副总指挥）依据事故现场情况及事故性质，确定警戒区域和事故控制具体实施方案，并下达各组应急救援任务。

③ 应急中心根据事故险情情况，及时向所在行政区域内安全生产监督管理部门进行汇报，并请求相关部门支援。

④ 应急专家到达事故现场后，迅速对事故情况作出判断，提出处置实施办法和防范措施。

⑤ 应急救援队伍到达现场后，服从现场指挥人员的指挥，采取必要的个人防护，按各自的分工展开应急处置和救援工作。

⑥ 事故得到控制后，进行现场洗消工作。

六、危险化学品事故应急管理

应急管理是对突发公共事件的全过程管理，根据突发公共事件的预警、发生、缓解和善后四个发展阶段，应急管理可分为预测预警、识别控制、紧急处置和善后管理四个过程。

应急管理又是一个动态管理，包括预防、准备、响应和恢复四个阶段，均体现在管理突发事件的各个阶段。应急管理还是个完整的系统工程，可以概括为"一案三制"，即事故应急救援预案，应急管理机制、体制和法制。

1. 应急预防

预防是应急管理的首先工作，能把事故消除在萌芽状态是应急管理的最高境界，是为控制和消除危险化学品事故对人类生命、财产长期危害所采取的行动。

(1) 预防的具体情形

应急预防具体包括以下 4 种情形：

① 事先进行危险源辨识和风险分析，通过预测可能发生的事故、事件，采取风险控制措施，尽可能地避免事故的发生；

② 深入实际，进行应急专项检查，查找问题，通过动态监控，预防事故发生；

③ 在出现事故必然发生的情况下，及时采取控制措施，消除事故的发生；

④ 假定在事故必然发生的情况下，通过预先采取的预防措施，来有效控制事故的发展，最大程度地减少事故造成的损失和后果。

(2) 预防的工作方法

① 危险辨识。危险辨识是应急管理的第一步。即首先要把本单位、本辖区所存在的危险源进行全面认真的普查。

② 风险评价。在危险源普查完成之后，就要理论结合实际，对所有危险源进行风险评价，从中确定可能造成事故的风险源，也即确定应急控制对象。

③ 预测预警。根据危险源的危险特性，对应急控制对象可能发生的事故进行预测，对出现的事故征兆及时发布相关信息进行预警，并采取相应措施，将事故消灭在萌芽状态。

④ 预警预控。假定事故必然发生，并将可能出现的情形事先告知相关人员进行预警，同时，将预防措施及相应处置程序（即应急预案的相应处置程序）告知相关人员，以便在事故发生之时，能有备而战，预防事故的恶化或扩大。

2. 应急准备

应急准备指针对可能发生的事故，为迅速、有序地开展应急行动而预先进行的组织准备和应急保障。目的是应对事故发生而提高应急行动能力及推进有效的响应工作。

(1) 应急准备的内容

应急准备的内容主要包括以下方面：

① 应急预案的编制；

② 应急组织的成立；

③ 应急队伍的建设；

④ 应急人员的培训；

⑤ 应急物资的储备；

⑥ 应急装备的配备；

⑦ 应急通讯的保障；

⑧ 应急预案的演练；

⑨ 外部救援力量的衔接；

⑩ 应急资金的保障等。

(2) 准备工作的方法

① 应急预案的编制。应急预案的编写程序主要步骤有成立编写组、危险分析、应急能力分析、起草预案和实施预案。编制应急预案的目的是为发生事故时能以最快的速度发挥最大的效能，有组织、有秩序地实施救援行动，尽快控制事态的发展，降低事故造成的危害，减少事故造成的损失。

② 应急保障。根据应急预案的要求，进行人力、物力、财力的准备，为应急救援的具体实施提供保障。主要包括应急救援法律法规、应急救援预案、应急通讯、应急物资与装

备、应急专家组等。

3. 应急响应

应急响应是在事故险情、事故发生状态下，在对事故情况进行分析评估的基础上，有关组织或人员按照应急救援预案所采取的应急救援行动。

（1）应急响应的目的

① 接到事故预警信息后，采取相应措施，化解事故于萌芽状态；

② 事故发生之后，根据应急预案，采取相应措施，及时控制事故的恶化或扩大，并最终将事故控制并恢复到常态，最大程度地减少人员伤亡、财产损失和社会影响。

（2）应急响应的工作方法

① 事态分析。对事态进行全面考察、分析。包括现状分析和趋势分析。

② 现状分析。现状分析是对事故险情、事故初期事态进行现状分析。

③ 趋势分析。趋势分析是对事故险情、事故发展趋势进行预测分析。

4. 应急恢复

事故的影响得到初步控制后，为使生产、工作、生活和生态环境尽快恢复到正常状态而采取的措施或行动。

（1）应急恢复的目的

事故得以控制之后，尽快让生产、工作、生活等恢复到常态，从根本上消除事故隐患，避免事态向事故状态演化。

（2）应急恢复的工作方法

① 清理现场。对事故现场进行清理就是将事故现场的物品进行回收、清除、化学洗消，最后达到现场物品分类处置、环保达标的要求。

② 常态恢复。配合各方面力量，使生产、生活、工作秩序恢复到常态。

第四节 危险化学品事故应急预案的编制

一、应急预案概述

应急预案是针对可能发生的事故，为迅速、有序地开展应急行动而预先制定的行动方案。

危险化学品事故应急救援预案是针对具体设备、设施、场所或环境，在安全评价的基础上，评估了危险化学品事故形式、发展过程、危害范围和破坏区域的条件下，为降低危险化学品事故损失，就事故发生后的应急救援机构和人员，应急救援的设备、设施、条件和环境，行动的步骤和纲领，控制事故发展的方法和程序等，预先做出的计划和安排。

制定危险化学品事故应急救援预案的目的是为了发生化学事故时，能以最快的速度发挥最大的效能，有组织、有秩序地实施救援行动，尽快控制事态的发展，降低危险化学品事故造成的危害，减少事故损失。

1. 应急预案的基本要求

应急预案应具备以下基本要求。

（1）科学性

事故应急救援工作是一项科学性很强的工作，制定预案也必须坚持科学的态度，在对潜在危险进行科学分析的基础上，通过对应急资源的科学评价，按照科学的管理方法组织应急机构，提出科学的应急响应程序。

（2）系统性

表现在危险分析和风险评价方法的系统性、应急能力评价的系统性、应急管理的系统性和应急措施的系统性。

(3) 实用性

应急预案是建立在对特定潜在危险分析的基础上的，应急响应也是建立在现有资源的基础上的，具有明确的针对性，可操作性很强。

(4) 灵活性

尽管应急预案针对的是特定危险并依赖特定资源，但是并不妨碍应急预案的灵活性。一般在关键资源和关键措施上都有备用手段，以应付事件的复杂性。

(5) 动态性

应急预案不是一成不变的操作手册，而是需要不断发现问题和适应新的情况，不断修订逐步完善的。

2. 应急预案的级别

重大事故发生首先波及企业（现场）内部，当事故能量比较大时，就可能影响企业（现场）以外。此时，事故的控制单单靠一个企业来完成就不可能了，需要政府组织整个社会力量来处理。所以应急预案也相应分为企业（现场）应急预案和政府应急预案。现场应急预案由企业负责，场外应急预案由各级政府主管部门负责。

根据可能发生的事故后果的影响范围、地点及应急方式，建立事故应急救援体系。我国事故应急救援体系将事故应急预案分成五个级别：

① Ⅰ级（企业级）应急预案；
② Ⅱ级（县、市/社区级）应急预案；
③ Ⅲ级（地区/市级）应急预案；
④ Ⅳ级（省级）应急预案；
⑤ Ⅴ级（国家级）应急预案。

分级的依据主要是事故的大小和应急救援的能力。

3. 应急预案的文件体系

应急预案要形成完整的文件体系，以使其作用得到充分发挥，成为应急行动的有效工具。一个完整的应急预案是包括总预案、程序、说明书、记录的四级文件体系。

(1) 一级文件——总预案

在总预案中作总体上的描述及必要说明。总预案包括法律法规及技术标准、指导思想及适用性、危险分析、应急能力评估、预案的评估与维护等。

(2) 二级文件——程序

它说明某个行动的目的和范围。程序内容十分具体，比如该做什么、由谁去做、什么时间和什么地点等。它的目的是为应急行动提供指南。一般包括基本要素、预防程序、准备程序、基本应急程序、专项应急响应程序。程序的编制力求格式简洁明了，多以文字叙述、流程图表相组合的方式表现。

(3) 三级文件——说明书

对程序中的特定任务及某些行动细节进行说明，供应急组织内部人员或其他个人使用。

(4) 四级文件——对应急行动的记录

包括在应急行动期间所做的通信记录、每一步应急行动的记录等。详细的应急记录便于应急事件结束后对应急预案进行评审。

二、危险化学品事故应急预案的编制

1. 编制准备

编制应急预案应做好以下准备工作：

① 全面分析本单位危险因素、可能发生的事故类型及事故的危害程度；

② 排查事故隐患的种类、数量和分布情况，并在隐患治理的基础上，预测可能发生的事故类型及其危害程度；

③ 确定事故危险源，进行风险评估；

④ 针对事故危险源和存在的问题，确定相应的防范措施；

⑤ 客观评价本单位的应急能力；

⑥ 充分借鉴国内外同行业事故教训及应急工作经验。

2. 编制程序

(1) 应急预案编制工作组

结合本单位部门职能分工，成立以单位主要负责人为领导的应急预案编制工作组，明确编制任务、职责分工，制订工作计划。

(2) 资料收集

收集应急预案编制所需的各种资料（相关法律法规、应急预案、技术标准、国内外同行业事故案例分析、本单位技术资料等）。

(3) 危险源与风险分析

在危险因素分析及事故隐患排查、治理的基础上，确定本单位的危险源、可能发生事故的类型和后果，进行事故风险分析，并指出事故可能产生的次生、衍生事故，形成分析报告，分析结果作为应急预案的编制依据。

(4) 应急能力评估

对本单位应急装备、应急队伍等应急能力进行评估，并结合本单位实际，加强应急能力建设。

(5) 应急预案的编制

针对可能发生的事故，按照有关规定和要求编制应急预案。应急预案编制过程中，应注重全体人员的参与和培训，使所有与事故有关的人员均掌握危险源的危险性、应急处置方案和技能。应急预案应充分利用社会应急资源，与地方政府预案、上级主管单位以及相关部门的预案相衔接。

(6) 应急预案的评审与发布

应急预案编制完成后，应进行评审。评审由本单位主要负责人组织有关部门和人员进行。外部评审由上级主管部门或地方政府负责安全管理的部门组织审查。评审后，按规定报有关部门备案，并经生产经营单位主要负责人签署发布。

3. 应急预案体系的构成

应急预案应形成体系，针对各级各类可能发生的事故和所有危险源制定专项应急预案和现场应急处置方案，并明确事前、事发、事中、事后的各个过程中相关部门和有关人员的职责。生产规模小、危险因素少的生产经营单位，综合应急预案和专项应急预案可以合并编写。

(1) 综合应急预案

综合应急预案是从总体上阐述处理事故的应急方针、政策，应急组织结构及相关应急职责，应急行动、措施和保障等基本要求和程序，是应对各类事故的综合性文件。

危险化学品生产经营单位风险种类多、可能发生多种事故类型的，应当组织编写本单位的综合应急预案。

(2) 专项应急预案

专项应急预案是针对具体的事故类别（如煤矿瓦斯爆炸、危险化学品泄漏等事故）、危险源和应急保障而制订的计划或方案，是综合应急预案的组成部分，应按照综合应急预案的程序和要求组织制定,并作为综合应急预案的附件。专项应急预案应制定明确的救援程序和具体的应急救援措施。

对于某一种类的风险,危险化学品生产经营单位应当根据存在的重大危险源和可能发生的事故类型,制定相应的专项应急预案。

(3) 现场处置方案

现场处置方案是针对具体的装置、场所或设施、岗位所制定的应急处置措施。现场处置方案应具体、简单、针对性强。现场处置方案应根据风险评估及危险性控制措施逐一编制,做到事故相关人员应知应会,熟练掌握,并通过应急演练,做到迅速反应、正确处置。

三、综合应急预案的主要内容

1. 总则

(1) 编制目的

简述应急预案编制的目的、作用等。

(2) 编制依据

简述应急预案编制所依据的法律法规、规章,以及有关行业管理规定、技术规范和标准等。

(3) 适用范围

说明应急预案适用的区域范围,以及事故的类型、级别。

(4) 应急预案体系

说明本单位应急预案体系的构成情况。

(5) 应急工作原则

说明本单位应急工作的原则,内容应简明扼要、明确具体。

2. 生产经营单位的危险性分析

(1) 生产经营单位概况

主要包括单位地址、从业人数、隶属关系、主要原材料、主要产品、产量等内容,以及周边重大危险源、重要设施、目标、场所和周边布局情况。必要时,可附平面图进行说明。

(2) 危险源与风险分析

主要阐述本单位存在的危险源及风险分析结果。

3. 组织机构及职责

(1) 应急组织体系

明确应急组织形式、构成单位或人员,并尽可能以结构图的形式表示出来。

(2) 指挥机构及职责

明确应急救援指挥机构总指挥、副总指挥、各成员单位及其相应职责。应急救援指挥机构根据事故类型和应急工作需要,可以设置相应的应急救援工作小组,并明确各小组的工作任务及职责。

4. 预防与预警

(1) 危险源监控

明确本单位对危险源监测监控的方式、方法,以及采取的预防措施。

(2) 预警行动

明确事故预警的条件、方式、方法和信息的发布程序。

(3) 信息报告与处置

按照有关规定,明确事故及未遂伤亡事故信息报告与处置办法。

① 信息报告与通知。明确24小时应急值守电话、事故信息接收和通报程序。

② 信息上报。明确事故发生后向上级主管部门和地方人民政府报告事故信息的流程、

内容和时限。

③ 信息传递。明确事故发生后向有关部门或单位通报事故信息的方法和程序。

5. 应急响应

（1）响应分级

针对事故危害程度、影响范围和单位控制事态的能力，将事故分为不同的等级。按照分级负责的原则，明确应急响应级别。

（2）响应程序

根据事故的大小和发展态势，明确应急指挥、应急行动、资源调配、应急避险、扩大应急等响应程序。

（3）应急结束

明确应急终止的条件。事故现场得以控制，环境符合有关标准，导致次生、衍生事故隐患消除后，经事故现场应急指挥机构批准后，现场应急结束。

应急结束后，应明确以下事项：

① 事故情况上报事项；

② 需向事故调查处理小组移交的相关事项；

③ 事故应急救援工作总结报告。

6. 信息发布

明确事故信息发布的部门、发布原则。事故信息应由事故现场指挥部及时准确向新闻媒体通报事故信息。

7. 后期处置

后期处置主要包括污染物处理、事故后果影响消除、生产秩序恢复、善后赔偿、抢险过程和应急救援能力评估及应急预案的修订等内容。

8. 保障措施

（1）通信与信息保障

明确与应急工作相关联的单位或人员通信联系方式和方法，并提供备用方案。建立信息通信系统及维护方案，确保应急期间信息通畅。

（2）应急队伍保障

明确各类应急响应的人力资源，包括专业应急队伍、兼职应急队伍的组织与保障方案。

（3）应急物资装备保障

明确应急救援需要使用的应急物资和装备的类型、数量、性能、存放位置、管理责任人及其联系方式等内容。

（4）经费保障

明确应急专项经费来源、使用范围、数量和监督管理措施，保障应急状态时生产经营单位应急经费的及时到位。

（5）其他保障

根据本单位应急工作需求而确定的其他相关保障措施，如交通运输保障、治安保障、技术保障、医疗保障、后勤保障等。

9. 培训与演练

（1）培训

明确对本单位人员开展的应急培训计划、方式和要求。如果预案涉及社区和居民，要做好宣传教育和告知等工作。

（2）演练

明确应急演练的规模、方式、频次、范围、内容、组织、评估、总结等内容。

10. 奖惩

明确事故应急救援工作中奖励和处罚的条件和内容。

11. 附则

（1）术语和定义

对应急预案涉及的一些术语进行定义。

（2）应急预案备案

明确应急预案的报备部门。

（3）维护和更新

明确应急预案维护和更新的基本要求，定期进行评审，实现可持续改进。

（4）制定与解释

明确应急预案负责制定与解释的部门。

（5）应急预案实施

明确应急预案实施的具体时间。

四、专项应急预案的主要内容

1. 事故类型和危害程度分析

在危险源评估的基础上，对其可能发生的事故类型和可能发生的季节及其严重程度进行确定。

2. 应急处置基本原则

明确处置安全生产事故应当遵循的基本原则。

3. 组织机构及职责

（1）应急组织体系

明确应急组织形式、构成单位或人员，并尽可能以结构图的形式表示出来。

（2）指挥机构及职责

根据事故类型，明确应急救援指挥机构总指挥、副总指挥以及各成员单位或人员的具体职责。应急救援指挥机构可以设置相应的应急救援工作小组，明确各小组的工作任务及主要负责人职责。

4. 预防与预警

（1）危险源监控

明确本单位对危险源监测监控的方式、方法，以及采取的预防措施。

（2）预警行动

明确具体事故预警的条件、方式、方法和信息的发布程序。

5. 信息报告程序

信息报告程序主要包括以下内容：

① 确定报警系统及程序；

② 确定现场报警方式，如电话、警报器等；

③ 确定24小时与相关部门的通信、联络方式；

④ 明确相互认可的通告、报警形式和内容；

⑤ 明确应急反应人员向外求援的方式。

6. 应急处置

（1）响应分级

针对事故危害程度、影响范围和单位控制事态的能力，将事故分为不同的等级。按照分级负责的原则，明确应急响应级别。

（2）响应程序

根据事故的大小和发展态势，明确应急指挥、应急行动、资源调配、应急避险、扩大应急等响应程序。

(3) 处置措施

处置措施是针对本单位事故类别和可能发生的事故特点、危险性，制定的应急处置措施（如煤矿瓦斯爆炸、冒顶片帮、火灾、透水等事故应急处置措施，危险化学品火灾、爆炸、中毒等事故应急处置措施）。

7. 应急物资与装备保障

明确应急处置所需的物资与装备数量、管理和维护、正确使用方法等。

五、现场处置方案的主要内容

1. 事故特征

事故特征主要包括以下几个方面：

① 危险性分析，可能发生的事故类型；
② 事故发生的区域、地点或装置的名称；
③ 事故可能发生的季节和造成的危害程度；
④ 事故前可能出现的征兆。

2. 应急组织与职责

应急组织与职责主要包括以下内容：

① 基层单位应急自救组织形式及人员构成情况；
② 应急自救组织机构、人员的具体职责，应同单位或车间、班组人员的工作职责紧密结合，明确相关岗位和人员的应急工作职责。

3. 应急处置

应急处置主要包括以下内容。

① 事故应急处置程序。根据可能发生的事故类别及现场情况，明确事故报警、各项应急措施启动、应急救护人员的引导、事故扩大及同企业应急预案的衔接的程序。
② 现场应急处置措施。针对可能发生的火灾、爆炸、危险化学品泄漏、坍塌、水患、机动车辆伤害等，从操作措施、工艺流程、现场处置、事故控制、人员救护、消防、现场恢复等方面制定明确的应急处置措施。
③ 报警电话及上级管理部门、相关应急救援单位联络方式和联系人员、事故报告的基本要求和内容。

4. 注意事项

注意事项主要包括以下内容：

① 佩戴个人防护器具方面的注意事项；
② 使用抢险救援器材方面的注意事项；
③ 采取救援对策或措施方面的注意事项；
④ 现场自救和互救注意事项；
⑤ 现场应急处置能力确认和人员安全防护等事项；
⑥ 应急救援结束后的注意事项；
⑦ 其他需要特别警示的事项。

第五节 典型危险化学品事故应急处置

一、火灾事故处置

【案例10-10】1992年6月30日，北京某厂中试车间T-1804工段投料开车，在启动压缩机向高压乙烯球罐充压乙烯时，球罐安全阀启跳，乙烯气泄漏爆燃着火。事故发生后，当班操作工人立即通知厂总调度室及有关部门，关闭了乙烯气总阀。有关人员立即向市消防局119火警台报警，同时通知厂卫生科派救护车将烧伤同志送积水潭医院抢救，值班厂长组织现场人员，积极配合公安消防队，全力扑救，将火扑灭。此次事故烧伤3人，其中1人死亡，2人重伤。

1. 扑救危险化学品火灾事故的处置对策

① 迅速扑救初期火灾，关闭火灾部位的上下游阀门，切断进入火灾事故地点的一切物料；在火灾尚未扩大到不可控制之前，应使用移动式灭火器，或现场其他各种消防设备、器材扑灭初期火灾和控制火源。

② 应迅速查明燃烧范围、燃烧物品及其周围物品的品名和主要危险特性、火势蔓延的主要途径、燃烧的危险化学品及燃烧产物是否有毒。

③ 先控制，后消灭。针对危险化学品火灾的火势发展蔓延快和燃烧面积大的特点，为防止火灾危及相邻设施，可采取以下保护措施：

- 对周围设施及时采取冷却保护措施；
- 迅速疏散受火势威胁的物资；
- 有的火灾可能造成易燃液体外流，这时可用沙袋或其他材料筑堤拦截漂散流淌的液体，或挖沟导流将物料导向安全地点；
- 用毛毡、海草帘堵住下水井、阴井口等处，防止火焰蔓延。

④ 扑救人员应占领上风或侧风阵地进行灭火，并有针对性地采取自我防护措施，如佩戴防护面具、穿戴专用防护服等。

⑤ 对有可能发生爆炸、爆裂、喷溅等特别危险需紧急撤退的情况，应按照统一的撤退信号和撤退方法及时撤退（撤退信号应格外醒目，能使现场所有人员都看到或听到，并应经常演练）。

⑥ 火灾扑灭后，仍然要派人监护现场，消灭余火。

起火单位应当保护现场，接受事故调查，协助公安消防部门和安全管理部门调查火灾原因，核定火灾损失，查明火灾责任，未经公安消防部门和安全监督管理部门的同意，不得擅自清理火灾现场。

扑救化学品火灾时，特别注意的是：扑救危险化学品火灾决不可盲目行动，应针对每一类化学品，选择正确的灭火剂和灭火方法来安全地控制火灾；化学品火灾的扑救应由专业消防队来进行；其他人员不可盲目行动，待消防队到达后，介绍物料性质，配合扑救。

2. 各类危险化学品的灭火扑救方法

(1) 扑救压缩气体和液化气体火灾的处置方法

① 扑救气体火灾切忌盲目灭火，即使在扑救周围火势以及冷却过程中不小心把泄漏处的火焰扑灭了，在没有采取堵漏措施的情况下，也必须立即用长点火棒将火点燃，使其恢复稳定燃烧。否则，大量可燃气体泄漏出来与空气混合，遇着火源就会发生爆炸，后果将不堪设想。

② 首先应扑灭外围被火源引燃的可燃物火势，切断火势蔓延途径，控制燃烧范围，并积极抢救受伤和被困人员。

③ 如果火势中有压力容器或有受到火焰辐射热威胁的压力容器，能疏散的应尽量在水枪的掩护下疏散到安全地带，不能疏散的应部署足够的水枪进行冷却保护。为防止容器爆裂伤人，进行冷却的人员应尽量采用低姿射水或利用现场坚实的掩蔽体防护。对卧式储罐，冷却人员应选择储罐四侧角作为射水阵地。

④ 如果是输气管道泄漏着火，应首先设法找到气源阀门。阀门完好时，只要关闭气体

阀门，火势就会自动熄灭。

⑤ 储罐或管道泄漏关阀无效时，应根据火势大小判断气体压力和泄漏口的大小及其形状，准备好相应的堵漏材料（如软木塞、橡皮塞、气囊塞、黏合剂、弯管工具等）。

⑥ 堵漏工作准备就绪后，即可用水扑救火势，也可用干粉、二氧化碳灭火，但仍需用水冷却烧烫的罐或管壁。火扑灭后，应立即用堵漏材料堵漏，同时用雾状水稀释和驱散泄漏出来的气体。

⑦ 一般情况下完成了堵漏也就完成了灭火工作，但有时一次堵漏不一定能成功，如果一次堵漏失败，再次堵漏需一定时间，应立即用长点火棒将泄漏处点燃，使其恢复稳定燃烧，以防止较长时间泄漏出来的大量可燃气体与空气混合后形成爆炸性混合物，从而存在发生爆炸的危险，并准备再次灭火堵漏。

⑧ 如果确认泄漏口很大，根本无法堵漏，只需冷却着火容器及其周围容器和可燃物品，控制着火范围，一直到可燃气燃尽，火势自动熄灭。

⑨ 现场指挥应密切注意各种危险征兆，遇有火势熄灭后较长时间未能恢复稳定燃烧或受热辐射的容器安全阀火焰变亮耀眼、尖叫、晃动等爆裂征兆时，指挥员必须适时作出准确判断，及时下达撤退命令。现场人员看到或听到事先规定的撤退信号后，应迅速撤退至安全地带。

⑩ 气体储罐或管道阀门处泄漏着火时，在特殊情况下，只要判断阀门还有效，也可违反常规，先扑灭火势，再关闭阀门。一旦发现关闭已无效，一时又无法堵漏时，应迅即点燃，恢复稳定燃烧。

（2）扑救易燃液体火灾的基本方法

① 首先应切断火势蔓延的途径，冷却和疏散受火势威胁的压力及密闭容器和可燃物，控制燃烧范围，并积极抢救受伤和被困人员。

② 及时了解和掌握着火液体的品名、密度、水溶性，以及有无毒害、腐蚀、沸溢、喷溅等危险性，以便采取相应的灭火和防护措施。

③ 对较大的储罐或流淌火灾，应准确判断着火面积。小面积（一般 $50m^2$ 以内）液体火灾，一般可用雾状水扑灭，用泡沫、干粉、二氧化碳、卤代烷（1211，1301）灭火一般更有效；大面积液体火灾则必须根据其相对密度、水溶性和燃烧面积大小，选择正确的灭火剂扑救。

④ 比水轻又不溶于水的液体（如汽油、苯等），用普通蛋白泡沫或轻水泡沫灭火；比水重又不溶于水的液体（如二硫化碳）起火时可用水扑救，水能覆盖在液面上灭火。

⑤ 具有水溶性的液体（如醇类、酮类等），最好用抗溶性泡沫扑救；用干粉或卤代烷扑救时，灭火效果要视燃烧面积大小和燃烧条件而定，也需用水冷却罐壁。

⑥ 扑救毒害性、腐蚀性或燃烧产物毒害性较强的易燃液体火灾，扑救人员必须佩戴防护面具，采取防护措施。

（3）扑救毒害品和腐蚀品火灾的方法

灭火人员必须穿防护服，佩戴防护面具。一般情况下采取全身防护即可，对有特殊要求的物品火灾，应使用专用防护服。扑救时应尽量使用低压水流或雾状水，避免腐蚀品、毒害品溅出。遇酸类或碱类腐蚀品最好调制相应的中和剂稀释中和。浓硫酸遇水能放出大量的热，会导致沸腾飞溅，需特别注意防护。扑救浓硫酸与其他可燃物品接触发生的火灾，浓硫酸数量不多时，可用大量低压水快速扑救；如果浓硫酸量很大，应先用二氧化碳、干粉、卤代烷等灭火，然后再把着火物品与浓硫酸分开。

（4）扑救易燃固体、自燃物品火灾的基本方法

易燃固体、自燃物品一般都可用水或泡沫扑救，相对其他种类的化学危险物品而言是比

较容易扑救的，只要控制住燃烧范围，逐步扑灭即可。但也有少数易燃固体、自燃物品火灾的扑救方法比较特殊，如2,4-二硝基苯甲醚、二硝基萘、萘、黄磷等。

2,4-二硝基苯甲醚、二硝基萘、萘等是能升华的易燃固体，受热产生易燃蒸气，在扑救过程中应不时向燃烧区域上空及周围喷射雾状水，并用水浇灭燃烧区域及其周围的一切火源。遇黄磷火灾时，用低压水或雾状水扑救，用泥土、砂袋等筑堤拦截黄磷熔融液体并用雾状水冷却，对磷块和冷却后已固化的黄磷，应用钳子夹入储水容器中。

（5）扑救遇湿易燃物品火灾的基本方法

遇湿易燃物品能与潮湿和水发生化学反应，产生可燃气体和热量，有时即使没有明火也能自动着火或爆炸，如金属钾、钠以及三乙基铝（液态）等。因此，这类物品有一定数量时，绝对禁止用水、泡沫、酸碱灭火器等湿性灭火剂扑救，应用干粉、二氧化碳、卤代烷扑救，只有金属钾、钠、铝、镁等个别物品用二氧化碳、卤代烷无效。固体遇湿易燃物品应用水泥、干砂、干粉、硅藻土和蛭石等覆盖。

二、爆炸事故处置

1. 爆炸事故的扑救要点

由于爆炸事故都是瞬间发生，而其往往同时引发火灾，危险性、破坏性极大，给扑救带来很大困难。因此，在保证扑救人员安全的前提下，把握以下要点。

① 采取一切可能的措施，全力制止再次爆炸。
② 应迅速组织力量及时疏散火场周围的易爆、易燃品，使火区周边出现一个隔离带。
③ 切忌用砂、土遮盖、压埋爆炸物品，以免增加爆炸时的爆炸威力。
④ 灭火人员要利用现场的有利地形或采取卧姿行动，尽可能采取自我保护措施。
⑤ 如果发生再次爆炸征兆或危险时，指挥员应迅速作出正确判断，下达命令，组织人员撤退。

2. 扑救爆炸品的处置方法

① 迅速判断和查明再次发生爆炸的可能性和危险性，紧紧抓住爆炸后和再次发生爆炸之间的有利时机，采取一切可能的措施，全力制止再次爆炸的发生。
② 凡有搬移的可能，在人身安全确有可靠保障的情况下，应迅速组织力量，在水枪的掩护下及时搬移着火源周围的爆炸品至安全区域。
③ 禁止用砂土类的材料进行盖压，以免增加爆炸品爆炸时的威力。
④ 扑救爆炸品堆垛时，水流应采用吊射，避免强力水流直接冲击堆垛，造成堆垛坍塌引起再次爆炸。
⑤ 灭火人员应采取自我保护措施，尽量利用现场的地形、地物作为掩体，尽量采取卧姿等低姿射水。
⑥ 有再次爆炸的危险时，灭火人员应迅速撤离。如来不及撤退时，应迅速卧倒，等待时机和救援。

三、中毒和窒息事故处置

在化工生产和检修现场，有时由于设备突发性损坏或泄漏致使大量毒物外溢（逸）造成作业人员急性中毒。中毒窒息往往病情严重，且发展变化快。因此必须全力以赴，争分夺秒地及时抢救。

中毒窒息现场应急处置应遵循下列原则。

1. 安全进入毒物污染区

对于高浓度的硫化氢、一氧化碳等毒物污染区以及严重缺氧环境，必须先予以通风。参加救护的人员需佩戴供氧式防毒面具，同时应佩戴相应的防护用品、有毒有害气体检测仪、氧气分析报警仪和可燃气体报警仪。

2. 切断毒物来源

应急救援人员进入现场后，除对中毒者进行抢救外，同时应侦查毒物来源，并采取果断措施切断其来源，如关闭泄漏管道的阀门、堵加盲板、停止加送物料、堵塞泄漏设备等，以防止毒物继续外溢（逸）。对于已经扩散出来的有毒气体或蒸气应立即启动通风排毒设施或开启门窗，以降低有毒物质在空气中的含量，为抢救工作创造有利条件。

3. 迅速抢救生命

医护人员进入现场后，应迅速将中毒者转移至有新鲜空气处，并解开中毒者的颈、胸部纽扣及腰带，以保持呼吸通畅。同时对中毒者要注意保暖和保持安静，严密注意中毒者神志、呼吸状态和循环系统的功能。

救护人员脱离污染区后，立即脱去受污染的衣物。对于皮肤、毛发甚至指甲缝中的污染，都要注意清除。对能由皮肤吸收的毒物及化学灼伤，应在现场用大量清水或其他备用的解毒、中和液冲洗。毒物经口侵入体内，应及时彻底洗胃或催吐，除去胃内毒物，并及时以中和、解毒药物减少毒物的吸收。

中毒者脱离染毒区后，应在现场立即对其着手急救。心脏停止跳动的，立即拳击心脏部位的胸壁或作胸外心脏按摩，直接对心脏内注射肾上腺素或异丙肾上腺素，抬高下肢使头部低位后仰。呼吸停止者赶快做人工呼吸，最好用口对口吹气法。剧毒品不适宜用口对口法时，可使用史氏人工呼吸法。人工呼吸与胸外心脏按摩可同时交替进行，直至恢复自主心搏和呼吸。急救操作不可动作粗暴，造成新的损伤。眼部溅入毒物，应立即用清水冲洗，或将脸部浸入满盆清水中，张眼并不断摆动头部，稀释洗去毒物。

经过初步急救，速送医院继续治疗。

4. 彻底清除毒物污染

（1）大气中有毒气体的清除方法

有毒气体最显著的特性是毒害性和扩散性，因此有毒气体发生泄漏、火灾和爆炸事故可引发环境污染，因此，这些有毒物必须及时彻底地清除。

可以采用液体吸收净化法、吸附净化法和中和方法等来处理。如用雾状水吸收二氧化硫、硫化氢、氯气等水溶性的有毒气体，或用活性炭吸附。

【例10-1】大量氯气泄漏时，用足够压力的水，在泄漏现场布置多道水幕，在空中形成严实的水网；地面撒石灰，溶解泄漏的氯气，产生的废水围堤收容，用稀氢氧化钠溶液完全中和后，经稀释排入废水处理系统。同时，实时检测空气中的氯气含量，当氯气含量超标时，可喷稀硫代硫酸钠溶液吸收。

【例10-2】大量光气泄漏时，用足够压力的水和稀氨水（或稀碱）溶液，在事故现场布置多道水幕，在空中形成严实的水网，溶解泄漏的光气，构筑围堤或挖坑收容产生的废水，加入石灰完全中和后，经稀释排入废水处理系统。

（2）水中有毒物的清除方法

有毒危险化学品泄漏如果进入水环境，需要根据泄漏物的理化性质和水体情况进行修筑水坝、挖掘沟槽、设置表面水栅等方法拦截泄漏物。

修筑水坝是控制小河流上的水体泄漏物常用的拦截方法。挖掘沟槽是控制泄漏到水体的不溶性沉块常用的拦截方法。表面水栅可用来收容水体的不溶性漂浮物。

水环境中危险化学品拦截后，可以采用撇取法、抽取法、吸附法、固化法、中和法处置泄漏物。撇取法可清除水面上的液体漂浮物。抽取法可清除水中被限制住的固体和液体泄漏物。吸附法通过采用适当的吸附剂来吸附净化危险化学品，如用活性炭吸附苯、甲苯、汽油、煤油等。固化法通过加入能与泄漏物发生化学反应的固化剂（水泥、凝胶、石灰）或稳定剂使泄漏物转化成稳定形式，以便于处理、运输和处置。对于泄入水体的酸、碱或泄入水体后能生成酸、碱的物质，可用中和法处理。

【例 10-3】氰化钠水体泄漏时，沿河两岸进行警戒，严禁取水、用水、捕捞等一切活动；并在污染源上游的重度污染区落闸拦河，减缓污水下排速度；向污染水域中抛撒大量漂白粉，用漂白粉打包构筑净水渗坝，可使尚未水解的氰化钠氧化成低毒的异氰酸钠，进而氧化成无毒的二氧化碳、氮气、氯化钠、水等。

【例 10-4】苯酚水体泄漏时，沿河两岸进行警戒，严禁取水、用水、捕捞等一切活动；并在污染源上游的重度污染区落闸拦河，减缓污水下排速度；向污染水域中抛撒大量石灰，用石灰打包构筑净水渗坝，可使苯酚完全中和反应生成无毒的钙盐。

四、烧伤事故处置

【案例 10-11】1990 年 5 月 31 日，广西某县磷肥厂 5 名工人到运输站装酸泵卸硫酸。当进行试泵时，人员没有全部撤离，仍有电工在闸刀开关处和在槽车上，而且没有穿戴耐酸工作服、工作帽、防护靴、耐酸手套、防护眼镜。所以合上电源开关后，不到半分钟，惨剧发生，3 人被烧伤。由于缺乏急救常识，没有用清水对伤员身上的硫酸进行现场冲洗就直接送医院抢救，使得伤势加重，1 人双目失明。

1. 化学烧伤的处理原则

化学烧伤的处理原则同一般烧伤相似，应迅速脱离事故现场，终止化学物质对机体的继续损害；采取有效解毒措施，防止中毒；进行全面体检和化学监测。

（1）脱离现场与危险化学品隔离

为了终止危险化学品对机体继续损害，应立即脱离现场，脱去被化学物质浸渍的衣服，并迅速用大量清水冲洗。其目的一是稀释，二是机械冲洗，将化学物质从创面和黏膜上冲洗干净，冲洗时可能产生一定热量，所以冲洗要充分，可使热量逐渐消散。

头、面部烧伤时，要注意眼睛、鼻、耳、口腔内的清洗。特别是眼睛，应首先冲洗，动作要轻柔，一般清水亦可，如有条件可用生理盐水冲洗。如发现眼睑痉挛、流泪、结膜充血、角膜上皮肤及前房混浊等，应立即用生理盐水或蒸馏水冲洗。用消炎眼药水、眼膏等以预防继发性感染。局部不必用眼罩或纱布包扎，但应用单层油纱布覆盖以保护裸露的角膜，防止干燥所致损害。

石灰烧伤时，在清洗前应将石灰去除，以免石灰遇水后产生热，加深创面损害。

有些化学物质则要按其理化特性分别处理。大量流动水的持续冲洗，比单纯用中和剂拮抗的效果更好。用中和剂的时间不宜过长，一般 20min 即可，中和处理后仍需再用清水冲洗，以避免因为中和反应产生热而给机体带来进一步的损伤。

（2）防止中毒

有些化学物质可引起全身中毒，应严密观察病情变化，一旦诊断有化学中毒可能时，应根据致伤因素的性质和病理损害的特点，选用相应的解毒剂或对抗剂治疗，有些毒物迄今尚无特效解毒药物。在发生中毒时，应使毒物尽快排出体外，以减少其危害。一般可静脉补液和使用利尿剂，以加速排尿。

2. 化学灼伤现场救护的处理原则

化学灼伤发生时，所有救护人员及现场抢险组成员在现场救援时，必须佩戴性能可靠的个人防护用品。具体的处理原则如下。

① 任何化学物质灼伤，首先要脱去污染的衣服，用自来水冲洗 2～30min（眼睛灼伤冲洗不少于 10min），并用石蕊 pH 试纸测试接近中性为止。灼伤面积大、有休克症状者冲洗要从速、从简。人数较多时可用临近水源（河、塘、湖、海等）进行冲洗。

② 选择上风向、距离最近的医务室或卫生所为现场急救场所，安排烧伤外科医师负责接诊、收治登记，初步进行灼伤面积的估计，进行初步分类，并标注颜色标记，以便分别进

行不同方法的急救处理。

③ 灼伤创面经清创后用一次性敷料包扎，以免二次损伤或污染。对某些化学物质灼伤，如氢氟酸灼伤，可考虑使用中和剂，但注意创面上不要抹有颜色的外用药，以免影响创面的观察。

④ 对合并有内脏破裂、气胸、骨折等严重外伤者，应优先进行处理，并尽快安排转送去有手术条件的医院。

⑤ 对中度以上严重灼伤伤员，应迅速建立静脉通道，以利液体复苏，降低休克发生率或使伤员平稳度过休克关，为以后治疗创造条件。

⑥ 所有伤员须先行清创、包扎处理，因转运途中若创面暴露，既增加护理难度，又增加感染机会。转送途中应有医护人员护送，应转送至设有烧伤中心或专科病房的医院为佳。

五、泄漏事故处置

【案例 10-12】2007 年 3 月 29 日晚，一辆在京沪高速公路行驶的罐式半挂车在江苏淮安段发生交通事故，引发车上罐装的液氯大量泄漏，造成 29 人死亡，436 名村民和抢救人员中毒住院治疗，门诊留治人员 1560 人，10500 多名村民被迫疏散转移，造成直接经济损失 1700 余万元。京沪高速公路宿迁至宝应段（约 110km）关闭 20h。

在化学品的生产、储存和使用过程中，盛装化学品的容器常常发生一些意外的破裂、洒漏等事故，造成化学危险品的外漏，因此需要采取简单、有效的安全技术措施来消除或减少泄漏危险。下面介绍化学品泄漏必须采取的应急处理措施。

1. 疏散与隔离

在化学品生产、储存和使用过程中一旦发生泄漏，首先要疏散无关人员，隔离泄漏污染区。如果是易燃易爆化学品大量泄漏，这时一定要打 119 报警，请求消防专业人员救援，同时要保护、控制好现场。

2. 泄漏源控制

(1) 泄漏控制

① 如果在生产使用过程中发生泄漏，要在统一指挥下，通过关闭有关阀门，切断与之相连的设备、管线，停止作业，或改变工艺流程等方法来控制化学品的泄漏。

② 对容器壁、管道壁堵漏，可使用专用的软橡胶封堵物（圆锥状、楔子状等多种形状和规格的塞子）、木塞子、胶泥、棉纱和肥皂封堵。对于较大的孔洞，还可用湿棉絮封堵、捆扎。需要注意的是，在化工工艺流程中的容器泄漏处直接堵漏时，一般不要先轻易关闭阀门或开关，而应先根据具体情况，在事故单位工程技术人员的指导下，正确地采取降温降压措施（消防部队可在技术人员的指导下，实施均匀的开花水流冷却），然后再关闭阀门、开关止漏，以防因容器内压力和温度突然升高而发生爆炸。

③ 对不能立即止漏而继续外泄的有毒有害物质，可根据其性质，与水或相应的溶液混合，使其迅速解毒或稀释。

④ 泄漏物正在燃烧时，只要是稳定型燃烧，一般不要急于灭火，而应首先用水枪对泄漏燃烧的容器、管道及其周围的容器、管道、阀门等设备以及受到火焰、高温威胁的建筑物进行冷却保护，在充分准备并且有把握处置事故的情况下，方才灭火。

(2) 切断火源

切断火源对化学品的泄漏处理特别重要，如果泄漏物品是易燃品，必须立即消除泄漏污染区域的各种火源。

(3) 个人防护

进入泄漏现场进行处理时，应注意安全防护，进入现场救援人员必须配备必要的个人防护器具。

参加泄漏处理人员应对泄漏品的化学性质和反应特征有充分的了解，要于高处和上风处进行处理，严禁单独行动，要有监护人。必要时要用水枪（雾状水）掩护。要根据泄漏品的性质和毒物接触形式，选择适当的防护用品，防止事故处理过程中发生伤亡、中毒事故。

如果泄漏物是有毒的，应使用专用防护服、隔绝式空气面具，立即在事故中心区边界设置警戒线，根据事故情况和事故发展，确定事故波及区人员的撤离。为了在现场上能正确使用和适应，平时应进行严格的适应性训练。

3．泄漏物的处理

（1）围堤堵截

如果化学品为液体，泄漏到地面上时会四处蔓延扩散，难以收集处理。为此需要筑堤堵截或者引流到安全地点。对于储罐区发生液体泄漏时，要及时关闭雨水阀，防止物料沿明沟外流。

（2）稀释与覆盖

向有害物蒸气云喷射雾状水，加速气体向高空扩散。对于可燃物，也可以在现场释放大量水蒸气或氮气，破坏燃烧条件。对于液体泄漏，为降低物料向大气中的蒸发速度，可用泡沫或其他覆盖物品覆盖外泄的物料，在其表面形成覆盖层，抑制其蒸发。

（3）收容（集）

对于大型泄漏，可选择用隔膜泵将泄漏出的物料抽入容器内或槽车内；当泄漏量小时，可用沙子、吸附材料、中和材料等吸收中和。

（4）废弃

将收集的泄漏物运至废物处理场所处置。用消防水冲洗剩下的少量物料，冲洗水排入污水系统处理。

需特别注意的是，对参与化学事故抢险救援的消防车辆及其他车辆、装备、器材也必须进行消毒处理，否则会成为扩散源；对参与抢险救援的人员除必须对其穿戴的防化服、战斗服、作训服和使用的防毒设施、检测仪器、设备进行消毒外，还必须彻底地淋浴冲洗躯体、皮肤，并注意观察身体状况，进行健康检查。

思考与练习题

一、填空题

1．根据《生产过程危险和有害因素分类与代码》（GB/T 13861—2009）的规定，将生产过程中的危险、有害因素分为_____，_____，_____，心理、生理性危险和有害因素，行为性危险和有害因素。

2．重大危险源辨识现所依据的标准是_____。

3．危险化学品事故的特点是_____、_____、_____、_____、危害性和长期性。

4．我国事故应急救援体系将事故应急预案分成五个级别，即Ⅰ级（企业级）应急预案、_____、_____、_____、_____。

5．应急预案要形成完整的文件体系，以使其作用得到充分发挥，成为应急行动的有效工具。一个完整的应急预案是包括_____、_____、_____、_____的一个四级文件体系。

6．生产经营单位的应急预案按照针对情况的不同，分为_____、_____和现场处置方案。

二、选择题

1．应急管理是一个动态的过程，包括（　　）四个阶段。
　　A．准备、预防、响应和恢复　　　　B．准备、响应、恢复和预防
　　C．准备、响应、预防和恢复　　　　D．预防、准备、响应和恢复

2. 《安全生产法》第十八条规定，（　　）级以上地方人民政府应当组织有关部门制定本行政区域内特大生产安全事故应急预案，建立应急救援体系。
　　A. 县　　　　　　B. 市　　　　　　C. 省　　　　　　D. 地区
3. 泄漏物控制属于（　　）一级要素。
　　A. 应急响应　　　B. 现场恢复　　　C. 应急策划　　　D. 应急准备
4. 重大事故应急救援体系响应程序正确的是（　　）。
　　①应急启动　　②应急关闭　　③警情与响应级别确定　　④救援行动　　⑤应急恢复
　　A. ③、①、②、④、⑤　　　　　　　B. ③、①、④、⑤、②
　　C. ②、③、①、④、⑤　　　　　　　D. ⑤、②、③、①、④

三、简答题

1. 应急预案的编制应当符合哪些要求？
2. 综合应急预案的具体内容是什么？
3. 现场处置方案应当包括哪些内容？
4. 我国危险化学品事故应急救援目前存在的问题有哪些？

第十一章 职业危害及其预防

第一节 职业危害概述

一、职业危害的定义与分类

1. 职业危害的定义

职业危害是指劳动者在从事职业活动中，由于接触生产性粉尘、有害化学物质、物理因素、放射性物质而对其身体健康所造成的伤害。

2. 职业危害因素的分类

在生产劳动场所存在的，可能对劳动者的健康及劳动能力产生不良影响或者有害作用的因素，统称为职业危害因素。

职业危害因素按其来源可分为如下几种。

(1) 生产过程的职业危害因素

① 化学因素。包括生产性粉尘、工业毒物。

② 物理因素。如高温、低温、辐射、噪声、振动等。

③ 生物因素。如布氏杆菌、森林脑炎、真菌、霉菌、病毒等传染性因素。

(2) 劳动过程的职业危害因素

主要是由于劳动强度过大、作业时间过长或作业方式不合理等。

(3) 生产劳动环境中的有害因素

① 自然环境中的有害因素，如夏季的太阳辐射等。

② 生产工艺要求的不良环境条件，如冷库或烘房中的异常温度等。

③ 不合理的生产工艺过程造成的环境污染。

④ 由于管理缺陷造成的作业环境不良，如采光照明不利，地面湿滑，作业空间狭窄、杂乱等。

二、危险化学品的职业危害

危险化学品的职业危害主要有职业中毒及化学灼伤等，具体表现如下。

1. 粉尘致尘肺病

有的固体危险化学品当形成粉尘并分散于环境空气中时，作业人员长期吸入这些粉尘可以引起尘肺病，如铝尘可引起铝尘肺。

2. 致职业中毒

绝大多数危险化学品，不仅是毒性物质，而且多数爆炸品、易燃气体、易燃液体、易燃固体、氧化物和有机氧化物都能致作业人员发生职业中毒。

职业中毒可分为急性中毒和慢性中毒。其中毒表现各有不同：有的是致神经衰弱综合征表现；有的是致呼吸系统的刺激症状，表现为气管炎、肺炎或肺水肿；还有的是致中毒性肝病或中毒性肾病；也有的对血液系统损伤，出现溶血性贫血、白细胞减少、血红蛋白变性，如高铁血红蛋白、碳氧血红蛋白、硫化血红蛋白而导致组织缺氧、窒息；还可对消化系统、泌尿系统、生殖系统等造成损伤。

3. 致化学灼伤

化学灼伤是最常见、最普遍发生的化学风险之一。它是指人体分子、细胞或皮肤组织由于受到化学品的刺激或腐蚀，部分或全部遭到破坏。当人的眼睛或皮肤接触到具有腐蚀性或刺激性的危险化学品，就会引起化学灼伤。有6类化学品易造成化学灼伤：酸、碱、氧化剂、还原剂、添加剂与溶剂。

4. 致放射性疾病

放射性物质可导致各种放射性疾病。在《职业病目录》中，列入职业病名单的放射性疾病有11种，都由放射性射线引起。

5. 致职业性皮肤病

职业性皮肤病包括接触性皮炎、光敏性皮炎等8种皮肤病，其中除电光性皮炎外，其他7种职业性皮肤病都可以由危险化学品所致。因此，危险化学品对皮肤的危害必须引起足够的重视。

6. 致职业性肿瘤

在《职业病目录》中我国列入法定职业病的职业性肿瘤有8种。每种职业性肿瘤都是由危险化学品所致。目前已由试验证实，或职业流行病学调查资料提示，还有许多种危险化学品具有致癌性，如甲醛等。

7. 生物因素所致职业病

列入我国法定职业病的生物因素所致职业病有3种：炭疽、森林脑炎、布氏杆菌病，都是由危险化学品第6类的感染性物质所导致。

8. 致职业性眼病

在我国法定职业病中的"化学性眼部灼伤"、"职业性白内障"等是由危险化学品所引起的。

9. 致职业性耳鼻喉口腔疾病

在我国法定的职业性耳鼻喉口腔疾病中有"铬鼻病"、"牙酸蚀病"是由危险化学品所导致的。

10. 致其他职业病

在我国法定的其他职业病中，如"金属烟热"、"职业性哮喘"和"职业性变态反应性肺泡炎"等是由危险化学品所导致的。

另外，危险化学品生产工艺复杂，生产条件苛刻（高温、高压等），在生产中会引起火灾、爆炸事故等。机械设备、装置、容器等爆炸产生的碎片会造成较大范围内的危害，冲击波对周围机械设备、建筑物产生破坏作用并造成人员伤亡、急性中毒等事故。

三、职业病

1. 职业病的定义及分类

职业病是指劳动者在生产劳动及其他职业活动中，因接触职业性有害因素引起的疾病。

职业病的分类和目录由国务院卫生行政部门会同国务院劳动保障行政部门规定、调整并公布。根据《职业病目录》（卫生监发［2002］108号），将职业病分为10类115种，其中

① 尘肺，13种；

② 职业性放射性疾病，11种；

③ 职业中毒，56种；

④ 物理因素所致职业病，5种；

⑤ 生物因素所致职业病，3种；

⑥ 职业性皮肤病，8种；

⑦ 职业性眼病，3 种；
⑧ 职业性耳鼻喉疾病，3 种；
⑨ 职业性肿瘤，8 种；
⑩ 其他职业病，5 种。

2. 职业病危害

职业病危害是指对从事职业活动的劳动者可能导致职业病的各种危害。职业病危害因素包括：职业活动中存在的各种有害的化学、物理、生物因素以及在作业过程中产生的其他职业有害因素。

四、控制职业病危害的相关法律、法规及标准

1. 《职业病防治法》

《中华人民共和国职业病防治法》（以下简称《职业病防治法》）是 2001 年 10 月 27 日第九届全国人民代表大会常务会第二十四次会议通过的。这是我国第一部全面规范职业病防治工作的法律。本法共 7 章 79 条，其主要内容如下。

(1) 职业病防治工作的基本方针和原则

我国职业病防治工作的基本方针是"预防为主，防治结合"。职业病一旦发生，较难治愈，所以职业病防治工作应当从致病源头抓起，采取前期预防。同时，在劳动过程中需要加强防护与管理，产生职业病后需要及时治疗，并对职业病病人给予相应的保障，做到全过程的监督管理。

职业病防治管理的基本原则是"分类管理，综合治理"。由于造成职业病的危害因素有多种，且造成的危害程度也不相同，因此对职业病防治管理需要区别不同情况进行。

(2) 职业病的前期预防

本法从可能产生职业危害的新建、改建、扩建项目和技术改造、技术引进项目（以下统称建设项目）的"源头"实施管理，规定了预评价制度。

① 在建设项目可行性论证阶段，建设单位应当对可能产生的职业危害因素及其对工作场所和人员的影响进行职业危害预评价，并经卫生行政部门审核。

② 建设项目的职业卫生防护设施，应当与主体工程同时设计、同时施工、同时运行或者同时使用；竣工验收前，建设单位应当进行职业危害控制效果评价。

(3) 劳动过程中的防护与管理

防治职业病，用人单位是关键。《职业病防治法》中第三章对用人单位加强劳动过程中的职业病防治与管理作了以下规定。

① 用人单位应当实施由专人负责的职业病危害因素日常监测，并确保监测系统处于正常运行状态；

② 用人单位应当按照国务院卫生行政部门的规定，定期对工作场所进行职业病危害因素检测、评价；

③ 向用人单位提供可能产生职业病危害的设备的，应当提供中文说明书，并在设备的醒目位置设置警示标识和中文警示说明；

④ 向用人单位提供可能产生职业病危害的化学品、放射性同位素和含有放射性物质的材料的，应当提供中文说明书；

⑤ 用人单位对采用的技术、工艺、材料，应当熟悉其产生的职业病危害，对有职业病危害的技术、工艺、材料隐瞒其危害而采用的，对所造成的职业病危害后果承担责任；

⑥ 用人单位与劳动者订立劳动合同（含聘用合同，下同）时，应当将工作过程中可能产生的职业病危害及其后果、职业病防护措施和待遇等如实告知劳动者，并在劳动合同中写明，不得隐瞒或者欺骗；

⑦ 用人单位应当对劳动者进行上岗前的职业卫生培训和在岗期间的定期职业卫生培训，普及职业卫生知识，督促劳动者遵守职业病防治法律、法规、规章和操作规程，指导劳动者正确使用职业病防护设备和个人使用的职业病防护用品；

⑧ 对从事接触职业病危害的作业的劳动者，用人单位应当按照国务院卫生行政部门的规定组织上岗前、在岗期间和离岗时的职业健康检查，并将检查结果如实告知劳动者。职业健康检查费用由用人单位承担。

(4) 职业病的诊断管理

关于职业病的诊断管理，本法主要从以下三个方面作了规定。

① 职业病的诊断应当由医疗卫生机构承担。从事职业病诊断的医疗卫生机构由省级以上人民政府卫生行政部门批准，并在其《医疗机构执业许可证》上注明获准开展的职业病诊断项目。

② 劳动者可以在用人单位所在地或者本人居住地的医疗卫生机构进行职业病诊断。

③ 承担职业病诊断的医疗卫生机构在进行职业病诊断时，应当组织 3 名以上取得职业病诊断资格的执业医师集体诊断；职业病诊断证明书，应当由诊断医师共同签署，并经承担职业病诊断的医疗卫生机构审核盖章。

(5) 对职业病病人的治疗与保障

对从事接触职业危害因素作业的劳动者发现患有职业病或者有疑似职业病的，必须及时诊断、治疗，妥善安置。据此，本法主要从以下几方面作了规定。

① 用人单位应当及时安排对疑似职业病病人进行诊断；疑似职业病病人在诊断、医学观察期间的费用，由用人单位承担。

② 用人单位按照国家有关规定，安排职业病病人进行治疗、康复和定期检查；职业病病人的诊疗、康复费用，按照国家有关工伤社会保险的规定执行；没有参加工伤社会保险的，其医疗和生活保障由造成职业病的用人单位承担。

③ 用人单位在疑似职业病病人诊断或者医学观察期间，不得解除或者终止与其订立的劳动合同；用人单位对不适应继续从事原工作的职业病病人，应当调离原岗位，并妥善安置；职业病病人变动工作单位，其待遇不变，用人单位发生分立、合并、解散、破产等情形的，应当按照国家有关规定妥善安置职业病病人。

2.《使用有毒物品作业场所劳动保护条例》

中华人民共和国国务院第 352 号令《使用有毒物品作业场所劳动保护条例》已于 2002 年 4 月 30 日由国务院第 57 次常务会议通过，2002 年 5 月 12 日起施行。该保护条例是根据《职业病防治法》和其他有关法律、行政法规的规定，为了保证作业场所安全使用有毒物品，预防、控制和消除职业中毒危害，保护劳动者的生命安全、身体健康及其相关权益而制定的。

该条例对作业场所的预防措施和劳动过程的防护、职业健康监护、劳动者的权利与义务进行了具体的规定。

3.《建设项目职业病危害分类管理办法》

《建设项目职业病危害分类管理办法》于 2006 年 6 月 15 日经卫生部部务会议讨论通过，将可能产生职业病危害的建设项目分为一般职业病危害的建设项目和严重职业病危害的建设项目，实行分类管理。

(1) 建设项目职业病危害分类

国家对职业病危害建设项目实行分类管理。将可能产生职业病危害的建设项目分为职业病危害轻微、职业病危害一般和职业病危害严重三类。

(2) 建设项目职业病危害分类的管理办法

① 职业病危害轻微的建设项目，其职业病危害预评价报告、控制效果评价报告应当向卫生行政部门备案。

② 职业病危害一般的建设项目，其职业病危害预评价报告、控制效果评价报告应当进行审核、竣工验收。

③ 职业病危害严重的建设项目，除进行前项规定的卫生审核和竣工验收外，还应当进行设计阶段的职业病防护设施设计的卫生审查。

4. 常用职业卫生标准

(1)《工业企业设计卫生标准》(GBZ 1—2010)

本标准详细规定了工业企业的选址与整体布局、防尘与防毒、防暑与防寒、防噪声与防振动、防非电离辐射及电离辐射、辅助用室等方面的内容，以保证工业企业设计符合卫生标准，达到保护劳动者健康、预防职业病的要求。

(2) 工作场所有害物质职业接触限值

《工作场所有害物质职业接触限值 第1部分 化学有害因素》(GBZ 2.1—2007)适用于工业企业卫生设计及存在或产生化学有害因素的各类工作场所。适用于工作场所卫生状况、劳动条件、劳动者接触化学因素的程度、生产装置泄漏、防护措施效果的监测、评价、管理及职业卫生监督检查等。

《工作场所有害物质职业接触限值 第2部分 物理有害因素》(GBZ 2.2—2007)适用于存在或产生物理因素的各类工作场所，适用于工作场所卫生状况、劳动条件、劳动者接触物理因素的程度、生产装置泄露、防护措施效果的监测、评价、管理、工业企业卫生设计及职业卫生监督检查等，不适用于非职业性接触。

(3)《工作场所职业病危害警示标识》(GBZ 158—2003)

本标准规定了在工作场所设置的可以使劳动者对职业病危害产生警觉，并采取相应防护措施的图形标识、警示线、警示语句和文字。

本标准适用于可产生职业病危害的工作场所、设备及产品。根据工作场所实际情况，组合使用各类警示标识。

第二节 工业毒物及其危害

一、工业毒物及其分类

1. 工业毒物的定义

广而言之，凡作用于人体并产生有害作用的物质均可称之为毒物；而狭义的毒物概念是指少量进入人体即可导致中毒的物质。

工业生产过程中使用和产生的有毒物质称为工业毒物或生产性毒物。工业毒物常见于化工产品的生产过程，它包括原料、辅料、中间体、成品和废弃物、夹杂物中的有毒物质，并以不同形态存在于生产环境中。例如，散发于空气中的氯、溴、氨、甲烷、硫化氢、一氧化碳气体；悬浮于空气中的由粉尘、烟、雾混合形成的气溶胶尘；镀铬和蓄电池充电时逸出的铬酸雾和硫酸雾；熔镉和电焊时产生的氧化镉烟尘和电焊烟尘；生产中排放的废水、废气、废渣等。

由毒物侵入机体而导致的病理状态称为中毒。在生产过程中引起的中毒称为职业中毒。

2. 工业毒物的分类

由于毒物的化学性质各不相同，因此分类的方法很多。生产性毒物可以固体、液体、气体的形态存在于生产环境中。按物理形态可将工业毒物分为以下五种。

(1) 气体

在常温、常压条件下,散发于空气中的无定形气体,如氯、溴、氨、一氧化碳和甲烷等。

(2) 蒸气

固体升华、液体蒸发时形成蒸气,如水银蒸气和苯蒸气等。

(3) 雾

雾是混悬于空气中的液体微粒,如喷洒农药和喷漆时所形成的雾滴,镀铬和蓄电池充电时逸出的铬酸雾和硫酸雾等。

(4) 烟

烟是指直径小于 $0.11\mu m$ 的悬浮于空气中的固体微粒,如熔铜时产生的氧化铜烟尘、熔镉时产生的氧化镉烟尘、电焊时产生的电焊烟尘等。

(5) 粉尘

粉尘是能较长时间悬浮于空气中的固体微粒,直径大多数为 $0.1\sim 10\mu m$。固体物质的机械加工、粉碎、筛分、包装等可引起粉尘飞扬。

悬浮于空气中的粉尘、烟和雾等微粒,统称为气溶胶。了解生产性毒物的存在形态,有助于研究毒物进入机体的途径和发病原因,且便于采取有效的防护措施,以及选择车间空气中有害物的采样方法。

生产性毒物进入人体的途径主要是经呼吸道,也可经皮肤和消化道进入。

二、工业毒物的毒性

1. 毒性及其评价指标

毒性是指某种毒物引起机体损伤的能力,用来表示毒物剂量与反应之间的关系。通常用实验动物的死亡数来反映物质的毒性。常用的评价指标有以下几种。

(1) 绝对致死量或浓度 (LD_{100} 或 LC_{100})

LD_{100} 或 LC_{100} 表示绝对致死剂量或浓度,即能引起实验动物全部死亡的最小剂量或最低浓度。

(2) 半数致死量或浓度 (LD_{50} 或 LC_{50})

LD_{50} 或 LC_{50} 表示半数致死剂量或浓度,即能引起实验动物的 50% 死亡的剂量或浓度。这是将动物实验所得数据经统计处理而得的。

(3) 最小致死量或浓度 (MLD 或 MLC)

MLD 或 MLC 表示最小致死剂量或浓度,即能引起全组染毒动物中只引起个别动物死亡的毒性物质的最小剂量或浓度。

(4) 最大耐受量或浓度 (LD_0 或 LC_0)

LD_0 或 LC_0 表示最大耐受剂量或浓度,即指全组染毒动物全部存活的毒性物质的最大剂量或浓度。

2. 毒物的毒性分级

毒物的急性毒性可根据动物染毒实验资料 LD_{50} 进行分级。据此将毒物分为剧毒、高毒、中等毒、低毒和微毒五级(见表 11-1)。

三、工业毒物侵入人体的途径

毒性物质一般是经过呼吸道、消化道及皮肤接触进入人体的。职业中毒中,毒性物质主要是通过呼吸道和皮肤侵入人体的;而在生活中,毒性物质则是以呼吸道侵入为主。职业中毒时经消化道进入人体是很少的,往往是用被毒物沾染过的手取食物或吸烟,或发生意外事故毒物冲入口腔造成的。

表 11-1 化学物质急性毒性的分级

毒性分级	大鼠一次经口 LD_{50}/(mg/kg)	6只大鼠吸入4h死亡 2~4只的浓度/$(\mu g/g)$	兔涂皮时 LD_{50}/(mg/kg)	对人可能致死量	
				g/kg	60kg体重总量/g
剧毒	<1	<10	<5	<0.05	0.1
高毒	1~50	10~100	5~44	0.05~0.5	3
中等毒	50~500	100~1000	44~350	0.5~5.0	30
低毒	500~5000	1000~10000	350~2180	5.0~15.0	250
微毒	≥5000	≥10000	≥2180	≥15.0	>1000

1. 经呼吸道侵入

人体肺泡表面积为 $90\sim160m^2$，每天吸入空气 $12m^3$，约 15kg。空气在肺泡内流速慢，接触时间长，同时肺泡壁薄、血液丰富，这些都有利于吸收。所以呼吸道是生产性毒物侵入人体的最重要的途径。在生产环境中，即使空气中毒物含量较低，每天也会有一定量的毒物经呼吸道侵入人体。

从鼻腔至肺泡的整个呼吸道的各部分结构不同，对毒物的吸收情况也不相同。越是进入深部，表面积越大，停留时间越长，吸收量越大。固体毒物吸收量的大小，与颗粒和溶解度的大小有关。而气体毒物吸收量的大小，与肺泡组织壁两侧分压大小，呼吸深度、速度以及循环速度有关。另外，劳动强度、环境温度、环境湿度以及接触毒物的条件，对吸收量都有一定的影响。肺泡内的二氧化碳可能会增加某些毒物的溶解度，促进毒物的吸收。

2. 经皮肤侵入

有些毒物可透过无损皮肤或经毛囊的皮脂腺被吸收。经表皮进入体内的毒物需要越过三道屏障。第一道屏障是皮肤的角质层，一般相对分子质量大于 300 的物质不易透过无损皮肤。第二道屏障是位于表皮角质层下面的连接角质层，其表皮细脆富于固醇磷脂，它能阻止水溶性物质的通过，而不能阻止脂溶性物质的通过。毒物通过该屏障后即扩散，经乳头毛细血管进入血液。第三道屏障是表皮与真皮连接处的基膜。脂溶性毒物经表皮吸收后，还要有水溶性，才能进一步扩散和吸收。所以水、脂均溶的毒物（如苯胺）易被皮肤吸收。只是脂溶而水溶极微的苯，经皮肤吸收的量较少。与脂溶性毒物共存的溶剂对毒物的吸收影响不大。

毒物经皮肤进入毛囊后，可以绕过表皮的屏障直接透过皮脂腺细胞和毛囊壁进入真皮，再从下面向表皮扩散。但这个途径不如经表皮吸收严重。电解质和某些重金属，特别是汞在紧密接触后可经过此途径被吸收。操作中如果皮肤沾染上溶剂，可促使毒物贴附于表皮并经毛囊被吸收。

某些气体毒物如果浓度较高，即使在室温条件下，也可同时通过以上两种途径被吸收。毒物通过汗腺吸收并不显著。手掌和脚掌的表皮虽有很多汗腺，但没有毛囊，毒物只能通过表皮屏障而被吸收。而这些部分表皮的角质层较厚，吸收比较困难。

如果表皮屏障的完整性遭破坏，如外伤、灼伤等，可促进毒物的吸收。潮湿也有利于皮肤吸收，特别是对于气体物质更是如此。皮肤经常沾染有机溶剂，使皮肤表面的类脂质溶解，也可促进毒物的吸收。黏膜吸收毒物的能力远比皮肤强，部分粉尘也可通过黏膜吸收进入体内。

3. 经消化道侵入

许多毒物可通过口腔进入消化道而被吸收。胃肠道的酸碱度是影响毒物吸收的重要因素。胃液呈酸性，弱碱性物质可增加其电离，从而减少其吸收；弱酸性物质则有阻止其电离的作用，因而增加其吸收。脂溶性的非电解物质，能渗透过胃的上皮细胞。胃内的食物、蛋白质和黏液蛋白等,可以减少毒物的吸收。

肠道吸收最重要的影响因素是肠内的碱性环境和较大的吸收面积。弱碱性物质在胃内不易被吸收,到达小肠后即转化为非电离物质可被吸收。小肠内分布着酶系统,可使已与毒物结合的蛋白质或脂肪分解,从而释放出游离毒物促进其吸收。在小肠内物质可经过细胞壁直接渗入细胞,这种吸收方式对毒物的吸收,特别是对大分子的吸收起重要作用。制约结肠吸收的条件与小肠相同,但结肠面积小,所以其吸收比较次要。

四、工业毒物对人体的危害

毒物侵入人体后,通过血液循环分布到全身各组织或器官。由于毒物本身的理化特性及各组织的生化、生理特点,从而破坏人的正常生理机能,导致中毒。中毒可大致分为急性中毒和慢性中毒两种情况。急性中毒发病急剧、病情变化快、症状较重;慢性中毒一般潜伏期长,发病缓慢,病理变化缓慢且不易在短时期内治好。职业中毒以慢性中毒为主,而急性中毒多见于事故场合,一般较为少见,但危害甚大。

1. 对呼吸系统的危害

人体呼吸系统的分布如图11-1所示。毒物对呼吸系统的影响表现为以下三个方面。

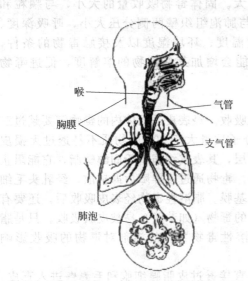

图 11-1 呼吸系统分布

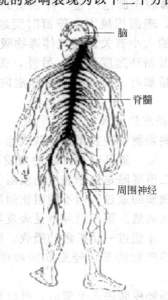

图 11-2 神经系统分布

(1) 窒息状态

如氨、氯、二氧化硫急性中毒时能引起喉痉挛和声门水肿;甲烷等稀释空气中的氧,一氧化碳等能形成高血红蛋白,使呼吸中枢因缺氧而受到抑制。

(2) 呼吸道炎症

吸入刺激性气体以及镉、锰、铍的烟尘可引起化学性肺炎;汽油误吸入呼吸道会引起右下叶肺炎;铬酸雾能引起鼻中隔穿孔。

(3) 肺水肿

中毒性肺水肿常由于吸入大量水溶性的刺激性气体或蒸气所引起。如氯气、氨气、氮氧化物、光气、硫酸二甲酯、三氧化硫、卤代烃、羰基镍等。

2. 对神经系统的危害

人体神经系统的分布如图11-2所示。毒物对神经系统的影响表现为以下三个方面。

(1) 急性中毒性脑病

锰、汞、汽油、四乙基铅、苯、甲醇、有机磷等所谓"亲神经性毒物"作用于人体会产生中毒性脑病，表现为神经系统症状，如头晕、呕吐、幻视、视觉障碍、复视、昏迷、抽搐等。有的患者有癔病样发作或神经分裂症、躁狂症、忧郁症；有的会出现植物神经系统失调，如脉搏减慢、血压和体温降低、多汗等。

(2) 中毒性周围神经炎

二硫化碳、有机溶剂、铊、砷粉尘的慢性中毒可引起指、趾触觉减退、麻木、疼痛、痛觉过敏，严重者会造成下肢运动神经元瘫痪和营养障碍等。初期为指、趾肌力减退，逐渐影响到上下肢，以致发生肌肉萎缩，腱反射迟钝或消失。

(3) 神经衰弱症候群

神经衰弱症候群见于某些轻度急性中毒、中毒后的恢复期，以慢性中毒的早期症状最为常见，如头痛、头昏、倦怠、失眠、心悸等。

3. 对血液系统的危害

(1) 白细胞数变化

大部分中毒均呈现白细胞总数和中性粒细胞的增高。苯、放射性物质等可抑制白细胞和血细胞核酸的合成，从而影响细胞的有丝分裂，对血细胞再生产生障碍，引起白细胞减少甚至患有中性粒细胞缺乏症。

(2) 血红蛋白变性

毒物引起的血红蛋白变性常以高铁血红蛋白症为最多。由于血红蛋白的变性，带氧功能受到障碍，患者常有缺氧症状，如头昏、乏力、胸闷甚至昏迷。同时，红细胞可以发生退行性病变、寿命缩短、溶血等异常现象。

(3) 溶血性贫血

砷化氢、苯胺、苯肼、硝基苯等中毒可引起溶血性贫血。由于红细胞迅速减少，导致缺氧，患者头昏、气、心动过速等，严重者可引起休克和急性肾功能衰竭。

4. 对泌尿系统的危害

在急性和慢性中毒时，有许多毒物可引起肾脏损害，尤其以升汞和四氯化碳等引起的肾小管坏死性肾病最为严重。乙二醇、铅、铀等可引起中毒性肾病。

5. 对循环系统的危害

砷、磷、四氯化碳、有机汞等中毒可引起急性心肌损害。汽油、苯、三氯乙烯等有机溶剂能刺激 β-肾上腺素受体而致心室颤动。氯化钡、氯化乙基汞中毒可引起心律失常。刺激性气体引起严重中毒性肺水肿时，由于渗出大量血浆及肺循环阻力的增加，可能出现肺原性心脏病。

6. 对消化系统的危害

(1) 急性肠胃炎

经消化道侵入汞、砷、铅等，可出现严重恶心、呕吐、腹痛、腹泻等酷似急性肠胃炎的症状。剧烈呕吐、腹泻可以引起失水和电解质、酸碱平衡紊乱，甚至发生休克。

(2) 中毒性肝炎

有些毒物主要引起肝脏损害，造成急性或慢性肝炎，这些毒物被称为"亲肝性毒物"。该类毒物常见的有磷、锑、四氯化碳、三硝基甲苯、氯仿及肼类化合物。

7. 对皮肤的危害

皮肤是机体抵御外界刺激的第一道防线，在从事化工生产中，皮肤接触外在刺激物的机会最多。许多毒物直接刺激皮肤造成皮肤危害，有些毒物经口鼻吸入，也会引起皮肤病变。不同毒物对皮肤会产生不同危害，常见的皮肤病症状有皮肤瘙痒、皮肤干燥、皲裂等。有些毒物还会引起皮肤附属器官及口腔黏膜的病变，如毛发脱落、甲沟炎、龈炎、口腔黏膜溃疡等。

8. 对眼部的危害

化学物质对眼部的危害，是指某种化学物质与眼部组织直接接触造成的伤害，或化学物质进入体内后引起视觉病变或其他眼部病变。

(1) 接触性眼部损伤

化学物质的气体、烟尘或粉尘接触眼部，或其液体、碎屑飞溅到眼部，可引起色素沉着、过敏反应、刺激性炎症或腐蚀灼伤，导致视力严重减退、失明或眼球萎缩。

(2) 中毒所致眼部损伤

毒物侵入人体后，作用于不同的组织，对眼部有不同的损害，例如黑朦、视野缩小、视中心暗点、幻视、复视、瞳孔缩小、眼睑病变、眼球震颤、白内障、视网膜及脉络膜病变和视神经病变等。

第三节　工业毒物的防治

一、防毒技术措施

1. 用无毒或低毒物质代替有毒或高毒物质

在生产中用无毒物料代替有毒物料，用低毒物料代替高毒物料或剧毒物料，是消除毒性物质危害的有效措施。如在涂料工业和防腐工程中，用锌白或氧化钛代替铅白，用云母氧化铁防锈底漆代替含大量铅的红丹底漆，从而消除了铅的职业危害；用无毒的催化剂代替有毒或高毒的催化剂等。

2. 改进生产工艺

选择危害性小的工艺代替危害性大的工艺，是防止毒物危害根本性的措施。如硝基苯还原制苯胺的生产过程，过去国内多采用铁粉作还原剂，过程间歇操作，能耗大，而且在铁泥废渣和废水中含有对人体危害极大的硝基苯和苯胺；现在大多采用硝基苯连续催化氢化制苯胺新工艺，大大减少了毒物对人和环境的危害。

3. 以密闭、隔离操作代替敞开式操作

在化工生产中，敞开式的加料、搅拌、反应、测温、取样、出料以及冒、滴、漏时，均会造成有毒物质的散发和外逸，毒化操作环境，危害人体。为了控制有毒物质，使其在生产设备本身密闭化和生产过程各个环节的密闭化。生产设备的密闭化，往往与减压操作和通风排毒措施结合使用，以提高设备的密闭效果，消除或减轻有毒物质的危害。由于条件限制不能使毒物浓度降到国家标准时，可以采用隔离操作措施。隔离操作是把操作人员与生产设备隔离开来，使操作人员免受散逸出来的毒物危害。

4. 以连续化操作代替敞开式操作

间歇操作的生产间断进行，需要经常配料、加料、不断地进行调节、分离、出料、干燥、粉碎和包装，几乎所有单元操作都需要靠人工进行。反应设备时而敞开时而密闭，很难做到系统密闭。尤其是对于危险性较大和使用大量有毒物料的工艺过程，操作人员会频繁接触毒性物料，对人体的危害相当严重。采用连续化操作才能使设备完全密闭，消除上述弊端。

5. 以机械化、自动化代替手工操作

用机械化、自动化代替手工操作，不仅可以减轻工人的劳动强度，而且可以减少工人与毒物的直接接触，从而减少了毒物对人体的危害。

二、通风

排除有毒、有害气体和蒸气可采用全面通风及局部排风方式进行。

1. 全面通风

全面通风是在工作场所内全面进行通风换气,以维持整个工作场所范围内空气环境的卫生条件。

全面通风用于有害物质的扩散不能控制在工作场所内一定范围的场合,或是有害物质的发源地的位置不能固定的场合。这种通风方式的实质就是用新鲜空气来冲淡工作场所内的污浊空气,以使工作场所空气中有害物质的含量不超过卫生标准所规定的短时间接触容许含量或最高容许含量。全面通风可以利用自然通风实现,也可以借助于机械通风来实现。

2. 局部通风

为改善室内局部空间的空气环境,向该空间送入或从该空间排出空气的通风方式称为局部通风。局部通风一般用排气罩来实现。排气罩就是实施毒源控制,防止毒物扩散的具体技术装置。按构造特征,局部排气罩分为三种类型。

(1) 密闭罩

在工艺条件允许的情况下,尽可能将毒源密闭起来,然后通过通风管将含毒空气吸出,送往净化装置,净化后排放大气。

(2) 开口罩

在生产工艺操作不可能采取密闭罩排气时,可按生产设备和操作的特点,设计开口式罩排气。按结构形式,开口罩分为上口吸罩、侧吸罩和下吸罩。

(3) 通风橱

通风橱是密闭罩与侧吸罩相结合的一种特殊排气罩。可以将产生有害物的操作和设备完全放在通风橱内,通风橱上设有开启动的操作小门,以便于操作。为防止通风橱内机械设备的扰动、化学反应或热源的热压、室内横向气流的干扰等原因而引起的有害物逸出,必须对通风橱实行抽气,使橱内形成负压状态,以防止有害物逸出。

三、排出气体的净化

所谓净化,就是利用一定的物理或化学方法分离含毒空气中的有毒物质,降低空气中的有毒有害物质浓度。常用的净化方法有以下几种。

(1) 洗涤法

洗涤法也称吸收法,是通过适当比例的液体吸收剂处理气体混合物,完成沉降、降温、聚凝、洗净、中和、吸收和脱水等物理化学反应,以实现气体的净化。洗涤法是一种常用的净化方法,在工业上已经得到广泛的应用。它适用于净化 CO、SO_2、NO_x、HF、SiP_4、HCl、Cl_2、NH_3、Hg 蒸气、酸雾、沥青烟及有机蒸气。如冶金行业的焦炉煤气、高炉煤气、转炉煤气、发生炉煤气净化,化工行业的工业气体净化,机电行业的苯及其衍生物等有机蒸气净化,电力行业的烟气脱硫净化等。

(2) 吸附法

吸附法是使有害气体与多孔性固体吸附剂接触,使有害物(吸附质)黏附在固体表面上。也称为物理吸附。当吸附质在气相中的浓度低于吸附剂上的吸附质平衡浓度时,或者有更容易被吸附的物质达到吸附表面时,原来的吸附质会从吸附剂表面上脱离而进入气相,实现有害气体的吸附分离。吸附剂达到饱和吸附状态时,可以解吸、再生、重新使用。吸附法多用于低浓度有害气体的净化,并实现其回归与利用。如机械、仪表、轻工和化工等行业,对苯类、醇类、酯类和酮类等有机蒸气的气体净化与回收工程,已广泛应用,吸附效率为 $90\% \sim 95\%$。

(3) 袋滤法

袋滤法是粉尘通过过滤介质受阻,而将固体颗粒物分离出来的方法。在袋滤器内,粉尘将经过沉降、聚凝、过滤和清灰等物理过程,实现无害化排放。

袋滤法是一种高效净化方法，主要适用于工业气体的除尘净化，如以金属氧化物（Fe_2O_3 等）为代表的烟气净化。该方法还可以用作气体净化的前处理及物料回收装置。

(4) 静电法

粒子在电场作用下，带电荷后，向沉淀极移动，带电粒子碰到集尘极即释放电子而呈中性状态附着在集尘板上，从而被捕捉下来，完成气体净化。静电法分为干式净化工艺和湿式净化工艺，按其构造形式又可分为卧式和立式。以静电除尘器为代表的静电法气体净化设备清灰方法，广泛应用在供电设备清灰和粉尘回收等方面。

(5) 燃烧法

燃烧法是将有害气体中的可燃成分与氧结合，进行燃烧，使其转化为 CO_2 和 H_2O，达到气体净化与无害物排放的方法。燃烧法适用于有害气体中含有可燃成分的条件，分为直接燃烧法和催化燃烧法两种。直接燃烧法是在一般方法难以处理，且危害性极大，必须采取燃烧处理时采用，如净化沥青烟、炼油厂尾气等。催化燃烧法主要用于净化机电、轻工行业产生的苯、醇、酯、醚、醛、酮、烷和酚类等有机蒸气。

四、个体防护

接触有毒物的作业人员应严格遵守劳动卫生管理制度和操作规程，并严格执行以下规定。

① 进岗前要接受系统防毒知识培训和健康检查。

② 上班作业前，要认真检查并戴好个人防护用品及检查防尘防毒设备运行是否正常；吃饭时要洗手，污染严重者要更衣后进入食堂；下班时要更衣以免毒物带给家人。

③ 从事流动作业时要尽量在尘毒发生源的上风向操作。

④ 妇女在孕期和哺乳期要特别注意尘毒防护，不得从事毒性大的铅、砷、锰等有害作业。

⑤ 有毒作业场所要严禁吸烟、进食和放置个人生活用品。

第四节 职业危害因素及其控制技术

一、噪声危害及其控制技术

1. 生产性噪声的分类

噪声是指人们在生产和生活中一切令人不快或不需要的声音。

在生产中，由于机器转动、气体排放、工件撞击与摩擦所产生的噪声，称为生产性噪声或工业噪声。生产性噪声可归纳为三类。

(1) 机械性噪声

机械性噪声是由于机械的撞击、摩擦、固体的振动和转动而产生的噪声，如纺织机、球磨机、电锯、机床、碎石机启动时所发出的声音。

(2) 空气动力性噪声

空气动力性噪声是由于空气振动而产生的噪声，如通风机、空气压缩机、喷射器、汽笛、锅炉排气放空等产生的声音。

(3) 电磁性噪声

电磁性噪声是由于电磁场脉冲，引起气体扰动，气体与其他物体相互作用所致，如电磁式振动台和振荡器、大型电动机、发电机和变压器等产生的噪声。

生产场所的噪声源很多，即使一台机器也能同时产生上述三种类型的噪声。

能产生噪声的作业种类甚多。受强烈噪声作用的主要工种有泵房操作工、使用各种风动工具的工人（如机械工业中的铲边工，铸件清理工，开矿、水利及建筑工程的凿岩工等）。

2. 生产性噪声对人体的危害

产生噪声的作业，几乎遍及各个工业部门，噪声已成为污染环境的严重公害之一。化学工业的某些生产过程，如固体的输送、粉碎和研磨，气体的压缩与传送，气体的喷射及机械的运转等都能产生相当强烈的噪声。当噪声超过一定值时，对人会造成明显的听觉损伤，并对神经、心脏、消化系统等产生不良影响，而且妨害听力、干扰语言，成为引发意外事故的隐患。

（1）对听觉的影响

噪声会造成听力减弱或丧失。依据暴露的噪声的强度和时间，会使听力界限值发生暂时性的或永久性的改变。听力界限值暂时性改变，即听觉疲劳，可能在暴露强噪声后数分钟内发生，在脱离噪声后，经过一段时间休息即可恢复听力。长时间暴露在强噪声中，听力只能部分恢复，听力损伤部分无法恢复，会造成永久性听力障碍，即噪声性耳聋。噪声性耳聋根据听力界限值的位移范围，可有轻度（早期）噪声性耳聋（听力损失值在 10~30dB）、中度噪声性耳聋（听力损失值在 40~60dB）、重度噪声性耳聋（听力损失值在 60~80dB）。

爆炸、爆破时所产生的脉冲噪声，其声压级峰值高达 170~190dB，并伴有强烈的冲击波。在无防护条件下，强大的声压和冲击波作用于耳鼓膜，使鼓膜内外形成很大压差，造成鼓膜破裂出血，双耳完全失去听力，此即爆震性耳聋。

（2）对神经、消化、心血管系统的影响

① 噪声可引起头痛、头晕、记忆力减退、睡眠障碍等神经衰弱综合征。

② 噪声可引起心率加快或减慢，血压升高或降低等改变。

③ 噪声可引起食欲不振、腹胀等胃肠功能紊乱。

④ 噪声可对视力、血糖产生影响。

在强噪声下，会分散人的注意力，对于复杂作业或要求精神高度集中的工作会受到干扰。噪声会影响大脑思维、语言传达以及对必要声音的听力。

3. 噪声的度量与安全标准

跟人听觉直接相关的声音物理参数是声频和声压、声强、声功率等。

声频、声压或声压级是表征噪声客观特性的物理量，而通常噪声的客观特性并不能正确反映人们对噪声的感觉，因为噪声引起人们的心理和生理反应是多方面的。以人们的心理和生理反应来度量噪声的方法称为噪声的主观评价。常用来度量人们对噪声听觉感受的指标是响度和响度级。但是噪声响度、响度级的计算很复杂，为了能用仪器（即声级计），设计了一种特殊的滤波装置（称为计权网络），它模拟人耳的响度频率特征，当含有各种频率的声波通过时，它对不同频率成分进行衰减，使测得的声压符合人耳的听觉特征。通过计权网络测得的声压级，叫做计权声压级，简称声级。通用的有 A、B、C、D 四种计权网络，相应就是 A、B、C、D 四种计权声级。

我国标准采用的声级是 A（计权）声级。我国《工业企业噪声卫生标准》（1980 年 1 月 1 日实施）规定了不同工作时间下容许的连续等效噪声 A 声级，如表 11-2 所示。

表 11-2 工业企业噪声容许范围

每个工作日接触噪声时间/h	容许噪声的声级/dB(A)	每个工作日接触噪声时间/h	容许噪声的声级/dB(A)
8	85	1	94
4	88		最高不得超过 115 3dB(A)
2	91		

容许接触噪声值大小与接触时间长短有关，接触时间缩短 1 倍，接触噪声可增加 3dB

(A)，但最高不得超过 1153dB（A）。

4. 噪声的预防控制技术

控制生产性噪声的三项措施如下。

① 消除或降低噪声、振动源。如铆接改为焊接、锤击成型改为液压成型等。为防止振动使用隔绝物质，如用橡皮、软木和砂石等隔绝噪声。

② 消除或减少噪声、振动的传播。如吸声、隔声、隔振、阻尼。

③ 加强个人防护和健康监护。

二、电磁辐射及其防护

电磁辐射广泛存在于宇宙中间和地球上。当一根导线有交流电通过时，导线周围辐射出一种能量，这种能量以电场和磁场形式存在，并以被动形式向四周传播，人们把这种交替变化的，以一定速度在空间传播的电场和磁场，称为电磁辐射或电磁波。电磁辐射分为射频辐射、红外线、可见光、紫外线、X 射线及 γ 射线等。

各种电磁辐射，由于其频率、波长、量子能量不同，对人体的危害作用也不同。当量子能量达到 12eV 以上时，对物体有电离作用，能导致机体的严重损伤，这类辐射称为电离辐射；量子能量小于 12eV 的不足以引起生物体电离的电磁辐射，称为非电离辐射。

1. 非电离辐射及其危害

（1）射频辐射

射频辐射称为无线电波，量子能力很小。按波长和频率，射频辐射可分成高频电磁场、超高频电磁场和微波 3 个波段。

① 高频作业。高频感应加热金属的热处理、表面淬火、金属熔炼、热轧及高频焊接等，使用的频率多为 300kHz～3MHz。工人作业地带的高频电磁场主要来自高频设备的辐射源，如高频振荡管、电容器、电感线圈及馈线等部件。无屏蔽的高频输出变压器常是工人操作岗位的主要辐射源。

② 微波作业。微波具有加热快、效率高、节省能源的特点。微波加热广泛用于食品、木材、皮革及茶叶等加工，医药与纺织印染等行业；烘干粮食、处理种子及消灭害虫是微波在农业方面的重要应用；医疗卫生上主要用于消毒、灭菌与理疗等。

③ 高频辐射对健康的影响。任何交流电路都能向周围空间放射电磁能，形成有一定强度的电磁场。交变电磁场以一定速度在空间传播的过程，称为电磁辐射。当交变电磁场的变化频率达到 100kHz 以上时，称为射频电磁场。

射频电磁场的能量被机体吸收后，一部分转化为热能，即射频的致热效应；一部分则转化为化学能，即射频的非致热效应。射频致热效应主要是机体组织内的电解质分子，在射频电场作用下，使无极性分子极化为有极性分子，有极性分子由于取向作用，则从原来无规则排列变成沿电场方向排列。由于射频电场的迅速变化，偶极分子随之变动方向，产生振荡而发热。在射频电磁场作用下，体温明显升高。对于射频的非致热效应，即使射频电磁场强度较低，接触人员也会出现神经衰弱、植物神经紊乱症状，表现为头痛、头晕、神经兴奋性增强、失眠、嗜睡、心悸、记忆力衰退等。

在射频辐射中，微波波长很短，能量很大，对人体的危害尤为明显。微波除有明显致热作用外，对机体还有较大的穿透性。尤其是微波中波长较长的波，能在不使皮肤热化或只有微弱热化的情况下，导致组织深部发热。深部热化对肌肉组织危害较轻，因为血液作为冷媒可以把产生的一部分热量带走。但是内脏器官在过热时，由于没有足够的血液冷却，有更大的危险性。

微波引起中枢神经机能障碍的主要表现是头痛、乏力、失眠、嗜睡、记忆力衰退、视觉及嗅觉机能低下。微波对心血管系统的影响，主要表现为血管痉挛、张力障碍症候群。初期血压下降，随着病情的发展血压升高。长时间受到高强度的微波辐射，会造成眼睛晶体及视网膜的伤害。低强度微波也能产生视网膜病变。

(2) 红外线辐射

在生产环境中，加热金属、熔融玻璃及强发光体等可成为红外线辐射源。炼钢工、铸造工、轧钢工、锻钢工、玻璃熔吹工、烧瓷工及焊接工等可受到红外线辐射。红外线辐射对机体的影响主要是皮肤和眼睛。

(3) 紫外线辐射

生产环境中，物体温度在1200℃以上的辐射电磁波谱中即可出现紫外线。随着物体温度的升高，辐射的紫外线频率增高，波长变短，其强度也增大。常见的辐射源有冶炼炉（高炉、平炉、电炉）、电焊、氧乙炔气焊、氩弧焊和等离子焊接等。

强烈的紫外线辐射作用可引起皮炎，表现为弥漫性红斑，有时可出现小水泡和水肿，并有发痒、烧灼感。在作业场所比较多见的是紫外线对眼睛的损伤，即由电弧光照射所引起的职业病——电光性眼炎。此外在雪地作业、航空航海作业时，受到大量太阳光中紫外线照射，可引起类似电光性眼炎的角膜、结膜损伤，称为太阳光眼炎或雪眼炎。

(4) 激光

激光不是天然存在的，而是用人工激活某些活性物质，在特定条件下受激发光。激光也是电磁波，属于非电离辐射，广泛应用于工业、农业、国防、医疗和科研等领域。在工业生产中主要利用激光辐射能量集中的特点，用于焊接、打孔、切割和热处理等；在农业中激光可应用于育种、杀虫。

激光对人体的危害主要是由它的热效应和光化学效应造成的。激光对皮肤损伤的程度取决于激光强度、频率，肤色深浅，组织水分和角质层厚度等。激光能烧伤皮肤。

2. 非电离辐射的控制与防护

(1) 射频辐射的防护措施

防护射频辐射对人体危害的基本措施有减少辐射源本身的直接辐射，屏蔽辐射源，屏蔽工作场所，远距离操作以及采取个人防护等。在实际防护中，应根据辐射源及其功率、辐射波段以及工作特性，采用上述单一或综合的防护措施。

根据一些工厂的实际防护效果，最重要的是对电磁场辐射源进行屏蔽，其次是加大操作距离，缩短工作时间及加强个人防护。

① 屏蔽。采用屏蔽体屏蔽是将电磁能量限制在规定的空间内，阻止其传播扩散而实施的工程技术措施。屏蔽可分为电场屏蔽与磁场屏蔽两种。

电场屏蔽是用金属板或金属网等良导体或导电性能好的非金属制成屏蔽体进行屏蔽，屏蔽体应有良好的接地。辐射的电磁能量在屏蔽体上引起的电磁感应电流可通过地线流入大地。一般电场屏蔽用的屏蔽体多选用紫铜、铝等金属材料制造。

磁场屏蔽就是利用导磁率很高的金属材料封闭磁力线。当磁场变化时，屏蔽体材料感应出涡流，产生方向与原来磁通方向相反的磁通，阻止原来的磁通穿出屏蔽体而辐射出去。

② 远距离操作和自动化作业。根据射频电磁场场强随距离的加大而迅速衰减的原理，可采用自动或半自动的远距离操作。如场源离操作岗位较远，场强急剧衰弱，可设立明显标志，禁止人员靠近。

③ 吸收。对于微波辐射，要求在场源附近就把辐射能量大幅度衰减下来，以防止对较大范围的空间产生污染，为此，可在场源周围铺设吸收材料。

④ 个体防护。实施微波作业的工作人员必须采取个人防护措施。防护用具主要包括防护眼镜及防护服。防护服一般供大强度辐射条件下进行短时间实验研究使用。防护眼镜一般可分为两种。一种是网状眼镜，视观部分由黄铜网制成，镜框由吸收物质组成；另一种使用

镜面玻璃，保证有良好的透明度，镜面覆盖半导体的二氧化锡或金、铜、铝等材料，起屏蔽作用。

(2) 红外线辐射的防护措施

红外线辐射防护的重点是对眼睛的保护，严禁裸眼直视强光源。生产操作中应戴绿色防护镜，镜片中应含氧化亚铁或其他可过滤红外线的成分。

(3) 紫外线辐射的防护措施

尽量采用先进的焊接工艺代替手工焊接。在紫外线发生装置或有强烈紫外线照射的场所，必须佩戴能吸收或反射紫外线的防护面罩及眼镜。此外，在紫外线发生源附近可设立屏障，或在室内墙壁及屏障上涂以黑色，可以吸收部分紫外线，减少反射作用。

三、高温危害及其防护

1. 高温作业的危害

(1) 高温作业及分类

温度超过舒适温度的环境称为高温环境。而高温作业则是指工作地点具有生产性热源，其平均温度等于或大于25℃的作业。按气象条件特点，高温作业可分为高温、强热辐射作业和高温、高湿作业。

① 高温、强热辐射作业。高温、强热辐射作业是指工作地点气温在30℃以上或工作地点气温高于夏季室外气温2℃以上，并有较强的辐射热作业。如冶金工业的炼钢、炼铁车间，机械制造工业的铸造、锻造车间，建材工业的陶瓷、玻璃、搪瓷、砖瓦等窑炉车间，火电厂的锅炉间等。

② 高温、高湿作业。高温、高湿作业，如印染、缫丝、造纸等工业中，液体加热或蒸煮，车间气温可达35℃以上，相对湿度达90%以上。有的煤矿深井井下气温可达30℃，相对湿度达95%以上。

(2) 高温作业对人体的危害

人长期在高温下作业，可产生一定的适应能力，其体温调节能力提高。但人的适应能力是有限度的，一旦超过限度，就会导致机体失调，出现不同程度的中暑症状，或引发慢性的热性疾病。

① 对循环系统的影响。高温作业时，由于皮肤血管扩张及大量出汗，使外周血流量增加，而有效血容量减少，心脏负荷加重，心率加快，导致心肌损害，甚至发生心力衰竭。

② 对消化系统的影响。高温作业可导致胃肠活动抑制，消化液分泌减少，胃酸降低，淀粉酶活性降低等，引起消化不良或食欲减退，甚至其他胃肠道疾病。

③ 对泌尿系统的影响。高温作业时，由于大量出汗，导致肾血流量和肾小球过滤降低，尿量减少，尿液浓缩，肾脏负担加重，严重时造成肾功能衰竭。

④ 对神经系统的影响。在高温及热辐射作用下，肌肉的工作能力，动作的准确性、协调性、反应速度及注意力降低。

2. 高温作业的防护

(1) 改革工艺过程

对于高温作业，首先应合理设计工艺流程，改进生产设备和操作方法，这是改善高温作业条件的根本措施。如钢水连铸、轧钢及铸造等生产自动化可使工人远离热源。

(2) 对建筑物和设备进行隔热处理

隔热是防暑降温的一项重要措施。隔热的作用在于隔断热源的辐射热作用，同时还能相应减少对流散热，将热源的热作用限制在某一范围内。

① 建筑物隔热。炎热地区的工业厂房或辅助建筑可采用建筑物隔热措施，以减少太阳辐射进入车间的热量。主要有外窗遮阳、屋顶隔热和屋顶淋水等三种方式。

② 设备隔热。对高温车间热设备采用隔热措施，可以减少散入车间工作地点的热量，防止热辐射对人体的危害。高温车间所采用的设备隔热方法很多，一般分为热绝缘和热屏蔽两类。

(3) 通风降温

通风降温有自然通风和机械通风两种方式。

四、低温危害及其防护

1. 低温作业的危害

在低温环境中，由于机体散热加快，可引起身体各系统的一系列生理变化，重者可造成局部性或全身性损伤，如冻伤或冻僵，甚至引起死亡。

2. 低温作业的防护措施

① 实现自动化、机械化作业，避免或减少低温作业和冷水作业；控制低温作业、冷水作业的时间。

② 穿戴防寒服（手套、鞋）等个人防护用品。

③ 设置采暖操作室、休息室、待工室等。

④ 冷库等低温封闭场所应设置通信、报警装置，防止误将人员关锁在内。

五、灼伤及其防治

1. 灼伤及其分类

机体受热或化学物质的作用，引起局部组织损伤，并进一步导致病理和生理改变的过程称为灼伤。按发生原因的不同分为化学灼伤、热力灼伤和复合性灼伤。

(1) 化学灼伤

凡由于化学物质直接接触皮肤所造成的损伤，均属于化学灼伤。化学物质与皮肤或黏膜接触后产生化学反应并具有渗透性，对细胞组织产生吸水、溶解组织蛋白质和皂化脂肪组织的作用，从而破坏细胞组织的生理功能而使皮肤组织致伤。

(2) 热力灼伤

由于接触炽热物体、火焰、高温表面、过热蒸汽等造成的损伤称为热力灼伤。此外，在化工生产中还会发生液化气体、干冰接触皮肤后迅速蒸发或升华，大量吸收热量，以致引起皮肤表面冻伤。

(3) 复合性灼伤

由化学灼伤与热力灼伤同时造成的伤害，或化学灼伤兼有中毒反应等都属于复合性灼伤。

2. 灼伤的现场急救

(1) 化学灼伤的现场急救

化学灼伤的急救要分秒必争，化学灼伤的程度同化学物质与人体组织接触时间的长短有密切关系。由于化学物质的腐蚀作用，如不及时将其除掉，就会继续腐蚀下去，从而加剧灼伤的严重程度，某些化学物质（如氢氟酸）的灼伤初期无明显的疼痛，往往不受重视而贻误处理时机，加剧了灼伤程度。及时进行现场急救和处理，是减少伤害、避免严重后果的重要环节。化学灼伤的处理步骤如下。

① 迅速脱离现场，立即脱去被污染的衣服。

② 立即用大量流动的清水清洗创伤面，冲洗时间不应少于 20～30min。液态化学物质溅入眼睛首先在现场迅速进行冲洗，不要搓揉眼睛，以避免造成失明；固态化学物质如石灰、生石灰颗粒溅入眼内，应先用植物油棉签剔除颗粒后，再用水冲洗，否则颗粒遇水产生大量的热反而加重烧伤。

③ 酸性物质引起的灼伤，其腐蚀作用只在当时发生，经急救处理，伤势往往不再加重。

碱性物质引起的灼伤会逐渐向周围和深部组织蔓延。因此现场急救首先判断化学致伤物质的种类，采取相应的急救措施。某些化学灼伤，可以从被灼伤皮肤的颜色加以判断，如氢氧化钠灼伤表现为白色，硝酸灼伤表现为黄色，氯磺酸灼伤表现为灰白色，硫酸灼伤表现为黑色等。酸性物质的化学灼伤用2%～5%碳酸氢钠溶液冲洗和湿敷。浓硫酸溶于水能产生大量热，因此浓硫酸灼伤一定要把皮肤上的浓硫酸擦掉后再用大量清水冲洗。碱性物质的化学灼伤用2%～3%硼酸溶液冲洗和湿敷。

(2) 热力灼伤的现场急救

① 火焰灼伤。发生火焰烧伤时，应立即脱去着火的衣服，并迅速卧倒，慢慢滚动而压灭火焰，切忌用手扑打，以免手被烧伤；切忌奔跑，以免发生呼吸道烧伤。

② 烫伤。对明显红肿的轻度烫伤，立即用冷水冲洗几分钟，用干净的纱布包好即可。包扎后局部发热、疼痛，并有液体渗出，可能是细菌感染，应立即到医院治疗。如果患处起了水泡，不要自己弄破，应就医处理，以免感染。

3. 灼伤的预防措施

(1) 加强管理，强化安全卫生教育

每个操作人员都应熟悉本人生产岗位所接触的化学物质的理化性质、防止化学灼伤的有关知识及一旦发生灼伤的处理原则。

(2) 加强设备维修保养，严格遵守安全操作规程

在化工生产中由于强腐蚀介质的作用及生产过程中的高温、高压、高流速等条件对机器设备会造成腐蚀，所以应加强防腐，防止"跑、冒、滴、漏"。

(3) 改革工艺和设备结构

使用具有化学灼伤危险物质的生产场所，在设计时就应考虑防止物料外喷或飞溅的合理工艺流程，例如物料输送实现机械化、管道化；使用液面控制装置或仪表，实行自动控制；储罐、储槽等容器采用安全溢流装置；改进危险物质的使用和处理方法（如用蒸汽溶解氢氧化钠代替机械粉尘等）；装设各种形式的安全联锁装置等。

(4) 加强个体防护

在处理有灼伤危险的物质时，必须穿戴工作服和防护用具，如护目镜、面罩、手套、工作帽、胶鞋等。

(5) 配备冲淋装置和中和剂

在容易发生化学灼伤的岗位应配备冲淋器和眼冲洗器，配备中和剂（如酸岗位备2%～5%的碳酸氢钠溶液；碱岗位备2%～3%硼酸溶液等），一旦发生化学灼伤时，供及时自救互救用。

第五节　个体防护用品

一、个体防护用品及分类

1. 个体防护用品的定义

个体防护用品是指为使劳动者在生产过程中免遭或减轻事故伤害和职业危害而提供的个人随身穿（佩）戴的用品，也称劳动保护用品，简称劳保用品。个体防护用品是由生产经营单位为从业人员配备的。劳动防护用品分为特种劳动防护用品和一般劳动防护用品。

2. 劳动防护用品的作用

劳动防护用品在生产劳动过程中，是必不可少的生产性装备。在生产工作场所，应该根据工作环境和作业特点，穿戴能保护自己生命安全和健康的防护用品。如果贪图一时的喜好

和方便，忽视劳动防护用品的作用，从某种意义上来讲，也就是忽视了自己的生命。由于没有使用防护用品和防护用品使用不当导致的事故，已有很多惨痛的教训。

【案例 11-1】 2002 年 9 月，正在施工的某建筑公司在拆除塔吊时，起重臂、平衡臂已拆完，回转体上的操作室已拆下，塔吊拆装工从塔身的东侧向北侧移动时，由于未挂牢安全带，不慎坠落，穿过不合格安全网后挂在了脚手架上，经送医院抢救无效死亡。

【案例 11-2】 2006 年 7 月 12 日，在大连开发区金石滩主题公园进行送配电工程施工的大连某机电安装有限公司，1 名没戴安全帽的电工没有断开配电柜电源，违规在配电柜下方连接娱乐游戏机电源接线，头部不慎碰到配电柜上部 380V 电源母排线，被电击致死。

劳动者在生产劳动和工作过程中，或由于作业环境条件异常，或由于安全装置缺乏和有缺陷，或由于其他突然发生的情况，往往会发生工伤事故或职业危害。为防止工伤事故和职业危害的产生，必须使用劳动防护用品。一旦在操作中发生事故和职业危害，劳动防护用品就可以起到保护人体的作用。

具体来说，劳动防护用品的作用是使用一定的屏蔽体或系带、浮体，采用隔离、封闭、吸收、分散、悬浮等手段，保护机体或全身免受外界危害的侵害。劳动防护用品的主要作用如下。

(1) 隔离和屏蔽作用

隔离和屏蔽作用是指使用一定的隔离或屏蔽体使机体免受到有害因素的侵害。如劳动防护用品能很好地隔绝外界的某些刺激，避免皮肤发生皮炎等病态反应。

(2) 过滤和吸附（收）作用

过滤和吸附作用是指借助防护用品中某些聚合物本身的活性基团，对毒物的吸附作用，洗涤空气，被活性炭等多孔物质吸附进行排毒。

在存在大量有毒气体和酸性、碱性溶液的环境中作业时，短时间高浓度吸入可引起头痛、头晕、恶心、呕吐等；较长时间皮肤接触会有刺激性，并危害作业者的身体健康。一般的防毒面具，可以过滤几乎所有的毒气。对于糜烂性毒剂，隔绝式的防护服有很好的防护作用。

但是，劳动防护用品只是劳动保护的辅助性措施，它区别于劳动保护的根本措施。劳动保护的主要措施是改善劳动条件，采取有效的安全、卫生技术措施。当劳动安全卫生技术措施尚不能消除也暂时无法改善生产劳动过程中的危险和有害因素，或在劳动条件差、危害程度高或集体防护措施起不到防护作用的情况下（如在抢修或检修设备、野外露天作业、修理事故或隐患，以及生产工艺、设备不能满足安全生产的要求时），劳动防护用品才会成为劳动保护的主要措施。使用和配备有效的劳动防护用品，不能代替劳动条件的改善和安全、卫生技术措施的实施；但在作业条件较差时，劳动防护用品可以在一定程度上起到保护人体的作用。对于大多数劳动作业，一般情况下，大部分对人体的伤害可包含在劳动防护用品的安全限度以内，各种防护用品具有消除或减轻事故的作用。但防护用品对人的保护是有限度的，当伤害超过允许的防护范围时，防护用品就会失去作用。

3. 个体防护用品的特点

个体防护用品是保护劳动者安全与健康所采取的必不可少的辅助措施，是劳动者防止职业毒害和伤害的最后一项有效措施。同时，它又与劳动者的福利待遇以及防护产品质量、产品卫生和生活卫生需要的非防护性的工作用品有着原则性的区别。具体来说，个体防护用品具有以下几个特点。

(1) 特殊性

个体防护用品，不同于一般的商品，是保障劳动者的安全与健康的特殊用品，企业必须按照国家和省、市劳动防护用品有关标准进行选择和发放。尤其是特种防护用品因其具有特殊的防护功能，国家在生产、使用、购买等环节中都有严格的要求。如国家安全生产监督管理总局第1号令《劳动防护用品监督管理规定》中要求特种劳动防护用品必须由取得特种劳动防护用品安全标志的专业厂家生产，生产经营单位不得采购和使用无安全标志的特种劳动防护用品；购买的特种劳动防护用品须经本单位的安全生产技术部门或者管理人员检查验收等。

据有关资料报道，全国每年有2亿多从业人员应享有劳动防护用品配备，销售资金达几百亿元。以防护服装为例，每年的供应量在8000万套以上，价值人民币60多亿元。其中，阻燃和隔热防护服在高温、强热辐射及明火环境中作业的人员，每年就需要200万套以上；抗静电防护服仅煤炭系统每年就需要500万套，石油天然气系统需要100万套，核工业及其他行业也需要100万套以上；抗油拒水防护服仅石油行业每年就需要100万套以上；防水服主要用于淋水作业、喷溅作业、排水养殖、矿井、隧道浸泡水中作业的人员，每年需要量为500万～600万套；防化学防护服，仅用于石油、化工、冶金、矿业等行业，每年需要量为200万～300万套，化工行业是这款防护服用量最大的群体，其次是石油；防辐射防护服每年用量也很多。安全帽每年生产与销售量在3500万～4000万顶，年用量也很大。

安全网、安全带、防护鞋等也都是上述行业需要的防护产品，每年的销售量也非常大。

（2）适用性

个体防护用品的适用性既包括防护用品选择使用的适用性，也包括使用的适用性。选择使用的适用性是指必须根据不同的工种和作业环境以及使用者的自身特点等选用合适的防护用品。如耳塞和防噪声帽（有大小型号之分），如果选择的型号太小，也不会很好地起到防护噪声的作用。使用的适用性是指防护用品需在进入工作岗位时使用，这不仅要求产品的防护性能可靠，确保使用者的安全，而且还要求产品适用性能好、方便、灵活，使用者乐于使用。因此，结构较复杂的防护用品，需经过一定时间试用，对其适用性及推广应用价值作出科学评价后才能投产销售，生产厂家要注意这一点。

防护用品均有一定的使用寿命。如橡胶类、塑料等制品，长时间受紫外线及冷热温度影响会逐渐老化而易折断。有些护目镜和面罩，受光线照射和擦拭，或者受空气中的酸、碱蒸气的腐蚀，镜片的透光率逐渐下降而失去使用价值；绝缘鞋（靴）、防静电鞋和导电鞋等的电气性能，随着鞋底的磨损，将会改变电性能；一些防护用品的零件长期使用会磨损，影响力学性能。有些防护用品的保存条件也会影响其使用寿命，如温度及湿度等。

4. 劳动防护用品的分类

由于各部门和使用单位对劳动防护用品的要求不同，其分类方法也不一样。生产劳动防护用品的企业和商业采购部门，通常按原材料分类，以利于安排生产和组织进货。劳动防护用品商店和使用单位为便于经营和选购，通常按防护功能分类。而管理部门和科研单位，根据劳动卫生学的需要，通常按防护部位分类。一般是按照防护功能和部位进行分类。

我国对劳动防护用品采用以人体防护部位为法定分类标准（《劳动防护用品分类与代码》），共分为九大类。既保持了劳动防护用品分类的科学性，同国际分类统一，又照顾了劳动防护用品按防护功能和材料分类的原则。按防护部位可分为头部防护用品、呼吸器官防护用品、眼面部防护用品、听觉器官防护用品、手部防护用品、足部防护用品、躯体防护用品、护肤用品、防坠落用品等。

（1）头部防护用品

头部防护用品是指为了防御头部不受外来物体打击和其他因素危害而配备的个人防护装备。

根据防护功能要求，主要有一般防护帽、防尘帽、防水帽、防寒帽、安全帽、防静电帽、防高温帽、防电磁辐射帽、防昆虫帽等九类产品。

(2) 呼吸器官防护用品

呼吸器官防护用品是为防御有害气体、蒸气、粉尘、烟、雾经呼吸道吸入，或直接向使用者供氧或清净空气，保证尘、毒污染或缺氧环境中劳动者能正常呼吸的防护用具。

呼吸器官防护用品主要分为防尘口罩和防毒口罩（面具）两类；按功能又可分为过滤式和隔离式两类。

(3) 眼面部防护用品

眼面部防护用品是预防烟雾、尘粒、金属火花和飞屑、热、电磁辐射、激光、化学飞溅物等因素伤害眼睛或面部的个人防护用品。

眼面部防护用品种类很多，根据防护功能，大致可分为防尘、防水、防冲击、防高温、防电磁辐射、防射线、防化学飞溅、防风沙、防强光等九类。

目前我国普遍生产和使用的主要有焊接护目镜和面罩、炉窑护目镜和面罩，以及防冲击眼护具等三类。

(4) 听觉器官防护用品

听觉器官防护用品是能防止过量的声能侵入外耳道，使人耳避免噪声的过度刺激，减少听力损失，预防由噪声对人身引起的不良影响的个体防护用品。

听觉器官防护用品主要有耳塞、耳罩和防噪声耳帽等三类。

(5) 手部防护用品

手部防护用品是具有保护手和手臂功能的个体防护用品，通常称为劳动防护手套。

手部防护用品按照防护功能分为十二类，即一般防护手套、防水手套、防寒手套、防毒手套、防静电手套、防高温手套、防 X 射线手套、防酸碱手套、防油手套、防振手套、防切割手套、绝缘手套，每类手套按照材料又能分为许多种。

(6) 足部防护用品

足部防护用品是防止生产过程中有害物质和能量损伤劳动者足部的护具，通常称为劳动防护鞋。

足部防护用品按照防护功能分为防尘鞋、防水鞋、防寒鞋、防足趾鞋、防静电鞋、防高温鞋、防酸碱鞋、防油鞋、防烫脚鞋、防滑鞋、防刺穿鞋、电绝缘鞋、防振鞋等十三类，每类鞋根据材质不同又能分为许多种。

(7) 躯体防护用品

躯体防护用品就是通常讲的防护服。根据防护功能，防护服分为一般防护服、防水服、防寒服、防砸背心、防毒服、阻燃服、防静电服、防高温服、防电磁辐射服、耐酸碱服、防油服、水上救生衣、防昆虫服、防风沙服等十四类，每一类又可根据具体防护要求或材料分为不同品种。

(8) 护肤用品

护肤用品是用于防止皮肤（主要是面、手等外露部分）免受化学、物理等因素危害的个体防护用品。

按照防护功能，护肤用品分为防毒、防腐、防射线、防油漆及其他类。

(9) 防坠落用品

防坠落用品是防止人体从高处坠落的整体及个体防护用品。个体防护用品是通过绳带，将高处作业者的身体系于固定物体上；整体防护用品是在作业场所的边沿下方张网，以防不慎坠落，主要有安全网和安全带两种。

安全网是应用于高处作业场所边侧立装或下方平张的防坠落用品，用于防止和挡住人和物体坠落，使操作人员避免或减轻伤害的集体防护用品。根据安装形式和目的，分为立网和平网。

安全带按使用方式，分为围杆安全带和悬挂、攀登安全带两类。

劳动防护用品又分为特殊劳动防护用品和一般劳动防护用品。特殊劳动防护用品由国家安全生产监督管理总局确定并公布，共六大类22种产品。这类劳动防护用品必须经过质量认证，实行工业生产许可证和安全标志的管理。凡列入工业生产许可证或安全标志管理目录的产品，称为特种劳动防护用品（见表11-3）；未列入的劳动防护用品为一般劳动防护用品。

表11-3 特种劳动防护用品目录

类　别	产　品
头部护具类	安全帽
呼吸护具类	防尘口罩、过滤式防毒面具、自给式空气呼吸器、长导管面具
眼面护具类	焊接眼面防护具、防冲击眼护具
防护服类	阻燃防护服、防酸工作服、防静电工作服
防护鞋类	保护足趾安全鞋、防静电鞋、导电鞋、防刺穿鞋、胶面防砸安全靴、电绝缘鞋、耐酸碱皮鞋、耐酸碱胶靴、耐酸碱塑料模压靴
防坠落护具类	安全带、安全网、密目式安全立网

二、个体防护用品的管理

1. 个体防护用品的选用

劳动防护用品选择的正确与否，关系到防护性能的发挥和生产作业的效率两个方面。一方面，选择的劳动防护用品必须具备充分的防护功能；另一方面，其防护性能必须适当，因为劳动防护用品操作的灵活性、使用的舒适度与其防护功能之间，具有相互影响的关系。如气密性防化服具有较好的防护功能，但在穿着和脱下时都很不方便，还会产生热应力，给人体健康带来一定的负面影响，更会影响工作效率。所以，正确选用劳动防护用品是保证劳动者的安全与健康的前提。因选用的防护用品不合格而导致的事故时有发生，有血的教训。

【案例11-3】1996年，河南某化工厂安排清洗$600m^3$硝基苯大罐，工段长从车间借了三个防毒面罩、两套长导管防毒面具作清洗大罐用，经泵工试用后有一个防毒面罩不符合要求（出气阀粘死），随手放在值班室里。大罐清洗完毕，收拾工具（长导管面具、胶衣等）后，人员下班。大约17时，一名工人发现原料车间苯库原料泵房QB-9蒸汽往复泵6号泵上盖石棉垫冲开约4cm一道缝，苯从缝隙处往外喷出，工人在慌乱中戴着不符合要求的防毒面罩进入泵房，关闭蒸汽阀门时，因出气阀老化粘死，呼吸不畅，窒息死亡。

【案例11-4】2005年9月2日，在北京市朝阳区某施工现场发生了一起作业人员佩戴过滤式防毒面具进行井下作业时发生意外，导致作业人员死亡的事故，而实际上在井下这类相对封闭的空间作业应选择隔绝式防毒面具。作业时，一般选择长导管面具，它是通过一根长导管使作业者呼吸井外清洁空气保证作业安全；抢险时，一般选择空气呼吸器。

这些事故都反映出作业者与管理者对呼吸防护用品的选择与使用还不是很了解。事故时刻在提醒我们，一定要正确选用合格的劳动防护用品。那么如何正确选用呢？一般来说，劳动防护用品的选用可参考几个方面。

1989年我国颁布了《劳动防护用品选用规则》（GB 11651—1989）国家标准，为选用劳动防护用品提供了依据。正确选用优质的防护用品是保证劳动者安全与健康的前提，选用的基本原则是：

① 根据国家标准、行业标准或地方标准选用；
② 根据生产作业环境、劳动强度以及生产岗位接触有害因素的存在形式、性质、浓度

（或强度）和防护用品的防护性能进行选用；

③ 穿戴要舒适方便，不影响工作。

2. 个体防护用品的发放

2000年，国家经贸委颁布了《劳动防护用品配备标准（试行）》（国经贸安全[2000] 189号），规定了国家工种分类目录中的116个典型工种的劳动防护用品配备标准。用人单位应当按照有关标准，按照不同工种、不同劳动条件发给职工个人劳动防护用品。

用人单位的具体责任如下。

① 用人单位应根据工作场所中的职业危害因素及其危害程度，按照法律、法规、标准的规定，为从业人员免费提供符合国家规定的护品。不得以货币或其他物品替代应当配备的护品。

② 用人单位应到定点经营单位或生产企业购买特种劳动防护用品。护品必须具有"三证"，即生产许可证、产品合格证和安全鉴定证。购买的护品须经本单位安全管理部门验收。并应按照护品的使用要求，在使用前对其防护功能进行必要的检查。

③ 用人单位应教育从业人员，按照护品的使用规则和防护要求，正确使用护品。使职工做到"三会"：会检查护品的可靠性；会正确使用护品；会正确维护保养护品，并进行监督检查。

④ 用人单位应按照产品说明书的要求，及时更换、报废过期和失效的护品。

⑤ 用人单位应建立健全护品的购买、验收、保管、发放、使用、更换、报废等管理制度和使用档案，并切实贯彻执行和进行必要的监督检查。

【案例11-5】2003年10月，某机械加工厂电焊车间承担一批急需焊接的零部件。当时车间有专业焊工3名，因交货时间较紧，3台手工焊机要同时开工。由于有的零部件较大，有的需要定位焊接，电焊工人不能独立完成作业，必须他人协助才行。车间主任在没有配发任何防护用品的情况下，临时安排3名其他工人（钣金工）辅助电焊工操作。电焊车间约40m², 高10m，3台焊机同时操作，3名辅助工在焊接时需要上前扶着焊件，电光直接照射眼睛和皮肤，他们距离光源大约1m，每人每次上前约30~60min不等。工作了半天，下班回家不到4h，除电焊工佩戴有防护用品没有任何部位灼伤外，3名辅助工的眼睛、皮肤都先后出现以下症状：当电光灼伤4h出现眼睛剧痛、怕光、流泪，皮肤有灼热感，痛苦难忍，疼痛剧烈。经医院检查发现：3人的眼球结膜均充血、水肿，面部、颈部等暴露部位的皮肤表现为界限清楚的水肿性红斑，其中1名辅助工穿着背心短裤上前操作，结果肩部、两臂及两腿内侧均出现大面积水疱，并且有部分已脱皮。

造成本事故的根本原因是该公司车间主任在没有配发任何防护用品的情况下，强令安排3名其他工人（钣金工）辅助电焊工操作。

职工的自我保护意识较差，法律观念淡薄，明知电光危害，而既没有防护用品，也没有拒绝上岗，而违章操作，结果造成本次多人灼伤的事故。

3. 个体防护用品的使用

① 劳动防护用品使用前，必须认真检查其防护性能及外观质量。

② 使用的劳动防护用品与防御的有害因素相匹配。

③ 正确佩戴使用个人劳动防护用品。

④ 严禁使用过期或失效的劳动防护用品。

4. 个体防护用品的报废

符合下述条件之一者，即予报废。

① 不符合国家标准或专业标准。

② 未达到上级劳动保护监察机构根据有关标准和规程所规定的功能指标。

③ 在使用或保管储存期内遭到损坏或超过有效使用期，经检验未达到原规定的有效防护功能最低指标。

思考与练习题

一、填空题

1. 生产过程的职业危害因素的化学性因素包括（　　　）。
   A. 生产性粉尘　　B. 高温　　C. 辐射　　D. 真菌
2. 根据《职业病目录》（卫法监发［2002］108号）职业病分为10类（　　　）种。
   A. 105　　B. 110　　C. 115　　D. 120
3. 《职业病防治法》规定，对从事接触职业病危害的作业的劳动者，用人单位应当组织（　　　）职业健康体检。
   A. 上岗前　　B. 在岗期间　　C. 离岗时　　D. 离职后
4. 职业健康检查费用由（　　　）承担。
   A. 用人单位　　B. 个人　　C. 用人单位和个人共同　　D. 根据合同约定

二、简答题

1. 化工生产现场的职业危害因素主要有哪些？
2. 粉尘的危害及防尘措施有哪些？
3. 毒物侵入人体的途径有哪些？
4. 噪声的危害及控制措施有哪些？
5. 辐射的危害及控制措施有哪些？
6. 高温作业的防护措施有哪些？
7. 简述灼伤的预防措施。
8. 在不同的化工作业场所如何选用个体防护用品？

中华人民共和国安全生产法

(2002年6月29日第九届全国人民代表大会常务委员会第二十八次会议通过)
中华人民共和国主席令第70号

第一章 总 则

第一条 为了加强安全生产监督管理，防止和减少生产安全事故，保障人民群众生命和财产安全，促进经济发展，制定本法。

第二条 在中华人民共和国领域内从事生产经营活动的单位（以下统称生产经营单位）的安全生产，适用本法；有关法律、行政法规对消防安全和道路交通安全、铁路交通安全、水上交通安全、民用航空安全另有规定的，适用其规定。

第三条 安全生产管理，坚持安全第一、预防为主的方针。

第四条 生产经营单位必须遵守本法和其他有关安全生产的法律、法规，加强安全生产管理，建立、健全安全生产责任制度，完善安全生产条件，确保安全生产。

第五条 生产经营单位的主要负责人对本单位的安全生产工作全面负责。

第六条 生产经营单位的从业人员有依法获得安全生产保障的权利，并应当依法履行安全生产方面的义务。

第七条 工会依法组织职工参加本单位安全生产工作的民主管理和民主监督，维护职工在安全生产方面的合法权益。

第八条 国务院和地方各级人民政府应当加强对安全生产工作的领导，支持、督促各有关部门依法履行安全生产监督管理职责。

县级以上人民政府对安全生产监督管理中存在的重大问题应当及时予以协调、解决。

第九条 国务院负责安全生产监督管理的部门依照本法，对全国安全生产工作实施综合监督管理；县级以上地方各级人民政府负责安全生产监督管理的部门依照本法，对本行政区域内安全生产工作实施综合监督管理。

国务院有关部门依照本法和其他有关法律、行政法规的规定，在各自的职责范围内对有关的安全生产工作实施监督管理；县级以上地方各级人民政府有关部门依照本法和其他有关法律、法规的规定，在各自的职责范围内对有关的安全生产工作实施监督管理。

第十条 国务院有关部门应当按照保障安全生产的要求，依法及时制定有关的国家标准或者行业标准，并根据科技进步和经济发展适时修订。

生产经营单位必须执行依法制定的保障安全生产的国家标准或者行业标准。

第十一条 各级人民政府及其有关部门应当采取多种形式，加强对有关安全生产的法律、法规和安全生产知识的宣传，提高职工的安全生产意识。

第十二条 依法设立的为安全生产提供技术服务的中介机构，依照法律、行政法规和执业准则，接受生产经营单位的委托为其安全生产工作提供技术服务。

第十三条 国家实行生产安全事故责任追究制度，依照本法和有关法律、法规的规定，追究生产安全事故责任人员的法律责任。

第十四条 国家鼓励和支持安全生产科学技术研究和安全生产先进技术的推广应用，提高安全生产水平。

第十五条 国家对在改善安全生产条件、防止生产安全事故、参加抢险救护等方面取得显著成绩的单位和个人，给予奖励。

第二章 生产经营单位的安全生产保障

第十六条 生产经营单位应当具备本法和有关法律、行政法规和国家标准或者行业标准规定的安全生产条件；不具备安全生产条件的，不得从事生产经营活动。

第十七条　生产经营单位的主要负责人对本单位安全生产工作负有下列职责：

（一）建立、健全本单位安全生产责任制；

（二）组织制定本单位安全生产规章制度和操作规程；

（三）保证本单位安全生产投入的有效实施；

（四）督促、检查本单位的安全生产工作，及时消除生产安全事故隐患；

（五）组织制定并实施本单位的生产安全事故应急救援预案；

（六）及时、如实报告生产安全事故。

第十八条　生产经营单位应当具备的安全生产条件所必需的资金投入，由生产经营单位的决策机构、主要负责人或者个人经营的投资人予以保证，并对由于安全生产所必需的资金投入不足导致的后果承担责任。

第十九条　矿山、建筑施工单位和危险物品的生产、经营、储存单位，应当设置安全生产管理机构或者配备专职安全生产管理人员。

前款规定以外的其他生产经营单位，从业人员超过三百人的，应当设置安全生产管理机构或者配备专职安全生产管理人员；从业人员在三百人以下的，应当配备专职或者兼职的安全生产管理人员，或者委托具有国家规定的相关专业技术资格的工程技术人员提供安全生产管理服务。

生产经营单位依照前款规定委托工程技术人员提供安全生产管理服务的，保证安全生产的责任仍由本单位负责。

第二十条　生产经营单位的主要负责人和安全生产管理人员必须具备与本单位所从事的生产经营活动相应的安全生产知识和管理能力。

危险物品的生产、经营、储存单位以及矿山、建筑施工单位的主要负责人和安全生产管理人员，应当由有关主管部门对其安全生产知识和管理能力考核合格后方可任职。考核不得收费。

第二十一条　生产经营单位应当对从业人员进行安全生产教育和培训，保证从业人员具备必要的安全生产知识，熟悉有关的安全生产规章制度和安全操作规程，掌握本岗位的安全操作技能。未经安全生产教育和培训合格的从业人员，不得上岗作业。

第二十二条　生产经营单位采用新工艺、新技术、新材料或者使用新设备，必须了解、掌握其安全技术特性，采取有效的安全防护措施，并对从业人员进行专门的安全生产教育和培训。

第二十三条　生产经营单位的特种作业人员必须按照国家有关规定经专门的安全作业培训，取得特种作业操作资格证书，方可上岗作业。

特种作业人员的范围由国务院负责安全生产监督管理的部门会同国务院有关部门确定。

第二十四条　生产经营单位新建、改建、扩建工程项目（以下统称建设项目）的安全设施，必须与主体工程同时设计、同时施工、同时投入生产和使用。安全设施投资应当纳入建设项目概算。

第二十五条　矿山建设项目和用于生产、储存危险物品的建设项目，应当分别按照国家有关规定进行安全条件论证和安全评价。

第二十六条　建设项目安全设施的设计人、设计单位应当对安全设施设计负责。

矿山建设项目和用于生产、储存危险物品的建设项目的安全设施设计应当按照国家有关规定报经有关部门审查，审查部门及其负责审查的人员对审查结果负责。

第二十七条　矿山建设项目和用于生产、储存危险物品的建设项目的施工单位必须按照批准的安全设施设计施工，并对安全设施的工程质量负责。

矿山建设项目和用于生产、储存危险物品的建设项目竣工投入生产或者使用前，必须依照有关法律、行政法规的规定对安全设施进行验收；验收合格后，方可投入生产和使用。验收部门及其验收人员对验收结果负责。

第二十八条　生产经营单位应当在有较大危险因素的生产经营场所和有关设施、设备上，设置明显的安全警示标志。

第二十九条　安全设备的设计、制造、安装、使用、检测、维修、改造和报废，应当符合国家标准或者行业标准。

生产经营单位必须对安全设备进行经常性维护、保养，并定期检测，保证正常运转。维护、保养、检测应当作好记录，并由有关人员签字。

第三十条 生产经营单位使用的涉及生命安全、危险性较大的特种设备，以及危险物品的容器、运输工具，必须按照国家有关规定，由专业生产单位生产，并经取得专业资质的检测、检验机构检测、检验合格，取得安全使用证或者安全标志，方可投入使用。检测、检验机构对检测、检验结果负责。

涉及生命安全、危险性较大的特种设备的目录由国务院负责特种设备安全监督管理的部门制定，报国务院批准后执行。

第三十一条 国家对严重危及生产安全的工艺、设备实行淘汰制度。

生产经营单位不得使用国家明令淘汰、禁止使用的危及生产安全的工艺、设备。

第三十二条 生产、经营、运输、储存、使用危险物品或者处置废弃危险物品的，由有关主管部门依照有关法律、法规的规定和国家标准或者行业标准审批并实施监督管理。

生产经营单位生产、经营、运输、储存、使用危险物品或者处置废弃危险物品，必须执行有关法律、法规和国家标准或者行业标准，建立专门的安全管理制度，采取可靠的安全措施，接受有关主管部门依法实施的监督管理。

第三十三条 生产经营单位对重大危险源应当登记建档，进行定期检测、评估、监控，并制定应急预案，告知从业人员和相关人员在紧急情况下应当采取的应急措施。

生产经营单位应当按照国家有关规定将本单位重大危险源及有关安全措施、应急措施报有关地方人民政府负责安全生产监督管理的部门和有关部门备案。

第三十四条 生产、经营、储存、使用危险物品的车间、商店、仓库不得与员工宿舍在同一座建筑物内，并应当与员工宿舍保持安全距离。

生产经营场所和员工宿舍应当设有符合紧急疏散要求、标志明显、保持畅通的出口。禁止封闭、堵塞生产经营场所或者员工宿舍的出口。

第三十五条 生产经营单位进行爆破、吊装等危险作业，应当安排专门人员进行现场安全管理，确保操作规程的遵守和安全措施的落实。

第三十六条 生产经营单位应当教育和督促从业人员严格执行本单位的安全生产规章制度和安全操作规程；并向从业人员如实告知作业场所和工作岗位存在的危险因素、防范措施以及事故应急措施。

第三十七条 生产经营单位必须为从业人员提供符合国家标准或者行业标准的劳动防护用品，并监督、教育从业人员按照使用规则佩戴、使用。

第三十八条 生产经营单位的安全生产管理人员应当根据本单位的生产经营特点，对安全生产状况进行经常性检查；对检查中发现的安全问题，应当立即处理；不能处理的，应当及时报本单位有关负责人。检查及处理情况应当记录在案。

第三十九条 生产经营单位应当安排用于配备劳动防护用品、进行安全生产培训的经费。

第四十条 两个以上生产经营单位在同一作业区域内进行生产经营活动，可能危及对方生产安全的，应当签订安全生产管理协议，明确各自的安全生产管理职责和应当采取的安全措施，并指定专职安全生产管理人员进行安全检查与协调。

第四十一条 生产经营单位不得将生产经营项目、场所、设备发包或者出租给不具备安全生产条件或者相应资质的单位或者个人。

生产经营项目、场所有多个承包单位、承租单位的，生产经营单位应当与承包单位、承租单位签订专门的安全生产管理协议，或者在承包合同、租赁合同中约定各自的安全生产管理职责；生产经营单位对承包单位、承租单位的安全生产工作统一协调、管理。

第四十二条 生产经营单位发生重大生产安全事故时，单位的主要负责人应当立即组织抢救，并不得在事故调查处理期间擅离职守。

第四十三条 生产经营单位必须依法参加工伤社会保险，为从业人员缴纳保险费。

第三章 从业人员的权利和义务

第四十四条 生产经营单位与从业人员订立的劳动合同，应当载明有关保障从业人员劳动安全、防止职业危害的事项，以及依法为从业人员办理工伤社会保险的事项。

生产经营单位不得以任何形式与从业人员订立协议，免除或者减轻其对从业人员因生产安全事故伤亡依法应承担的责任。

第四十五条 生产经营单位的从业人员有权了解其作业场所和工作岗位存在的危险因素、防范措施及事故应急措施，有权对本单位的安全生产工作提出建议。

第四十六条 从业人员有权对本单位安全生产工作中存在的问题提出批评、检举、控告；有权拒绝违章指挥和强令冒险作业。

生产经营单位不得因从业人员对本单位安全生产工作提出批评、检举、控告或者拒绝违章指挥、强令冒险作业而降低其工资、福利等待遇或者解除与其订立的劳动合同。

第四十七条 从业人员发现直接危及人身安全的紧急情况时，有权停止作业或者在采取可能的应急措施后撤离作业场所。

生产经营单位不得因从业人员在前款紧急情况下停止作业或者采取紧急撤离措施而降低其工资、福利等待遇或者解除与其订立的劳动合同。

第四十八条 因生产安全事故受到损害的从业人员，除依法享有工伤社会保险外，依照有关民事法律尚有获得赔偿的权利的，有权向本单位提出赔偿要求。

第四十九条 从业人员在作业过程中，应当严格遵守本单位的安全生产规章制度和操作规程，服从管理，正确佩戴和使用劳动防护用品。

第五十条 从业人员应当接受安全生产教育和培训，掌握本职工作所需的安全生产知识，提高安全生产技能，增强事故预防和应急处理能力。

第五十一条 从业人员发现事故隐患或者其他不安全因素，应当立即向现场安全生产管理人员或者本单位负责人报告；接到报告的人员应当及时予以处理。

第五十二条 工会有权对建设项目的安全设施与主体工程同时设计、同时施工、同时投入生产和使用进行监督，提出意见。

工会对生产经营单位违反安全生产法律、法规，侵犯从业人员合法权益的行为，有权要求纠正；发现生产经营单位违章指挥、强令冒险作业或者发现事故隐患时，有权提出解决的建议，生产经营单位应当及时研究答复；发现危及从业人员生命安全的情况时，有权向生产经营单位建议组织从业人员撤离危险场所，生产经营单位必须立即作出处理。

工会有权依法参加事故调查，向有关部门提出处理意见，并要求追究有关人员的责任。

第四章 安全生产的监督管理

第五十三条 县级以上地方各级人民政府应当根据本行政区域内的安全生产状况，组织有关部门按照职责分工，对本行政区域内容易发生重大生产安全事故的生产经营单位进行严格检查；发现事故隐患，应当及时处理。

第五十四条 依照本法第九条规定对安全生产负有监督管理职责的部门（以下统称负有安全生产监督管理职责的部门）依照有关法律、法规的规定，对涉及安全生产的事项需要审查批准（包括批准、核准、许可、注册、认证、颁发证照等，下同）或者验收的，必须严格依照有关法律、法规和国家标准或者行业标准规定的安全生产条件和程序进行审查；不符合有关法律、法规和国家标准或者行业标准规定的安全生产条件的，不得批准或者验收通过。对未依法取得批准或者验收合格的单位擅自从事有关活动的，负责行政审批的部门发现或者接到举报后应当立即予以取缔，并依法予以处理。对已经依法取得批准的单位，负责行政审批的部门发现其不再具备安全生产条件的，应当撤销原批准。

第五十五条 负有安全生产监督管理职责的部门对涉及安全生产的事项进行审查、验收，不得收取费用；不得要求接受审查、验收的单位购买其指定品牌或者指定生产、销售单位的安全设备、器材或者其他产品。

第五十六条 负有安全生产监督管理职责的部门依法对生产经营单位执行有关安全生产的法律、法规和国家标准或者行业标准的情况进行监督检查，行使以下职权：

（一）进入生产经营单位进行检查，调阅有关资料，向有关单位和人员了解情况。

（二）对检查中发现的安全生产违法行为，当场予以纠正或者要求限期改正；对依法应当给予行政处罚的行为，依照本法和其他有关法律、行政法规的规定作出行政处罚决定。

（三）对检查中发现的事故隐患，应当责令立即排除；重大事故隐患排除前或者排除过程中无法保证安全的，应当责令从危险区域内撤出作业人员，责令暂时停产停业或者停止使用；重大事故隐患排除后，经审查同意，方可恢复生产经营和使用。

（四）对有根据认为不符合保障安全生产的国家标准或者行业标准的设施、设备、器材予以查封或者扣押，并应当在十五日内依法作出处理决定。

监督检查不得影响被检查单位的正常生产经营活动。

第五十七条 生产经营单位对负有安全生产监督管理职责的部门的监督检查人员（以下统称安全生产监督检查人员）依法履行监督检查职责，应当予以配合，不得拒绝、阻挠。

第五十八条 安全生产监督检查人员应当忠于职守，坚持原则，秉公执法。

安全生产监督检查人员执行监督检查任务时，必须出示有效的监督执法证件；对涉及被检查单位的技术秘密和业务秘密，应当为其保密。

第五十九条 安全生产监督检查人员应当将检查的时间、地点、内容、发现的问题及其处理情况，作出书面记录，并由检查人员和被检查单位的负责人签字；被检查单位的负责人拒绝签字的，检查人员应当将情况记录在案，并向负有安全生产监督管理职责的部门报告。

第六十条 负有安全生产监督管理职责的部门在监督检查中，应当互相配合，实行联合检查；确需分别进行检查的，应当互通情况，发现存在的安全问题应当由其他有关部门进行处理的，应当及时移送其他有关部门并形成记录备查，接受移送的部门应当及时进行处理。

第六十一条 监察机关依照行政监察法的规定，对负有安全生产监督管理职责的部门及其工作人员履行安全生产监督管理职责实施监察。

第六十二条 承担安全评价、认证、检测、检验的机构应当具备国家规定的资质条件，并对其作出的安全评价、认证、检测、检验的结果负责。

第六十三条 负有安全生产监督管理职责的部门应当建立举报制度，公开举报电话、信箱或者电子邮件地址，受理有关安全生产的举报；受理的举报事项经调查核实后，应当形成书面材料；需要落实整改措施的，报经有关负责人签字并督促落实。

第六十四条 任何单位或者个人对事故隐患或者安全生产违法行为，均有权向负有安全生产监督管理职责的部门报告或者举报。

第六十五条 居民委员会、村民委员会发现其所在区域内的生产经营单位存在事故隐患或者安全生产违法行为时，应当向当地人民政府或者有关部门报告。

第六十六条 县级以上各级人民政府及其有关部门对报告重大事故隐患或者举报安全生产违法行为的有功人员，给予奖励。具体奖励办法由国务院负责安全生产监督管理的部门会同国务院财政部门制定。

第六十七条 新闻、出版、广播、电影、电视等单位有进行安全生产宣传教育的义务，有对违反安全生产法律、法规的行为进行舆论监督的权利。

第五章 生产安全事故的应急救援与调查处理

第六十八条 县级以上地方各级人民政府应当组织有关部门制定本行政区域内特大生产安全事故应急救援预案，建立应急救援体系。

第六十九条 危险物品的生产、经营、储存单位以及矿山、建筑施工单位应当建立应急救援组织；生产经营规模较小，可以不建立应急救援组织的，应当指定兼职的应急救援人员。

危险物品的生产、经营、储存单位以及矿山、建筑施工单位应当配备必要的应急救援器材、设备，并进行经常性维护、保养，保证正常运转。

第七十条 生产经营单位发生生产安全事故后，事故现场有关人员应当立即报告本单位负责人。

单位负责人接到事故报告后，应当迅速采取有效措施，组织抢救，防止事故扩大，减少人员伤亡和财产损失，并按照国家有关规定立即如实报告当地负有安全生产监督管理职责的部门，不得隐瞒不报、谎报或者拖延不报，不得故意破坏事故现场、毁灭有关证据。

第七十一条 负有安全生产监督管理职责的部门接到事故报告后，应当立即按照国家有关规定上报事故情况。负有安全生产监督管理职责的部门和有关地方人民政府对事故情况不得隐瞒不报、谎报或者拖延不报。

第七十二条 有关地方人民政府和负有安全生产监督管理职责的部门的负责人接到重大生产安全事故报告后，应当立即赶到事故现场，组织事故抢救。

任何单位和个人都应当支持、配合事故抢救,并提供一切便利条件。

第七十三条 事故调查处理应当按照实事求是、尊重科学的原则,及时、准确地查清事故原因,查明事故性质和责任,总结事故教训,提出整改措施,并对事故责任者提出处理意见。事故调查和处理的具体办法由国务院制定。

第七十四条 生产经营单位发生生产安全事故,经调查确定为责任事故的,除了应当查明事故单位的责任并依法予以追究外,还应当查明对安全生产的有关事项负有审查批准和监督职责的行政部门的责任,对有失职、渎职行为的,依照本法第七十七条的规定追究法律责任。

第七十五条 任何单位和个人不得阻挠和干涉对事故的依法调查处理。

第七十六条 县级以上地方各级人民政府负责安全生产监督管理的部门应当定期统计分析本行政区域内发生生产安全事故的情况,并定期向社会公布。

第六章 法律责任

第七十七条 负有安全生产监督管理职责的部门的工作人员,有下列行为之一的,给予降级或者撤职的行政处分;构成犯罪的,依照刑法有关规定追究刑事责任:

(一)对不符合法定安全生产条件的涉及安全生产的事项予以批准或者验收通过的;

(二)发现未依法取得批准、验收的单位擅自从事有关活动或者接到举报后不予取缔或者不依法予以处理的;

(三)对已经依法取得批准的单位不履行监督管理职责,发现其不再具备安全生产条件而不撤销原批准或者发现安全生产违法行为不予查处的。

第七十八条 负有安全生产监督管理职责的部门,要求被审查、验收的单位购买其指定的安全设备、器材或者其他产品的,在对安全生产事项的审查、验收中收取费用的,由其上级机关或者监察机关责令改正,责令退还收取的费用;情节严重的,对直接负责的主管人员和其他直接责任人员依法给予行政处分。

第七十九条 承担安全评价、认证、检测、检验工作的机构,出具虚假证明,构成犯罪的,依照刑法有关规定追究刑事责任;尚不够刑事处罚的,没收违法所得,违法所得在五千元以上的,并处违法所得二倍以上五倍以下的罚款,没有违法所得或者违法所得不足五千元的,单处或者并处五千元以上二万元以下的罚款,对其直接负责的主管人员和其他直接责任人员处五千元以上五万元以下的罚款;给他人造成损害的,与生产经营单位承担连带赔偿责任。

对有前款违法行为的机构,撤销其相应资格。

第八十条 生产经营单位的决策机构、主要负责人、个人经营的投资人不依照本法规定保证安全生产所必需的资金投入,致使生产经营单位不具备安全生产条件的,责令限期改正,提供必需的资金;逾期未改正的,责令生产经营单位停产停业整顿。

有前款违法行为,导致发生生产安全事故,构成犯罪的,依照刑法有关规定追究刑事责任;尚不够刑事处罚的,对生产经营单位的主要负责人给予撤职处分,对个人经营的投资人处二万元以上二十万元以下的罚款。

第八十一条 生产经营单位的主要负责人未履行本法规定的安全生产管理职责的,责令限期改正;逾期未改正的,责令生产经营单位停产停业整顿。

生产经营单位的主要负责人有前款违法行为,导致发生生产安全事故,构成犯罪的,依照刑法有关规定追究刑事责任;尚不够刑事处罚的,给予撤职处分或者处二万元以上二十万元以下的罚款。

生产经营单位的主要负责人依照前款规定受刑事处罚或者撤职处分的,自刑罚执行完毕或者受处分之日起,五年内不得担任任何生产经营单位的主要负责人。

第八十二条 生产经营单位有下列行为之一的,责令限期改正;逾期未改正的,责令停产停业整顿,可以并处二万元以下的罚款:

(一)未按照规定设立安全生产管理机构或者配备安全生产管理人员的;

(二)危险物品的生产、经营、储存单位以及矿山、建筑施工单位的主要负责人和安全生产管理人员未按照规定经考核合格的;

(三)未按照本法第二十一条、第二十二条的规定对从业人员进行安全生产教育和培训,或者未按照本法第三十六条的规定如实告知从业人员有关的安全生产事项的;

（四）特种作业人员未按照规定经专门的安全作业培训并取得特种作业操作资格证书，上岗作业的。

第八十三条 生产经营单位有下列行为之一的，责令限期改正；逾期未改正的，责令停止建设或者停产停业整顿，可以并处五万元以下的罚款；造成严重后果，构成犯罪的，依照刑法有关规定追究刑事责任：

（一）矿山建设项目或者用于生产、储存危险物品的建设项目没有安全设施设计或者安全设施设计未按照规定报经有关部门审查同意的；

（二）矿山建设项目或者用于生产、储存危险物品的建设项目的施工单位未按照批准的安全设施设计施工的；

（三）矿山建设项目或者用于生产、储存危险物品的建设项目竣工投入生产或者使用前，安全设施未经验收合格的；

（四）未在有较大危险因素的生产经营场所和有关设施、设备上设置明显的安全警示标志的；

（五）安全设备的安装、使用、检测、改造和报废不符合国家标准或者行业标准的；

（六）未对安全设备进行经常性维护、保养和定期检测的；

（七）未为从业人员提供符合国家标准或者行业标准的劳动防护用品的；

（八）特种设备以及危险物品的容器、运输工具未经取得专业资质的机构检测、检验合格，取得安全使用证或者安全标志，投入使用的；

（九）使用国家明令淘汰、禁止使用的危及生产安全的工艺、设备的。

第八十四条 未经依法批准，擅自生产、经营、储存危险物品的，责令停止违法行为或者予以关闭，没收违法所得，违法所得十万元以上的，并处违法所得一倍以上五倍以下的罚款，没有违法所得或者违法所得不足十万元的，单处或者并处二万元以上十万元以下的罚款；造成严重后果，构成犯罪的，依照刑法有关规定追究刑事责任。

第八十五条 生产经营单位有下列行为之一的，责令限期改正；逾期未改正的，责令停产停业整顿，可以并处二万元以上十万元以下的罚款；造成严重后果，构成犯罪的，依照刑法有关规定追究刑事责任：

（一）生产、经营、储存、使用危险物品，未建立专门安全管理制度、未采取可靠的安全措施或者不接受有关主管部门依法实施的监督管理的；

（二）对重大危险源未登记建档，或者未进行评估、监控，或者未制定应急预案的；

（三）进行爆破、吊装等危险作业，未安排专门管理人员进行现场安全管理的。

第八十六条 生产经营单位将生产经营项目、场所、设备发包或者出租给不具备安全生产条件或者相应资质的单位或者个人的，责令限期改正，没收违法所得；违法所得五万元以上的，并处违法所得一倍以上五倍以下的罚款；没有违法所得或者违法所得不足五万元的，单处或者并处一万元以上五万元以下的罚款；导致发生生产安全事故给他人造成损害的，与承包方、承租方承担连带赔偿责任。

生产经营单位未与承包单位、承租单位签订专门的安全生产管理协议或者未在承包合同、租赁合同中明确各自的安全生产管理职责，或者未对承包单位、承租单位的安全生产统一协调、管理的，责令限期改正；逾期未改正的，责令停产停业整顿。

第八十七条 两个以上生产经营单位在同一作业区域内进行可能危及对方安全生产的生产经营活动，未签订安全生产管理协议或者未指定专职安全生产管理人员进行安全检查与协调的，责令限期改正；逾期未改正的，责令停产停业。

第八十八条 生产经营单位有下列行为之一的，责令限期改正；逾期未改正的，责令停产停业整顿；造成严重后果，构成犯罪的，依照刑法有关规定追究刑事责任：

（一）生产、经营、储存、使用危险物品的车间、商店、仓库与员工宿舍在同一座建筑内，或者与员工宿舍的距离不符合安全要求的；

（二）生产经营场所和员工宿舍未设有符合紧急疏散需要、标志明显、保持畅通的出口，或者封闭、堵塞生产经营场所或者员工宿舍出口的。

第八十九条 生产经营单位与从业人员订立协议，免除或者减轻其对从业人员因生产安全事故伤亡依法应承担的责任的，该协议无效；对生产经营单位的主要负责人、个人经营的投资人处二万元以上十万元以下的罚款。

第九十条 生产经营单位的从业人员不服从管理，违反安全生产规章制度或者操作规程的，由生产经营单位给予批评教育，依照有关规章制度给予处分；造成重大事故，构成犯罪的，依照刑法有关规定追究刑事责任。

第九十一条 生产经营单位主要负责人在本单位发生重大生产安全事故时，不立即组织抢救或者在事故调查处理期间擅离职守或者逃匿的，给予降职、撤职的处分，对逃匿的处十五日以下拘留；构成犯罪的，依照刑法有关规定追究刑事责任。

生产经营单位主要负责人对生产安全事故隐瞒不报、谎报或者拖延不报的，依照前款规定处罚。

第九十二条 有关地方人民政府、负有安全生产监督管理职责的部门，对生产安全事故隐瞒不报、谎报或者拖延不报的，对直接负责的主管人员和其他直接责任人员依法给予行政处分；构成犯罪的，依照刑法有关规定追究刑事责任。

第九十三条 生产经营单位不具备本法和其他有关法律、行政法规和国家标准或者行业标准规定的安全生产条件，经停产停业整顿仍不具备安全生产条件的，予以关闭；有关部门应当依法吊销其有关证照。

第九十四条 本法规定的行政处罚，由负责安全生产监督管理的部门决定；予以关闭的行政处罚由负责安全生产监督管理的部门报请县级以上人民政府按照国务院规定的权限决定；给予拘留的行政处罚由公安机关依照治安管理处罚条例的规定决定。有关法律、行政法规对行政处罚的决定机关另有规定的，依照其规定。

第九十五条 生产经营单位发生生产安全事故造成人员伤亡、他人财产损失的，应当依法承担赔偿责任；拒不承担或者其负责人逃匿的，由人民法院依法强制执行。

生产安全事故的责任人未依法承担赔偿责任，经人民法院依法采取执行措施后，仍不能对受害人给予足额赔偿的，应当继续履行赔偿义务；受害人发现责任人有其他财产的，可以随时请求人民法院执行。

第七章 附 则

第九十六条 本法下列用语的含义：危险物品，是指易燃易爆物品、危险化学品、放射性物品等能够危及人身安全和财产安全的物品。

重大危险源，是指长期地或者临时地生产、搬运、使用或者储存危险物品，且危险物品的数量等于或者超过临界量的单元（包括场所和设施）。

第九十七条 本法自 2002 年 11 月 1 日起施行。

危险化学品安全管理条例

(2002年1月9日国务院第52次常务会议通过)

(中华人民共和国国务院令第344号)

第一章 总 则

第一条 为了加强对危险化学品的安全管理，保障人民生命、财产安全，保护环境，制定本条例。

第二条 在中华人民共和国境内生产、经营、储存、运输、使用危险化学品和处置废弃危险化学品，必须遵守本条例和国家有关安全生产的法律、其他行政法规的规定。

第三条 本条例所称危险化学品，包括爆炸品、压缩气体和液化气体、易燃液体、易燃固体、自燃物品和遇湿易燃物品、氧化剂和有机过氧化物、有毒品和腐蚀品等。

危险化学品列入以国家标准公布的《危险货物品名表》(GB 12268)；剧毒化学品目录和未列入《危险货物品名表》的其他危险化学品，由国务院经济贸易综合管理部门会同国务院公安、环境保护、卫生、质检、交通部门确定并公布。

第四条 生产、经营、储存、运输、使用危险化学品和处置废弃危险化学品的单位（以下统称危险化学品单位），其主要负责人必须保证本单位危险化学品的安全管理符合有关法律、法规、规章的规定和国家标准的要求，并对本单位危险化学品的安全负责。

危险化学品单位从事生产、经营、储存、运输、使用危险化学品或者处置废弃危险化学品活动的人员，必须接受有关法律、法规、规章和安全知识、专业技术、职业卫生防护和应急救援知识的培训，并经考核合格，方可上岗作业。

第五条 对危险化学品的生产、经营、储存、运输、使用和对废弃危险化学品处置实施监督管理的有关部门，依照下列规定履行职责：

（一）国务院经济贸易综合管理部门和省、自治区、直辖市人民政府经济贸易管理部门，依照本条例的规定，负责危险化学品安全监督管理综合工作，负责危险化学品生产、储存企业设立及其改建、扩建的审查，负责危险化学品包装物、容器（包括用于运输工具的槽罐，下同）专业生产企业的审查和定点，负责危险化学品经营许可证的发放，负责国内危险化学品的登记，负责危险化学品事故应急救援的组织和协调，并负责前述事项的监督检查；设区的市级人民政府和县级人民政府的负责危险化学品安全监督管理综合工作的部门，由各该级人民政府确定，依照本条例的规定履行职责。

（二）公安部门负责危险化学品的公共安全管理，负责发放剧毒化学品购买凭证和准购证，负责审查核发剧毒化学品公路运输通行证，对危险化学品道路运输安全实施监督，并负责前述事项的监督检查。

（三）质检部门负责发放危险化学品及其包装物、容器的生产许可证，负责对危险化学品包装物、容器的产品质量实施监督，并负责前述事项的监督检查。

（四）环境保护部门负责废弃危险化学品处置的监督管理，负责调查重大危险化学品污染事故和生态破坏事件，负责有毒化学品事故现场的应急监测和进口危险化学品的登记，并负责前述事项的监督检查。

（五）铁路、民航部门负责危险化学品铁路、航空运输和危险化学品铁路、民航运输单位及其运输工具的安全管理及监督检查。交通部门负责危险化学品公路、水路运输单位及其运输工具的安全管理，对危险化学品水路运输安全实施监督，负责危险化学品公路、水路运输单位、驾驶人员、船员、装卸人员和押运人员的资质认定，并负责前述事项的监督检查。

（六）卫生行政部门负责危险化学品的毒性鉴定和危险化学品事故伤亡人员的医疗救护工作。

（七）工商行政管理部门依据有关部门的批准、许可文件，核发危险化学品生产、经营、储存、运输单位营业执照，并监督管理危险化学品市场经营活动。

（八）邮政部门负责邮寄危险化学品的监督检查。

第六条 依照本条例对危险化学品单位实施监督管理的有关部门，依法进行监督检查，可以行使下列职权：

（一）进入危险化学品作业场所进行现场检查，调取有关资料，向有关人员了解情况，向危险化学品单位提出整改措施和建议；

（二）发现危险化学品事故隐患时，责令立即排除或者限期排除；

（三）对有根据认为不符合有关法律、法规、规章规定和国家标准要求的设施、设备、器材和运输工具，责令立即停止使用；

（四）发现违法行为，当场予以纠正或者责令限期改正。

危险化学品单位应当接受有关部门依法实施的监督检查，不得拒绝、阻挠。

有关部门派出的工作人员依法进行监督检查时，应当出示证件。

第二章　危险化学品的生产、储存和使用

第七条　国家对危险化学品的生产和储存实行统一规划、合理布局和严格控制，并对危险化学品生产、储存实行审批制度；未经审批，任何单位和个人都不得生产、储存危险化学品。

设区的市级人民政府根据当地经济发展的实际需要，在编制总体规划时，应当按照确保安全的原则规划适当区域专门用于危险化学品的生产、储存。

第八条　危险化学品生产、储存企业，必须具备下列条件：

（一）有符合国家标准的生产工艺、设备或者储存方式、设施；

（二）工厂、仓库的周边防护距离符合国家标准或者国家有关规定；

（三）有符合生产或者储存需要的管理人员和技术人员；

（四）有健全的安全管理制度；

（五）符合法律、法规规定和国家标准要求的其他条件。

第九条　设立剧毒化学品生产、储存企业和其他危险化学品生产、储存企业，应当分别向省、自治区、直辖市人民政府经济贸易管理部门和设区的市级人民政府负责危险化学品安全监督管理综合工作的部门提出申请，并提交下列文件：

（一）可行性研究报告；

（二）原料、中间产品、最终产品或者储存的危险化学品的燃点、自燃点、闪点、爆炸极限、毒性等理化性能指标；

（三）包装、储存、运输的技术要求；

（四）安全评价报告；

（五）事故应急救援措施；

（六）符合本条例第八条规定条件的证明文件。

省、自治区、直辖市人民政府经济贸易管理部门或者设区的市级人民政府负责危险化学品安全监督管理综合工作的部门收到申请和提交的文件后，应当组织有关专家进行审查，提出审查意见后，报本级人民政府作出批准或者不予批准的决定。依据本级人民政府的决定，予以批准的，由省、自治区、直辖市人民政府经济贸易管理部门或者设区的市级人民政府负责危险化学品安全监督管理综合工作的部门颁发批准书；不予批准的，书面通知申请人。

申请人凭批准书向工商行政管理部门办理登记注册手续。

第十条　除运输工具加油站、加气站外，危险化学品的生产装置和储存数量构成重大危险源的储存设施，与下列场所、区域的距离必须符合国家标准或者国家有关规定：

（一）居民区、商业中心、公园等人口密集区域；

（二）学校、医院、影剧院、体育场（馆）等公共设施；

（三）供水水源、水厂及水源保护区；

（四）车站、码头（按照国家规定，经批准，专门从事危险化学品装卸作业的除外）、机场以及公路、铁路、水路交通干线、地铁风亭及出入口；

（五）基本农田保护区、畜牧区、渔业水域和种子、种畜、水产苗种生产基地；

（六）河流、湖泊、风景名胜区和自然保护区；

（七）军事禁区、军事管理区；

（八）法律、行政法规规定予以保护的其他区域。

已建危险化学品的生产装置和储存数量构成重大危险源的储存设施不符合前款规定的，由所在地设区的市级人民政府负责危险化学品安全监督管理综合工作的部门监督其在规定期限内进行整顿；需要转产、停产、搬迁、关闭的，报本级人民政府批准后实施。

本条例所称重大危险源，是指生产、运输、使用、储存危险化学品或者处置废弃危险化学品，且危险化学品的数量等于或者超过临界量的单元（包括场所和设施）。

第十一条　危险化学品生产、储存企业改建、扩建的，必须依照本条例第九条的规定经审查批准。

第十二条　依法设立的危险化学品生产企业，必须向国务院质检部门申请领取危险化学品生产许可证；未取得危险化学品生产许可证的，不得开工生产。

国务院质检部门应当将颁发危险化学品生产许可证的情况通报国务院经济贸易综合管理部门、环境保护部门和公安部门。

第十三条　任何单位和个人不得生产、经营、使用国家明令禁止的危险化学品。

禁止用剧毒化学品生产灭鼠药以及其他可能进入人民日常生活的化学产品和日用化学品。

第十四条　生产危险化学品的，应当在危险化学品的包装内附有与危险化学品完全一致的化学品安全技术说明书，并在包装（包括外包装件）上加贴或者拴挂与包装内危险化学品完全一致的化学品安全标签。

危险化学品生产企业发现其生产的危险化学品有新的危害特性时，应当立即公告，并及时修订安全技术说明书和安全标签。

第十五条　使用危险化学品从事生产的单位，其生产条件必须符合国家标准和国家有关规定，并依照国家有关法律、法规的规定取得相应的许可，必须建立、健全危险化学品使用的安全管理规章制度，保证危险化学品的安全使用和管理。

第十六条　生产、储存、使用危险化学品的，应当根据危险化学品的种类、特性，在车间、库房等作业场所设置相应的监测、通风、防晒、调温、防火、灭火、防爆、泄压、防毒、消毒、中和、防潮、防雷、防静电、防腐、防渗漏、防护围堤或者隔离操作等安全设施、设备，并按照国家标准和国家有关规定进行维护、保养，保证符合安全运行要求。

第十七条　生产、储存、使用剧毒化学品的单位，应当对本单位的生产、储存装置每年进行一次安全评价；生产、储存、使用其他危险化学品的单位，应当对本单位的生产、储存装置每两年进行一次安全评价。

安全评价报告应当对生产、储存装置存在的安全问题提出整改方案。安全评价中发现生产、储存装置存在现实危险的，应当立即停止使用，予以更换或者修复，并采取相应的安全措施。

安全评价报告应当报所在地设区的市级人民政府负责危险化学品安全监督管理综合工作的部门备案。

第十八条　危险化学品的生产、储存、使用单位，应当在生产、储存和使用场所设置通讯、报警装置，并保证在任何情况下处于正常适用状态。

第十九条　剧毒化学品的生产、储存、使用单位，应当对剧毒化学品的产量、流向、储存量和用途如实记录，并采取必要的保安措施，防止剧毒化学品被盗、丢失或者误售、误用；发现剧毒化学品被盗、丢失或者误售、误用时，必须立即向当地公安部门报告。

第二十条　危险化学品的包装必须符合国家法律、法规、规章的规定和国家标准的要求。

危险化学品包装的材质、型式、规格、方法和单件质量（重量），应当与所包装的危险化学品的性质和用途相适应，便于装卸、运输和储存。

第二十一条　危险化学品的包装物、容器，必须由省、自治区、直辖市人民政府经济贸易管理部门审查合格的专业生产企业定点生产，并经国务院质检部门认可的专业检测、检验机构检测、检验合格，方可使用。

重复使用的危险化学品包装物、容器在使用前，应当进行检查，并作出记录；检查记录应当至少保存2年。

质检部门应当对危险化学品的包装物、容器的产品质量进行定期的或者不定期的检查。

第二十二条　危险化学品必须储存在专用仓库、专用场地或者专用储存室（以下统称专用仓库）内，储存方式、方法与储存数量必须符合国家标准，并由专人管理。

危险化学品出入库，必须进行核查登记。库存危险化学品应当定期检查。

剧毒化学品以及储存数量构成重大危险源的其他危险化学品必须在专用仓库内单独存放，实行双人收发、双人保管制度。储存单位应当将储存剧毒化学品以及构成重大危险源的其他危险化学品的数量、地点以及管理人员的情况，报当地公安部门和负责危险化学品安全监督管理综合工作的部门备案。

第二十三条 危险化学品专用仓库，应当符合国家标准对安全、消防的要求，设置明显标志。危险化学品专用仓库的储存设备和安全设施应当定期检测。

第二十四条 处置废弃危险化学品，依照固体废物污染环境防治法和国家有关规定执行。

第二十五条 危险化学品的生产、储存、使用单位转产、停产、停业或者解散的，应当采取有效措施，处置危险化学品的生产或者储存设备、库存产品及生产原料，不得留有事故隐患。处置方案应当报所在地设区的市级人民政府负责危险化学品安全监督管理综合工作的部门和同级环境保护部门、公安部门备案。负责危险化学品安全监督管理综合工作的部门应当对处置情况进行监督检查。

第二十六条 公众上交的危险化学品，由公安部门接收。公安部门接收的危险化学品和其他有关部门收缴的危险化学品，交由环境保护部门认定的专业单位处理。

第三章 危险化学品的经营

第二十七条 国家对危险化学品经营销售实行许可制度。未经许可，任何单位和个人都不得经营销售危险化学品。

第二十八条 危险化学品经营企业，必须具备下列条件：
（一）经营场所和储存设施符合国家标准；
（二）主管人员和业务人员经过专业培训，并取得上岗资格；
（三）有健全的安全管理制度；
（四）符合法律、法规规定和国家标准要求的其他条件。

第二十九条 经营剧毒化学品和其他危险化学品的，应当分别向省、自治区、直辖市人民政府经济贸易管理部门或者设区的市级人民政府负责危险化学品安全监督管理综合工作的部门提出申请，并附送本条例第二十八条规定条件的相关证明材料。省、自治区、直辖市人民政府经济贸易管理部门或者设区的市级人民政府负责危险化学品安全监督管理综合工作的部门接到申请后，应当依照本条例的规定对申请人提交的证明材料和经营场所进行审查。经审查，符合条件的，颁发危险化学品经营许可证，并将颁发危险化学品经营许可证的情况通报同级公安部门和环境保护部门；不符合条件的，书面通知申请人并说明理由。

申请人凭危险化学品经营许可证向工商行政管理部门办理登记注册手续。

第三十条 经营危险化学品，不得有下列行为：
（一）从未取得危险化学品生产许可证或者危险化学品经营许可证的企业采购危险化学品；
（二）经营国家明令禁止的危险化学品和用剧毒化学品生产的灭鼠药以及其他可能进入人民日常生活的化学产品和日用化学品；
（三）销售没有化学品安全技术说明书和化学品安全标签的危险化学品。

第三十一条 危险化学品生产企业不得向未取得危险化学品经营许可证的单位或者个人销售危险化学品。

第三十二条 危险化学品经营企业储存危险化学品，应当遵守本条例第二章的有关规定。危险化学品商店内只能存放民用小包装的危险化学品，其总量不得超过国家规定的限量。

第三十三条 剧毒化学品经营企业销售剧毒化学品，应当记录购买单位的名称、地址和购买人员的姓名、身份证号码及所购剧毒化学品的品名、数量、用途。记录应当至少保存1年。

剧毒化学品经营企业应当每天核对剧毒化学品的销售情况；发现被盗、丢失、误售等情况时，必须立即向当地公安部门报告。

第三十四条 购买剧毒化学品，应当遵守下列规定：
（一）生产、科研、医疗等单位经常使用剧毒化学品的，应当向设区的市级人民政府公安部门申请领取购买凭证，凭购买凭证购买；
（二）单位临时需要购买剧毒化学品的，应当凭本单位出具的证明（注明品名、数量、用途）向设区的市级人民政府公安部门申请领取准购证，凭准购证购买；
（三）个人不得购买农药、灭鼠药、灭虫药以外的剧毒化学品。

剧毒化学品生产企业、经营企业不得向个人或者无购买凭证、准购证的单位销售剧毒化学品。剧毒化学品购买凭证、准购证不得伪造、变造、买卖、出借或者以其他方式转让，不得使用作废的剧毒化学品购买凭证、准购证。

剧毒化学品购买凭证和准购证的式样和具体申领办法由国务院公安部门制定。

第四章 危险化学品的运输

第三十五条 国家对危险化学品的运输实行资质认定制度；未经资质认定，不得运输危险化学品。

危险化学品运输企业必须具备的条件由国务院交通部门规定。

第三十六条 用于危险化学品运输工具的槽罐以及其他容器，必须依照本条例第二十一条的规定，由专业生产企业定点生产，并经检测、检验合格，方可使用。

质检部门应当对前款规定的专业生产企业定点生产的槽罐以及其他容器的产品质量进行定期的或者不定期的检查。

第三十七条 危险化学品运输企业，应当对其驾驶员、船员、装卸管理人员、押运人员进行有关安全知识培训；驾驶员、船员、装卸管理人员、押运人员必须掌握危险化学品运输的安全知识，并经所在地设区的市级人民政府交通部门考核合格（船员经海事管理机构考核合格），取得上岗资格证，方可上岗作业。危险化学品的装卸作业必须在装卸管理人员的现场指挥下进行。

运输危险化学品的驾驶员、船员、装卸人员和押运人员必须了解所运载的危险化学品的性质、危害特性、包装容器的使用特性和发生意外时的应急措施。运输危险化学品，必须配备必要的应急处理器材和防护用品。

第三十八条 通过公路运输危险化学品的，托运人只能委托有危险化学品运输资质的运输企业承运。

第三十九条 通过公路运输剧毒化学品的，托运人应当向目的地的县级人民政府公安部门申请办理剧毒化学品公路运输通行证。

办理剧毒化学品公路运输通行证，托运人应当向公安部门提交有关危险化学品的品名、数量、运输始发地和目的地、运输路线、运输单位、驾驶人员、押运人员、经营单位和购买单位资质情况的材料。

剧毒化学品公路运输通行证的式样和具体申领办法由国务院公安部门制定。

第四十条 禁止利用内河以及其他封闭水域等航运渠道运输剧毒化学品以及国务院交通部门规定禁止运输的其他危险化学品。

利用内河以及其他封闭水域等航运渠道运输前款规定以外的危险化学品的，只能委托有危险化学品运输资质的水运企业承运，并按照国务院交通部门的规定办理手续，接受有关交通部门（港口部门、海事管理机构，下同）的监督管理。

运输危险化学品的船舶及其配载的容器必须按照国家关于船舶检验的规范进行生产，并经海事管理机构认可的船舶检验机构检验合格，方可投入使用。

第四十一条 托运人托运危险化学品，应当向承运人说明运输的危险化学品的品名、数量、危害、应急措施等情况。

运输危险化学品需要添加抑制剂或者稳定剂的，托运人交付托运时应当添加抑制剂或者稳定剂，并告知承运人。

托运人不得在托运的普通货物中夹带危险化学品，不得将危险化学品匿报或者谎报为普通货物托运。

第四十二条 运输、装卸危险化学品，应当依照有关法律、法规、规章的规定和国家标准的要求并按照危险化学品的危险特性，采取必要的安全防护措施。

运输危险化学品的槽罐以及其他容器必须封口严密，能够承受正常运输条件下产生的内部压力和外部压力，保证危险化学品在运输中不因温度、湿度或者压力的变化而发生任何渗（洒）漏。

第四十三条 通过公路运输危险化学品，必须配备押运人员，并随时处于押运人员的监管之下，不得超装、超载，不得进入危险化学品运输车辆禁止通行的区域；确需进入禁止通行区域的，应当事先向当地公安部门报告，由公安部门为其指定行车时间和路线，运输车辆必须遵守公安部门规定的行车时间和路线。

危险化学品运输车辆禁止通行区域，由设区的市级人民政府公安部门划定，并设置明显的标志。

运输危险化学品途中需要停车住宿或者遇有无法正常运输的情况时，应当向当地公安部门报告。

第四十四条 剧毒化学品在公路运输途中发生被盗、丢失、流散、泄漏等情况时，承运人及押运人员必须立即向当地公安部门报告，并采取一切可能的警示措施。公安部门接到报告后，应当立即向其他有关部门通报情况；有关部门应当采取必要的安全措施。

第四十五条 任何单位和个人不得邮寄或者在邮件内夹带危险化学品,不得将危险化学品匿报或者谎报为普通物品邮寄。

第四十六条 通过铁路、航空运输危险化学品的,按照国务院铁路、民航部门的有关规定执行。

第五章 危险化学品的登记与事故应急救援

第四十七条 国家实行危险化学品登记制度,并为危险化学品安全管理、事故预防和应急救援提供技术、信息支持。

第四十八条 危险化学品生产、储存企业以及使用剧毒化学品和数量构成重大危险源的其他危险化学品的单位,应当向国务院经济贸易综合管理部门负责危险化学品登记的机构办理危险化学品登记。危险化学品登记的具体办法由国务院经济贸易综合管理部门制定。

负责危险化学品登记的机构应当向环境保护、公安、质检、卫生等有关部门提供危险化学品登记的资料。

第四十九条 县级以上地方各级人民政府负责危险化学品安全监督管理综合工作的部门应当会同同级其他有关部门制定危险化学品事故应急救援预案,报经本级人民政府批准后实施。

第五十条 危险化学品单位应当制定本单位事故应急救援预案,配备应急救援人员和必要的应急救援器材、设备,并定期组织演练。

危险化学品事故应急救援预案应当报设区的市级人民政府负责危险化学品安全监督管理综合工作的部门备案。

第五十一条 发生危险化学品事故,单位主要负责人应当按照本单位制定的应急救援预案,立即组织救援,并立即报告当地负责危险化学品安全监督管理综合工作的部门和公安、环境保护、质检部门。

第五十二条 发生危险化学品事故,有关地方人民政府应当做好指挥、领导工作。负责危险化学品安全监督管理综合工作的部门和环境保护、公安、卫生等有关部门,应当按照当地应急救援预案组织实施救援,不得拖延、推诿。有关地方人民政府及其有关部门并应当按照下列规定,采取必要措施,减少事故损失,防止事故蔓延、扩大:

(一)立即组织营救受害人员,组织撤离或者采取其他措施保护危害区域内的其他人员;

(二)迅速控制危害源,并对危险化学品造成的危害进行检验、监测,测定事故的危害区域、危险化学品性质及危害程度;

(三)针对事故对人体、动植物、土壤、水源、空气造成的现实危害和可能产生的危害,迅速采取封闭、隔离、洗消等措施;

(四)对危险化学品事故造成的危害进行监测、处置,直至符合国家环境保护标准。

第五十三条 危险化学品生产企业必须为危险化学品事故应急救援提供技术指导和必要的协助。

第五十四条 危险化学品事故造成环境污染的信息,由环境保护部门统一公布。

第六章 法律责任

第五十五条 对生产、经营、储存、运输、使用危险化学品和处置废弃危险化学品依法实施监督管理的有关部门工作人员,有下列行为之一的,依法给予降级或者撤职的行政处分;触犯刑律的,依照刑法关于受贿罪、滥用职权罪、玩忽职守罪或者其他罪的规定,依法追究刑事责任:

(一)利用职务上的便利收受他人财物或者其他好处,对不符合本条例规定条件的涉及生产、经营、储存、运输、使用危险化学品和处置废弃危险化学品的事项予以批准或者许可的;

(二)发现未依法取得批准或者许可的单位和个人擅自从事有关活动或者接到举报后不予取缔或者不依法予以处理的;

(三)对已经依法取得批准或者许可的单位和个人不履行监督管理职责,发现其不再具备本条例规定的条件而不撤销原批准、许可或者发现违反本条例的行为不予查处的。

第五十六条 发生危险化学品事故,有关部门未依照本条例的规定履行职责,组织实施救援或者采取必要措施,减少事故损失,防止事故蔓延、扩大,或者拖延、推诿的,对负有责任的主管人员和其他直接责任人员依法给予降级或者撤职的行政处分;触犯刑律的,依照刑法关于滥用职权罪、玩忽职守罪或者其他罪的规定,依法追究刑事责任。

第五十七条 违反本条例的规定，有下列行为之一的，分别由工商行政管理部门、质检部门、负责危险化学品安全监督管理综合工作的部门依据各自的职权予以关闭或者责令停产停业整顿，责令无害化销毁国家明令禁止生产、经营、使用的危险化学品或者用剧毒化学品生产的灭鼠药以及其他可能进入人民日常生活的化学产品和日用化学品；有违法所得的，没收违法所得；违法所得10万元以上的，并处违法所得1倍以上5倍以下的罚款；没有违法所得或者违法所得不足10万元的，并处5万元以上50万元以下的罚款；触犯刑律的，对负有责任的主管人员和其他直接责任人员依照刑法关于危险物品肇事罪、非法经营罪或者其他罪的规定，依法追究刑事责任：

（一）未经批准或者未经工商登记注册，擅自从事危险化学品生产、储存的；

（二）未取得危险化学品生产许可证，擅自开工生产危险化学品的；

（三）未经审查批准，危险化学品生产、储存企业擅自改建、扩建的；

（四）未取得危险化学品经营许可证或者未经工商登记注册，擅自从事危险化学品经营的；

（五）生产、经营、使用国家明令禁止的危险化学品，或者用剧毒化学品生产灭鼠药以及其他可能进入人民日常生活的化学产品和日用化学品的。

第五十八条 危险化学品单位违反本条例的规定，未根据危险化学品的种类、特性，在车间、库房等作业场所设置相应的监测、通风、防晒、调温、防火、灭火、防爆、泄压、防毒、消毒、中和、防潮、防雷、防静电、防腐、防渗漏、防护围堤或者隔离操作等安全设施、设备的，由负责危险化学品安全监督管理综合工作的部门或者公安部门依据各自的职权责令立即或者限期改正，处2万元以上10万元以下的罚款；触犯刑律的，对负有责任的主管人员和其他直接责任人员依照刑法关于危险物品肇事罪、重大责任事故罪或者其他罪的规定，依法追究刑事责任。

第五十九条 违反本条例的规定，有下列行为之一的，由负责危险化学品安全监督管理综合工作的部门、质检部门或者交通部门依据各自的职权责令立即或者限期改正，处2万元以上20万元以下的罚款；逾期未改正的，责令停产停业整顿；触犯刑律的，对负有责任的主管人员和其他直接责任人员依照刑法关于危险物品肇事罪、生产销售伪劣商品罪或者其他罪的规定，依法追究刑事责任：

（一）未经定点，擅自生产危险化学品包装物、容器的；

（二）运输危险化学品的船舶及其配载的容器未按照国家关于船舶检验的规范进行生产，并经检验合格的；

（三）危险化学品包装的材质、型式、规格、方法和单件质量（重量）与所包装的危险化学品的性质和用途不相适应的；

（四）对重复使用的危险化学品的包装物、容器在使用前，不进行检查的；

（五）使用非定点企业生产的或者未经检测、检验合格的包装物、容器包装、盛装、运输危险化学品的。

第六十条 危险化学品单位违反本条例的规定，有下列行为之一的，由负责危险化学品安全监督管理综合工作的部门责令立即或者限期改正，处1万元以上5万元以下的罚款；逾期不改正的，责令停产停业整顿：

（一）危险化学品生产企业未在危险化学品包装内附有与危险化学品完全一致的化学品安全技术说明书，或者未在包装（包括外包装件）上加贴、拴挂与包装内危险化学品完全一致的化学品安全标签的；

（二）危险化学品生产企业发现危险化学品有新的危害特性时，不立即公告并及时修订其安全技术说明书和安全标签的；

（三）危险化学品经营企业销售没有化学品安全技术说明书和安全标签的危险化学品的。

第六十一条 危险化学品单位违反本条例的规定，有下列行为之一的，由负责危险化学品安全监督管理综合工作的部门或者公安部门依据各自的职权责令立即或者限期改正，处1万元以上5万元以下的罚款；逾期不改正的，由原发证机关吊销危险化学品生产许可证、经营许可证和营业执照；触犯刑律的，对负有责任的主管人员和其他直接责任人员依照刑法关于危险物品肇事罪、重大责任事故罪或者其他罪的规定，依法追究刑事责任：

（一）未对其生产、储存装置进行定期安全评价，并报所在地设区的市级人民政府负责危险化学品安全监督管理综合工作的部门备案，或者对安全评价中发现的存在现实危险的生产、储存装置不立即停止使用，予以更换或者修复，并采取相应的安全措施的；

（二）未在生产、储存和使用危险化学品场所设置通讯、报警装置，并保持正常适用状态的；

（三）危险化学品未储存在专用仓库内或者未设专人管理的；

（四）危险化学品出入库未进行核查登记或者入库后未定期检查的；

（五）危险化学品专用仓库不符合国家标准对安全、消防的要求，未设置明显标志，或者未对专用仓库的储存设备和安全设施定期检测的；

（六）危险化学品经销商店存放非民用小包装的危险化学品或者危险化学品民用小包装的存放量超过国家规定限量的；

（七）剧毒化学品以及构成重大危险源的其他危险化学品未在专用仓库内单独存放，或者未实行双人收发、双人保管，或者未将储存剧毒化学品以及构成重大危险源的其他危险化学品的数量、地点以及管理人员的情况，报当地公安部门和负责危险化学品安全监督管理综合工作的部门备案的；

（八）危险化学品生产单位不如实记录剧毒化学品的产量、流向、储存量和用途，或者未采取必要的保安措施防止剧毒化学品被盗、丢失、误售、误用，或者发生剧毒化学品被盗、丢失、误售、误用后不立即向当地公安部门报告的；

（九）危险化学品经营企业不记录剧毒化学品购买单位的名称、地址，购买人员的姓名、身份证号码及所购剧毒化学品的品名、数量、用途，或者不每天核对剧毒化学品的销售情况，或者发现被盗、丢失、误售不立即向当地公安部门报告的。

第六十二条 危险化学品单位违反本条例的规定，在转产、停产、停业或者解散时未采取有效措施，处置危险化学品生产、储存设备、库存产品及生产原料的，由负责危险化学品安全监督管理综合工作的部门责令改正，处2万元以上10万元以下的罚款；触犯刑律的，对负有责任的主管人员和其他直接责任人员依照刑法关于重大环境污染事故罪、危险物品肇事罪或者其他罪的规定，依法追究刑事责任。

第六十三条 违反本条例的规定，有下列行为之一的，由工商行政管理部门责令改正，有违法所得的，没收违法所得；违法所得5万元以上的，并处违法所得1倍以上5倍以下的罚款；没有违法所得或者违法所得不足5万元的，并处2万元以上20万元以下的罚款；不改正的，由原发证机关吊销生产许可证、经营许可证和营业执照；触犯刑律的，对负有责任的主管人员和其他直接责任人员依照刑法关于非法经营罪、危险物品肇事罪或者其他罪的规定，依法追究刑事责任：

（一）危险化学品经营企业从未取得危险化学品生产许可证或者危险化学品经营许可证的企业采购危险化学品的；

（二）危险化学品生产企业向未取得危险化学品经营许可证的经营单位销售其产品的；

（三）剧毒化学品经营企业向个人或者无购买凭证、准购证的单位销售剧毒化学品的。

第六十四条 违反本条例的规定，伪造、变造、买卖、出借或者以其他方式转让剧毒化学品购买凭证、准购证以及其他有关证件，或者使用作废的上述有关证件的，由公安部门责令改正，处1万元以上5万元以下的罚款；触犯刑律的，对负有责任的主管人员和其他直接责任人员依照刑法关于伪造、变造、买卖国家机关公文、证件、印章罪或者其他罪的规定，依法追究刑事责任。

第六十五条 违反本条例的规定，未取得危险化学品运输企业资质，擅自从事危险化学品公路、水路运输，有违法所得的，由交通部门没收违法所得；违法所得5万元以上的，并处违法所得1倍以上5倍以下的罚款；没有违法所得或者违法所得不足5万元的，处2万元以上20万元以下的罚款；触犯刑律的，对负有责任的主管人员和其他直接责任人员依照刑法关于危险物品肇事罪或者其他罪的规定，依法追究刑事责任。

第六十六条 违反本条例的规定，有下列行为之一的，由交通部门处2万元以上10万元以下的罚款；触犯刑律的，依照刑法关于危险物品肇事罪或者其他罪的规定，依法追究刑事责任：

（一）从事危险化学品公路、水路运输的驾驶员、船员、装卸管理人员、押运人员未经考核合格，取得上岗资格证的；

（二）利用内河以及其他封闭水域等航运渠道运输剧毒化学品和国家禁止运输的其他危险化学品的；

（三）托运人未按照规定向交通部门办理水路运输手续，擅自通过水路运输剧毒化学品和国家禁止运输的其他危险化学品以外的危险化学品的；

（四）托运人托运危险化学品，不向承运人说明运输的危险化学品的品名、数量、危害、应急措施等情况，或者需要添加抑制剂或者稳定剂，交付托运时未添加的；

（五）运输、装卸危险化学品不符合国家有关法律、法规、规章的规定和国家标准，并按照危险化学品的特性采取必要安全防护措施的。

第六十七条 违反本条例的规定,有下列行为之一的,由公安部门责令改正,处 2 万元以上 10 万元以下的罚款;触犯刑律的,依照刑法关于危险物品肇事罪、重大环境污染事故罪或者其他罪的规定,依法追究刑事责任:

(一)托运人未向公安部门申请领取剧毒化学品公路运输通行证,擅自通过公路运输剧毒化学品的;

(二)危险化学品运输企业运输危险化学品,不配备押运人员或者脱离押运人员监管,超装、超载,中途停车住宿或者遇有无法正常运输的情况,不向当地公安部门报告的;

(三)危险化学品运输企业运输危险化学品,未向公安部门报告,擅自进入危险化学品运输车辆禁止通行区域,或者进入禁止通行区域不遵守公安部门规定的行车时间和路线的;

(四)危险化学品运输企业运输剧毒化学品,在公路运输途中发生被盗、丢失、流散、泄露等情况,不立即向当地公安部门报告,并采取一切可能的警示措施的;

(五)托运人在托运的普通货物中夹带危险化学品或者将危险化学品匿报、谎报为普通货物托运的。

第六十八条 违反本条例的规定,邮寄或者在邮件内夹带危险化学品,或者将危险化学品匿报、谎报为普通物品邮寄的,由公安部门处 2000 元以上 2 万元以下的罚款;触犯刑律的,依照刑法关于危险物品肇事罪或者其他罪的规定,依法追究刑事责任。

第六十九条 危险化学品单位发生危险化学品事故,未按照本条例的规定立即组织救援,或者不立即向负责危险化学品安全监督管理综合工作的部门和公安、环境保护、质检部门报告,造成严重后果的,对负有责任的主管人员和其他直接责任人员依照刑法关于国有公司、企业工作人员失职罪或者其他罪的规定,依法追究刑事责任。

第七十条 危险化学品单位发生危险化学品事故造成人员伤亡、财产损失的,应当依法承担赔偿责任;拒不承担赔偿责任或者其负责人逃匿的,依法拍卖其财产,用于赔偿。

第七章 附 则

第七十一条 监控化学品、属于药品的危险化学品和农药的安全管理,依照本条例的规定执行;国家另有规定的,依照其规定。

民用爆炸品、放射性物品、核能物质和城镇燃气的安全管理,不适用本条例。

第七十二条 危险化学品的进出口管理依照国家有关规定执行;进口危险化学品的经营、储存、运输、使用和处置进口废弃危险化学品,依照本条例的规定执行。

第七十三条 依照本条例的规定,对生产、经营、储存、运输、使用危险化学品和处置废弃危险化学品进行审批、许可并实施监督管理的国务院有关部门,应当根据本条例的规定制定并公布审批、许可的期限和程序。

本条例规定的国家标准和涉及危险化学品安全管理的国家有关规定,由国务院质检部门或者国务院有关部门分别依照国家标准化法律和其他有关法律、行政法规以及本条例的规定制定、调整并公布。

第七十四条 本条例自 2002 年 3 月 15 日起施行。1987 年 2 月 17 日国务院发布的《化学危险物品安全管理条例》同时废止。

危险化学品安全管理条例

(2011年2月16日国务院第144次常务会议修订通过)
(中华人民共和国国务院令第591号)

第一章 总 则

第一条 为了加强危险化学品的安全管理，预防和减少危险化学品事故，保障人民群众生命财产安全，保护环境，制定本条例。

第二条 危险化学品生产、储存、使用、经营和运输的安全管理，适用本条例。

废弃危险化学品的处置，依照有关环境保护的法律、行政法规和国家有关规定执行。

第三条 本条例所称危险化学品，是指具有毒害、腐蚀、爆炸、燃烧、助燃等性质，对人体、设施、环境具有危害的剧毒化学品和其他化学品。

危险化学品目录，由国务院安全生产监督管理部门会同国务院工业和信息化、公安、环境保护、卫生、质量监督检验检疫、交通运输、铁路、民用航空、农业主管部门，根据化学品危险特性的鉴别和分类标准确定、公布，并适时调整。

第四条 危险化学品安全管理，应当坚持安全第一、预防为主、综合治理的方针，强化和落实企业的主体责任。

生产、储存、使用、经营、运输危险化学品的单位（以下统称危险化学品单位）的主要负责人对本单位的危险化学品安全管理工作全面负责。

危险化学品单位应当具备法律、行政法规规定和国家标准、行业标准要求的安全条件，建立、健全安全管理规章制度和岗位安全责任制度，对从业人员进行安全教育、法制教育和岗位技术培训。从业人员应当接受教育和培训，考核合格后上岗作业；对有资格要求的岗位，应当配备依法取得相应资格的人员。

第五条 任何单位和个人不得生产、经营、使用国家禁止生产、经营、使用的危险化学品。

国家对危险化学品的使用有限制性规定的，任何单位和个人不得违反限制性规定使用危险化学品。

第六条 对危险化学品的生产、储存、使用、经营、运输实施安全监督管理的有关部门（以下统称负有危险化学品安全监督管理职责的部门），依照下列规定履行职责：

（一）安全生产监督管理部门负责危险化学品安全监督管理综合工作，组织确定、公布、调整危险化学品目录，对新建、改建、扩建生产、储存危险化学品（包括使用长输管道输送危险化学品，下同）的建设项目进行安全条件审查，核发危险化学品安全生产许可证、危险化学品安全使用许可证和危险化学品经营许可证，并负责危险化学品登记工作。

（二）公安机关负责危险化学品的公共安全管理，核发剧毒化学品购买许可证、剧毒化学品道路运输通行证，并负责危险化学品运输车辆的道路交通安全管理。

（三）质量监督检验检疫部门负责核发危险化学品及其包装物、容器（不包括储存危险化学品的固定式大型储罐，下同）生产企业的工业产品生产许可证，并依法对其产品质量实施监督，负责对进出口危险化学品及其包装实施检验。

（四）环境保护主管部门负责废弃危险化学品处置的监督管理，组织危险化学品的环境危害性鉴定和环境风险程度评估，确定实施重点环境管理的危险化学品，负责危险化学品环境管理登记和新化学物质环境管理登记；依照职责分工调查相关危险化学品环境污染事故和生态破坏事件，负责危险化学品事故现场的应急环境监测。

（五）交通运输主管部门负责危险化学品道路运输、水路运输的许可以及运输工具的安全管理，对危险化学品水路运输安全实施监督，负责危险化学品道路运输企业、水路运输企业驾驶人员、船员、装卸管理人员、押运人员、申报人员、集装箱装箱现场检查员的资格认定。铁路主管部门负责危险化学品铁路运输的安全管理，负责危险化学品铁路运输承运人、托运人的资质审批及其运输工具的安全管理。民用航空主管部门负责危险化学品航空运输以及航空运输企业及其运输工具的安全管理。

（六）卫生主管部门负责危险化学品毒性鉴定的管理，负责组织、协调危险化学品事故受伤人员的医疗卫生救援工作。

（七）工商行政管理部门依据有关部门的许可证件，核发危险化学品生产、储存、经营、运输企业营业执照，查处危险化学品经营企业违法采购危险化学品的行为。

（八）邮政管理部门负责依法查处寄递危险化学品的行为。

第七条 负有危险化学品安全监督管理职责的部门依法进行监督检查，可以采取下列措施：

（一）进入危险化学品作业场所实施现场检查，向有关单位和人员了解情况，查阅、复制有关文件、资料；

（二）发现危险化学品事故隐患，责令立即消除或者限期消除；

（三）对不符合法律、行政法规、规章规定或者国家标准、行业标准要求的设施、设备、装置、器材、运输工具，责令立即停止使用；

（四）经本部门主要负责人批准，查封违法生产、储存、使用、经营危险化学品的场所，扣押违法生产、储存、使用、经营、运输的危险化学品以及用于违法生产、使用、运输危险化学品的原材料、设备、运输工具；

（五）发现影响危险化学品安全的违法行为，当场予以纠正或者责令限期改正。

负有危险化学品安全监督管理职责的部门依法进行监督检查，监督检查人员不得少于2人，并应当出示执法证件；有关单位和个人对依法进行的监督检查应当予以配合，不得拒绝、阻碍。

第八条 县级以上人民政府应当建立危险化学品安全监督管理工作协调机制，支持、督促负有危险化学品安全监督管理职责的部门依法履行职责，协调、解决危险化学品安全监督管理工作中的重大问题。

负有危险化学品安全监督管理职责的部门应当相互配合、密切协作，依法加强对危险化学品的安全监督管理。

第九条 任何单位和个人对违反本条例规定的行为，有权向负有危险化学品安全监督管理职责的部门举报。负有危险化学品安全监督管理职责的部门接到举报，应当及时依法处理；对不属于本部门职责的，应当及时移送有关部门处理。

第十条 国家鼓励危险化学品生产企业和使用危险化学品从事生产的企业采用有利于提高安全保障水平的先进技术、工艺、设备以及自动控制系统，鼓励对危险化学品实行专门储存、统一配送、集中销售。

第二章　生产、储存安全

第十一条 国家对危险化学品的生产、储存实行统筹规划、合理布局。

国务院工业和信息化主管部门以及国务院其他有关部门依据各自职责，负责危险化学品生产、储存的行业规划和布局。

地方人民政府组织编制城乡规划，应当根据本地区的实际情况，按照确保安全的原则，规划适当区域专门用于危险化学品的生产、储存。

第十二条 新建、改建、扩建生产、储存危险化学品的建设项目（以下简称建设项目），应当由安全生产监督管理部门进行安全条件审查。

建设单位应当对建设项目进行安全条件论证，委托具备国家规定的资质条件的机构对建设项目进行安全评价，并将安全条件论证和安全评价的情况报告报建设项目所在地设区的市级以上人民政府安全生产监督管理部门；安全生产监督管理部门应当自收到报告之日起45日内作出审查决定，并书面通知建设单位。具体办法由国务院安全生产监督管理部门制定。

新建、改建、扩建储存、装卸危险化学品的港口建设项目，由港口行政管理部门按照国务院交通运输主管部门的规定进行安全条件审查。

第十三条 生产、储存危险化学品的单位，应当对其铺设的危险化学品管道设置明显标志，并对危险化学品管道定期检查、检测。

进行可能危及危险化学品管道安全的施工作业，施工单位应当在开工的7日前书面通知管道所属单位，并与管道所属单位共同制定应急预案，采取相应的安全防护措施。管道所属单位应当指派专门人员到现场进行管道安全保护指导。

第十四条 危险化学品生产企业进行生产前，应当依照《安全生产许可证条例》的规定，取得危险化学品安全生产许可证。

生产列入国家实行生产许可证制度的工业产品目录的危险化学品的企业，应当依照《中华人民共和国工业产品生产许可证管理条例》的规定，取得工业产品生产许可证。

负责颁发危险化学品安全生产许可证、工业产品生产许可证的部门，应当将其颁发许可证的情况及时向同级工业和信息化主管部门、环境保护主管部门和公安机关通报。

第十五条 危险化学品生产企业应当提供与其生产的危险化学品相符的化学品安全技术说明书，并在危险化学品包装（包括外包装件）上粘贴或者拴挂与包装内危险化学品相符的化学品安全标签。化学品安全技术说明书和化学品安全标签所载明的内容应当符合国家标准的要求。

危险化学品生产企业发现其生产的危险化学品有新的危险特性的，应当立即公告，并及时修订其化学品安全技术说明书和化学品安全标签。

第十六条 生产实施重点环境管理的危险化学品的企业，应当按照国务院环境保护主管部门的规定，将该危险化学品向环境中释放等相关信息向环境保护主管部门报告。环境保护主管部门可以根据情况采取相应的环境风险控制措施。

第十七条 危险化学品的包装应当符合法律、行政法规、规章的规定以及国家标准、行业标准的要求。

危险化学品包装物、容器的材质以及危险化学品包装的型式、规格、方法和单件质量（重量），应当与所包装的危险化学品的性质和用途相适应。

第十八条 生产列入国家实行生产许可证制度的工业产品目录的危险化学品包装物、容器的企业，应当依照《中华人民共和国工业产品生产许可证管理条例》的规定，取得工业产品生产许可证；其生产的危险化学品包装物、容器经国务院质量监督检验检疫部门认定的检验机构检验合格，方可出厂销售。

运输危险化学品的船舶及其配载的容器，应当按照国家船舶检验规范进行生产，并经海事管理机构认定的船舶检验机构检验合格，方可投入使用。

对重复使用的危险化学品包装物、容器，使用单位在重复使用前应当进行检查；发现存在安全隐患的，应当维修或者更换。使用单位应当对检查情况作出记录，记录的保存期限不得少于2年。

第十九条 危险化学品生产装置或者储存数量构成重大危险源的危险化学品储存设施（运输工具加油站、加气站除外），与下列场所、设施、区域的距离应当符合国家有关规定：

（一）居住区以及商业中心、公园等人员密集场所；

（二）学校、医院、影剧院、体育场（馆）等公共设施；

（三）饮用水源、水厂以及水源保护区；

（四）车站、码头（依法经许可从事危险化学品装卸作业的除外）、机场以及通信干线、通信枢纽、铁路线路、道路交通干线、水路交通干线、地铁风亭以及地铁站出入口；

（五）基本农田保护区、基本草原、畜禽遗传资源保护区、畜禽规模化养殖场（养殖小区）、渔业水域以及种子、种畜禽、水产苗种生产基地；

（六）河流、湖泊、风景名胜区、自然保护区；

（七）军事禁区、军事管理区；

（八）法律、行政法规规定的其他场所、设施、区域。

已建的危险化学品生产装置或者储存数量构成重大危险源的危险化学品储存设施不符合前款规定的，由所在地设区的市级人民政府安全生产监督管理部门会同有关部门监督其所属单位在规定期限内进行整改；需要转产、停产、搬迁、关闭的，由本级人民政府决定并组织实施。

储存数量构成重大危险源的危险化学品储存设施的选址，应当避开地震活动断层和容易发生洪灾、地质灾害的区域。

本条例所称重大危险源，是指生产、储存、使用或者搬运危险化学品，且危险化学品的数量等于或者超过临界量的单元（包括场所和设施）。

第二十条 生产、储存危险化学品的单位，应当根据其生产、储存的危险化学品的种类和危险特性，在作业场所设置相应的监测、监控、通风、防晒、调温、防火、灭火、防爆、泄压、防毒、中和、防潮、防雷、防静电、防腐、防泄漏以及防护围堤或者隔离操作等安全设施、设备，并按照国家标准、行业标准或者国家有关规定对安全设施、设备进行经常性维护、保养，保证安全设施、设备的正常使用。

生产、储存危险化学品的单位，应当在其作业场所和安全设施、设备上设置明显的安全警示标志。

第二十一条 生产、储存危险化学品的单位，应当在其作业场所设置通信、报警装置，并保证处于适用状态。

第二十二条 生产、储存危险化学品的企业，应当委托具备国家规定的资质条件的机构，对本企业的安全生产条件每 3 年进行一次安全评价，提出安全评价报告。安全评价报告的内容应当包括对安全生产条件存在的问题进行整改的方案。

生产、储存危险化学品的企业，应当将安全评价报告以及整改方案的落实情况报所在地县级人民政府安全生产监督管理部门备案。在港区内储存危险化学品的企业，应当将安全评价报告以及整改方案的落实情况报港口行政管理部门备案。

第二十三条 生产、储存剧毒化学品或者国务院公安部门规定的可用于制造爆炸物品的危险化学品（以下简称易制爆危险化学品）的单位，应当如实记录其生产、储存的剧毒化学品、易制爆危险化学品的数量、流向，并采取必要的安全防范措施，防止剧毒化学品、易制爆危险化学品丢失或者被盗；发现剧毒化学品、易制爆危险化学品丢失或者被盗的，应当立即向当地公安机关报告。

生产、储存剧毒化学品、易制爆危险化学品的单位，应当设置治安保卫机构，配备专职治安保卫人员。

第二十四条 危险化学品应当储存在专用仓库、专用场地或者专用储存室（以下统称专用仓库）内，并由专人负责管理；剧毒化学品以及储存数量构成重大危险源的其他危险化学品，应当在专用仓库内单独存放，并实行双人收发、双人保管制度。

危险化学品的储存方式、方法以及储存数量应当符合国家标准或者国家有关规定。

第二十五条 储存危险化学品的单位应当建立危险化学品出入库核查、登记制度。

对剧毒化学品以及储存数量构成重大危险源的其他危险化学品，储存单位应当将其储存数量、储存地点以及管理人员的情况，报所在地县级人民政府安全生产监督管理部门（在港区内储存的，报港口行政管理部门）和公安机关备案。

第二十六条 危险化学品专用仓库应当符合国家标准、行业标准的要求，并设置明显的标志。储存剧毒化学品、易制爆危险化学品的专用仓库，应当按照国家有关规定设置相应的技术防范设施。

储存危险化学品的单位应当对其危险化学品专用仓库的安全设施、设备定期进行检测、检验。

第二十七条 生产、储存危险化学品的单位转产、停产、停业或者解散，应当采取有效措施，及时、妥善处置其危险化学品生产装置、储存设施以及库存的危险化学品，不得丢弃危险化学品；处置方案应当报所在地县级人民政府安全生产监督管理部门、工业和信息化主管部门、环境保护主管部门和公安机关备案。安全生产监督管理部门应当会同环境保护主管部门和公安机关对处置情况进行监督检查，发现未依照规定处置的，应当责令其立即处置。

第三章　使用安全

第二十八条 使用危险化学品的单位，其使用条件（包括工艺）应当符合法律、行政法规的规定和国家标准、行业标准的要求，并根据所使用的危险化学品的种类、危险特性以及使用量和使用方式，建立、健全使用危险化学品的安全管理规章制度和安全操作规程，保证危险化学品的安全使用。

第二十九条 使用危险化学品从事生产并且使用量达到规定数量的化工企业（属于危险化学品生产企业的除外，下同），应当依照本条例的规定取得危险化学品安全使用许可证。

前款规定的危险化学品使用量的数量标准，由国务院安全生产监督管理部门会同国务院公安部门、农业主管部门确定并公布。

第三十条 申请危险化学品安全使用许可证的化工企业，除应当符合本条例第二十八条的规定外，还应当具备下列条件：

（一）有与所使用的危险化学品相适应的专业技术人员；

（二）有安全管理机构和专职安全管理人员；

（三）有符合国家规定的危险化学品事故应急预案和必要的应急救援器材、设备；

（四）依法进行了安全评价。

第三十一条 申请危险化学品安全使用许可证的化工企业，应当向所在地设区的市级人民政府安全生产监督管理部门提出申请，并提交其符合本条例第三十条规定条件的证明材料。设区的市级人民政府安全生产监督管理部门应当依法进行审查，自收到证明材料之日起 45 日内作出批准或者不予批准的决定。予以批准的，颁发危险化学品安全使用许可证；不予批准的，书面通知申请人并说明理由。

安全生产监督管理部门应当将其颁发危险化学品安全使用许可证的情况及时向同级环境保护主管部门和公安机关通报。

第三十二条 本条例第十六条关于生产实施重点环境管理的危险化学品的企业的规定，适用于使用实施重点环境管理的危险化学品从事生产的企业；第二十条、第二十一条、第二十三条第一款、第二十七条关于生产、储存危险化学品的单位的规定，适用于使用危险化学品的单位；第二十二条关于生产、储存危险化学品的企业的规定，适用于使用危险化学品从事生产的企业。

第四章 经营安全

第三十三条 国家对危险化学品经营（包括仓储经营，下同）实行许可制度。未经许可，任何单位和个人不得经营危险化学品。

依法设立的危险化学品生产企业在其厂区范围内销售本企业生产的危险化学品，不需要取得危险化学品经营许可。

依照《中华人民共和国港口法》的规定取得港口经营许可证的港口经营人，在港区内从事危险化学品仓储经营，不需要取得危险化学品经营许可。

第三十四条 从事危险化学品经营的企业应当具备下列条件：

（一）有符合国家标准、行业标准的经营场所，储存危险化学品的，还应当有符合国家标准、行业标准的储存设施；

（二）从业人员经过专业技术培训并经考核合格；

（三）有健全的安全管理规章制度；

（四）有专职安全管理人员；

（五）有符合国家规定的危险化学品事故应急预案和必要的应急救援器材、设备；

（六）法律、法规规定的其他条件。

第三十五条 从事剧毒化学品、易制爆危险化学品经营的企业，应当向所在地设区的市级人民政府安全生产监督管理部门提出申请，从事其他危险化学品经营的企业，应当向所在地县级人民政府安全生产监督管理部门提出申请（有储存设施的，应当向所在地设区的市级人民政府安全生产监督管理部门提出申请）。申请人应当提交其符合本条例第三十四条规定条件的证明材料。设区的市级人民政府安全生产监督管理部门或者县级人民政府安全生产监督管理部门应当依法进行审查，并对申请人的经营场所、储存设施进行现场核查，自收到证明材料之日起30日内作出批准或者不予批准的决定。予以批准的，颁发危险化学品经营许可证；不予批准的，书面通知申请人并说明理由。

设区的市级人民政府安全生产监督管理部门和县级人民政府安全生产监督管理部门应当将其颁发危险化学品经营许可证的情况及时向同级环境保护主管部门和公安机关通报。

申请人持危险化学品经营许可证向工商行政管理部门办理登记手续后，方可从事危险化学品经营活动。法律、行政法规或者国务院规定经营危险化学品还需要经其他有关部门许可的，申请人向工商行政管理部门办理登记手续时还应当持相应的许可证件。

第三十六条 危险化学品经营企业储存危险化学品的，应当遵守本条例第二章关于储存危险化学品的规定。危险化学品商店内只能存放民用小包装的危险化学品。

第三十七条 危险化学品经营企业不得向未经许可从事危险化学品生产、经营活动的企业采购危险化学品，不得经营没有化学品安全技术说明书或者化学品安全标签的危险化学品。

第三十八条 依法取得危险化学品安全生产许可证、危险化学品安全使用许可证、危险化学品经营许可证的企业，凭相应的许可证件购买剧毒化学品、易制爆危险化学品。民用爆炸物品生产企业凭民用爆炸物品生产许可证购买易制爆危险化学品。

前款规定以外的单位购买剧毒化学品的，应当向所在地县级人民政府公安机关申请取得剧毒化学品购买许可证；购买易制爆危险化学品的，应当持本单位出具的合法用途说明。

个人不得购买剧毒化学品（属于剧毒化学品的农药除外）和易制爆危险化学品。

第三十九条 申请取得剧毒化学品购买许可证，申请人应当向所在地县级人民政府公安机关提交下列材料：

（一）营业执照或者法人证书（登记证书）的复印件；

(二) 拟购买的剧毒化学品品种、数量的说明；
(三) 购买剧毒化学品用途的说明；
(四) 经办人的身份证明。

县级人民政府公安机关应当自收到前款规定的材料之日起3日内，作出批准或者不予批准的决定。予以批准的，颁发剧毒化学品购买许可证；不予批准的，书面通知申请人并说明理由。

剧毒化学品购买许可证管理办法由国务院公安部门制定。

第四十条 危险化学品生产企业、经营企业销售剧毒化学品、易制爆危险化学品，应当查验本条例第三十八条第一款、第二款规定的相关许可证件或者证明文件，不得向不具有相关许可证件或者证明文件的单位销售剧毒化学品、易制爆危险化学品。对持剧毒化学品购买许可证购买剧毒化学品的，应当按照许可证载明的品种、数量销售。

禁止向个人销售剧毒化学品（属于剧毒化学品的农药除外）和易制爆危险化学品。

第四十一条 危险化学品生产企业、经营企业销售剧毒化学品、易制爆危险化学品，应当如实记录购买单位的名称、地址、经办人的姓名、身份证号码以及所购买的剧毒化学品、易制爆危险化学品的品种、数量、用途。销售记录以及经办人的身份证明复印件、相关许可证件复印件或者证明文件的保存期限不得少于1年。

剧毒化学品、易制爆危险化学品的销售企业、购买单位应当在销售、购买后5日内，将所销售、购买的剧毒化学品、易制爆危险化学品的品种、数量以及流向信息报所在地县级人民政府公安机关备案，并输入计算机系统。

第四十二条 使用剧毒化学品、易制爆危险化学品的单位不得出借、转让其购买的剧毒化学品、易制爆危险化学品；因转产、停产、搬迁、关闭等确需转让的，应当向具有本条例第三十八条第一款、第二款规定的相关许可证件或者证明文件的单位转让，并在转让后将有关情况及时向所在地县级人民政府公安机关报告。

第五章 运输安全

第四十三条 从事危险化学品道路运输、水路运输的，应当分别依照有关道路运输、水路运输的法律、行政法规的规定，取得危险货物道路运输许可、危险货物水路运输许可，并向工商行政管理部门办理登记手续。

危险化学品道路运输企业、水路运输企业应当配备专职安全管理人员。

第四十四条 危险化学品道路运输企业、水路运输企业的驾驶人员、船员、装卸管理人员、押运人员、申报人员、集装箱装箱现场检查员应当经交通运输主管部门考核合格，取得从业资格。具体办法由国务院交通运输主管部门制定。

危险化学品的装卸作业应当遵守安全作业标准、规程和制度，并在装卸管理人员的现场指挥或者监控下进行。水路运输危险化学品的集装箱装箱作业应当在集装箱装箱现场检查员的指挥或者监控下进行，并符合积载、隔离的规范和要求；装箱作业完毕后，集装箱装箱现场检查员应当签署装箱证明书。

第四十五条 运输危险化学品，应当根据危险化学品的危险特性采取相应的安全防护措施，并配备必要的防护用品和应急救援器材。

用于运输危险化学品的槽罐以及其他容器应当封口严密，能够防止危险化学品在运输过程中因温度、湿度或者压力的变化发生渗漏、洒漏；槽罐以及其他容器的溢流和泄压装置应当设置准确、起闭灵活。

运输危险化学品的驾驶人员、船员、装卸管理人员、押运人员、申报人员、集装箱装箱现场检查员，应当了解所运输的危险化学品的危险特性及其包装物、容器的使用要求和出现危险情况时的应急处置方法。

第四十六条 通过道路运输危险化学品的，托运人应当委托依法取得危险货物道路运输许可的企业承运。

第四十七条 通过道路运输危险化学品的，应当按照运输车辆的核定载质量装载危险化学品，不得超载。

危险化学品运输车辆应当符合国家标准要求的安全技术条件，并按照国家有关规定定期进行安全技术检验。

危险化学品运输车辆应当悬挂或者喷涂符合国家标准要求的警示标志。

第四十八条 通过道路运输危险化学品的，应当配备押运人员，并保证所运输的危险化学品处于押运人员的监控之下。

运输危险化学品途中因住宿或者发生影响正常运输的情况，需要较长时间停车的，驾驶人员、押运人员应当采取相应的安全防范措施；运输剧毒化学品或者易制爆危险化学品的，还应当向当地公安机关报告。

第四十九条 未经公安机关批准，运输危险化学品的车辆不得进入危险化学品运输车辆限制通行的区域。危险化学品运输车辆限制通行的区域由县级人民政府公安机关划定，并设置明显的标志。

第五十条 通过道路运输剧毒化学品的，托运人应当向运输始发地或者目的地县级人民政府公安机关申请剧毒化学品道路运输通行证。

申请剧毒化学品道路运输通行证，托运人应当向县级人民政府公安机关提交下列材料：

（一）拟运输的剧毒化学品品种、数量的说明；

（二）运输始发地、目的地、运输时间和运输路线的说明；

（三）承运人取得危险货物道路运输许可、运输车辆取得营运证以及驾驶人员、押运人员取得上岗资格的证明文件；

（四）本条例第三十八条第一款、第二款规定的购买剧毒化学品的相关许可证件，或者海关出具的进出口证明文件。

县级人民政府公安机关应当自收到前款规定的材料之日起 7 日内，作出批准或者不予批准的决定。予以批准的，颁发剧毒化学品道路运输通行证；不予批准的，书面通知申请人并说明理由。

剧毒化学品道路运输通行证管理办法由国务院公安部门制定。

第五十一条 剧毒化学品、易制爆危险化学品在道路运输途中丢失、被盗、被抢或者出现流散、泄漏等情况的，驾驶人员、押运人员应当立即采取相应的警示措施和安全措施，并向当地公安机关报告。公安机关接到报告后，应当根据实际情况立即向安全生产监督管理部门、环境保护主管部门、卫生主管部门通报。有关部门应当采取必要的应急处置措施。

第五十二条 通过水路运输危险化学品的，应当遵守法律、行政法规以及国务院交通运输主管部门关于危险货物水路运输安全的规定。

第五十三条 海事管理机构应当根据危险化学品的种类和危险特性，确定船舶运输危险化学品的相关安全运输条件。

拟交付船舶运输的化学品的相关安全运输条件不明确的，应当经国家海事管理机构认定的机构进行评估，明确相关安全运输条件并经海事管理机构确认后，方可交付船舶运输。

第五十四条 禁止通过内河封闭水域运输剧毒化学品以及国家规定禁止通过内河运输的其他危险化学品。

前款规定以外的内河水域，禁止运输国家规定禁止通过内河运输的剧毒化学品以及其他危险化学品。

禁止通过内河运输的剧毒化学品以及其他危险化学品的范围，由国务院交通运输主管部门会同国务院环境保护主管部门、工业和信息化主管部门、安全生产监督管理部门，根据危险化学品的危险特性、危险化学品对人体和水环境的危害程度以及消除危害后果的难易程度等因素规定并公布。

第五十五条 国务院交通运输主管部门应当根据危险化学品的危险特性，对通过内河运输本条例第五十四条规定以外的危险化学品（以下简称通过内河运输危险化学品）实行分类管理，对各类危险化学品的运输方式、包装规范和安全防护措施等分别作出规定并监督实施。

第五十六条 通过内河运输危险化学品，应当由依法取得危险货物水路运输许可的水路运输企业承运，其他单位和个人不得承运。托运人应当委托依法取得危险货物水路运输许可的水路运输企业承运，不得委托其他单位和个人承运。

第五十七条 通过内河运输危险化学品，应当使用依法取得危险货物适装证书的运输船舶。水路运输企业应当针对所运输的危险化学品的危险特性，制定运输船舶危险化学品事故应急救援预案，并为运输船舶配备充足、有效的应急救援器材和设备。

通过内河运输危险化学品的船舶，其所有人或者经营人应当取得船舶污染损害责任保险证书或者财务担保证明。船舶污染损害责任保险证书或者财务担保证明的副本应当随船携带。

第五十八条 通过内河运输危险化学品，危险化学品包装物的材质、型式、强度以及包装方法应当符合水路运输危险化学品包装规范的要求。国务院交通运输主管部门对单船运输的危险化学品数量有限制性规定的，承运人应当按照规定安排运输数量。

第五十九条　用于危险化学品运输作业的内河码头、泊位应当符合国家有关安全规范，与饮用水取水口保持国家规定的距离。有关管理单位应当制定码头、泊位危险化学品事故应急预案，并为码头、泊位配备充足、有效的应急救援器材和设备。

用于危险化学品运输作业的内河码头、泊位，经交通运输主管部门按照国家有关规定验收合格后方可投入使用。

第六十条　船舶载运危险化学品进出内河港口，应当将危险化学品的名称、危险特性、包装以及进出港时间等事项，事先报告海事管理机构。海事管理机构接到报告后，应当在国务院交通运输主管部门规定的时间内作出是否同意的决定，通知报告人，同时通报港口行政管理部门。定船舶、定航线、定货种的船舶可以定期报告。

在内河港口内进行危险化学品的装卸、过驳作业，应当将危险化学品的名称、危险特性、包装和作业的时间、地点等事项报告港口行政管理部门。港口行政管理部门接到报告后，应当在国务院交通运输主管部门规定的时间内作出是否同意的决定，通知报告人，同时通报海事管理机构。

载运危险化学品的船舶在内河航行，通过过船建筑物的，应当提前向交通运输主管部门申报，并接受交通运输主管部门的管理。

第六十一条　载运危险化学品的船舶在内河航行、装卸或者停泊，应当悬挂专用的警示标志，按照规定显示专用信号。

载运危险化学品的船舶在内河航行，按照国务院交通运输主管部门的规定需要引航的，应当申请引航。

第六十二条　载运危险化学品的船舶在内河航行，应当遵守法律、行政法规和国家其他有关饮用水水源保护的规定。内河航道发展规划应当与依法经批准的饮用水水源保护区划定方案相协调。

第六十三条　托运危险化学品的，托运人应当向承运人说明所托运的危险化学品的种类、数量、危险特性以及发生危险情况的应急处置措施，并按照国家有关规定对所托运的危险化学品妥善包装，在外包装上设置相应的标志。

运输危险化学品需要添加抑制剂或者稳定剂的，托运人应当添加，并将有关情况告知承运人。

第六十四条　托运人不得在托运的普通货物中夹带危险化学品，不得将危险化学品匿报或者谎报为普通货物托运。

任何单位和个人不得交寄危险化学品或者在邮件、快件内夹带危险化学品，不得将危险化学品匿报或者谎报为普通物品交寄。邮政企业、快递企业不得收寄危险化学品。

对涉嫌违反本条第一款、第二款规定的，交通运输主管部门、邮政管理部门可以依法开拆查验。

第六十五条　通过铁路、航空运输危险化学品的安全管理，依照有关铁路、航空运输的法律、行政法规、规章的规定执行。

第六章　危险化学品登记与事故应急救援

第六十六条　国家实行危险化学品登记制度，为危险化学品安全管理以及危险化学品事故预防和应急救援提供技术、信息支持。

第六十七条　危险化学品生产企业、进口企业，应当向国务院安全生产监督管理部门负责危险化学品登记的机构（以下简称危险化学品登记机构）办理危险化学品登记。

危险化学品登记包括下列内容：

（一）分类和标签信息；

（二）物理、化学性质；

（三）主要用途；

（四）危险特性；

（五）储存、使用、运输的安全要求；

（六）出现危险情况的应急处置措施。

对同一企业生产、进口的同一品种的危险化学品，不进行重复登记。危险化学品生产企业、进口企业发现其生产、进口的危险化学品有新的危险特性的，应当及时向危险化学品登记机构办理登记内容变更手续。

危险化学品登记的具体办法由国务院安全生产监督管理部门制定。

第六十八条 危险化学品登记机构应当定期向工业和信息化、环境保护、公安、卫生、交通运输、铁路、质量监督检验检疫等部门提供危险化学品登记的有关信息和资料。

第六十九条 县级以上地方人民政府安全生产监督管理部门应当会同工业和信息化、环境保护、公安、卫生、交通运输、铁路、质量监督检验检疫等部门，根据本地区实际情况，制定危险化学品事故应急预案，报本级人民政府批准。

第七十条 危险化学品单位应当制定本单位危险化学品事故应急预案，配备应急救援人员和必要的应急救援器材、设备，并定期组织应急救援演练。

危险化学品单位应当将其危险化学品事故应急预案报所在地设区的市级人民政府安全生产监督管理部门备案。

第七十一条 发生危险化学品事故，事故单位主要负责人应当立即按照本单位危险化学品应急预案组织救援，并向当地安全生产监督管理部门和环境保护、公安、卫生主管部门报告；道路运输、水路运输过程中发生危险化学品事故的，驾驶人员、船员或者押运人员还应当向事故发生地交通运输主管部门报告。

第七十二条 发生危险化学品事故，有关地方人民政府应当立即组织安全生产监督管理、环境保护、公安、卫生、交通运输等有关部门，按照本地区危险化学品事故应急预案组织实施救援，不得拖延、推诿。

有关地方人民政府及其有关部门应当按照下列规定，采取必要的应急处置措施，减少事故损失，防止事故蔓延、扩大：

（一）立即组织营救和救治受害人员，疏散、撤离或者采取其他措施保护危害区域内的其他人员；

（二）迅速控制危害源，测定危险化学品的性质、事故的危害区域及危害程度；

（三）针对事故对人体、动植物、土壤、水源、大气造成的现实危害和可能产生的危害，迅速采取封闭、隔离、洗消等措施；

（四）对危险化学品事故造成的环境污染和生态破坏状况进行监测、评估，并采取相应的环境污染治理和生态修复措施。

第七十三条 有关危险化学品单位应当为危险化学品事故应急救援提供技术指导和必要的协助。

第七十四条 危险化学品事故造成环境污染的，由设区的市级以上人民政府环境保护主管部门统一发布有关信息。

第七章 法律责任

第七十五条 生产、经营、使用国家禁止生产、经营、使用的危险化学品的，由安全生产监督管理部门责令停止生产、经营、使用活动，处20万元以上50万元以下的罚款，有违法所得的，没收违法所得；构成犯罪的，依法追究刑事责任。

有前款规定行为的，安全生产监督管理部门还应当责令其对所生产、经营、使用的危险化学品进行无害化处理。

违反国家关于危险化学品使用的限制性规定使用危险化学品的，依照本条第一款的规定处理。

第七十六条 未经安全条件审查，新建、改建、扩建生产、储存危险化学品的建设项目的，由安全生产监督管理部门责令停止建设，限期改正；逾期不改正的，处50万元以上100万元以下的罚款；构成犯罪的，依法追究刑事责任。

未经安全条件审查，新建、改建、扩建储存、装卸危险化学品的港口建设项目的，由港口行政管理部门依照前款规定予以处罚。

第七十七条 未依法取得危险化学品安全生产许可证从事危险化学品生产，或者未依法取得工业产品生产许可证从事危险化学品及其包装物、容器生产的，分别依照《安全生产许可证条例》、《中华人民共和国工业产品生产许可证管理条例》的规定处罚。

违反本条例规定，化工企业未取得危险化学品安全使用许可证，使用危险化学品从事生产的，由安全生产监督管理部门责令限期改正，处10万元以上20万元以下的罚款；逾期不改正的，责令停产整顿。

违反本条例规定，未取得危险化学品经营许可证从事危险化学品经营的，由安全生产监督管理部门责令停止经营活动，没收违法经营的危险化学品以及违法所得，并处10万元以上20万元以下的罚款；构成犯罪的，依法追究刑事责任。

第七十八条 有下列情形之一的，由安全生产监督管理部门责令改正，可以处5万元以下的罚款；拒不改正的，处 5 万元以上 10 万元以下的罚款；情节严重的，责令停产停业整顿：

（一）生产、储存危险化学品的单位未对其铺设的危险化学品管道设置明显的标志，或者未对危险化学品管道定期检查、检测的；

（二）进行可能危及危险化学品管道安全的施工作业，施工单位未按照规定书面通知管道所属单位，或者未与管道所属单位共同制定应急预案、采取相应的安全防护措施，或者管道所属单位未指派专门人员到现场进行管道安全保护指导的；

（三）危险化学品生产企业未提供化学品安全技术说明书，或者未在包装（包括外包装件）上粘贴、拴挂化学品安全标签的；

（四）危险化学品生产企业提供的化学品安全技术说明书与其生产的危险化学品不相符，或者在包装（包括外包装件）粘贴、拴挂的化学品安全标签与包装内危险化学品不相符，或者化学品安全技术说明书、化学品安全标签所载明的内容不符合国家标准要求的；

（五）危险化学品生产企业发现其生产的危险化学品有新的危险特性不立即公告，或者不及时修订其化学品安全技术说明书和化学品安全标签的；

（六）危险化学品经营企业经营没有化学品安全技术说明书和化学品安全标签的危险化学品的；

（七）危险化学品包装物、容器的材质以及包装的型式、规格、方法和单件质量（重量）与所包装的危险化学品的性质和用途不相适应的；

（八）生产、储存危险化学品的单位未在作业场所和安全设施、设备上设置明显的安全警示标志，或者未在作业场所设置通信、报警装置的；

（九）危险化学品专用仓库未设专人负责管理，或者对储存的剧毒化学品以及储存数量构成重大危险源的其他危险化学品未实行双人收发、双人保管制度的；

（十）储存危险化学品的单位未建立危险化学品出入库核查、登记制度的；

（十一）危险化学品专用仓库未设置明显标志的；

（十二）危险化学品生产企业、进口企业不办理危险化学品登记，或者发现其生产、进口的危险化学品有新的危险特性不办理危险化学品登记内容变更手续的。

从事危险化学品仓储经营的港口经营人有前款规定情形的，由港口行政管理部门依照前款规定予以处罚。储存剧毒化学品、易制爆危险化学品的专用仓库未按照国家有关规定设置相应的技术防范设施的，由公安机关依照前款规定予以处罚。

生产、储存剧毒化学品、易制爆危险化学品的单位未设置治安保卫机构、配备专职治安保卫人员的，依照《企业事业单位内部治安保卫条例》的规定处罚。

第七十九条 危险化学品包装物、容器生产企业销售未经检验或者经检验不合格的危险化学品包装物、容器的，由质量监督检验检疫部门责令改正，处 10 万元以上 20 万元以下的罚款，有违法所得的，没收违法所得；拒不改正的，责令停产停业整顿；构成犯罪的，依法追究刑事责任。

将未经检验合格的运输危险化学品的船舶及其配载的容器投入使用的，由海事管理机构依照前款规定予以处罚。

第八十条 生产、储存、使用危险化学品的单位有下列情形之一的，由安全生产监督管理部门责令改正，处 5 万元以上 10 万元以下的罚款；拒不改正的，责令停产停业整顿直至由原发证机关吊销其相关许可证件，并由工商行政管理部门责令其办理经营范围变更登记或者吊销其营业执照；有关责任人员构成犯罪的，依法追究刑事责任：

（一）对重复使用的危险化学品包装物、容器，在重复使用前不进行检查的；

（二）未根据其生产、储存的危险化学品的种类和危险特性，在作业场所设置相关安全设施、设备，或者未按照国家标准、行业标准或者国家有关规定对安全设施、设备进行经常性维护、保养的；

（三）未依照本条例规定对其安全生产条件定期进行安全评价的；

（四）未将危险化学品储存在专用仓库内，或者未将剧毒化学品以及储存数量构成重大危险源的其他危险化学品在专用仓库内单独存放的；

（五）危险化学品的储存方式、方法或者储存数量不符合国家标准或者国家有关规定的；

（六）危险化学品专用仓库不符合国家标准、行业标准的要求的；

（七）未对危险化学品专用仓库的安全设施、设备定期进行检测、检验的。

从事危险化学品仓储经营的港口经营人有前款规定情形的，由港口行政管理部门依照前款规定予以处罚。

第八十一条 有下列情形之一的，由公安机关责令改正，可以处1万元以下的罚款；拒不改正的，处1万元以上5万元以下的罚款：

（一）生产、储存、使用剧毒化学品、易制爆危险化学品的单位不如实记录生产、储存、使用的剧毒化学品、易制爆危险化学品的数量、流向的；

（二）生产、储存、使用剧毒化学品、易制爆危险化学品的单位发现剧毒化学品、易制爆危险化学品丢失或者被盗，不立即向公安机关报告的；

（三）储存剧毒化学品的单位未将剧毒化学品的储存数量、储存地点以及管理人员的情况报所在地县级人民政府公安机关备案的；

（四）危险化学品生产企业、经营企业不如实记录剧毒化学品、易制爆危险化学品购买单位的名称、地址、经办人的姓名、身份证号码以及所购买的剧毒化学品、易制爆危险化学品的品种、数量、用途，或者保存销售记录和相关材料的时间少于1年的；

（五）剧毒化学品、易制爆危险化学品的销售企业、购买单位未在规定的时限内将所销售、购买的剧毒化学品、易制爆危险化学品的品种、数量以及流向信息报所在地县级人民政府公安机关备案的；

（六）使用剧毒化学品、易制爆危险化学品的单位依照本条例规定转让其购买的剧毒化学品、易制爆危险化学品，未将有关情况向所在地县级人民政府公安机关报告的。

生产、储存危险化学品的企业或者使用危险化学品从事生产的企业未按照本条例规定将安全评价报告以及整改方案的落实情况报安全生产监督管理部门或者港口行政管理部门备案，或者储存危险化学品的单位未将其剧毒化学品以及储存数量构成重大危险源的其他危险化学品的储存数量、储存地点以及管理人员的情况报安全生产监督管理部门或者港口行政管理部门备案的，分别由安全生产监督管理部门或者港口行政管理部门依照前款规定予以处罚。

生产实施重点环境管理的危险化学品的企业或者使用实施重点环境管理的危险化学品从事生产的企业未按照规定将相关信息向环境保护主管部门报告的，由环境保护主管部门依照本条第一款的规定予以处罚。

第八十二条 生产、储存、使用危险化学品的单位转产、停产、停业或者解散，未采取有效措施及时、妥善处置其危险化学品生产装置、储存设施以及库存的危险化学品，或者丢弃危险化学品的，由安全生产监督管理部门责令改正，处5万元以上10万元以下的罚款；构成犯罪的，依法追究刑事责任。

生产、储存、使用危险化学品的单位转产、停产、停业或者解散，未依照本条例规定将其危险化学品生产装置、储存设施以及库存危险化学品的处置方案报有关部门备案的，分别由有关部门责令改正，可以处1万元以下的罚款；拒不改正的，处1万元以上5万元以下的罚款。

第八十三条 危险化学品经营企业向未经许可违法从事危险化学品生产、经营活动的企业采购危险化学品的，由工商行政管理部门责令改正，处10万元以上20万元以下的罚款；拒不改正的，责令停业整顿直至由原发证机关吊销其危险化学品经营许可证，并由工商行政管理部门责令其办理经营范围变更登记或者吊销其营业执照。

第八十四条 危险化学品生产企业、经营企业有下列情形之一的，由安全生产监督管理部门责令改正，没收违法所得，并处10万元以上20万元以下的罚款；拒不改正的，责令停产停业整顿直至吊销其危险化学品安全生产许可证、危险化学品经营许可证，并由工商行政管理部门责令其办理经营范围变更登记或者吊销其营业执照：

（一）向不具有本条例第三十八条第一款、第二款规定的相关许可证件或者证明文件的单位销售剧毒化学品、易制爆危险化学品的；

（二）不按照剧毒化学品购买许可证载明的品种、数量销售剧毒化学品的；

（三）向个人销售剧毒化学品（属于剧毒化学品的农药除外）、易制爆危险化学品的。

不具有本条例第三十八条第一款、第二款规定的相关许可证件或者证明文件的单位购买剧毒化学品、易制爆危险化学品，或者个人购买剧毒化学品（属于剧毒化学品的农药除外）、易制爆危险化学品的，由公安机关没收所购买的剧毒化学品、易制爆危险化学品，可以并处5000元以下的罚款。

使用剧毒化学品、易制爆危险化学品的单位出借或者向不具有本条例第三十八条第一款、第二款规定的相关许可证件的单位转让其购买的剧毒化学品、易制爆危险化学品，或者向个人转让其购买的剧毒化学品（属于剧毒化学品的农药除外）、易制爆危险化学品的，由公安机关责令改正，处10万元以上20万元以下的罚款；拒不改正的，责令停产停业整顿。

第八十五条 未依法取得危险货物道路运输许可、危险货物水路运输许可,从事危险化学品道路运输、水路运输的,分别依照有关道路运输、水路运输的法律、行政法规的规定处罚。

第八十六条 有下列情形之一的,由交通运输主管部门责令改正,处5万元以上10万元以下的罚款;拒不改正的,责令停产停业整顿;构成犯罪的,依法追究刑事责任:

(一)危险化学品道路运输企业、水路运输企业的驾驶人员、船员、装卸管理人员、押运人员、申报人员、集装箱装箱现场检查员未取得从业资格上岗作业的;

(二)运输危险化学品,未根据危险化学品的危险特性采取相应的安全防护措施,或者未配备必要的防护用品和应急救援器材的;

(三)使用未依法取得危险货物适装证书的船舶,通过内河运输危险化学品的;

(四)通过内河运输危险化学品的承运人违反国务院交通运输主管部门对单船运输的危险化学品数量的限制性规定运输危险化学品的;

(五)用于危险化学品运输作业的内河码头、泊位不符合国家有关安全规范,或者未与饮用水取水口保持国家规定的安全距离,或者未经交通运输主管部门验收合格投入使用的;

(六)托运人不向承运人说明所托运的危险化学品的种类、数量、危险特性以及发生危险情况的应急处置措施,或者未按照国家有关规定对所托运的危险化学品妥善包装并在外包装上设置相应标志的;

(七)运输危险化学品需要添加抑制剂或者稳定剂,托运人未添加或者未将有关情况告知承运人的。

第八十七条 有下列情形之一的,由交通运输主管部门责令改正,处10万元以上20万元以下的罚款,有违法所得的,没收违法所得;拒不改正的,责令停产停业整顿;构成犯罪的,依法追究刑事责任:

(一)委托未依法取得危险货物道路运输许可、危险货物水路运输许可的企业承运危险化学品的;

(二)通过内河封闭水域运输剧毒化学品以及国家规定禁止通过内河运输的其他危险化学品的;

(三)通过内河运输国家规定禁止通过内河运输的剧毒化学品以及其他危险化学品的;

(四)在托运的普通货物中夹带危险化学品,或者将危险化学品谎报或者匿报为普通货物托运的。

在邮件、快件内夹带危险化学品,或者将危险化学品谎报为普通物品交寄的,依法给予治安管理处罚;构成犯罪的,依法追究刑事责任。

邮政企业、快递企业收寄危险化学品的,依照《中华人民共和国邮政法》的规定处罚。

第八十八条 有下列情形之一的,由公安机关责令改正,处5万元以上10万元以下的罚款;构成违反治安管理行为的,依法给予治安管理处罚;构成犯罪的,依法追究刑事责任:

(一)超过运输车辆的核定载质量装载危险化学品的;

(二)使用安全技术条件不符合国家标准要求的车辆运输危险化学品的;

(三)运输危险化学品的车辆未经公安机关批准进入危险化学品运输车辆限制通行的区域的;

(四)未取得剧毒化学品道路运输通行证,通过道路运输剧毒化学品的。

第八十九条 有下列情形之一的,由公安机关责令改正,处1万元以上5万元以下的罚款;构成违反治安管理行为的,依法给予治安管理处罚:

(一)危险化学品运输车辆未悬挂或者喷涂警示标志,或者悬挂或者喷涂的警示标志不符合国家标准要求的;

(二)通过道路运输危险化学品,不配备押运人员的;

(三)运输剧毒化学品或者易制爆危险化学品途中需要较长时间停车,驾驶人员、押运人员不向当地公安机关报告的;

(四)剧毒化学品、易制爆危险化学品在道路运输途中丢失、被盗、被抢或者发生流散、泄露等情况,驾驶人员、押运人员不采取必要的警示措施和安全措施,或者不向当地公安机关报告的。

第九十条 对发生交通事故负有全部责任或者主要责任的危险化学品道路运输企业,由公安机关责令消除安全隐患,未消除安全隐患的危险化学品运输车辆,禁止上道路行驶。

第九十一条 有下列情形之一的,由交通运输主管部门责令改正,可以处1万元以下的罚款;拒不改正的,处1万元以上5万元以下的罚款:

(一)危险化学品道路运输企业、水路运输企业未配备专职安全管理人员的;

(二)用于危险化学品运输作业的内河码头、泊位的管理单位未制定码头、泊位危险化学品事故应急救援预案,或者未为码头、泊位配备充足、有效的应急救援器材和设备的。

第九十二条 有下列情形之一的,依照《中华人民共和国内河交通安全管理条例》的规定处罚:

（一）通过内河运输危险化学品的水路运输企业未制定运输船舶危险化学品事故应急救援预案，或者未为运输船舶配备充足、有效的应急救援器材和设备的；

（二）通过内河运输危险化学品的船舶的所有人或者经营人未取得船舶污染损害责任保险证书或者财务担保证明的；

（三）船舶载运危险化学品进出内河港口，未将有关事项事先报告海事管理机构并经其同意的；

（四）载运危险化学品的船舶在内河航行、装卸或者停泊，未悬挂专用的警示标志，或者未按照规定显示专用信号，或者未按照规定申请引航的。

未向港口行政管理部门报告并经其同意，在港口内进行危险化学品的装卸、过驳作业的，依照《中华人民共和国港口法》的规定处罚。

第九十三条 伪造、变造或者出租、出借、转让危险化学品安全生产许可证、工业产品生产许可证，或者使用伪造、变造的危险化学品安全生产许可证、工业产品生产许可证的，分别依照《安全生产许可证条例》、《中华人民共和国工业产品生产许可证管理条例》的规定处罚。

伪造、变造或者出租、出借、转让本条例规定的其他许可证，或者使用伪造、变造的本条例规定的其他许可证的，分别由相关许可证的颁发管理机关处10万元以上20万元以下的罚款，有违法所得的，没收违法所得；构成违反治安管理行为的，依法给予治安管理处罚；构成犯罪的，依法追究刑事责任。

第九十四条 危险化学品单位发生危险化学品事故，其主要负责人不立即组织救援或者不立即向有关部门报告的，依照《生产安全事故报告和调查处理条例》的规定处罚。

危险化学品单位发生危险化学品事故，造成他人人身伤害或者财产损失的，依法承担赔偿责任。

第九十五条 发生危险化学品事故，有关地方人民政府及其有关部门不立即组织实施救援，或者不采取必要的应急处置措施减少事故损失，防止事故蔓延、扩大的，对直接负责的主管人员和其他直接责任人员依法给予处分；构成犯罪的，依法追究刑事责任。

第九十六条 负有危险化学品安全监督管理职责的部门的工作人员，在危险化学品安全监督管理工作中滥用职权、玩忽职守、徇私舞弊，构成犯罪的，依法追究刑事责任；尚不构成犯罪的，依法给予处分。

第八章 附 则

第九十七条 监控化学品、属于危险化学品的药品和农药的安全管理，依照本条例的规定执行；法律、行政法规另有规定的，依照其规定。

民用爆炸物品、烟花爆竹、放射性物品、核能物质以及用于国防科研生产的危险化学品的安全管理，不适用本条例。

法律、行政法规对燃气的安全管理另有规定的，依照其规定。

危险化学品容器属于特种设备的，其安全管理依照有关特种设备安全的法律、行政法规的规定执行。

第九十八条 危险化学品的进出口管理，依照有关对外贸易的法律、行政法规、规章的规定执行；进口的危险化学品的储存、使用、经营、运输的安全管理，依照本条例的规定执行。

危险化学品环境管理登记和新化学物质环境管理登记，依照有关环境保护的法律、行政法规、规章的规定执行。危险化学品环境管理登记，按照国家有关规定收取费用。

第九十九条 公众发现、拾拾的无主危险化学品，由公安机关接收。公安机关接收或者有关部门依法没收的危险化学品，需要进行无害化处理的，交由环境保护主管部门组织其认定的专业单位进行处理，或者交由有关危险化学品生产企业进行处理。处理所需费用由国家财政负担。

第一百条 化学品的危险特性尚未确定的，由国务院安全生产监督管理部门、国务院环境保护主管部门、国务院卫生主管部门分别负责组织对该化学品的物理危险性、环境危害性、毒理特性进行鉴定。根据鉴定结果，需要调整危险化学品目录的，依照本条例第三条第二款的规定办理。

第一百零一条 本条例施行前已经使用危险化学品从事生产的化工企业，依照本条例规定需要取得危险化学品安全使用许可证的，应当在国务院安全生产监督管理部门规定的期限内，申请取得危险化学品安全使用许可证。

第一百零二条 本条例自2011年12月1日起施行。

参 考 文 献

[1] 孙华山. 危险化学品安全管理实务. 北京：中国劳动社会保障出版社，2004.
[2] 国家安全生产监督管理总局监制.《危险化学品安全管理》电视讲座. 北京：煤炭工业音像出版社，2005.
[3] 万世波，张润泉，孙维生. 化工工人安全卫生基础知识. 北京：化学工业出版社，2008.
[4] 全国注册安全工程师执业资格考试辅导教材编审委员会组织编写. 安全生产管理知识. 北京：煤炭工业出版社，2005.
[5] 全国注册安全工程师执业资格考试辅导教材编审委员会组织编写. 安全生产法及相关法律知识. 北京：煤炭工业出版社，2005.
[6] 国家安全生产监督管理总局宣传教育中心. 危险化学品生产单位主要负责人和安全生产管理人员培训教材. 北京：冶金工业出版社，2007.
[7] 卢莎，申屠江平. 安全生产法规实务. 北京：化学工业出版社，2008.
[8] 刘景良. 化工安全技术. 北京：化学工业出版社，2008.
[9] 吉田忠雄，田村昌三. 反应性化学物质与爆炸物品的安全. 刘荣海，孙业斌译. 北京：兵器工业出版社，1993.
[10] 吉田忠雄编. 化学药品的安全. 胡瑞江等译. 北京：化学工业出版社，1989.
[11]《化学危险品消防与急救手册》编委会编. 化学危险品消防与急救手册. 北京：化学工业出版社，1994.
[12] 邵辉，王凯全. 危险化学品生产安全. 北京：中国石化出版社，2005.
[13] 周忠元，田维金. 化工安全技术. 北京：化学工业出版社，1993.
[14] 张荣. 危险化学品安全技术. 北京：化学工业出版社，2005.
[15] 黄郑华. 化工生产防火防爆安全技术. 北京：中国劳动社会保障出版社，2006.
[16] 马良，杨守生. 危险化学品消防. 北京：化学工业出版社，2005.
[17] 郑端文. 危险品防火. 北京：化学工业出版社，2002.
[18] 周忠元，陈桂琴. 化工安全技术与管理. 北京：化学工业出版社，2002.
[19] 中国安全生产科学研究院. 危险化学品名录汇编. 北京：化学工业出版社，2004.
[20] 呼和浩特职业学院编著. 危险化学品事故应急措施. 北京：中央民族大学出版社，2009.
[21] 胡永宁，马玉国，付林. 危险化学品经营. 北京：化学工业出版社，2005.
[22] 安全生产劳动保护政策法规系列专辑编委会. 高毒物品剧毒化学品安全管理专辑. 北京：中国劳动社会保障出版社，2006.
[23] 北京市安全生产监督管理局. 常用危险化学品事故紧急处置手册. 北京：中国社会出版社，2004.
[24] 汪佩兰，李桂茗编著. 火工与烟火安全技术. 北京：北京理工大学出版社，1996.
[25] 其乐木格，汪佩兰等. 过氧化苯甲酰的安全性研究. 化学通报，2004，(1)：67～70.
[26] 崔克清，陶刚. 化工工艺及安全. 北京：化学工业出版社，2004.
[27] 刘景良. 安全管理. 北京：化学工业出版社，2008.
[28] 其乐木格，李文洁. 危险化学品泄漏事故处置. 安全，2006，(1)：25～27.
[29] 其乐木格，李静. 遇水反应危险化学品的事故特点及应急处置对策. 安全，2006，(4)：13～15.
[30] 程运书. 建立化学事故应急救援预案的必要性. 劳动保护，2003，(10)：20～22.
[31] 其乐木格，韩漠，宝贵荣. 工业气体爆炸事故原因分析及应急救援. 现代化工，2010，(10)：86～90.
[32] 陈海群，王凯全等编著. 危险化学品事故处理与应急预案. 北京：中国石化出版社，2005.
[33] 陈莹. 工业火灾与爆炸事故预防. 北京：中国工人出版社，2002.
[34] 王德堂，何伟平. 化工环保与安全. 北京：化学工业出版社，2009.
[35] 杨永杰，康彦芳. 化工工艺安全技术. 北京：化学工业出版社，2008.
[36] 张麦秋，李平辉. 化工生产安全技术. 北京：化学工业出版社，2009.
[37] 赵薇. HSEQ与清洁生产. 北京：化学工业出版社，2010.
[38] 何际泽，张瑞明. 安全生产技术. 北京：化学工业出版社，2008.

[39] 张斌,陆春荣. 机械电气安全技术. 北京:化学工业出版社,2009.
[40] 国家安全生产应急救援指挥中心. 危险化学品应急救援. 北京:煤炭工业出版社,2008.
[41] 叶明生. 化工设备安全技术. 北京:化学工业出版社,2008.
[42] 其乐木格,韩漠,杨淑娟. 浅论瓶装工业气体经营安全标准化管理. 化工安全与环境,2011,(4):5~7.
[43] 其乐木格,韩漠,胡长峰. 乙炔火灾爆炸危险性分析及预防事故对策. 化工进展,2010,29:340~345.
[44] 傅梅绮,张良军. 职业卫生. 北京:化学工业出版社,2008.
[45] 孙叶明,夏登友. 危险化学品事故应急救援与处置. 北京:化学工业出版社,2008.
[46] 陈虹桥,汪彤,吴芳谷. 危险化学品储存场所安全隐患分析. 安全,2003,(3):34~35,25.
[47] 其乐木格,李文洁. 北京市危险化学品安全生产技术支撑体系建设. 安全,2006,(4):13~15.
[48] 邓志明. 化工企业静电火灾原因分析及其防治对策. 江西化工,2007,(4):238~241.
[49] 威海军. 从吉化双苯厂爆炸事故处置解读化工火灾扑救对策. 武警学院学报,2006,(6):27~29.
[50] GB 13690—2009. 化学品分类和危险公示通则.
[51] GB 50016—2006. 建筑设计防火规范.
[52] GB 12268—2005. 危险货物品名表.
[53] GB 12463—2009. 危险货物运输包装通用技术条件.
[54] GB 50057—2010. 建筑物防雷设计规范.
[55] GB/T 13861—2009. 生产过程危险和有害因素分类与代码.
[56] GB 18218—2009. 危险化学品重大危险源辨识.
[57] GBZ 1—2010. 工业企业设计卫生标准.
[58] GB 15603—1995. 常用危险化学品贮存通则.
[59] GB 6067—1985. 起重机械安全规程.
[60] GBZ 158—2003. 工作场所职业病危害警示标识.
[61] GBZ 2.1—2007. 工作场所有害因素职业接触限值 第1部分:化学有害因素.
[62] GBZ 2.2—2007. 工作场所有害因素职业接触限值 第2部分:物理有害因素.
[63] GB 50160—2008. 石油化工企业设计防火规范.
[64] GB 13392—2005. 道路运输危险货物车辆标志.
[65] GB 1165—1989. 劳动防护用品选用规则.